普通高等教育土建学科“十三五”规划教材

水力学

SHUILIXUE

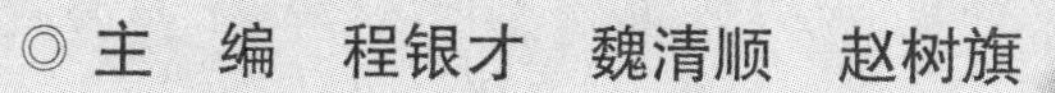

◎ 主　编　程银才　魏清顺　赵树旗
◎ 副主编　朱永梅　王　炜

華中科技大學出版社
http://www.hustp.com
中国·武汉

内 容 简 介

本书根据普通高等教育土建学科“十三五”规划教材任务要求编写，重点论述水力学的主要理论及其应用。全书在编写风格上具有“由浅入深、循序渐进，在加强理论基础的同时紧密联系实际”的特点。全书共分十一章，内容包括绪论，水静力学，水运动学理论和水动力学基础，量纲分析和相似原理，液流形态和水头损失，孔口、管嘴出流和有压管恒定流，明渠恒定均匀流，明渠恒定非均匀流，堰流和闸孔出流，泄水建筑物下游的水流衔接与消能，渗流等。

为了方便教学，本书还配有电子课件等教学资源包，任课教师和学生可以登录“我们爱读书”网(www.ibook4us.com)免费注册并浏览，或者发邮件至 husttujian@163.com 索取。

本书可作为高等学校水利类、土建类等专业的教材，也可作为应用技术型院校、高职高专和成人高校师生及有关工程技术人员的参考书。

图书在版编目(CIP)数据

水力学 / 程银才，魏清顺，赵树旗主编. —武汉 ：华中科技大学出版社，2019.1
普通高等教育土建学科“十三五”规划教材
ISBN 978-7-5680-4273-4

Ⅰ.①水… Ⅱ.①程… ②魏… ③赵… Ⅲ.①水力学-高等学校-教材 Ⅳ.①TV13

中国版本图书馆 CIP 数据核字(2018)第 228327 号

水力学 程银才 魏清顺 赵树旗 主编
Shuilixue

策划编辑：康 序
责任编辑：狄宝珠
封面设计：孢 子
责任监印：朱 玢
出版发行：华中科技大学出版社(中国·武汉) 电话：(027)81321913
武汉市东湖新技术开发区华工科技园 邮编：430223
录 排：武汉正风天下文化发展有限公司
印 刷：武汉科源印刷设计有限公司
开 本：787mm×1092mm 1/16
印 张：18.5
字 数：479 千字
版 次：2019 年 1 月第 1 版第 1 次印刷
定 价：45.00 元

Introduction

主编简介

程银才

山东农业大学水利土木工程学院副教授
研究方向：水信息的采集与处理及水文预报

长期从事水文信息技术、水文预报、流域水文模型、水力学、流体力学等本科课程以及研究生课程教学与研究工作。主编普通高等教育“十二五”规划教材《流体力学》；副主编高职高专道路与桥梁专业系列规划教材《水力学与桥涵水文》；编著《应用水文学》，编著《洪水设计与防治》。在《水文》、《人民黄河》、《水电能源科学》、《中国农村水利水电》等核心期刊发表论文30余篇，主持及参与省级科研项目多项。

主编简介

Introduction

魏清顺

1978年3月生

博士/副教授

硕士研究生导师

新西兰奥克兰大学访问学者

研究方向：农业水土工程及灌排机械装备

中国水利教育协会第五届理事会理事

山西省水利学会会员

主持和参与完成国家自然科学基金项目、山西省自然科学基金项目、山西省软科学研究项目3项及横向课题6项。编著《农村供水工程规划及其节能设计》、《农村水资源开发利用与管理》2部，主编普通高等教育“十二五”国家级规划教材暨全国水利行业规划教材《农村供水工程》1部，参编教材3部，发表专业学术论文20余篇。先后获得教育部水利教指委高等学校水利类专业教学成果优秀奖、水利部水利新技术应用设计大赛三等奖及水利部“水土保持制图标准电子版”研发项目荣誉等多项。

Introduction

主编简介

赵树旗

北京工业大学副教授
硕士生导师

曾参与国家自然科学基金项目研究，主持北京市自然科学基金项目和北京市优秀人才培养计划项目，研究内容涉及城市雨洪管理、河流生态修复等领域。发表专业学术论文30余篇，获得1项发明专利授权、1项实用新型专利授权。

长期从事本科生水力学、工程水文学、城市防洪与减灾等课程的教学与研究工作，为硕士研究生讲授现代水文学、节水灌溉理论与技术等课程，已培养硕士研究生13名。

水力学是高等学校水利类、环境类专业以及建筑环境与能源应用工程专业的一门重要的工程基础类课程，它既具有本学科的系统性和完整性，同时具有鲜明的工程技术特性。

本书阐述了水力学的基本概念、基本原理和基本方法，主要以满足土木工程、建筑环境与设备工程、桥梁与渡河工程、水利水电工程、给水排水等专业的需求为主，兼顾其他相近专业的需要。全书内容包括绪论，水静力学，水运动学理论和水动力学基础，量纲分析和相似原理，液流形态和水头损失，孔口、管嘴出流和有压管恒定流，明渠恒定均匀流，明渠恒定非均匀流，堰流和闸孔出流，泄水建筑物下游的水流衔接与消能，渗流等。

在本书编撰之前，经由编写组讨论，提出编写目录，再分工执笔，编写完成后，由编写组成员相互校对书稿。本书由山东农业大学的程银才、山西农业大学的魏清顺和北京工业大学赵树旗担任主编，并由程银才统稿。参加本书编写工作的有：山东农业大学程银才（第 1 章、第 4 章、第 10 章）、山西农业大学的魏清顺（第 2 章、第 11 章）、北京工业大学赵树旗（第 3 章、第 5 章）、山东农业大学朱永梅（第 7 章、第 8 章）、山西农业大学王炜（第 6 章、第 9 章）。

为了方便教学，本书还配有电子课件等教学资源包，任课教师和学生可以登录“我们爱读书”网（www.ibook4us.com）免费注册并浏览，或者发邮件至 husttujian@163.com 索取。

由于水平所限，书中一定存在疏漏和不完善之处，敬请读者指正。

编者

2018 年 5 月

目录
CONTENTS

Chapter 1

第1章 绪 论

1.1 水力学的任务与研究对象

水力学是高等工科院校许多专业的一门重要技术基础课，它是力学的一个分支。水力学的主要任务是研究液体处于平衡状态和机械运动状态下表现出来的规律，以及将这些规律应用到工程实践中去。

液体在运动过程中，表现出与固体不同的特点。例如，固体有抵抗一定数量拉力、压力和剪切力的能力，而处于静止状态下的液体只能承受法向压力，几乎不能承受拉力，不能抵抗剪切力。液体与气体也存在较大差别，例如，气体易于压缩，而液体难于压缩。由于液体与固体和气体所具有的物理力学特性不同，在历史的发展过程中，逐渐形成了水力学这样一门独立的学科。本书主要是探讨液体（主要是水）的运动规律。

水力学在很多工程中有广泛的应用。如城市的生活和工业用水，一般都是从水厂集中供应，水厂利用水泵把河、湖或井中的水抽上来，经过净化和消毒后，再通过管路系统把水输送到各用户。有时，为了均衡水泵负荷，还需要修建水塔。这样，就需要解决一系列水力学问题，如取水口的布置、管路布置、水管直径和水塔高度等的计算、水泵容量和井的产水量计算。在修建铁路、公路，开凿航道，设计港口等工程时，也必须解决一系列水力学问题。如桥涵孔径的设计，站场路基排水设计，隧道通风、排水的设计等。随着生产的发展，还会不断地提出新课题。学习水力学的目的，是根据有关专业的需要，获得分析和解决有关水力学问题的能力，并为进一步研究打下基础。

1.2 水力学发展简史

水力学的萌芽，人们认为是从距今约2200年以前古希腊学者阿基米德（Archimedes，公元前287—公元前212）写的《论浮体》一书开始的。书中首次提出了相对密度的概念，发现了物体在液体中所受浮力的基本原理——阿基米德原理，奠定了水静力学的基础。

15世纪末以来，随着文化、思想以及生产力的发展，水力学和流体力学也与其他学科一起有了显著的发展。著名的物理学家、艺术家列奥纳德·达·芬奇（Leonardo Da Vinci，1452—1519）比较系统地研究了沉浮、孔口出流、物体运动阻力、流体在管路和水渠中流动等问题。

斯蒂文（S. Stevin，1548—1620）发表了关于液体平衡的论著《静力学原理》。

伽利略(Galileo,1564—1642)首先提出,运动物体的阻力随着流体介质密度的增大和速度的提高而增大。

托里拆利(E. Torricelli,1608—1647)论证了孔口出流的基本规律。

帕斯卡(B. Pascal,1623—1662)建立了液体中压强传递的“帕斯卡原理”。

1686年,牛顿(I. Newton,1642—1727)提出了关于液体内摩擦的假定和黏滞性的概念,建立液体的内摩擦定律,为黏性流体力学初步奠定了理论基础。

1738年,伯努利(D. Bernoulli,1700—1782)对孔口出流和管道流动进行了大量的观察和测量研究,建立了理想液体运动的能量方程,即伯努利方程。

1775年,欧拉(L. Euler,1707—1783)提出了描述无黏性流体的运动方程——欧拉运动微分方程,他是理论流体力学的奠基人。

1843年—1845年,纳维(C. L. M. H. Navier,1785—1836)和斯托克斯(G. G. Stokes)建立了实际液体的运动方程——纳维-斯托克斯方程,奠定了古典流体力学的理论基础,使它成为力学的一个分支。

纳维为流体力学和弹性力学建立了基本方程。1821年他推广了欧拉的流体运动方程,从而建立了流体平衡和运动的基本方程。方程中只含有一个黏性常数。1845年斯托克斯改进了他的流体力学运动方程,得到有两个黏性常数的黏性流体运动方程(后称纳维-斯托克斯方程)的直角坐标分量形式。

从17世纪中叶起是流体力学的形成与发展时期,其间逐步建立和发展了流体力学的理论与实验方法,流体力学的研究逐渐沿着理论流体力学(古典流体力学)和应用流体力学(水力学)两个方向发展,前者是在某些假设下以严密的数学推论为主,从理论上处理问题;后者则以实践和实验研究为主,侧重于解决工程实际问题。

从19世纪起,由于工农业生产的蓬勃发展,大大促进了流体力学的发展。随着生产规模逐渐扩大,技术更为复杂,以纯理论分析为基础的流体力学和以实验研究为主的水力学已不能适应技术发展的需要,因此出现了理论分析和试验研究相结合的趋势,在这种结合的研究中,量纲分析和相似原理起着重要的作用。

1883年,雷诺(O. Reynolds,1842—1912)通过实验证实了黏性流体的两种流动状态——层流和紊流的客观存在,并得到了判别流态的雷诺数,从而为流动受到的阻力和能量损失的研究奠定了基础,接着在1894年雷诺又提出了紊流流动的基本方程——雷诺方程。

瑞利(L. J. W. Rayleigh,1842—1919)在相似原理的基础上,提出了实验研究的量纲分析法中的一种方法——瑞利法。

佛劳德(W. Froude,1810—1879)和雷诺等学者提出的一系列数学模型,为相似理论在流体力学中的应用开辟了更为广阔的途径。

1904年,普朗特(L. Prandtl,1875—1953)通过观测流体对固体边壁的绕流,提出了边界层的概念,并通过对层流边界层的研究,形成了层流边界层理论,解决了绕流物体的阻力计算问题,他还在研究紊流流动时提出了著名的混合长度理论。

1933年,尼古拉兹在发表的论文中,公布了他对砂粒粗糙管内水流阻力系数的实测结果——著名的尼古拉兹曲线图,对各种人工光滑管和粗糙管的水头损失因素进行了系统的实验研究和测量,为管道的沿程水头损失计算提供了依据。

我国科学家的杰出代表钱学森早在1938年发表的论文中,便提出了平板可压缩层流边界层的解法,在空气动力学、航空工程技术等科学领域做出许多开创性的贡献。

20世纪中叶以后，科学技术的高速发展，以及1947年第一台电子计算机问世后，数值计算技术得到了飞速发展，并且在求解水力学问题中得到了广泛的应用，水力学中的数值计算已成为继理论分析和实验研究之后的第三种重要的研究方法，是目前对于各种复杂的流体流动问题求解压力场、速度场的重要工具。

1.3 液体的主要物理性质

力对液体的作用效果，要通过液体自身的物理性质起作用。在进行水力分析和计算时，要首先学习液体的物理性质，从宏观角度来探讨液体的物理性质是研究液体运动的出发点。

1.3.1 液体的质量、密度与容重

液体具有质量 m，而单位体积液体的质量称为密度，用 ρ 表示。对均质液体，其密度计算为

$$\rho = \frac{m}{V} \tag{1-1}$$

式中：ρ 为液体的密度（kg/m^3）；

m 为液体的质量（kg）；

V 为液体的体积（m^3）。

在工程计算中，常取一个标准大气压下，温度为4 ℃时水的密度1000 kg/m^3 作为计算值。表1-1给出水在一个标准大气压条件下，不同温度时水的密度。

单位体积液体的重量称为液体的容重，用 γ 表示。对均质液体，其容重计算为

$$\gamma = \frac{G}{V} = \frac{mg}{V} = \rho g \tag{1-2}$$

1.3.2 液体的惯性与惯性力

液体与其他物体一样，具有惯性。惯性是物体企图保持原有运动状态不受到改变的性质。惯性的大小用质量来度量，物体的质量越大，则惯性也越大。

在研究物体的运动时，若选取地面或与相对于地面无加速度的物体为参考系，则该参考系为惯性系；反之，若选取与地面具有加速度的物体为参考系，则该参考系为非惯性系。牛顿第二定律只适用于惯性系，若一定要将它应用于非惯性系，则要假设一个惯性力作用于研究对象。可见，惯性力并非真实存在，而是一个虚构的力。设非惯性系相对于地面的加速度为 a，则质量为 m 的物体具有的惯性力 F 可用下式计算

$$F = -ma \tag{1-3}$$

式中：负号表示惯性力 F 的方向与加速度 a 的方向相反。

假设惯性力后，原来相对于地面处于不平衡状态的液体，在非惯性系下就可能处于平衡状态，这会使得对复杂问题的研究变得简单，在后面章节的学习中，大家会感受到这一点。

1.3.3 液体的黏滞性和黏滞系数

1. 黏滞性

具有相对运动的相邻两部分液体之间出现的阻碍其相对运动的力称为内摩擦力，又叫黏滞

力。我们把具有相对运动的相邻的两部分液体之间出现内摩擦力的性质称为黏滞性。

液体具有黏滞性，在运动过程中产生内摩擦力，而内摩擦力必然要做功，从而导致液体机械能的损失，可见，液体的黏滞性是产生机械能损失的根源(内因)。

黏滞性是液体固有的物理性质之一，但只有在流动(具有相对运动)状态时黏滞性才会表现出来；处于相对静止状态的液体，黏滞性表现不出来。黏滞性的作用表现为阻碍液体内部的相对运动，这种阻碍作用只能在一定程度上消减相对运动速度的大小，而不能完全消除相对运动速度的大小。

黏滞性究其本质是液体分子间的相互作用力(即内聚力)和分子做热运动时因碰撞发生动量交换这两个因素共同作用的宏观表现。对液体而言，黏滞性主要由内聚力决定，即内聚力对黏滞性的影响比动量交换作用大得多。当液体温度升高时，液体分子间平均距离增大，使得内聚力减小，故随着温度的升高，液体的黏滞性减小。

运用同样的方法可分析气体黏滞性随温度的变化规律。因为气体相对于液体而言，分子间的距离大得多，使得气体分子间的相互作用力(即内聚力)非常小，内聚力对黏滞性的影响作用远小于动量交换的作用。当气体的温度升高时，气体做热运动时动量交换作用加剧，使得气体黏性随温度增高而增大。

2. 黏滞系数

液体具有黏滞性，反应黏滞性大小的物理量是黏滞系数。黏滞系数又分为两种：动力黏滞系数(或动力黏度)和运动黏滞系数(或运动黏度)。

动力黏滞系数用 μ 表示，其单位是 $N/m^2 \cdot s$，或以符号 $Pa \cdot s$ 表示。不同液体有不同的 μ 值，液体的 μ 值越大，表示其黏滞性越强。

水的动力黏滞系数 μ 可用以下经验公式来计算：

$$\mu = \frac{0.017\,75}{1 + 0.033\,7t + 0.000\,221t^2} \tag{1-4}$$

式中：t 为水温，以 ℃ 计，另外可根据表 1-1 查得水的动力黏滞系数 μ。

另一黏滞系数是运动黏滞系数，用 v 表示，且

$$v = \frac{\mu}{\rho} \tag{1-5}$$

运动黏滞系数的单位是 m^2/s。表 1-1 中列出不同温度时水的 v 值。

表 1-1　不同温度下水的物理性质

温度 /℃	密度 / (kg/m^3)	动力黏度 / ($\times 10^{-3}$ $N \cdot s/m^2$)	运动黏度 / ($\times 10^{-6}$ m^2/s)	体积模量 / ($\times 10^9$ N/m^2)	表面张力 / (N/m)	饱和蒸汽压 / ($\times 10^3$ N/m^2)
0	999.9	1.792	1.792	2.04	0.075 6	0.608 2
5	1 000.0	1.519	1.519	2.06	0.074 9	0.837 0
10	999.7	1.308	1.308	2.11	0.074 2	1.226 2
15	999.1	1.100	1.141	2.14	0.073 5	1.706 8
20	998.2	1.005	1.007	2.20	0.072 8	2.334 6
25	997.1	0.894	0.897	2.22	0.072 0	3.168 4
30	995.7	0.801	0.804	2.23	0.071 2	4.247 4

续表

温度/℃	密度/(kg/m³)	动力黏度/($\times 10^{-3}$ N·s/m²)	运动黏度/($\times 10^{-6}$ m²/s)	体积模量/($\times 10^{9}$ N/m²)	表面张力/(N/m)	饱和蒸汽压/($\times 10^{3}$ N/m²)
35	994.1	0.723	0.725 7	2.24	0.070 4	5.620 7
40	992.2	0.656	0.661	2.27	0.069 6	7.376 6
45	990.2	0.599	0.605	2.29	0.068 8	9.583 7
50	988.1	0.549	0.556	2.30	0.067 9	12.340
60	983.2	0.469	0.477	2.28	0.066 2	19.923
70	977.8	0.406	0.415	2.25	0.064 4	31.164
80	971.8	0.357	0.367	2.21	0.062 6	47.379
90	965.3	0.317	0.328	2.16	0.060 8	70.136
100	958.4	0.284	0.296	2.07	0.0589	101.325

注:表中的密度和体积模量的数值,是一个标准大气压下测定的。

3. 牛顿内摩擦定律

流体内摩擦概念最早由牛顿在1687年提出,此后过了近100年,由后人通过大量的实验总结出了"牛顿内摩擦定律"。

在图1-1中,两平行板相距为h,两平板面积均为A,且A足够大,以致可忽略边缘对液流的影响。下平板固定不动,上平板以恒定速度U向右运动。在两固体边界内壁处,由于液体质点黏附于固体壁面上,故紧贴下板处的液体质点速度为零,而紧贴上板处的液体质点的速度为U。设上下平板间的液体做层流运动(层流运动的概念见后面章节的内容),即液体在垂直方向上分成许许多多的水平薄层,各薄层沿水平流动方向以不同流速运动,如图1-2所示,液体的内摩擦力就产生在我们设想的这种有相对运动的薄层之间。

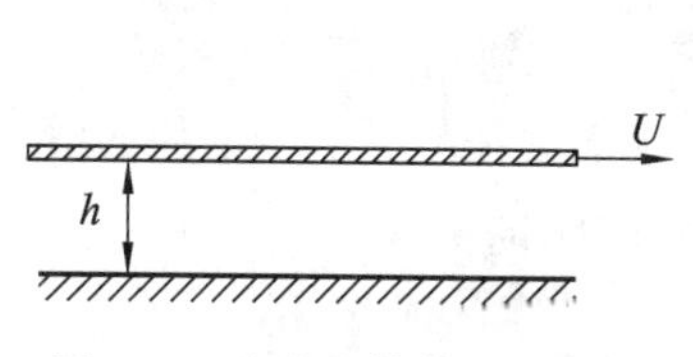

图1-1　充满液体的两平行板

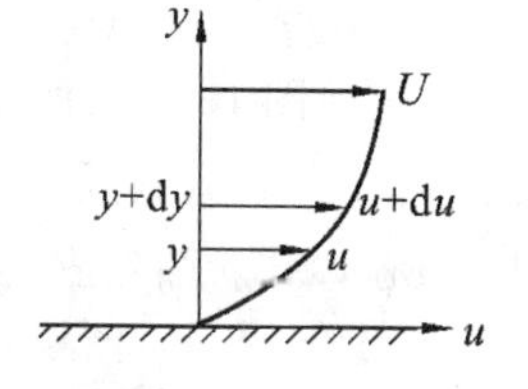

图1-2　流速分布

经实验证明:在液体作层流运动时,内摩擦力T的大小与相邻两薄层间的相对速度$\mathrm{d}u$成正比;和两薄层间距离$\mathrm{d}y$成反比;与两薄层的接触面积A成正比;与液体的种类有关;与液体的压力大小关系甚小。

上述结论用公式表示为

$$T = \mu A \frac{\mathrm{d}u}{\mathrm{d}y} \tag{1-6}$$

式(1-6)就是牛顿内摩擦定律。若以$\tau = \dfrac{T}{A}$表示单位面积上的内摩擦力,即切应力,则有

$$\tau = \mu \frac{\mathrm{d}u}{\mathrm{d}y} \tag{1-7}$$

$\frac{du}{dy}$称为速度梯度，它等于液体剪切变形的速率，证明如下。在图1-1中，某时刻t任取一方形微团（微团在铅垂面内的投影为$abcd$），如图1-3所示。微团下表面dc的速度为u，上表面ab的速度为$u+du$。经过dt时间后，dc移动到$d'c'$，ab移动到$a'b'$，即方形微团$abcd$变形为$a'b'c'd'$。图1-3中的$d\theta$称为微团的剪切变形量，则

$$d\theta = \tan(d\theta) = \frac{(u+du)dt - udt}{dy} = \frac{dudt}{dy}$$

故微团的剪切变形速率为

$$\frac{d\theta}{dt} = \frac{du}{dy}$$

所以，牛顿内摩擦定律也可以理解为切应力与剪切变形速率成正比，即

$$\tau = \mu \frac{d\theta}{dt} \tag{1-8}$$

4. 牛顿流体和非牛顿流体

牛顿内摩擦定律只适用于部分流体，对于某些流体则不适用。我们把符合牛顿内摩擦定律的流体称为牛顿流体，如水、空气、油类、水银等；不符合牛顿内摩擦定律的流体称为非牛顿流体，如接近凝固的石油、聚合物溶液、含有微粒杂质或纤维的液体（如泥浆）等。非牛顿流体又包含理想宾汉流体、伪塑形流体和膨胀性流体，如图1-4表示。本书不讨论非牛顿流体。

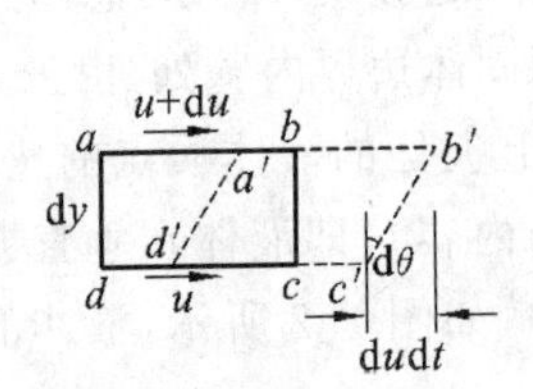

图1-3 液体的剪切变形

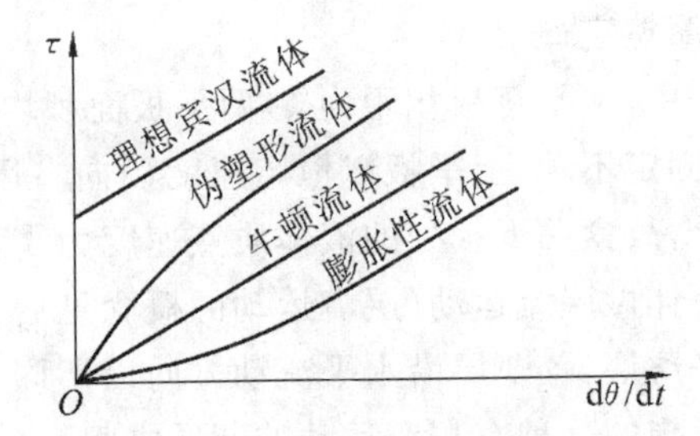

图1-4 牛顿流体与非牛顿流体

例1-1 如图1-5(a)所示，活塞的直径$d=14$ cm，活塞的长度$l=16$ cm，活塞与气缸内壁的间隙$\Delta s=0.04$ cm，其间充满了动力黏滞系数$\mu=0.1$ Pa·s的润滑油。活塞往复运动的速度为$u=1.5$ m/s。试求活塞在运动过程中受到的摩擦力大小。

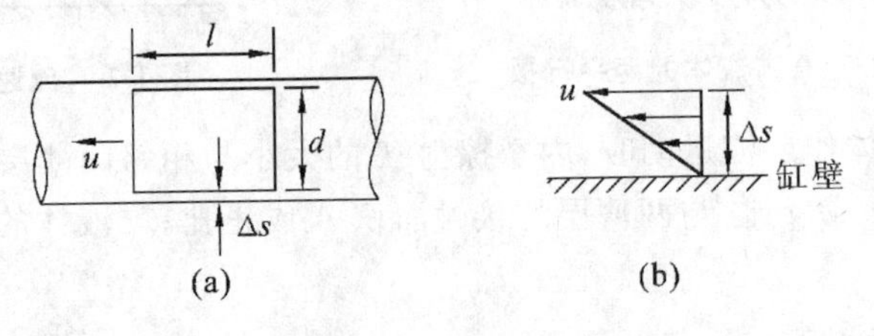

图1-5 内摩擦力计算

解 因黏滞性作用，紧贴在气缸内壁的润滑油层的速度为零，紧贴在活塞壁处的润滑油与活塞运动的速度相同，因此，润滑油层的速度由零增至1.5 m/s。

由于活塞与气缸之间的间隙Δs很小，间隙内油层的速度分布图近似认为是直线分布，如图1-5(b)所示，则

$$\frac{du}{dy}=\frac{1.5\times 100}{0.04}=3\ 750\ \mathrm{s}^{-1}$$

根据牛顿内摩擦定律

$$\tau=\mu\frac{du}{dy}=0.1\times 3\ 750\ \mathrm{pa}=375\ \mathrm{pa}$$

活塞与润滑油层接触面积

$$A=\pi dl=0.070\ 4\ \mathrm{m}^2$$

活塞受到的摩擦力

$$T=A\tau=375\times 0.0704\ \mathrm{N}=26.4\ \mathrm{N}$$

1.3.4 液体的压缩性和热胀性

1. 液体的压缩性

在保持液体的温度不变条件下，施加外力使液体压强变大，此时，因液体分子间的距离减小，液体体积减小了；除去外力后，液体能恢复到原来的体积，这种性质称为液体的压缩性，又称为液体的弹性。压缩性表明了液体是可以压缩的，液体的压缩性大小可用体积压缩系数 β 来表示。在一定温度下，体积压缩系数定义为

$$\beta=\frac{-dV/V}{dp} \tag{1-9}$$

式中：负号表示液体体积增量 dV 与压强增量 dp 符号相反，为了保证 β 恒大于零，故公式中引入了该负号。

工程上，还常用体积弹性系数（或弹性模量）κ 衡量液体的压缩性大小，它与体积压缩系数 β 的关系为

$$\kappa=\frac{1}{\beta} \tag{1-10}$$

κ 的物理意义是，κ 越大，液体越不容易压缩，若 $\kappa\rightarrow\infty$，表示液体绝对不可压缩。

液体种类不同，其 β 或 κ 值也不相同。同一种液体，β 或 κ 随温度和压强的改变而变化，但变化不大。

例 1-2 初始压强为一个标准大气压，温度 $t=20$ ℃ 的一定体积的水体，若通过外力使其压强再增加一个标准大气压（1.013×10^5 Pa），计算此时水的体积相对压缩量。

解 查表 1-1 可得，初始压强为一个标准大气压，温度 $t=20$ ℃ 时水的体积弹性系数 $\kappa=2.20\times 10^9\ \mathrm{N/m^2}$。压强增加一个标准大气压，即 $dp=1.013\times 10^5$ Pa。

由 $\kappa=\frac{1}{\beta}=\frac{dp}{-dV/V}$ 得

$$dV/V=-\frac{dp}{\kappa}=-\frac{1.013\times 10^5}{2.20\times 10^9}=-\frac{1}{21\ 718}$$

上式中的负号表示水体被压缩，即此时水的体积相对压缩量约为 1/21 000。可见，水是极难被压缩的。

工程上一般不需要考虑水的压缩性，只有在一些特殊情况下才考虑它。例如，水体中发生爆炸、水管内发生水击等极少数情况下，才需要考虑水的压缩性。

2. 液体的热胀性

在保持液体的压强不变的条件下，使其温度升高，则液体的体积增大；温度下降到初始温度

后，液体能恢复到其初始体积，这种性质称为液体的热胀性。

液体的热胀性的大小可用热胀系数 α 来表示。在一定压强作用下，热胀系数定义为

$$\alpha = \frac{\mathrm{d}V/V}{\mathrm{d}T} \tag{1-11}$$

式中：热胀系数 α 的单位为 1/℃。

在温度较低（如 10 ～ 20 ℃）时，温度每增加 1 ℃，水的密度减小约为万分之一点五；在温度较高（如 90 ～ 100 ℃）时，水的密度减小也只有万分之七。这说明水的热胀性是很小的，一般情况下可以忽略水的热胀性，同样水的密度可视为常数。只有在某些特殊情况下，例如热水采暖等问题时，才需要考虑水的热胀性。

总之，忽略水的压缩性和热胀性，对一般的水利工程问题来说，是具有足够精度的。

1.3.5 液体的表面张力特性

雨滴悬挂在横向伸出的树枝上，水滴悬挂在水龙头出口处，水银在平滑玻璃表面上呈球形，这些现象表明，液体的自由表面有明显的收缩成球形的趋势，产生这种收缩趋势的力就是表面张力。

1. 浸润现象与不浸润现象

同种物质的分子之间存在的相互作用力称为内聚力，如水分子之间就存在内聚力。

两种不同物质的分子之间的相互作用力称为附着力。附着力一般发生在液体与固体或液体与气体之间。

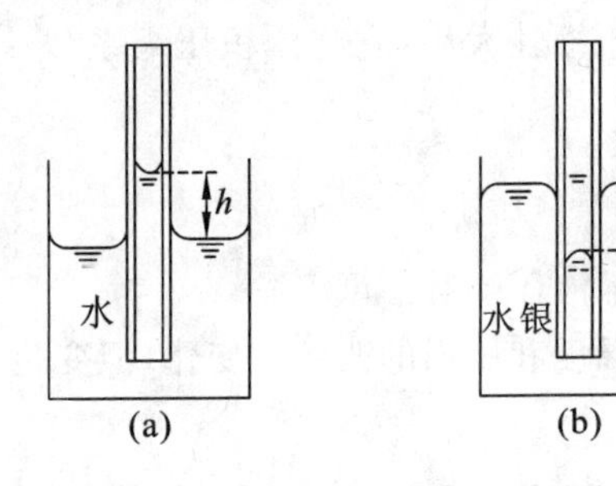

图 1-6 浸润现象与不浸润现象

液体与固体接触时，紧贴着固体边界壁的一层极薄的液体称为附着层。若附着层内液体分子与固体分子间的附着力大于附着层液体分子与附着层以外液体分子间的内聚力，则附着层内分子间的距离小于附着层以外液体分子间的距离，使得附着层分子间的作用力表现为斥力，附着层有扩大的趋势，形成浸润现象。例如，将细玻璃管插入水中，因为水分子间的内聚力小于水分子与玻璃管间的附着力，所以玻璃管内的液面高于玻璃管外的液面，形成浸润现象，如图 1-6(a) 所示。

反之，若附着层内液体分子与固体分子间的附着力小于附着层液体分子与附着层以外液体分子间的内聚力，则附着层内分子间的距离大于附着层以外液体分子间的距离，使得附着层分子间的作用力表现为引力，附着层有收缩的趋势，形成不浸润现象。例如，将细玻璃管插入水银中，因为水银分子间的内聚力大于水银分子与玻璃管间的附着力，所以玻璃管内的液面低于玻璃管外的液面，形成不浸润现象，如图 1-6(b) 所示。

可见，正是由于内聚力和附着力相对大小不同，使得液体表现出浸润和不浸润现象。

2. 表面张力

液体与气体相接触的交界面为自由表面，处于自由表面以下、厚度为 1×10^{-8} ～ 1×10^{-6} cm 的液体层称为表面层，表面层以上为气体，表面层以下为“液体内部”。表面层内的液体分子受到上侧气体分子的引力远小于下侧“液体内部”的液体分子对其引力（见图 1-7），结果是，表面层受到的合力指向“液体内部”，由于该合力的作用，使得自由表面处于一种张紧的状态，即自由表面

上出现了张力，称其为表面张力，表面张力和自由表面共面且相切。对于表面层以下的“液体内部”，液体分子受到各方向的引力平衡，因此，表面张力只在表面层存在，在“液体内部”并不存在。

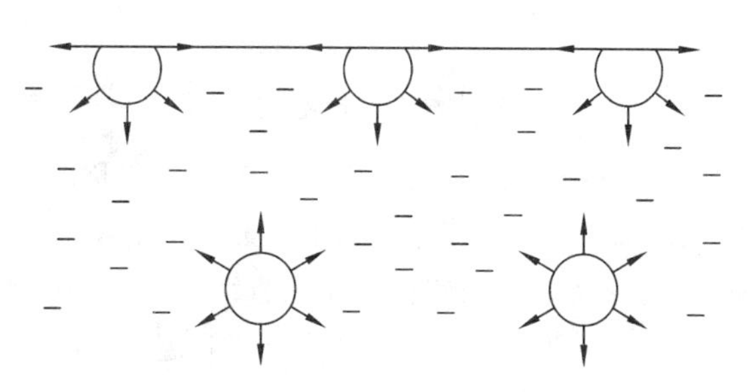

图 1-7　表面张力的形成

若在自由表面任取一线段(一般为曲线)，由于表面张力的作用，使该线段两边受到拉力作用，两拉力的方向与该线段垂直，且与该处液面相切，我们将该线段单位长度上所受到的这种拉力定义为表面张力系数，以 σ 表示，常用单位为 N/m。σ 的值随液体种类和温度变化。水在不同温度下的表面张力系数见表 1-1。例如，在 20 ℃ 时，水的表面张力系数为 0.073 N/m，而水银为 0.514 N/m。

表面张力极其微小，对液体的宏观运动一般不起作用，在水力学中常不考虑它的影响。但在特殊情况下，需要考虑其影响，如微小雨滴的运动、土壤与岩石空隙中的毛细作用、水深很小的堰流等。

在水力学实验中，常用装有水或水银的细玻璃管做测压管，由于表面张力作用，液体就会在细管中上升或下降一定的高度 h，这种现象称为毛细现象，如图 1-6 所示。

当液体与固体、气体接触时，在液面与固体壁面交界处作一平面与液面相切，该切面与壁面在液体内部一侧的夹角称为湿润角，用 θ 表示，如图 1-8 所示。

例 1-3　用测压管测量水的压强时，为提高测量精度，需要使毛细管的高度 h 小于 3 mm，如图 1-9 所示。试计算测压管的管径应不小于多少？已知水温 20 ℃ 时，$\sigma = 0.073$ N/m，$\gamma = 9\ 789$ N/m^3，取湿润角 $\theta = 5°$。

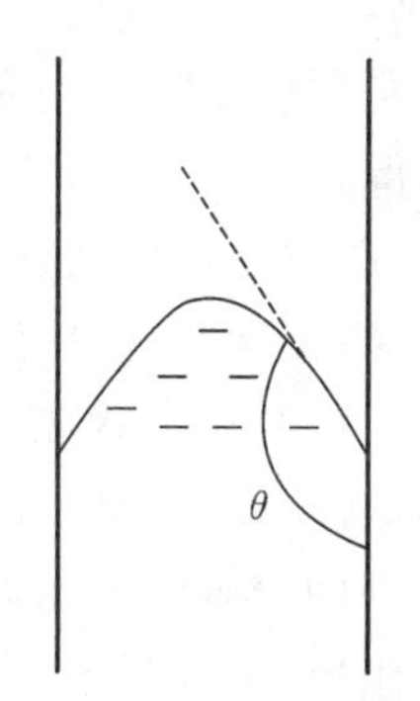

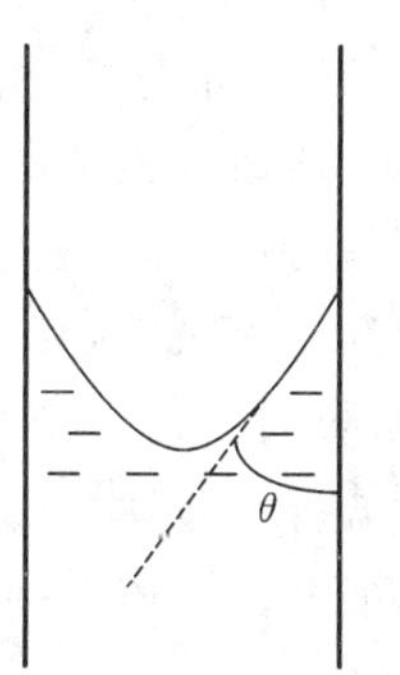

图 1-8　湿润角

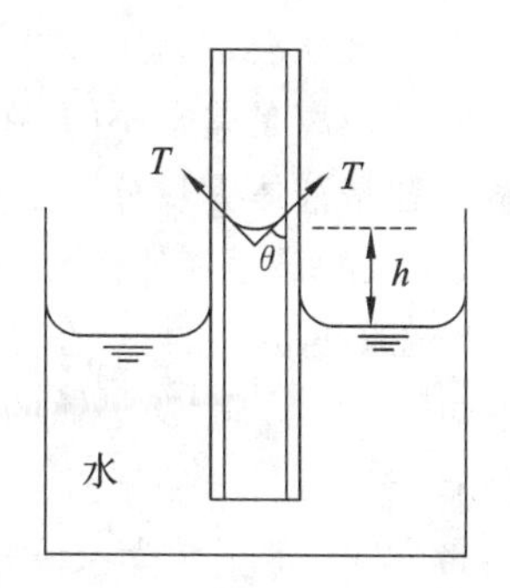

图 1-9　测压管管径的确定

解　设液面与管壁的湿润角为 θ，玻璃管直径为 d，液体容重为 γ，因液柱重力 G 与表面张力 T 的合力相平衡，即 $2T\cos\theta = G$，其中，$T = \frac{\pi d\sigma}{2}$，$G = \frac{\gamma\pi d^2 h}{4}$，则

$$h = \frac{4\sigma\cos\theta}{\gamma d} \tag{1-12}$$

将 $\sigma = 0.073$ N/m，$\gamma = 9789$ N/m^3，$\theta = 5°$ 代入式(1-12)可得：$h \approx \frac{30}{d}$。按该式结果，若要求 h 小于 3 mm(观测误差)，则 d 大于 10 mm，因此，通常测压管的直径不小于 1 cm。

1.3.6 液体的汽化压强

液体分子逸出液面向空间扩散的过程称为汽化。通过汽化，液体变为蒸汽。汽化的逆过程称为凝结。通过凝结，蒸汽变为液体。汽化和凝结同时发生，当这两个过程速率相等时，达到动态平衡，此时液面上方的气体的压强称为饱和蒸汽压强，或称汽化压强，以 p_b 表示。液体的汽化压强与温度有关，温度越高，水的汽化压强越大。水在不同温度下的饱和蒸汽压强见表 1-1。

一定温度的液体，若其内某处的压强低于同温度的汽化压强时，溶解在水中的空气会分离出来，分离出来的气体和由于汽化而产生的蒸汽一起向高处集中，将对流体运动产生两种不良影响：一是气体常集中在管路的高处形成"气塞"而使水流动困难甚至完全阻断；二是水因汽化而生成大量气泡，气泡随着水流进入高压区时受压缩而突然溃灭，周围的水体便以极大的速度向气泡溃灭点冲击，在该点处造成很高的压强（有时可达几十甚至几百个大气压）。这种集中在极小面积上的强大冲击力如作用在金属部件的表面上（例如水泵叶片上），时间长了，就会使部件损坏。因此在管道设计时，应足够重视并采取一定的工程措施加以避免此种现象。

1.4 连续介质假设和理想液体

1.4.1 液体的连续介质假设

液体是由大量不断运动着的分子所组成，而且每个分子都在不断地作无规则的热运动。从微观的角度看，由于分子之间存有空隙，因此描述液体运动的物理量（如流速、压强等）的空间分布也是不连续的。同时，由于分子的随机热运动，又导致物理量在时间上的不连续。

在标准状况下，1 L 水中约有 3.3×10^{22} 个水分子，相邻分子间的距离约为 3×10^{-10} m。可见，分子间的距离是非常小的。在一般工程中，所研究液体的空间比分子尺寸大得多，而且要解决的工程问题是液体大量分子运动的统计平均特性，即宏观特性。正因为这样，在研究液体的机械运动中，所取的最小液体微元叫"液体质点"，从宏观看，与液体运动所涉及的特征长度相比，"液体质点"的尺度足够的小，在数学上可抽象为一个点；从微观看，与液体分子的平均自由行程相比，"液体质点"的尺度又足够的大，包含有足够多的分子，使得这些分子的共同物理属性的统计平均值有意义。这样，便不必去研究液体的微观分子运动，而只研究描述液体运动的宏观物理属性。

1755 年，瑞士数学家欧拉提出了"连续介质模型"：液体由无数液体质点组成，液体质点之间没有空隙，连续充满其所占据空间。水力学所研究的液体运动是连续介质的连续流动。实践证明，采用液体的连续介质模型，所得出的有关液体运动规律的基本理论与客观实际是相符合的。

正因为有了连续介质模型，才可以定义液体内某点处的物理量，如液体内某点处的密度、液体内某点处的压强、液体内某点处的流速、液体内某点处的温度等。

有了连续介质假设，在研究流体的宏观运动时，就可以把一个本来是大量的离散分子（或原子）的运动问题近似为连续充满整个空间的流体质点的运动问题。液体的密度、压强、流速、温度等物理量一般在空间和时间上都是连续分布的，都应该是空间坐标和时间的单值连续可微函数，这样便可以用解析函数的诸多数学工具去研究液体的平衡和运动规律，为水力学的研究提供了很大的方便。

1.4.2 理想液体

理想液体是针对实际液体提出的概念。所谓实际液体，是指具有质量、惯性、可压缩性、热胀性、表面张力和黏滞性等性质的液体。在水力学中，除了黏滞性之外，一般情况下，实际液体的其他各种性质对液体的运动影响较小，可以不予考虑，且黏滞性的存在使得对液体运动的分析变得异常复杂。在水力学中，为了使复杂的问题得以简化，引入了"理想液体"的概念。所谓理想液体主要是指不考虑液体黏滞性存在的液体。由理想液体分析所得的结论用于实际液体时，需要考虑对黏滞性引起的偏差进行修正，关于这点，在以后的学习中会看到。

1.5 作用于液体上的力

水力学研究液体处于平衡和运动两种状态时的规律，而研究流体平衡和运动的规律时，离不开分析作用在液体上的力。作用在液体上的力，按其物理性质，包括重力、摩擦力、弹性力、表面张力等。在水力学中，分析液体平衡和运动时，常将作用在液体上的力分为表面力和质量力两大类。

1.5.1 表面力

表面力是作用于研究液体的某个受压面上的力，是相邻液体或其他物体作用于研究液体的结果。表面力的特点是，其大小与作用面的面积成正比。表面力又分两种：压力 P 和内摩擦力 T。

单位面积上的表面力称为应力，以 σ 表示，单位为 N/m^2。与作用面平行的应力称为切应力，以 τ 表示。对内摩擦力 T 的切应力 τ，有

$$\tau = \frac{T}{A} \tag{1-13}$$

与作用面正交的应力称为压应力，又叫压强，以 p 表示。对水压力 P 的压应力 p，有

$$p = \frac{P}{A} \tag{1-14}$$

顺便指出，对静止的液体，由于它不能承受拉力，也不能承受切应力，所以作用在静止液体的某个研究面上的作用力只有法向方向上的压应力，而对运动的液体，它不能承受拉力，但能承受切应力，所以对运动液体的某个研究面，可同时受到压应力和切应力的作用。

1.5.2 质量力

质量力是作用在液体的每一部分质量上的力，其大小与液体的质量成正比。质量力以 F 表示，单位为 N。质量力分为两种：重力和惯性力。惯性力在前面内容中已经讨论过了。

工程计算上，质量力常用单位质量力来表示。单位质量力指单位质量的液体所受到的质量力。单位质量力以 f 表示，单位为 m/s^2。若液体是均质的，其质量为 m，受到的总的质量力为 F，则其受到的单位质量力为

$$f = \frac{F}{m} \tag{1-15}$$

质量力 F 为矢量，为方便计算，常需要将它沿 x、y 和 z 三个坐标方向进行投影，设投影量分别为 F_x、F_y 和 F_z，则单位质量力 f 在相应坐标的投影为 f_x、f_y 和 f_z，且

$$
\begin{aligned}
f_x &= \frac{F_x}{m} \\
f_y &= \frac{F_y}{m} \\
f_z &= \frac{F_z}{m}
\end{aligned} \tag{1-16}
$$

一个较为普遍的情况是液体所受的质量力只有重力，当采用直角坐标系时，取 z 轴铅垂向上为正方向，则重力对应的三个单位质量力为 $f_x = 0$、$f_y = 0$、$f_z = -g$。

1.6 水力学的研究方法

水力学作为一门学科，在它历史发展过程中产生了一些特殊的研究和解决问题的方法，它们寓于各门自然科学都适用的一般方法之中，并相互渗透和转化。掌握这些方法，对于获得水力学方面的知识和能力都是很重要的。水力学有理论分析、实验研究和数值计算三种方法，它们的关系是相互配合、互为补充的。

1.6.1 理论分析法

理论分析是根据流体运动的普遍规律如质量守恒、动量守恒、能量守恒等，利用数学分析的手段，研究流体的运动，解释已知的现象，预测可能发生的结果。理论分析的步骤大致如下。

(1) 建立“力学模型”，即针对实际流体的力学问题，分析其中的各种矛盾并抓住主要方面，对问题进行简化而建立反映问题本质的“力学模型”。流体力学中最常用的基本模型有：连续介质、牛顿流体、不可压缩流体、理想流体、平面流动等。

(2) 针对流体运动的特点，用数学语言将质量守恒、动量守恒、能量守恒等定律表达出来，从而得到连续性方程、动量方程和能量方程。此外，还要加上某些联系流动参量的关系式，例如本构方程和状态方程，或者其他方程。这些方程合在一起称为流体力学基本方程组。

(3) 求解方程组，并结合具体流动，解释这些解的物理含义和流动机理。通常还要将这些理论结果同实验结果进行比较，以确定所得解的准确程度和力学模型的适用范围。

从基本概念到基本方程的一系列定量研究，都涉及很深的数学问题，所以流体力学的发展是以数学的发展为前提。反过来，那些经过了实验和工程实践考验过的流体力学理论，又检验和丰富了数学理论，它所提出的一些未解决的难题，也是进行数学研究、发展数学理论的好课题。按目前数学发展的水平看，有不少题目将是今后几十年内难以从纯数学角度完善解决的。

在流体力学理论中，用简化流体物理性质的方法建立特定的流体的理论模型，用减少自变量和减少未知函数等方法来简化数学问题，在一定的范围是成功的，并解决了许多实际问题。对于一个特定领域，考虑具体的物理性质和运动的具体环境后，抓住主要因素，忽略次要因素，进行抽象化，也同时给予简化，建立特定的力学理论模型，便可以克服数学上的困难，进一步深入地研究流体的平衡和运动性质。

此外，流体力学中还经常用各种小扰动的简化，使微分方程和边界条件从非线性的变成线性的。声学是流体力学中采用小扰动方法而取得重大成就最早的学科。声学中的所谓小扰动，就是指声音在流体中传播时，流体的状态（压力、密度、流体质点速度）同声音未传到时的差别很小。

线性化水波理论、薄机翼理论等虽然由于简化而有些粗略，但都是比较好地采用了小扰动方法的例子。

每种合理的简化都有其力学成果，但也有其局限性。例如忽略了密度的变化就不能讨论声音的传播；忽略了黏性就不能讨论与它有关的阻力和某些其他效应。掌握合理的简化方法，正确解释简化后得出的规律或结论，全面并充分认识简化模型的适用范围，正确估计它带来的同实际的偏离，正是流体力学理论工作和实验工作的精华。

1.6.2 实验研究法

到目前为止，能完全用理论分析方法解决的实际流动问题仍然有限，大量的复杂流动问题或工程实际问题要靠实验研究或实验研究与理论分析相结合的方法来解决。进行实验研究基本有以下两种类型。

(1) 在理论分析之前，通过对液体运动形态的观察，抽象出液体运动的主要物理量，提出液体运动的简化计算模型；得到初步理论分析结果后，通过实验检验结果的正确性。通常又称为系统实验。在实验室内造成某种液流运动，进行系统的实验观测，从中找出规律。

(2) 当理论分析还不能完全解决问题时，在实验结果的基础上提出一些经验性的规律，以满足实际应用上的需要。又可分为原型观测和模型实验两类。原型观测是在野外或水工建筑物现场对液体运动进行观测，如水在河段或海岸中的运动，水经过建筑物时的相互作用等，获得有关数据和资料为检验理论分析成果或总结某些基本规律提供依据。

由于现有理论分析成果的局限性，使得有些实际工程的水力学问题不能得到可靠的解答。这样，可在实验室内，以水力相似理论为指导，把实际工程缩小为模型，在模型上预演相应的水流运动，得出模型水流的某些经验性的规律，然后按照水流运动的相似关系换算到原型中去，以解决工程设计的需要。这就是模型实验。综上所述，水力学实验研究的过程一般是：在相似理论的指导下，在实验室内建立模型实验装置；用流体测量技术测量模型实验中的流动参数；处理和分析实验数据并将它归纳为经验公式。在水力学发展过程中，用理论分析与实验研究相结合的方法已成功地解决了许多实际工程问题，通过大量实验研究也总结出许多行之有效的经验公式。但实验研究方法的缺点是从实验中得到的经验公式的通用性较差。

1.6.3 数值计算法

水力学的基本方程组非常复杂，在考虑黏性作用时更是如此，如果不靠计算机，就只能对比较简单的情形或简化后的欧拉方程或N-S方程进行计算。20世纪30年代至40年代，对于复杂而又特别重要的流体力学问题，曾组织过人力用几个月甚至几年的时间做数值计算，比如圆锥做超声速飞行时周围的无黏流场就从1943年一直算到1947年。

数学的发展、计算机的不断进步，以及流体力学各种计算方法的出现，使许多原来无法用理论分析求解的复杂流体力学问题有了求得数值解的可能性，这又促进了流体力学计算方法的发展，并形成了“计算流体力学”。

从20世纪60年代起，在飞行器和其他涉及流体运动的课题中，经常采用电子计算机做数值模拟，这可以和物理实验相辅相成。数值模拟和实验模拟相互配合，使科学技术的研究和工程设计的速度加快，并节省开支。数值计算方法最近发展很快，其重要性与日俱增。

解决流体力学问题时，现场观测、实验室模拟、理论分析和数值计算几方面是相辅相成的。实验需要理论指导，才能从分散的、表面上无联系的现象和实验数据中得出规律性的结论。反之，理论分析和数值计算也要依靠现场观测和实验室模拟给出物理图案或数据，以建立流动的力学模型和数学模式。最后，还需依靠实验来检验这些模型和模式的完善程度。此外，实际流动往往异常复杂(例如紊流)，理论分析和数值计算会遇到巨大的数学和计算方面的困难，得不到具体结果，只能通过现场观测和实验室模拟进行研究。

理论能指导实验和计算，使它进行得更有成效，并可把部分实验结果推广为一整套没有做过实验的现象中去，而实验不仅可用来检验理论和计算结果的正确性和可靠性，而且提供建立运动规律和理论模型的依据，而计算可以弥补理论及实验的不足，对复杂问题进行又快又省的研究。

研究流体还有一条途径，就是应用统计物理的方法，从分子、原子的运动出发，采用统计平均的方法建立宏观物理量满足的方程，并确定流体的性质。目前可以对分子碰撞作某些简化假设，可以导出正确的宏观方程，但对某些分子输运系数的值不能准确求得，液体输运过程理论还不完善，统计物理办法虽然直接，但还不能为流体力学中很多基本性质和概念提供十分有用的阐述，因它力图从微观导出宏观，从而可以深刻揭示微观与宏观的关系。

思考题与习题

思考题

1-1 按连续介质的概念，液体质点指的是______。

(A) 液体的分子　(B) 液体内的固体颗粒　(C) 几何的点

(D) 几何尺寸同流动空间相比是极小量，又含有大量分子的微元体

1-2 作用于液体的质量力包括______。

(A) 压力　(B) 摩擦阻力　(C) 重力　(D) 表面张力

1-3 单位质量力的国际单位是______。

(A) N　(B) m/s　(C) N/kg　(D) m/s^2

1-4 水的动力黏度随温度的升高______。

(A) 增大　(B) 减小　(C) 不变　(D) 不定

1-5 液体运动黏度的国际单位是______。

(A) m^2/s　(B) N/m^2　(C) kg/m　(D) $N \cdot m/s^2$

1-6 什么是液体的黏滞性？它对液体流动有什么作用？动力黏滞系数 μ 和运动黏滞系数 v 有何区别及联系？

1-7 理想液体的特征是______。

(A) 黏度是常数　(B) 不可压缩　(C) 无黏滞　(D) 无表面张力

1-8 为什么可以把液体看作为连续介质？为什么要把液体作为连续介质？

习题

1-1 设水的体积弹性系数 $\kappa = 2\times 10^9\ N/m^2$，要使水的体积减小1%时，压强应增大多少？

1-2 一矩形断面的渠道，已知其水流的流速分布为 $u = 0.002\dfrac{\gamma}{\mu}\left(hy - \dfrac{y^2}{2}\right)$ m/s，其中，渠道中的水深 $h = 0.5$ m，y 为水深变量。试计算渠道底部处($y = 0$)的切应力 τ_0。

1-3 在一半径为 r_0 的圆管中，水流速分布为 $u=c\left(1-\frac{r^2}{r_0^2}\right)$，如图1-10所示。其中 c 为常数。试求管中切应力 τ 断面上分布规律的函数 $\tau(r)$。

1-4 一运水汽车，沿与水平面成 $\theta=15°$ 的斜坡路面行驶，如图1-11所示，汽车沿斜面方向的加速度 $a=-2.0\ \mathrm{m/s^2}$。试计算水体受到的单位质量力的三个分力。

图1-10　习题1-3图　　　　**图1-11　习题1-4图**

1-5 一面积为 40 cm×45 cm，高为 1 cm 的平板，质量为 5 kg，沿着涂有润滑油的斜面向下作等速运动，如图1-12所示。已知平板运动速度 $U=1.0\ \mathrm{m/s}$，油层厚度为 $\delta=1\ \mathrm{mm}$，假设油层的速度呈直线分布。试求润滑油的动力黏滞系数 μ 的值。已知斜面的倾角 $\theta=30°$。

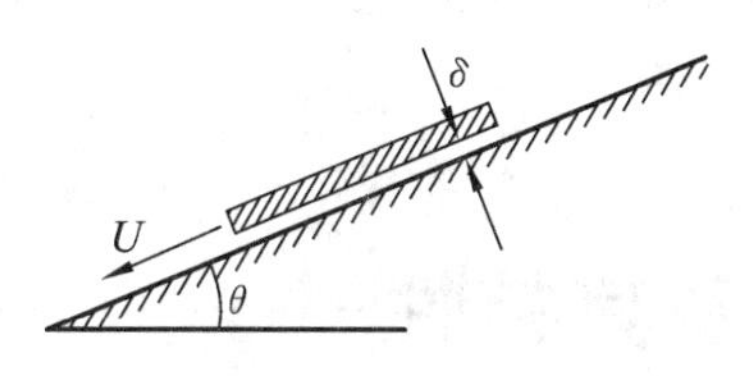

图1-12　习题1-5图

Chapter 2

第2章 水静力学

水静力学是研究处于平衡状态的液体具有的规律及其在工程中的应用。液体相对于地球没有运动称为静止状态，而相对于地球虽有运动，但液体质点间不存在相对运动称为相对静止状态。静止和相对静止通称为平衡状态。液体在平衡状态下，各质点之间没有相对运动，液体的黏滞性表现不出来，静止状态下液体质点间以及质点和边壁间的相互作用是通过静水压强的形式来呈现。因此，在研究水静力学问题时，不必区分理想液体和实际液体。水静力学的任务是根据力的平衡条件导出静止液体中的压强分布规律，进一步确定各种情况下的静水总压力，为实际工程设计提供依据，同时也是学习水动力学的基础。

2.1 静水压强及其特性

2.1.1 静水压强的定义

液体对固体壁面有作用力，如水对大坝坝面、水闸、水池底部都有水压力的作用。在液体内部，相邻两部分液体之间也有相互作用的力。静水压力是指静止液体作用在与之接触的表面上的水压力，常用字母 F 表示。

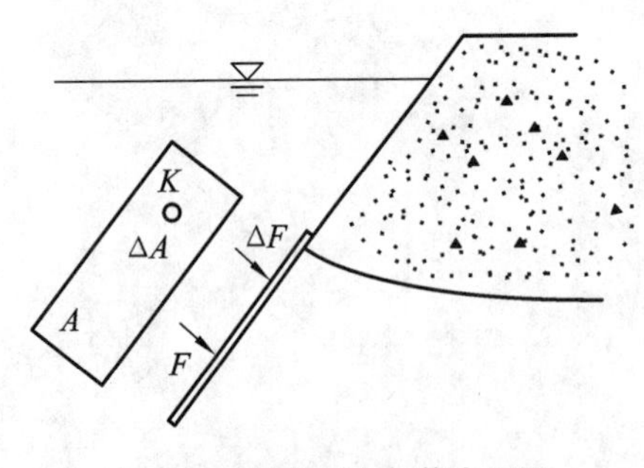

图 2-1 静水压力与静水压强

如图 2-1 所示，在受压面 A 上任取一点 K，包围该点取一面积 ΔA，作用在 ΔA 上的静水压力为 ΔF，则该面积上的平均静水压强为

$$\Delta p = \frac{\Delta F}{\Delta A}$$

当 ΔA 无限趋于点 K 时，比值 $\frac{\Delta F}{\Delta A}$ 的极限值为 K 点的静水压强，即

$$p = \lim_{\Delta A \to 0} \frac{\Delta F}{\Delta A}$$

在国际单位制中，静水压力的单位为 N 或 kN；静水压强 p 的单位为 N/m^2(Pa)，kN/m^2(kPa)。

2.1.2 静水压强的特性

静水压强具有两个重要特性。

（1）静水压强的方向垂直指向作用面。

如图 2-2(a) 所示，在平衡液体中任取一定体积的液体，用 N—N 面将该液体分为 Ⅰ、Ⅱ 两部分，取第 Ⅱ 部分为研究对象（或称脱离体），则 Ⅰ 对 Ⅱ 有静水压力的作用。在属于 Ⅱ 部分的 N—N 面上任取点 K，设 K 点所受的静水压强为 p，包围 K 点所取的微面积 $\mathrm{d}A$ 上所受的静水压力为 $\mathrm{d}F$。假设 $\mathrm{d}F$ 不垂直于作用面 $\mathrm{d}A$，则将 $\mathrm{d}F$ 分解为垂直于 $\mathrm{d}A$ 的作用力 $\mathrm{d}F_{\mathrm{n}}$ 及平行于通过 K 点切线的切力 $\mathrm{d}F_{\tau}$，见图 2-2(b)。因为液体具有易流动性，静止的液体在切力作用下将会引起流动，与该部分液体处于静止状态的前提相违背，故假设 $\mathrm{d}F$ 不垂直于作用面 $\mathrm{d}A$ 不成立，即切力应等于零，也就是说静水压力一定垂直于作用面，如图 2-2(c) 所示。如果与作用面垂直的 $\mathrm{d}F$ 不是指向作用面，即液体受到拉力作用，则平衡状态也会破坏，故 $\mathrm{d}F$ 只能指向作用面。综上所述，静水压强的方向是垂直指向作用面的。

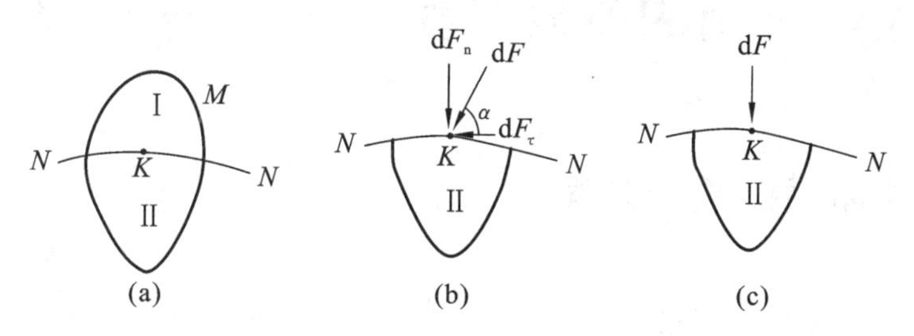

图 2-2　静水压强的方向

（2）静止液体中任一点处各个方向的静水压强的大小都相等，与该作用面的方位无关。

如图 2-3 所示设直角坐标系，在静止液体中任取一微小四面体 $MABC$，四面体的三个棱边与坐标轴平行，各棱边长分别为 $\mathrm{d}x$、$\mathrm{d}y$、$\mathrm{d}z$，四个表面面积分别为 $\mathrm{d}A_x$、$\mathrm{d}A_y$、$\mathrm{d}A_z$ 及 $\mathrm{d}A_{\mathrm{n}}$，面上所受平均静水压强分别为 p_x、p_y、p_z 和 p_{n}。

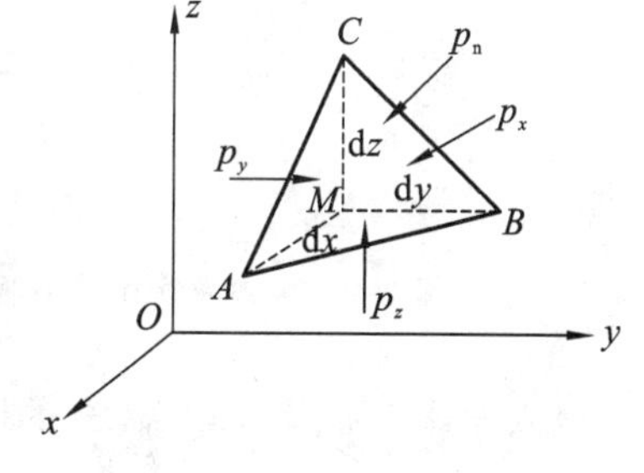

图 2-3　静水压强的大小

作用于四面体上的外力有两部分，一是面积力，即周围液体作用的静水压力；二是质量力，静止液体中质量力只有重力。作用在各面上的静水压力分别为

$$\mathrm{d}F_x = p_x \mathrm{d}A_x = p_x \frac{1}{2}\mathrm{d}y\mathrm{d}z$$

$$\mathrm{d}F_y - p_y \mathrm{d}A_y = p_y \frac{1}{2}\mathrm{d}x\mathrm{d}z$$

$$\mathrm{d}F_z = p_z \mathrm{d}A_z = p_z \frac{1}{2}\mathrm{d}x\mathrm{d}y$$

$$\mathrm{d}F_{\mathrm{n}} = p_{\mathrm{n}} \mathrm{d}A_{\mathrm{n}}$$

四面体的质量为 $\frac{1}{6}\rho\mathrm{d}x\mathrm{d}y\mathrm{d}z$，作用于四面体的单位质量力沿各轴向的投影用 f_x、f_y、f_z 表示，则质量力在各坐标轴方向的分量分别为 $\frac{1}{6}\rho\mathrm{d}x\mathrm{d}y\mathrm{d}z \cdot f_x$、$\frac{1}{6}\rho\mathrm{d}x\mathrm{d}y\mathrm{d}z \cdot f_y$、$\frac{1}{6}\rho\mathrm{d}x\mathrm{d}y\mathrm{d}z \cdot f_z$。因为四面体 $MABC$ 取自静止液体，故其在各种外力作用下应处于平衡状态，即四面体在三个坐标方向上所受外力的合力应为零。以 z 方向为例，有

$$\frac{1}{2}p_z\mathrm{d}x\mathrm{d}y - \frac{1}{2}p_{\mathrm{n}}\mathrm{d}x\mathrm{d}y + \frac{1}{6}\rho\mathrm{d}x\mathrm{d}y\mathrm{d}z f_z = 0$$

等式两边同除以 $\mathrm{d}x\mathrm{d}y$，且略去高阶微量，得

$$p_z - p_n = 0$$

即

$$p_z = p_n$$

同理，可得 $p_x = p_n$；$p_y = p_n$，故

$$p_x = p_y = p_z = p_n \tag{2-1}$$

由于四面体的斜面是任意选取的，所以当四面体无限缩小至一点时，各个方向的静水压强的大小都相等，任一点的静水压强仅是空间坐标的函数而与受压面的方位无关，即

$$p = p(x, y, z)$$

2.2 液体平衡的微分方程

2.2.1 液体平衡微分方程

为了表征液体处于平衡状态时作用于液体上各种力之间的基本关系式，需建立液体的平衡微分方程。

在静止或相对静止的液体中任取一边长分别为 dx、dy、dz 的微小六面体 $abcdefgh$，以点 $A(x, y, z)$ 为中心，各边分别与坐标轴平行，如图 2-4 所示，该六面体在表面力和质量力的作用下处于平衡。

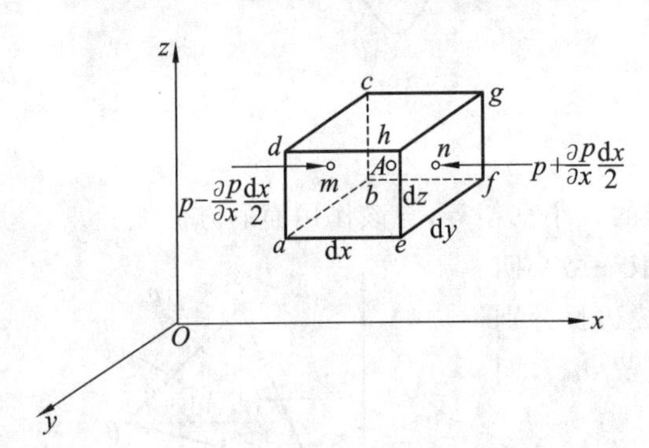

图 2-4 液体平衡微分方程

1. 表面力

作用于六面体的表面力是周围液体对它的压力。设六面体中心点 $A(x, y, z)$ 的压强为 p，因静水压强是空间坐标的连续函数，用泰勒级数展开并忽略级数展开后的高阶微量，则 $abcd$ 面中心点 $m\left(x - \frac{dx}{2}, y, z\right)$ 和 $efgh$ 面中心点 $n\left(x + \frac{dx}{2}, y, z\right)$ 处的静水压强可分别表达为

$$p_m = p - \frac{\partial p}{\partial x}\frac{dx}{2}$$

$$p_n = p + \frac{\partial p}{\partial x}\frac{dx}{2}$$

由于六面体各面的面积微小，可认为平面各点所受的压强与该面中点的压强相等，由此可推出 $abcd$ 面和 $efgh$ 面上的压力分别为

$$F_m = \left(p - \frac{\partial p}{\partial x}\frac{dx}{2}\right)dydz$$

$$F_n = \left(p + \frac{\partial p}{\partial x}\frac{dx}{2}\right)dydz$$

同理，也可写出另外两个方向对应面上的压力表达式。

2. 质量力

作用于微六面体上单位质量力在 x、y、z 轴上的投影分别用 f_x，f_y，f_z 来表示，则总质量力在 x 方向的投影为 $\rho f_x \mathrm{d}x\mathrm{d}y\mathrm{d}z$，根据液体平衡条件，作用于六面体上的合力为零，在 x 方向有

$$\left(p-\frac{\partial p}{\partial x}\frac{\mathrm{d}x}{2}\right)\mathrm{d}y\mathrm{d}z-\left(p+\frac{\partial p}{\partial x}\frac{\mathrm{d}x}{2}\right)\mathrm{d}y\mathrm{d}z+f_x\rho\mathrm{d}x\mathrm{d}y\mathrm{d}z=0$$

等式两边同除以 $\rho\mathrm{d}x\mathrm{d}y\mathrm{d}z$ 并化简可得 x 方向的液体平衡微分方程

$$f_x-\frac{1}{\rho}\frac{\partial p}{\partial x}=0$$

同理可得 y、z 方向的液体平衡微分方程，一并列出为

$$\begin{cases}f_x-\dfrac{1}{\rho}\dfrac{\partial p}{\partial x}=0\\ f_y-\dfrac{1}{\rho}\dfrac{\partial p}{\partial y}=0\\ f_z-\dfrac{1}{\rho}\dfrac{\partial p}{\partial z}=0\end{cases}\tag{2-2}$$

式(2-2)是1755年由瑞士数学家和力学家欧拉推导出的，又称为欧拉液体平衡微分方程。该式反映了平衡液体中单位质量力与压强的变化率之间的关系，即某一方向有质量力的作用，则该方向就存在压强的变化。

2.2.2 液体平衡微分方程的积分

在给定质量力的作用下，对欧拉液体平衡微分方程积分，便可求得平衡液体中任意一点的静水压强 p。将式(2-2)中各分式分别乘以 $\mathrm{d}x$、$\mathrm{d}y$、$\mathrm{d}z$，然后相加得到

$$\frac{1}{\rho}\left(\frac{\partial p}{\partial x}\mathrm{d}x+\frac{\partial p}{\partial y}\mathrm{d}y+\frac{\partial p}{\partial z}\mathrm{d}z\right)=f_x\mathrm{d}x+f_y\mathrm{d}y+f_z\mathrm{d}z$$

上式左端括号里是函数 $p=p(x,y,z)$ 的全微分 $\mathrm{d}p$，故有

$$\mathrm{d}p=\rho(f_x\mathrm{d}x+f_y\mathrm{d}y+f_z\mathrm{d}z)\tag{2-3}$$

式(2-3)是液体平衡微分方程的另一种表达式，当质量力已知时，可利用该方程求得液体内压强 p 的分布规律。

由于液体的密度 ρ 是个常量，则式(2-3)可写为

$$\mathrm{d}\left(\frac{p}{\rho}\right)=f_x\mathrm{d}x+f_y\mathrm{d}y+f_z\mathrm{d}z\tag{2-4}$$

式(2-4)左端为全微分，根据数学分析理论可知，上式右端也应是某一函数 $W(x,y,z)$ 的全微分，即

$$\mathrm{d}W=f_x\mathrm{d}x+f_y\mathrm{d}y+f_z\mathrm{d}z\tag{2-5}$$

而 $\mathrm{d}W=\dfrac{\partial W}{\partial x}\mathrm{d}x+\dfrac{\partial W}{\partial y}\mathrm{d}y+\dfrac{\partial W}{\partial z}\mathrm{d}z$，故可得

$$\begin{cases}f_x=\dfrac{\partial W}{\partial x}\\ f_y=\dfrac{\partial W}{\partial y}\\ f_z=\dfrac{\partial W}{\partial z}\end{cases}\tag{2-6}$$

满足上式的函数 $W(x,y,z)$ 称为力的势函数，具有势函数的质量力称为有势力，如重力、惯性力均为有势力。有势力所做的功与路径无关，只与起点及终点的坐标有关。可见，液体只有在有势的质量力作用下才保持平衡。

将式(2-5)代入式(2-4)，可得

$$\mathrm{d}p = \rho \mathrm{d}W \tag{2-7}$$

对上式积分，得

$$p = \rho W + C \tag{2-8}$$

式中：C 为积分常数，可由边界条件确定。

若已知某边界的力势函数 W_0 和静水压强 p_0，代入式(2-8)得 $C = p_0 - \rho W_0$，将 C 值代入式(2-8)，得

$$p = p_0 + \rho(W - W_0) \tag{2-9}$$

式(2-9)为具有势函数 W 的某一质量力系作用下平衡液体内任一点的压强 p 的表达式。

2.2.3 等压面

等压面是指液体中压强相等的各点所组成的面。例如，静止液体与大气的交界面即是一个等压面，该面上各点压强均等于大气压强。另外，处于平衡状态的两种液体的交界面也是等压面。

在等压面上，压强 p 为常量，即 $\mathrm{d}p = 0$；而 $\mathrm{d}p = \rho \mathrm{d}W$，则 $W =$ 常数，因而等压面又称为等势面。这是等压面的一个重要性质：在平衡液体中等压面是等势面。

等压面的另一个重要性质：等压面与质量力正交。下面给出证明过程。

由式(2-3)可得，等压面上有微分方程式

$$f_x \mathrm{d}x + f_y \mathrm{d}y + f_z \mathrm{d}z = 0 \tag{2-10}$$

令液体质点在等压面上的移动微小位移为 $\mathrm{d}s$，将 $\mathrm{d}x$、$\mathrm{d}y$、$\mathrm{d}z$ 看作是微小位移 $\mathrm{d}s$ 在相应坐标轴上的投影，则式(2-10)可写为 $f \cdot \mathrm{d}s = 0$，表明了当液体质点沿等压面移动 $\mathrm{d}s$ 距离时质量力所做的功为零。因质量力和位移均不为零，所以等压面上任意点处的质量力与等压面正交。当静止液体只受重力作用时，因重力为铅垂方向的，则等压面为水平面。若平衡液体中，除重力外还作用有其他质量力，则等压面就与质量力的合力正交，此时等压面则不一定为水平面。因而，等压面既可以是平面也可以是曲面。

2.3 重力作用下的液体平衡

2.3.1 水静力学基本方程

实际工程中，最常见的是只有重力作用下处于静止状态的液体平衡问题，即所受质量力只有重力。下面分析讨论静止液体中压强的分布规律。

在直角坐标系中有一密闭容器在重力作用下处于平衡状态，取 z 轴为铅直向上，自由液面高度为 z_0，压强为 p_0，如图2-5所示。当质量力只有重力时，静止液体在各坐标轴方向上的单位质量力分别为 $f_x = 0$、$f_y = 0$、$f_z = -g$，代入式(2-3)得

$$\mathrm{d}p = -\rho g \mathrm{d}z$$

均质液体中 ρ 为常数，以 γ 代替 ρg，对上式积分得

$$p = -\gamma z + C' \tag{2-11}$$

或写为

$$z + \frac{p}{\gamma} = C \tag{2-12}$$

式中：C'、C 均为积分常数，根据边界条件确定。

式(2-12)为重力作用下水静力学基本方程。

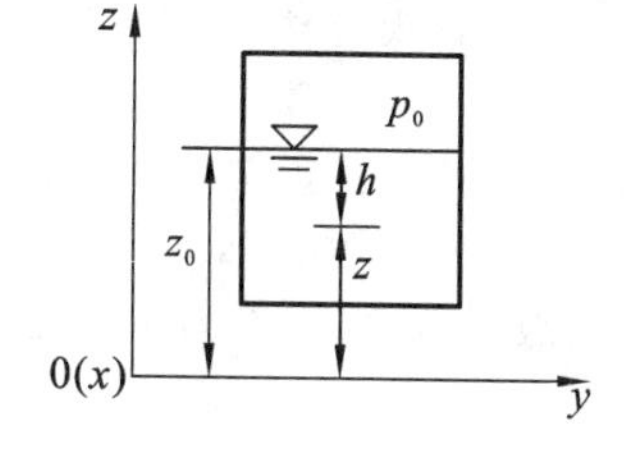

图 2-5　水静力学基本方程推导

在自由液面上 $z = z_0$，$p = p_0$，则积分常数 $C' = p_0 + \gamma z_0$，代入式(2-11)化简得

$$p = p_0 + \gamma(z_0 - z)$$

记 $z_0 - z$ 为自由液面至液体中任一点的深度，用 h 表示，以 ρg 代替 γ，则有

$$p = p_0 + \rho g h \tag{2-13}$$

式(2-13)是水静力学基本方程的另一种表达形式。该式表明，静止液体内任一点的静水压强由两部分组成：一部分是自由液面压强 p_0，另一部分 $\rho g h$ 是该点到液面单位面积上的液体重量。当 p_0 和 ρ 一定时，压强 p 随水深 h 的增加而增大，呈线性变化。

重力作用下的同一连通静止液体中，已知 A 点压强为 p_A，则可推求 B 点压强 p_B 为

$$p_B = p_A \pm \gamma h \tag{2-14}$$

式(2-14)为静止液体内部任意两点的压差公式，式中 h 为两点间的高度差。

2.3.2　水静力学基本方程的意义

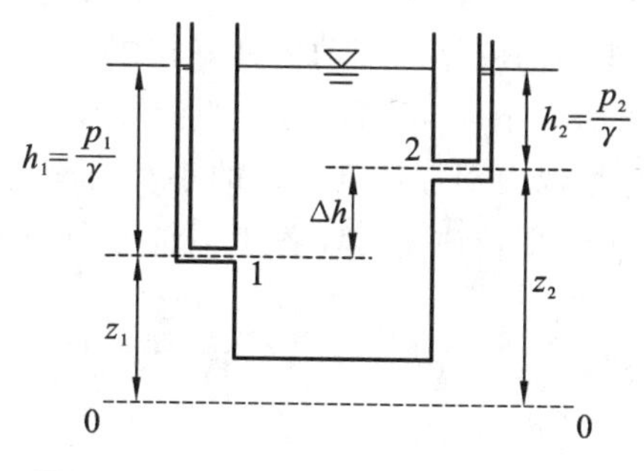

图 2-6　水静力学基本方程的几何意义

式(2-12)为重力作用下水静力学基本方程，该式表明：在重力作用下，静止液体中任一点的 $z + \frac{p}{\gamma}$ 总为常数。如图 2-6 所示的容器，分别在侧壁上开 1、2 两个小孔，接上开口玻璃管与大气相连通，即形成两根测压管。因容器中的液体仅受重力作用，液面上为大气压，则无论连在哪一点上，测压管内液面都是与容器内液面齐平的。

任取水平面 0—0 面为基准面，z_1、z_2 分别表示 1、2 点相对于基准面的位置高度，称为位置水头，$\frac{p_1}{\gamma}$、$\frac{p_2}{\gamma}$ 分别表示 1、2 点在压强作用下测压管液柱上升的高度，称为压强水头，$z_1 + \frac{p_1}{\gamma}$、$z_2 + \frac{p_2}{\gamma}$ 分别表示 1、2 测压管内自由液面至基准面的高度，称为测压管水头。式(2-12)表明，重力作用下静止液体内各点的测压管水头为常数，即

$$z_1 + \frac{p_1}{\gamma} = z_2 + \frac{p_2}{\gamma} \tag{2-15}$$

以上是水静力学方程的几何意义，下面来说明其物理意义。

已知重量为 G 的液体所处位置高度为 z 时，其具有的位能为 Gz，则单位重量的液体具有的位能为 $\frac{Gz}{G} = z$，故位置水头 z 的物理意义是单位重量液体所具有的位置势能，称为单位位能。

设液体中某点压强为 p，在该点布置测压管后，管内自由液面将会在压强 p 的作用下升高 $\frac{p}{\gamma}$，假设上升液体重量为 G，则压强势能为 $G\frac{p}{\gamma}$。对于单位重量液体而言，其压强势能即为 $G\frac{p}{\gamma}/G=\frac{p}{\gamma}$，故 $\frac{p}{\gamma}$ 的物意义为单位重量液体所具有的压强势能，简称为单位压能。

2.4 重力和惯性力同时作用下的液体平衡

当液体与器皿作为一个整体相对于地球运动时，液体各质点间及液体与器皿之间并无相对运动，若此时把坐标系取在器皿上，则液体相对于该坐标系是处于平衡状态的，将这种平衡状态称为相对平衡。显然这种情况下，因没有相对运动的存在，则在液体内部及液体与器皿边壁之间都不存在切力。但其上作用的质量力除重力外还有惯性力。

本节的主要目的是通过分析重力和惯性力同时作用下的液体平衡来得出压强分布的规律。采用理论力学中的达朗贝尔原理，将坐标系取在运动器皿上，使液体处于相对平衡状态，将运动问题转化为静力学问题处理，分析时仍可运用液体的平衡微分方程。下面以等加速度直线运动液体和等角速度旋转液体为例，分析各自的相对平衡情况。

2.4.1 等加速度直线运动液体的相对平衡

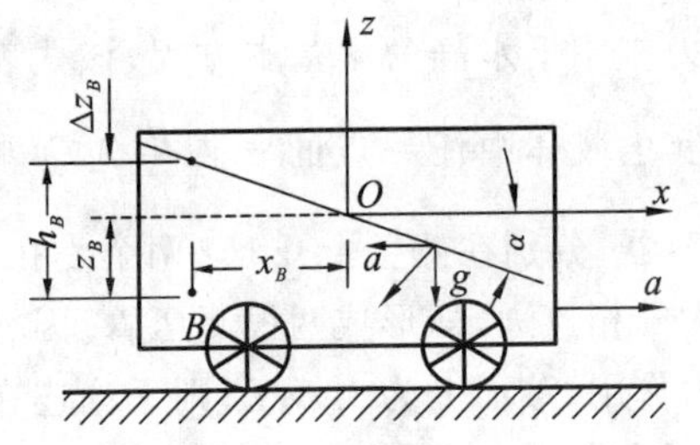

图 2-7 等加速直线运动液体的相对平衡

有一盛液体的矩形小车以等加速度 a 向 x 轴正向行驶，如图 2-7 所示，小车内的液体被带动也具有相同的加速度 a。小车启动时液面前部下降，后部上升，原液面变成一个倾斜的斜面。将坐标系取在等加速度运动的小车液面上，此时液体内任一质点上的单位质量力在各坐标轴方向的分量为

$$f_x=-a, f_y=0, f_z=-g$$

将它们代入液体平衡微分方程的表达式(2-3)中，得

$$dp=\rho(-a dx-g dz)$$

积分得

$$p=-\rho(ax+gz)+C \tag{2-16}$$

当 $x=0, z=0$ 时，$p=p_0$，得 $C=p_0$，代入式(2-16)后，得

$$p=p_0-\gamma\left(\frac{ax}{g}+z\right) \tag{2-17}$$

如图 2-7 所示，液体内部有一点 B 的坐标为(x_B, z_B)，则有

$$\tan\alpha=\frac{a}{g}, \tan\alpha=\frac{\Delta z_B}{x_B}$$

可得 $\Delta z_B=\frac{a}{g}x_B$。

由图 2-7 可知，B 点的液面下深度 h_B 为

$$h_B=\Delta z_B+|z_B|=\frac{a}{g}x_B+|z_B|$$

代入式(2-17)有

$$p = p_0 - \gamma\left(\frac{ax}{g} + z\right) = p_0 + \gamma h$$

可见,等加速度直线运动下,液体的压强分布规律与静止液体一致。

2.4.2 等角速度旋转液体的相对平衡

如图 2-8 所示,盛有液体的圆筒容器绕其中心轴 z 以等角速度 ω 旋转。将坐标系取在运动容器上,坐标原点取在中心旋转轴与自由表面的交点上,由于坐标系旋转,作用在液体质点上的质量力除重力外,还要考虑离心惯性力。根据达朗贝尔原理,作用于液体任意一点 A 的质量力有

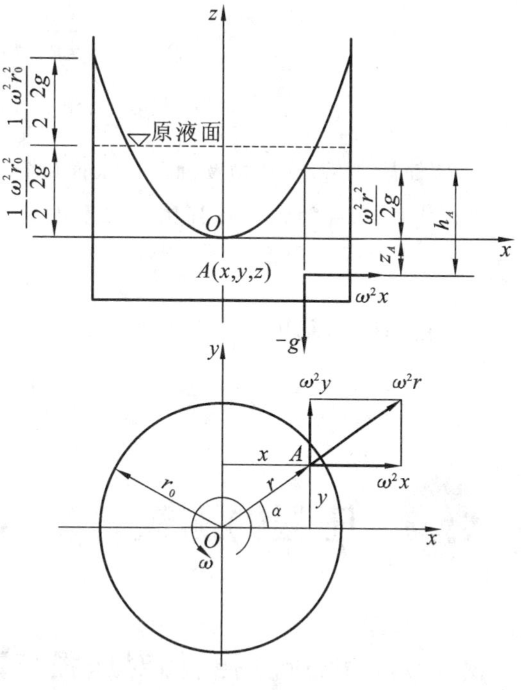

重力: $G = mg$

水平径向的离心惯性力: $F = m\omega^2 r$

式中:m 为液体质点 A 的质量;

r 为质点 A 到 z 轴的径向距离,$r = \sqrt{x^2 + y^2}$;

ω 为圆筒的转速(即角速度)。

图 2-8 等角速旋转液体的相对平衡

单位质量力在 x 轴和 y 轴上只有离心惯性力,在 z 轴上只有重力,则有

$$f_x = \omega^2 r\cos\alpha = \omega^2 x$$

$$f_y = \omega^2 r\sin\alpha = \omega^2 y$$

$$f_z = -g$$

将以上三式代入液体平衡微分方程式(2-3)中,有

$$\mathrm{d}p = \rho(\omega^2 x\mathrm{d}x + \omega^2 y\mathrm{d}y - g\mathrm{d}z)$$

对上式积分得

$$p = \rho\left[\frac{1}{2}\omega^2(x^2 + y^2) - gz\right] + C = \rho g\left(\frac{\omega^2 r^2}{2g} \quad z\right) + C$$

式中:C 为积分常数,可由边界条件确定。

在原点 O 处 $x = y = z = 0$,压强 $p = p_0$,可得 $C = p_0$,则上式可写为

$$p = \rho g\left(\frac{\omega^2 r^2}{2g} - z\right) + p_0 \tag{2-18}$$

若式(2-18)中 p 为常数,则可得等压面方程

$$\frac{\omega^2 r^2}{2g} - z = C(常数) \tag{2-19}$$

式(2-19)表明等角速度旋转的圆筒容器中液体的等压面是围绕中心轴的旋转抛物面。

对于自由液面,压强 $p = p_0$,代入式(2-18)中可得自由液面方程为

$$z = \frac{\omega^2 r^2}{2g} \tag{2-20}$$

式中：$\frac{\omega^2 r^2}{2g}$ 表示半径为 r 处水面高出 xOy 平面的垂直距离。

例 2-1 一开口圆筒容器，直径为 0.8 m，高为 1.2 m，圆筒内盛满水。① 旋转后筒底中心恰好无水，求其角速度；② 若圆筒以等角速度 $\omega = 5.5$ rad/s 绕其铅直中心轴旋转，求从圆筒内溢出的水量。

解 ① 旋转后筒底中心恰好无水时，

$$\frac{1}{2}\frac{\omega^2 r_0^2}{2g} = H = 1.2\ \text{m}$$

所以

$$\omega = \sqrt{\frac{4gH}{r_0^2}} = \sqrt{\frac{4 \times 9.8 \times 1.2}{0.4^2}}\ \text{rad/s} = 17.1\ \text{rad/s}$$

② 圆筒旋转后，旋转抛物面与原水面（筒口）之间围成的空间即为溢出的水量。

圆筒半径 $r_0 = 0.4$ m，由自由液面方程式(2-20)得

$$z = \frac{\omega^2 r_0^2}{2g} = \frac{5.5^2 \times 0.4^2}{2 \times 9.8}\ \text{m} = 0.25\ \text{m}$$

旋转抛物体的体积等于同底同高圆柱体体积的一半，因此从圆筒内溢出的水量为

$$V = \frac{1}{2}\pi r_0^2 z = \frac{1}{2} \times 3.14 \times 0.4^2 \times 0.25\ \text{m}^3 = 0.0628\ \text{m}^3$$

2.5 压强的测量与表示方法

2.5.1 绝对压强、相对压强与真空

1. 绝对压强与相对压强

地球表面大气所产生的压强称为大气压强，它是由地面以上的大气层的重量所产生的。大气压强与当地的纬度、海拔高度及温度有关，因此有当地大气压强之称，当地大气压强以 p_a 表示。计算压强时，根据起算基准的不同，可表示为绝对压强和相对压强。

以设想的没有气体存在的完全真空作为零点算起的压强称为绝对压强，以 p' 表示；以当地大气压强 p_a 为计算零点所得到的压强称为相对压强，又称为计示压强或表压强，以 p 表示。绝对压强和相对压强是按两种不同起量点计算的压强，它们之间相差一个当地大气压强 p_a 值，可得两者之间的关系为

$$p = p' - p_a \tag{2-21}$$

水利工程中，一般的自由表面都是开敞于大气中，自由表面上的气体压强等于当地大气压强，即 $p_0 = p_a$。因此静止液体内，水深为 h 的点处的相对压强为

$$p = p' - p_a = (p_a + \gamma h) - p_a = \gamma h \tag{2-22}$$

2. 真空与真空压强

绝对压强 p' 总是正值，而相对压强 p 可正可负。如果某点的绝对压强 p' 小于当地大气压强 p_a，则其相对压强为负值，即认为该点出现真空（负压）。真空的大小常用真空压强 p_v 表示

$$p_v = p_a - p' = -p \tag{2-23}$$

可见，有真空存在的点，其相对压强与真空压强绝对值相等，相对压强为负值，真空压强为正值。

真空的大小除了用真空压强 p_v 表示以外，还可以用真空高度 h_v 表示，定义为

$$h_v = \frac{p_v}{\rho g} \tag{2-24}$$

真空不一定只产生在气体中，液体中也可以有真空出现。由式(2-22)可知，当绝对压强为零时，真空压强达到理论最大值，即 $p_v = p_a$，可认为是“完全真空”状态。事实上，实际液体中一般无法达到这种“完全真空”状态，因为当容器中液体表面压强降低到其汽化压强时，液体就会迅速汽化，因此液体的最大真空压强只能达到当地大气压强与该液体的汽化压强之差。

图 2-9 所示为用几种不同方法表示的压强值的关系图，其绝对压强与相对压强之间相差一个大气压强。

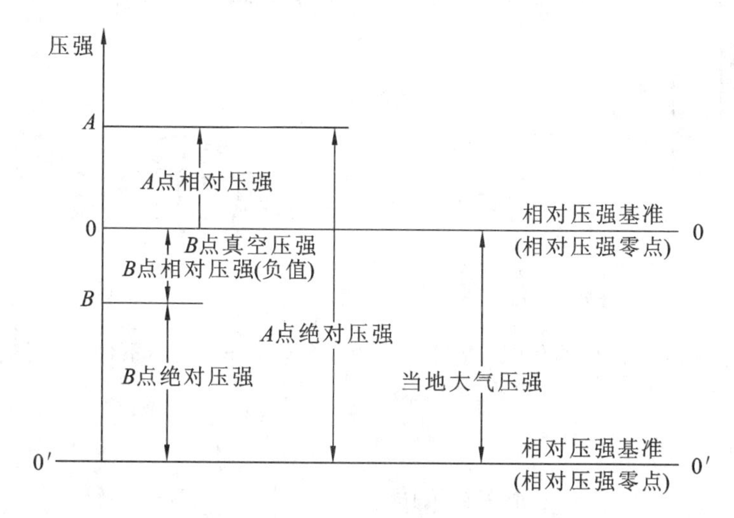

图 2-9　绝对压强、相对压强和真空压强

3. 压强的计量单位

1) 以应力单位表示

从压强的定义出发，用单位面积上的力来表示，如牛顿 / 米^2(N/m^2)、千牛顿 / 米^2(kN/m^2)，或帕斯卡(Pa)，其中，$1\ \text{N/m}^2 = 1\ \text{Pa}$。

2) 以大气压强的倍数表示

国际单位制规定，一个标准大气压 $p_{atm} = 101\ 325\ \text{Pa}$，它是纬度 45° 海平面上，当温度为 0 ℃ 时的大气压强。在水力学中一般采用工程大气压，一个工程大气压为 98 kN/m^2 或 9.8 N/cm^2。

3) 以液柱高度表示

由式(2-22)可知，任一点的压强 p 均可转化为某一密度的液柱高度，即 $h = \frac{p}{\gamma}$。工程中，常用液柱高度作为压强的单位，例如，一个工程大气压相应的水柱高度为

$$h = \frac{p}{\gamma} = \frac{98\ 000\ \text{N/m}^2}{9\ 800\ \text{N/m}^3} = 10\ \text{m}$$

相应的水银柱高度为

$$h_p = \frac{98\ 000\ \text{N/m}^2}{133\ 280\ \text{N/m}^3} = 0.735\ \text{mm} = 735\ \text{mm}$$

2.5.2 压强的量测

测量液体压强的仪器很多，本节主要介绍一些利用静水力学原理设计的液体测压计，因其简单、易操作，可广泛适用于实验室及实际工程中。

1. 测压管

测压管用于测量液体某一点的相对压强值，是用一开口玻璃管与被测量液体相连通而成的，如图 2-10 所示。A 点由于压强的作用，测压管内液面升高至 h_A，故 A 点的相对压强 $p_A = \gamma h_A$。

如果被测点的相对压强较小，可将测压管倾斜放置，以便提高测量精度，如图 2-11 所示。此时，测压管高度为 $h = l\sin\alpha$，A 点的相对压强为 $p_A = \gamma l\sin\alpha$。

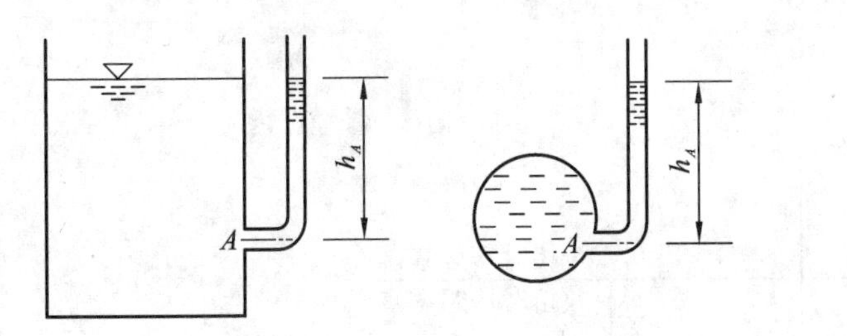

图 2-10 测压管

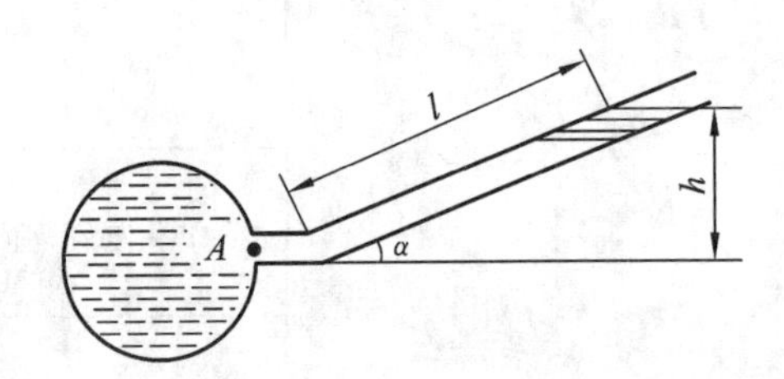

图 2-11 倾斜放置测压管

测压管通常用来测量较小的压强，否则需要的玻璃管过长，使用不便。量测较大压强时，可用 U 形水银测压计。

2. U 水银测压计

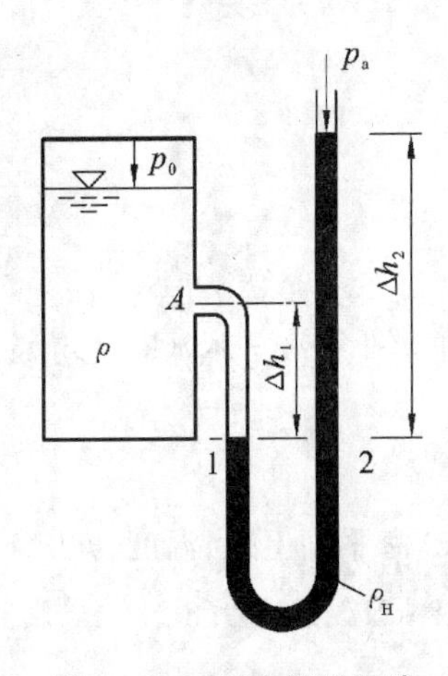

图 2-12 U 形水银测压计

U 形水银测压计是一个装有水银的 U 形管，见图 2-12。管子上端与大气相通，下端与被测点相连。由于 A 点压强的作用，右管中水银柱面上升，设右管比左管水银柱面高出 Δh_2，被测点距左管液面的高度为 Δh_1，左端容器中液体密度为 ρ，水银的密度为 ρ_H，根据水静力学方程及等压面的概念，可推导出 A 点压强。

根据等压面原理可知，在重力作用下，互相连通的同一种液体的同一水平面为等压面。在图 2-12 中，1－2 面即为等压面，由式(2-14)可得 1、2 两点的压强为

$$p_1 = p_A + \rho g\Delta h_1, \quad p_2 = \rho_H g\Delta h_2$$

又 $p_1 = p_2$，则有 $p_A + \rho g\Delta h_1 = \rho_H g\Delta h_2$，整理后可得 A 点的压强为

$$p_A = \rho_H g\Delta h_2 - \rho g\Delta h_1 \tag{2-25}$$

3. 压差计

压差计用于测量两点之间的压强差，多用 U 形管制成，也称为比压计。常见的有空气压差计和水银压差计，见图 2-13。

图 2-13(a) 所示为一种空气压差计，倒 U 形管上部连通且装有通气阀 K，下部分别与待测点 A、B 连接，当管内液面不平齐而出现高度差时，可推求出 A、B 两点的压强差。通常，在常温和标准大气压下空气的密度约为水密度的 1/800，故可忽略空气柱重量所产生的压强，即可认为两管液面处的压强相等，均为 p_0，由式(2-14) 压差公式，有

$$p_A = p_0 + \rho g(\Delta h + a)$$
$$p_B = p_0 + \rho g(\Delta z + a)$$

故 A、B 两点间压强差为

$$p_A - p_B = \rho g(\Delta h - \Delta z)$$

当 A、B 两点压强差较大时，可采用水银压差计，如图 2-13(b) 所示，在U形管中充以水银。由等压面原理及压差公式，有

$$p_A = p_1 - \gamma(\Delta h + z_A)$$
$$p_B = p_2 - \gamma z_B - \gamma_m \Delta h$$

故 A、B 两点间压强差为

$$p_A - p_B = (\gamma_m - \gamma)\Delta h + \gamma \Delta z$$

例 2-2 　如图 2-14 所示为一连接复式U形水银测压计的盛水容器，已知测压计上各液面及 A 点的标高为：$h_1 = 1.8$ m，$h_2 = 0.6$ m，$h_3 = 2.0$ m，$h_4 = 1.0$ m，$h_5 = h_A = 1.5$ m。水银密度为 $\rho_{\mathrm{H}} = 13.6 \times 10^3$ kg/m^3。试确定管中 A 点压强 p_A。

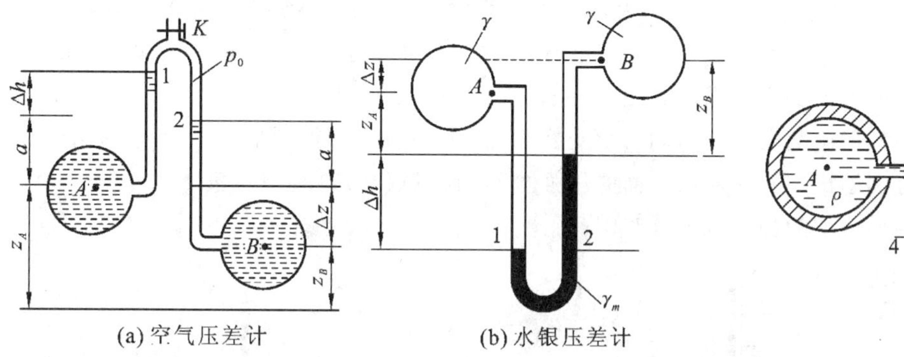

(a) 空气压差计　　(b) 水银压差计

图 2-13　两种压差计

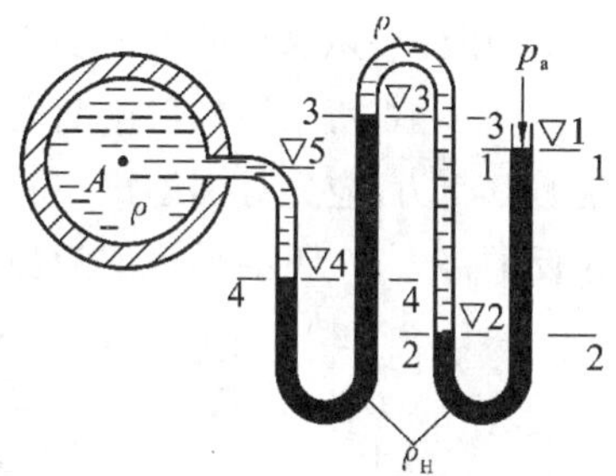

图 2-14　复式U形水银测压计

解 　已知 1—1 断面上作用有大气压，故可从 1 点开始，利用等压面原理及压差公式逐点推算，最后便可求出 A 点压强 p_A。图 2-14 中 2—2、3—3、4—4 均为等压面，可写出如下相对压强计算式：

$$p_1 = 0$$
$$p_2 = p_1 + \rho_{\mathrm{H}} g(h_1 - h_2)$$
$$p_3 = p_2 - \rho g(h_3 - h_2)$$
$$p_4 = p_3 + \rho_{\mathrm{H}} g(h_3 - h_4)$$
$$p_5 = p_4 - \rho g(h_5 - h_4)$$
$$p_A = p_5$$

化简整理可得：

$$\begin{aligned} p_A &= \rho_{\mathrm{H}} g(h_1 - h_2 + h_3 - h_4) - \rho g(h_3 - h_2 + h_5 - h_4) \\ &= [13.6 \times 10^3 \times 9.8 \times (1.8 - 0.6 + 2.0 - 1.0) \\ &\quad - 1.0 \times 10^3 \times 9.8 \times (2.0 - 0.6 + 1.5 - 1.0)]\ \mathrm{N/m^2} \\ &= 275 \times 10^3\ \mathrm{N/m^2} = 275\ \mathrm{kN/m^2} \end{aligned}$$

2.6 平面上的静水总压力计算

2.6.1 作用于矩形平面上的静水总压力

1. 静水压强分布图

静水压强分布图是表示静水压强沿受压面分布规律的几何图形。由式(2-22)可知，静止液体内任意点的相对压强为 $p=\gamma h$，由于 γ 是常数，故压强 p 与 h 呈线性函数关系。将这种规律用几何图形表示出来为：按一定比例用线段长度代表某点静水压强的大小，用箭头表示静水压强的方向，并与受压面垂直，连接上下线段的尾部即为静水压强分布图。下面绘制各种固体壁面上的静水压强分布图。

图 2-15 所示为一垂直平板闸门 AB，一侧挡水，闸门挡水面与水面的交点为 A，相对压强 $p_A=0$；B 点位于闸门挡水面最低点，水深为 h，相对压强为 $p_B=\rho gh$。压强方向与受力面垂直，作带箭头线段 BC，长度为 ρgh，连接 AC，并在三角形 ABC 内作若干条平行于 BC 带箭头的线段，三角形 ABC 表示 AB 面上的静水压强分布图。

图 2-16 所示为矩形平面闸门两边同时承受静水压力的作用，水深分别为 h_1 和 h_2，由于闸门两侧都受力，应先分别绘出左右两侧受压面的压强分布图，然后将两图叠加，消去大小相同方向相反的部分，余下的梯形即为静水压强分布图。

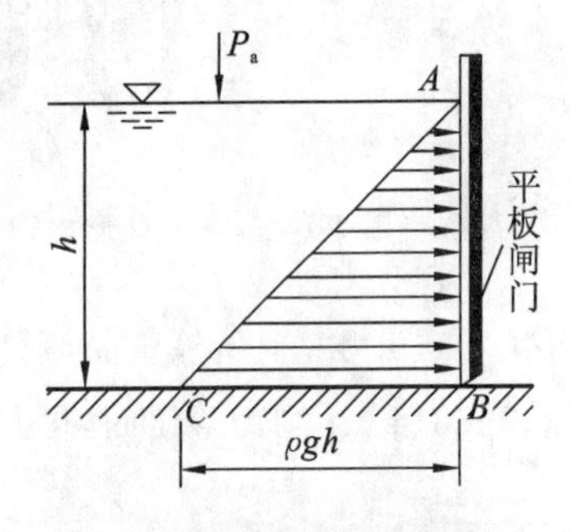

图 2-15　静水压强分布图 1

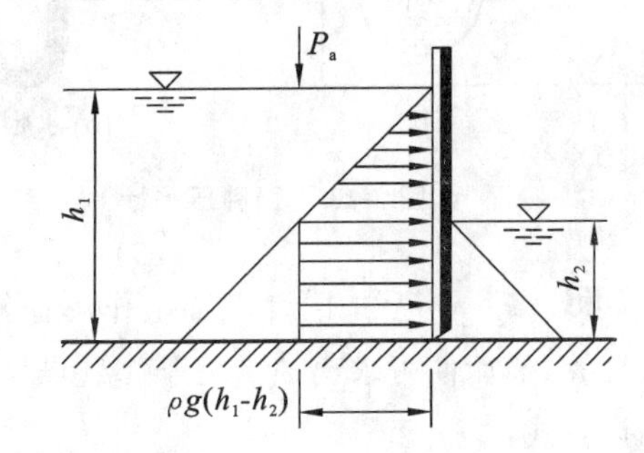

图 2-16　静水压强分布图 2

图 2-17 所示的挡水面 ABC 为折面，在 B 点有两个不同方向的压强分别垂直于 AB 及 BC，这两个压强大小相等，均为 ρgh_1，静水压强分布图如图 2-17 所示。

图 2-18 所示为上、下两种不同密度的液体作用在平面 AC 上，两种液体分界面在 B 点，B 点压强 $p_B=\rho_1 gh_1$，C 点压强 $p_C=\rho_1 gh_1+\rho_2 g(h_2-h_1)$，静水压强分布图如图 2-18 所示。

2. 压力图法计算矩形平面上的静水总压力

实际工程中有许多受压面是矩形平面的情况，如平板闸门、重力坝迎水面等。计算矩形平面上所受的静水总压力，最简洁的方法是利用静水压强分布图求解，称此方法为压力图法。

作用在平面上静水总压力的大小，应等于分布在平面上各点静水压强的总和。因而，作用在单位宽度上的静水总压力，应等于静水压力分布图的面积，则整个矩形平面的静水总压力等于平面的宽度与静水压强分布图的面积的乘积。

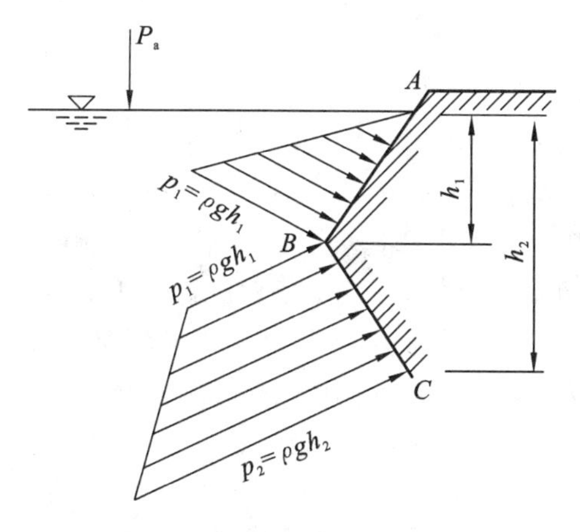

图 2-17　静水压强分布图 3

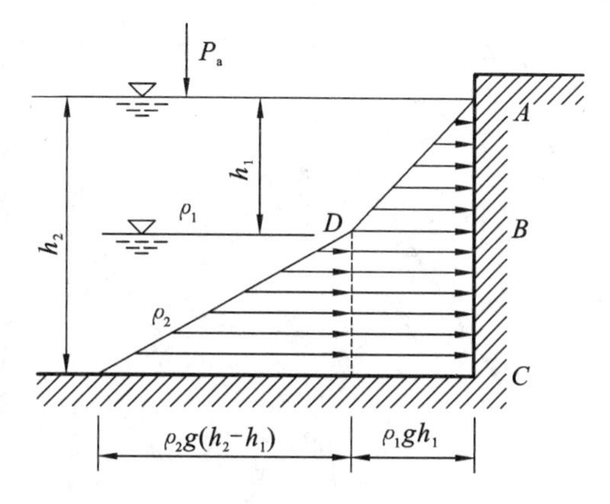

图 2-18　静水压强分布图 4

如图2-19所示为一任意倾斜放置的矩形平面 $ABEF$，平面长为 L，宽度为 b，h_1、h_2 分别为 A、B 两点的水深，则作用于该矩形平面上的静水总压力为

$$F = bA$$

其中：A 为静水压强分布图的面积，$A=\frac{1}{2}(\gamma h_1+\gamma h_2)L$，故

$$F=\frac{\gamma}{2}(h_1+h_2)bL$$

根据静水压强的特性，静水压强的方向总是垂直指向受压面，因此静水总压力的方向也垂直指向受压平面。如图 2-19 所示，矩形平面 $ABEF$ 上静水总压力 F 的作用线通过压强分布体的重心，作用线与矩形平面的交点就是压力中心 D 点。压力中心至受压面底边的距离用 e 表示。

如图 2-20 所示，当压强分布图为三角形时：

$$e=\frac{L}{3} \tag{2-26}$$

当压强分布图为梯形时：

$$e=\frac{L}{3}\left(\frac{2h_1+h_2}{h_1+h_2}\right) \tag{2-27}$$

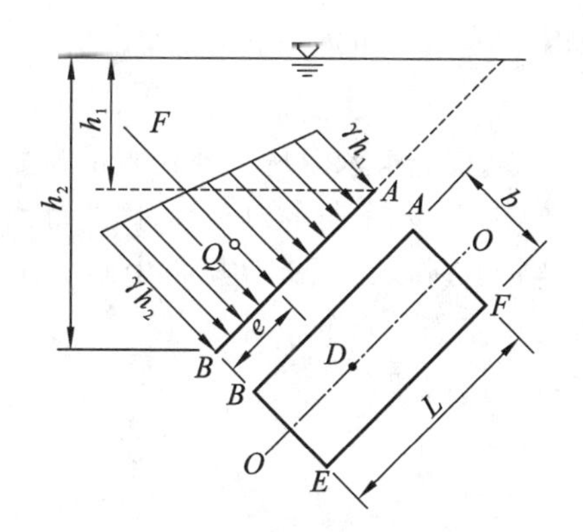

图 2-19　矩形平面上的静水总压力计算

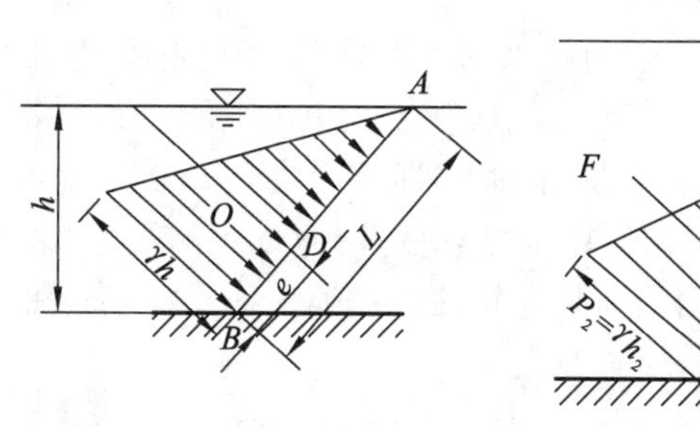

图 2-20　压力中心位置

2.6.2　作用于任意平面上的静水总压力

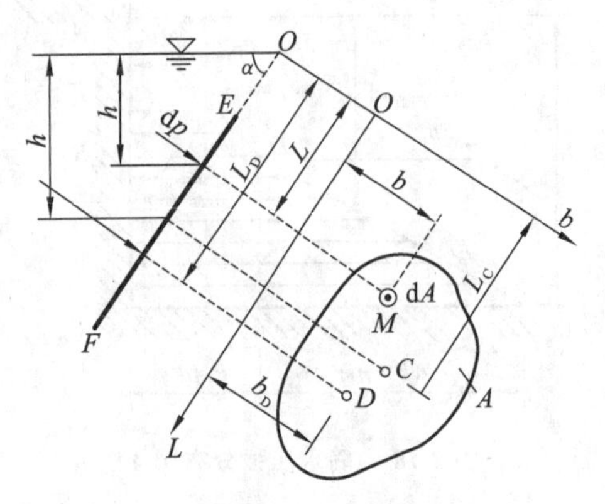

图 2-21　任意平面上的静水总压力计算

当受压面为任意形状，即无对称轴的不规则平面时，静水总压力的计算较为复杂，压力图法不再适用，此时静水总压力的大小和作用点需要用解析法确定。如图 2-21 所示，有一放置在水中任意位置的任意形状的倾斜平面 EF，与水平面的夹角为 α，平面面积为 A，平面形心点为 C，下面分析作用于该平面上静水总压力的大小和压力中心位置。

为了方便分析，将平面 EF 的延长面与水面的交线 Ob 旋转 90° 至纸面，与 OL 组成参考坐标系。

1. 静水总压力的大小

在平面 EF 上任选一点 $M(b,L)$，并在该点取一微分面积 $\mathrm{d}A$，M 点水深 $h = L\sin\alpha$，则作用在 $\mathrm{d}A$ 上静水总压力为

$$\mathrm{d}F = p\mathrm{d}A = \rho gh\mathrm{d}A = \rho gL\sin\alpha\mathrm{d}A$$

由于 EF 是平面，故每一微分面积上压力方向都是互相平行的，根据平行力系求和的方法，将各微面积的压力 $\mathrm{d}F$ 沿整个受压面积分求和，则可得作用在 EF 面上的静水总压力为

$$F = \int_A \mathrm{d}F = \int_A \rho gL\sin\alpha\mathrm{d}A = \rho g\sin\alpha\int_A L\mathrm{d}A$$

式中：$\int_A L\mathrm{d}A$ 为面积 A 对 Ob 轴的面积矩，其值等于该面积 A 与形心点 C 至 Ob 轴的距离 L_C 的乘积，则有

$$F = \rho g\sin\alpha L_C A = \rho gh_C A$$

式中：ρgh_C 为形心点 C 的静水压强 p_C，故上式可写为

$$F = p_C A \tag{2-28}$$

式(2-28)表明，任意形状平面上静水总压力的大小等于该平面形心点的压强与平面面积的乘积。

2. 静水总压力的方向

静水总压力的方向垂直指向受压面。

3. 静水总压力的作用点

图 2-21 所示 D 点为静水总压力 P 的作用点，称为压力中心。确定静水总压力作用点的位置即确定 D 点的坐标 b_D 和 L_D。实际工程中出现的平面大多具有与 OL 轴平行的对称轴，因此静水总压力的作用点必在该对称轴上，即压力中心 D 位于该对称轴上，所以无须计算压力中心 D 到 OL 轴的距离 b_D，只需计算压力中心 D 到 Ob 轴的距离 L_D 即可确定作用点的位置。由理论力学的合力矩定理可知，合力对任一轴的力矩等于各分力对该轴力矩的代数和。

分力 $\mathrm{d}F$ 对 Ob 轴的力矩为

$$\mathrm{d}F\cdot L = \rho gL\sin\alpha\mathrm{d}A\cdot L = \rho gL^2\sin\alpha\mathrm{d}A$$

对上式积分可得各分力对该轴力矩的代数和：

$$\int\mathrm{d}F\cdot L = \int_A \rho gL^2\sin\alpha\mathrm{d}A = \rho g\sin\alpha\int_A L^2\mathrm{d}A = \rho g\sin\alpha I_b \tag{2-29}$$

式中：$I_b=\int_A L^2 \mathrm{d}A$，为面积 A 对 Ob 轴的惯性矩。

总压力 F 对 Ob 轴的力矩为

$$F \cdot L_D=\rho g \sin\alpha L_C A \cdot L_D \tag{2-30}$$

根据合力矩定理得

$$L_D=\frac{I_b}{L_C A} \tag{2-31}$$

由平行移轴定理得

$$I_b=I_C+L_C^2 A$$

上式代入式(2-31)中得

$$L_D=\frac{I_C}{L_C A}+L_C \tag{2-32}$$

上式即为压力中心 D 的 OL 轴坐标。由于$\frac{I_C}{L_C A}>0$，则 $L_D>L_C$，即压力中心 D 在平面形心点 C 之下。

表 2-1 列出了几种常见图形的面积 A、惯性矩 I_C 值。

表 2-1　常见图形的面积和惯性矩

几何图形		面　积　A	对形心横轴的惯性矩 I_C
矩形		bh	$\frac{1}{12}bh^3$
三角形		$\frac{1}{2}bh$	$\frac{1}{36}bh^3$
梯形		$\frac{1}{2}h(a+b)$	$\frac{1}{36}h^3\left(\frac{a^2+4ab+b^2}{a+b}\right)$
圆形		πr^2	$\frac{1}{4}\pi r^4$

续表

几何图形		面　积 A	对形心横轴的惯性矩 I_C
半圆形		$\frac{1}{2}\pi r^2$	$\frac{9\pi^2-64}{72\pi}r^4$

例 2-3　如图 2-22 所示，有一倾斜放置的平板矩形闸门，闸门高度 $L=6$ m，闸门宽度 $b=4$ m，闸门顶部水深 $h_1=8$ m，闸门倾角 $\alpha=60°$。试分别用压力图法和解析法求解作用于闸门上的静水总压力的大小和作用点的位置。

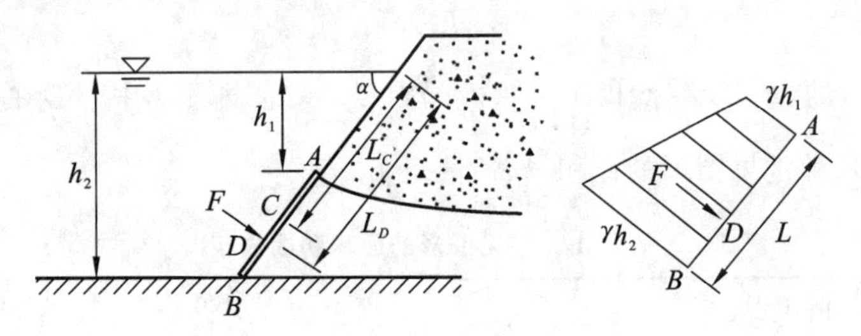

图 2-22　倾斜放置的平板矩形闸门

解　(1) 用压力图法求解。

闸门底部水深为

$$h_2=h_1+L\sin\alpha=\left(8+6\times\frac{\sqrt{3}}{2}\right)\text{ m}=13.20\text{ m}$$

静水压强分布图面积为

$$A=\frac{1}{2}(\gamma h_1+\gamma h_2)L=\left[\frac{1}{2}\times(9.8\times8+9.8\times13.20)\times6\right]\text{ kN/m}=623.28\text{ kN/m}$$

静水总压力的大小为

$$F=Ab=623.28\times4\text{ kN}=2\ 493.12\text{ kN}$$

压力中心 D 距闸门底部的斜距为

$$e=\frac{L}{3}\left(\frac{2h_1+h_2}{h_1+h_2}\right)=\left[\frac{6}{3}\times\left(\frac{2\times8+13.20}{8+13.20}\right)\right]\text{ m}=2.75\text{ m}$$

压力中心 D 在水面下的斜距为

$$L_D=\frac{h_2}{\sin60°}-e=(15.24-2.75)\text{ m}=12.49\text{ m}$$

(2) 用解析法求解。

闸门形心点水深为

$$h_C=h_1+\frac{L}{2}\sin60°=\left(8+\frac{6}{2}\times\frac{\sqrt{3}}{2}\right)\text{ m}=10.60\text{ m}$$

静水总压力的大小

$$F=p_CA=\gamma h_CA=9.8\times10.60\times6\times4\text{ kN}=2\ 493.12\text{ kN}$$

压力中心 D 在水面下的斜距为

$$L_C=\frac{h_1}{\sin60°}+\frac{L}{2}=\left(\frac{8}{\sqrt{3}/2}+\frac{6}{2}\right)\text{ m}=12.24\text{ m}$$

$$I_C = \frac{1}{12}bL^3 = \frac{1}{12} \times 4 \times 6^3 \text{ m}^4 = 72 \text{ m}^4$$

$$L_D = \frac{I_C}{L_C A} + L_C = \left(\frac{72}{12.24 \times 6 \times 4} + 12.24\right) \text{m} = 12.49 \text{ m}$$

2.7 曲面上的静水总压力计算

在实际工程中，会出现许多受压面为曲面的情况，如弧形闸门、闸墩、隧洞进水口、拱坝上游坝面等。曲面上静水压力垂直于作用面，各点所受静水压力的方向不同，比平面上的静水总压力计算要复杂。本节主要研究工程中常见的二向曲面（母线相互平行）上的静水总压力。

如图 2-23 所示，有一母线垂直于纸面的二向曲面 AB，曲面左侧受静水压力的作用，建立 xOz 坐标系，Ox 轴与水面重合向右，Oz 轴铅垂向下。静水压力与受压面始终垂直，曲面上各点所受压力大小方向始终是变化的，求解方法不同于平面上的静水总压力。

将曲面 AB 视作由无数微小面积组成的曲面，作用在每个微小面积上的静水压力 $\mathrm{d}F$ 可分解为水平方向的分力 $\mathrm{d}F_x$ 和垂直方向的分力 $\mathrm{d}F_z$，将求解曲面静水总压力 F 的问题变为求解平行力系合力 F_x 和 F_z 的问题。

如图 2-24 所示，在 AB 上任取一微小曲面 EF，面积为 $\mathrm{d}A$，其形心点对应水深为 h，则作用于 $\mathrm{d}A$ 上的静水压力 $\mathrm{d}F = p\mathrm{d}A = \gamma h\,\mathrm{d}A$，方向垂直指向 $\mathrm{d}A$，与水平方向夹角为 α。因此，作用于微小面积 $\mathrm{d}A$ 上的压力 $\mathrm{d}F$ 在 x、z 轴方向上的分力为

$$\mathrm{d}F_x = \gamma h\,\mathrm{d}A\cos\alpha = \gamma h\,\mathrm{d}A_x$$

$$\mathrm{d}F_z = \gamma h\,\mathrm{d}A\sin\alpha = \gamma h\,\mathrm{d}A_z$$

式中：$\mathrm{d}A_x$ 和 $\mathrm{d}A_z$ 分别为 $\mathrm{d}A$ 在铅垂面和水平面上的投影。

则曲面 AB 上静水总压力的分力即为各微小面积上分力之和，即

$$F_x = \int \mathrm{d}F_x = \int_{A_x} \gamma h\,\mathrm{d}A_x = \gamma \int_{A_x} h\,\mathrm{d}A_x \tag{2-33}$$

$$F_z = \int \mathrm{d}F_z = \int_{A_z} \gamma h\,\mathrm{d}A_z = \gamma \int_{A_z} h\,\mathrm{d}A_z \tag{2-34}$$

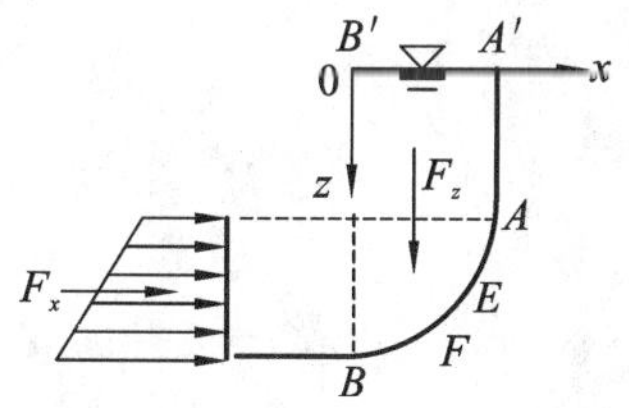

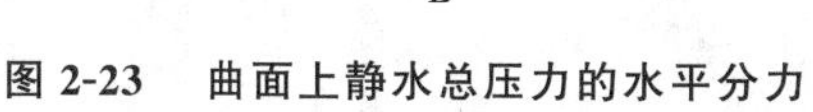
图 2-23　曲面上静水总压力的水平分力

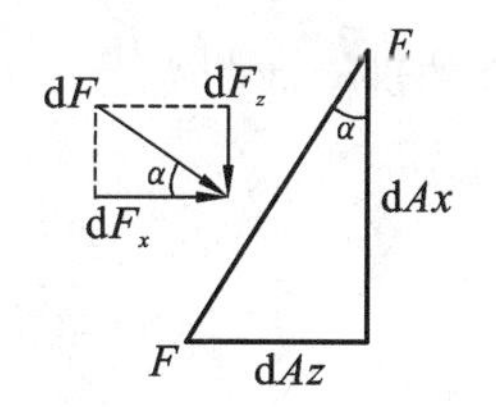

图 2-24　微小面积上的静水压力 dF 的分解

由理论力学可知，$\int_{A_x} h\,\mathrm{d}A_x = h_C A_x$，$h_C$ 是投影面 A_x 形心处的水深。代入式(2-33) 可得

$$F_x = \gamma h_C A_x \tag{2-35}$$

式(2-35) 表明，曲面静水总压力的水平分力等于该曲面的铅垂投影面积 A_x 所承受的静水压力。

式(2-34) 中，$h\mathrm{d}A_z$ 是以 $\mathrm{d}A_z$ 为底，以 h 为高的微小柱体的体积，积分$\int_{A_z} h\,\mathrm{d}A_z$ 则代表整个曲面 AB 与自由水面之间的柱体 $A'ABB'$，称此柱体为压力体，体积用 V 表示，则有

$$F_z = \gamma V \tag{2-36}$$

式(2-36)表明，曲面静水总压力的铅垂分力等于该曲面上的压力体包含的液体重量。

对于二向曲面，$V = \Omega b$，Ω 为压力体的剖面面积，b 为二向曲面的柱面长度。位于液体中的任意曲面，以上求 F_z 的结论也适用。压力体由以下各面组成：① 受压曲面本身；② 通过曲面边界向自由液面或自由液面的延展面所作的铅垂面；③ 自由液面或自由液面延展面。当液体与压力体位于曲面的同一侧时，压力体内有水，称为实压力体，F_z 向下；当液体与压力体位于曲面的不同侧时，压力体内无水，称为虚压力体，F_z 向上。

求得水平分力 F_x 和铅垂分力 F_z 后，根据力的合成定理，可得作用于曲面上的静水总压力为

$$F = \sqrt{F_x^2 + F_z^2}$$

静水总压力 F 与水平面之间的夹角为 θ，

$$\tan\theta = \frac{F_z}{F_x}$$

静水总压力 F 的作用线应通过 F_x 和 F_z 的交点 K，如图 2-25 所示，沿 F 的方向延长总压力 F 的作用线与曲面交于 D 点，该点即为静水总压力 F 在曲面上的作用点。

例 2-4 如图 2-26 所示为某水闸弧形闸门示意图，闸门宽度 $b = 2.0$ m，圆弧半径 $r = 8.0$ m，中心角 $\varphi = 30°$。求作用在弧形闸门上的静水总压力。

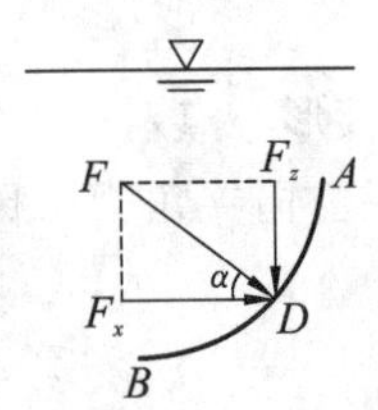

图 2-25 静水总压力 F 的作用线

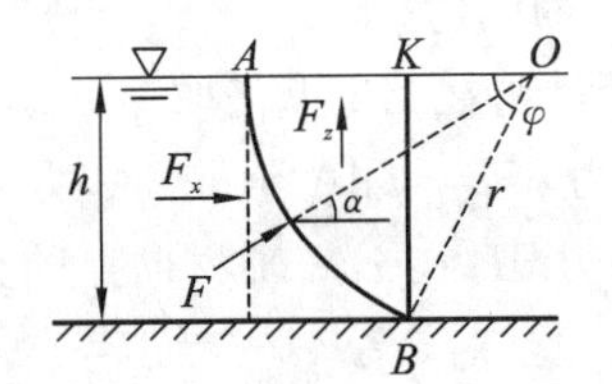

图 2-26 弧形闸门上静水总压力

解 (1) 求静水总压力的大小。

闸前水深为

$$h = r\sin\varphi = (8 \times \sin 30°)\ \text{m} = 4\ \text{m}$$

静水总压力的水平分力为

$$F_x = \gamma h_C A_x = \gamma h \cdot \frac{1}{2} hb = \frac{1}{2} \times 9.8 \times 4^2 \times 2\ \text{kN} = 156.80\ \text{kN}$$

压力体 ABK 的剖面面积为

$$A = S_{OAB} - S_{OKB} = \frac{30°}{360°}\pi r^2 - \frac{1}{2} h \cdot r\cos\varphi$$

$$= \left(\frac{30°}{360°} \times 3.14 \times 8^2 - \frac{1}{2} \times 4 \times 8 \times \cos 30°\right)\ \text{m}^2 = 2.89\ \text{m}^2$$

压力体 ABK 的体积为

$$V = Ab = 2.89 \times 2\ \text{m}^3 = 5.78\ \text{m}^3$$

静水总压力的垂直分力为

$$F_z = \gamma V = 9.81 \times 5.78\ \text{kN} = 56.70\ \text{kN}$$

静水总压力的大小为

$$F = \sqrt{F_x^2 + F_z^2} = \sqrt{156.80^2 + 56.70^2}\ \text{kN} = 166.74\ \text{kN}$$

(2) 求静水总压力的方向。

静水总压力的作用线与水平面的夹角为

$$\alpha = \arctan \frac{P_z}{P_x} = \arctan \frac{56.70}{156.80} = 19.88°$$

即静水总压力 P 的作用线通过圆心，与水平面成 19.88° 角。

思考题与习题

习　题

2-1 装有容重为 γ_1、γ_2 两种液体的容器，各液面深度如图 2-27 所示。已知 $\gamma_2 = 10\ \text{kN/m}^3$，当地大气压为 $p_a = 98\ \text{kN/m}^2$。试计算 γ_1 和 A 点的绝对压强和相对压强。

2-2 如图 2-28 所示的封闭水箱，已知液面的绝对压强为 $p_0 = 81.5\ \text{kN/m}^2$，水箱内水深为 $h = 2.8\ \text{m}$，当地大气压为 $p_a = 98\ \text{kN/m}^2$。计算：

(1) 水箱内绝对压强与相对压强的最大值；

(2) 水箱内相对压强的最小值和最大真空度。

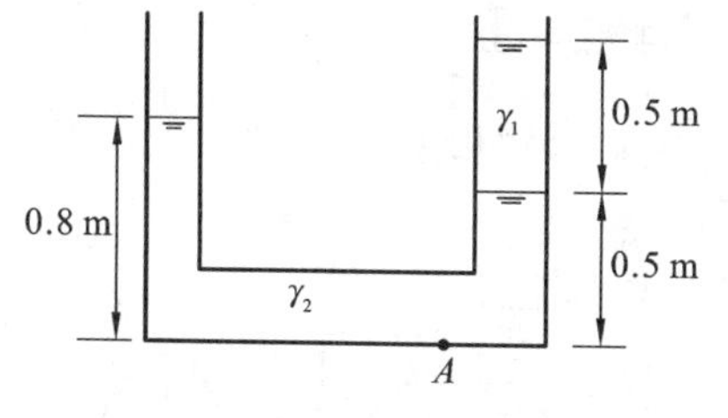

图 2-27　习题 2-1 图

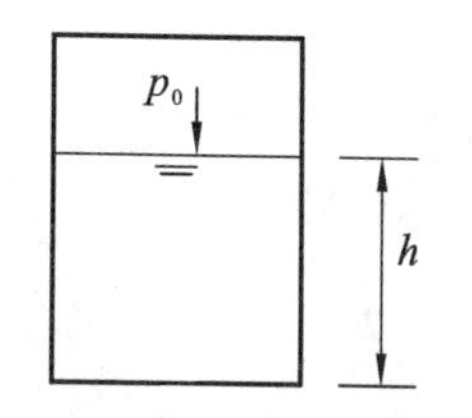

图 2-28　习题 2-2 图

2-3 如图 2-29 所示为一压差计，已知 $h_A = h_B = 2\ \text{m}$，$\Delta h = 1.2\ \text{m}$，求 A、B 两点的压强差。

2-4 为测定运动物体的加速度 a，在其上装有一直径为 d 的 U 形管，如图 2-30 所示。测得两管中液面高度差为 $h = 0.05\ \text{m}$，已知两管水平距离为 $l = 0.3\ \text{m}$，求加速度 a 的大小。

2-5 如图 2-31 所示圆柱形容器，其直径为 $D = 800\ \text{mm}$，高 $H = 700\ \text{mm}$，原有水深为 $h = 300\ \text{mm}$。现使容器绕其中心轴旋转，问转速 n 为多大时，圆柱形容器的底部开始露出水面？此时边壁的水深为多少？

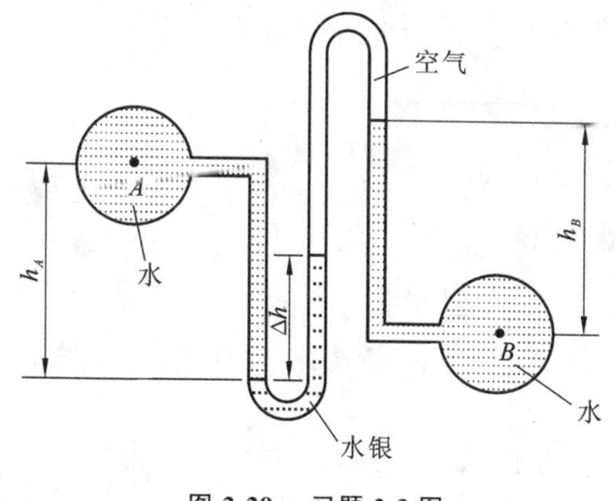

图 2-29　习题 2-3 图

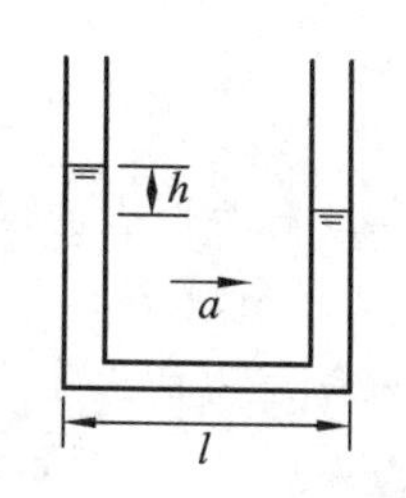

图2-30　习题 2-4 图

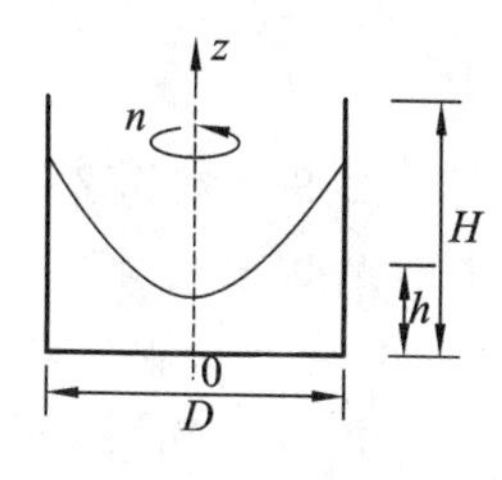

图 2-31　习题 2-5 图

2-6 绘出图 2-32 所示的各挡水面上的静水压强分布图。

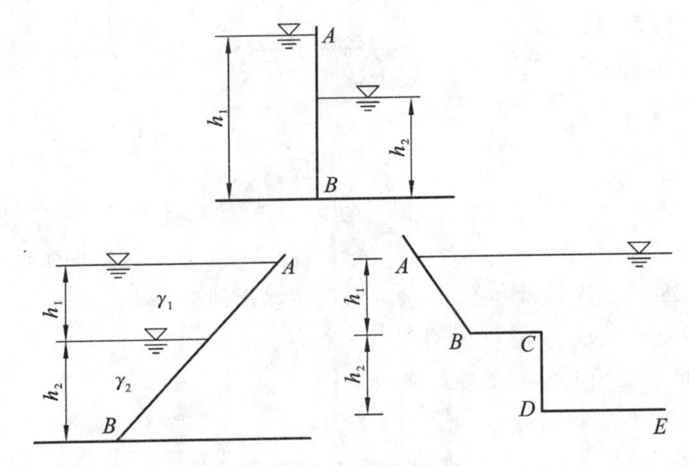

图 2-32　习题 2-6 图

2-7 绘制图 2-33 中各二向曲面上在铅垂方向上的压力体，以及曲面在铅垂面上投影面对应的水平压强分布图。

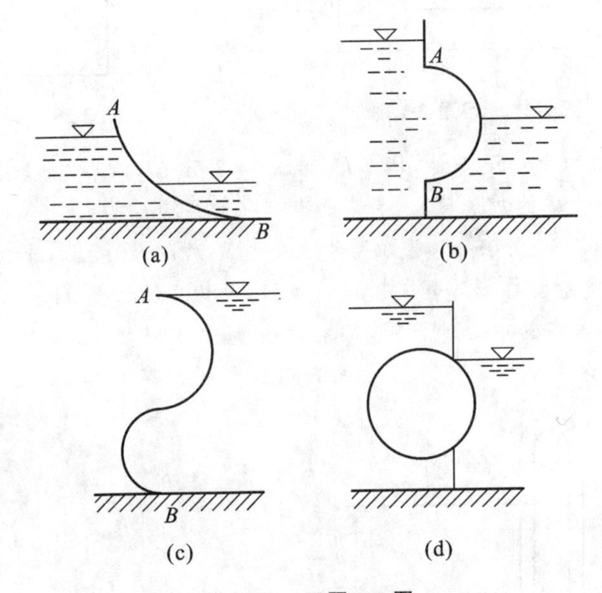

图 2-33　习题 2-7 图

2-8 绘制图 2-34 中各二向曲面上的压力体，并标明铅垂压力的方向。

2-9 一圆筒直径 $d = 2.0$ m，长度 $b = 4.0$ m，斜靠在与水平面成60°的斜面上，如图 2-35 所示。求圆筒所受到的静水总压力的大小及方向。

2-10 一铅垂矩形闸门如图 2-36 所示。已知 $h_1 = 1$ m，$h = 2$ m，闸门宽 $b = 1.5$ m。试分别用解析法和图解法计算闸门上受到静水总压力的大小及作用点的位置。

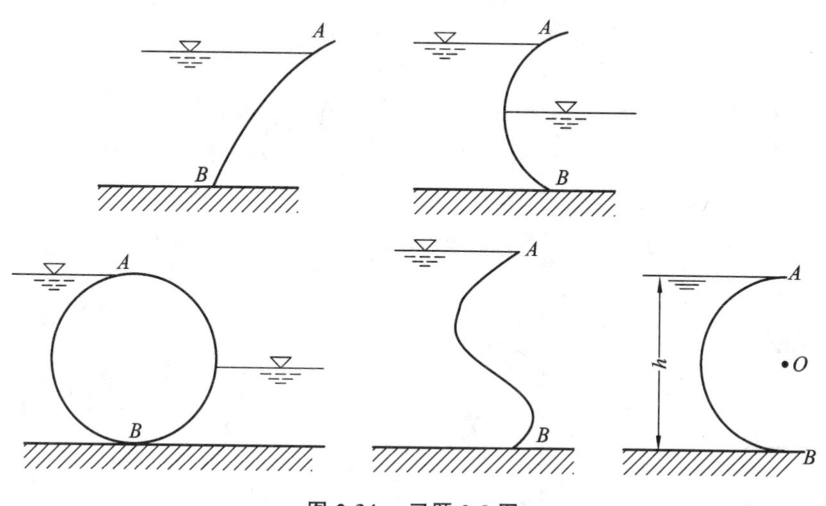

图 2-34　习题 2-8 图

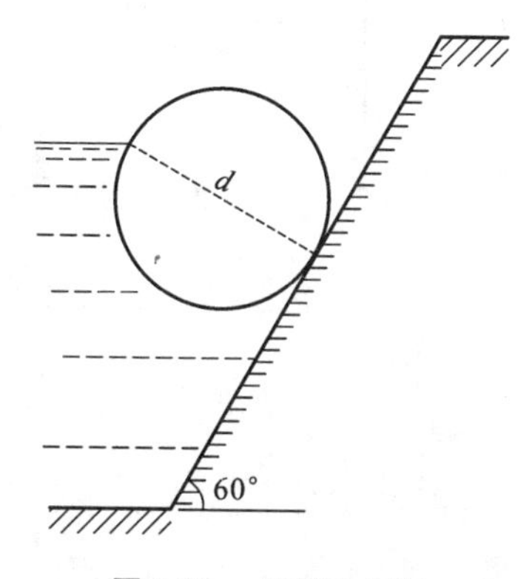

图 2-35　习题 2-9 图

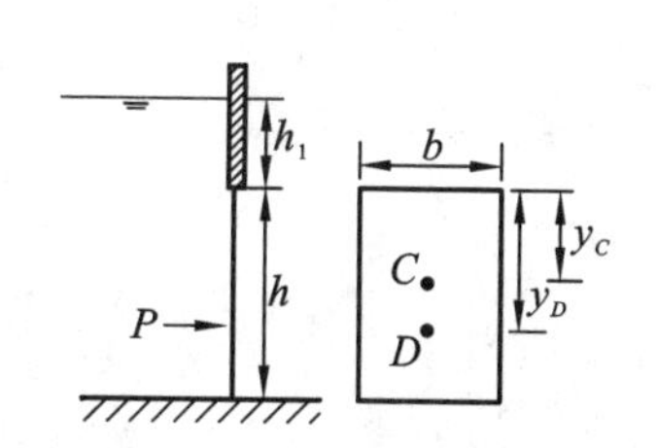

图 2-36　习题 2-10 图

2-11 如图 2-37 所示，矩形闸门 AB 宽为 1.0 m，左侧油深 $h_1 = 1$ m，水深 $h = 2$ m，油的比重为 0.795，闸门倾角 $\alpha = 60°$，试求闸门上的液体总压力及作用点的位置。

2-12 如图 2-38 所示的扇形闸门，闸门宽 $b = 1.5$ m。计算闸门受到的水压力的大小及作用点。

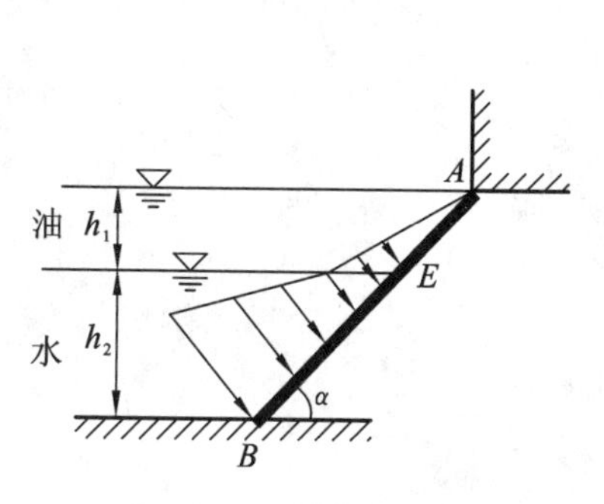

图 2-37　习题 2-11 图

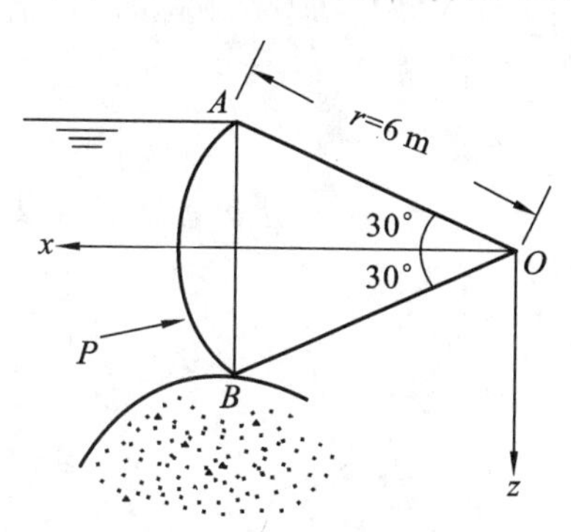

图 2-38　习题 2-12 图

2-13 如图 2-39 所示的储水容器，容器壁上装有 3 个直径为 $d=0.5$ m 的半球形盖，设 $h=2.0$ m，$H=2.5$ m，试求作用在每个球盖上的静水压力。

2-14 盛水密闭容器如图 2-40 所示，其底部圆孔用金属圆球封闭。金属球重 $G=19.6$ N，直径 $D=10$ cm，圆孔直径 $d=8$ cm，水深 $H_1=50$ cm，外部容器水面比其低 10 cm，$H_2=40$ cm，水面为大气压，容器内水面压强为 p_0。

(1) 当 p_0 也为大气压时，求球体受到的水压力；

(2) 当 p_0 为多大的真空度时，球体将浮起。

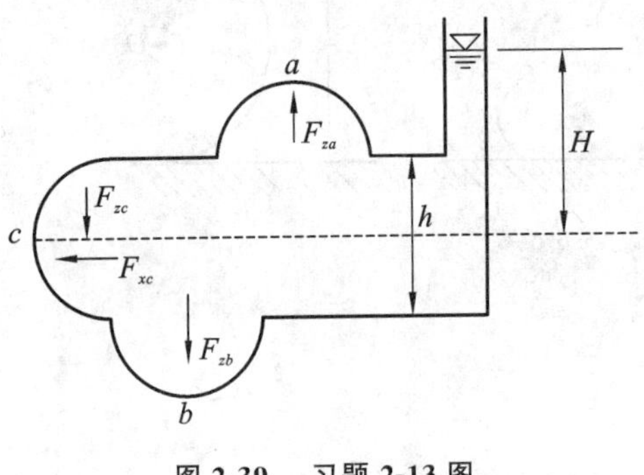

图 2-39 习题 2-13 图

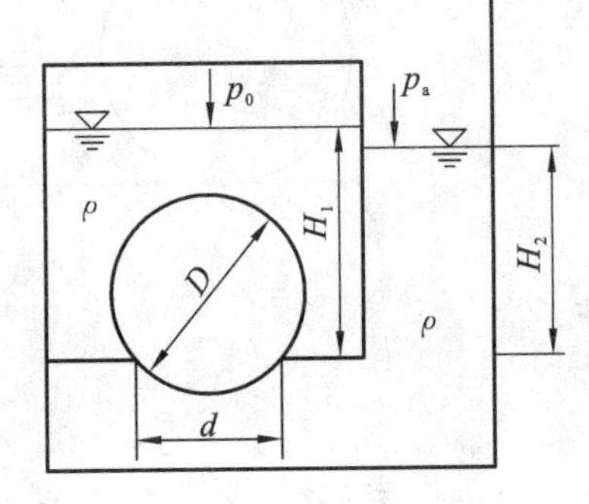

图 2-40 习题 2-14 图

Chapter 3

第3章 水运动学理论和水动力学基础

水力学(hydraulics)基础理论包括三部分主要内容：水静力学(hydrostatics)、水运动学(hydrokinematics)和水动力学(hydrodynamics)。第2章我们讨论了水静力学的基本内容，水静力学研究水在静止状态或相对静止状态下的受力平衡及工程应用。但是，在自然界和工程实际中，我们更多见到的是运动着的水流，流动性是水的重要特性，进一步研究水流的运动规律具有重要意义。从本章开始，我们开始研究水运动学和水动力学的内容。水运动学研究水的运动要素(如位移、速度、加速度、压强等)随时间和空间的变化规律，不涉及受力问题。水动力学研究水的运动要素与引起运动的动力要素(即作用力)之间的相互关系。本章在介绍水运动学的一些基本概念后，重点介绍水力学的三大基本方程：连续性方程、能量方程和动量方程，这三大方程是物理学和理论力学中质量守恒定律、动能定律及动量定律在水力学中的具体体现，是分析各种水力现象的重要依据，因而也是以后各章的基础。

本章中前三节内容属于水运动学的内容，不涉及水的动力学性质，所研究的内容和结论对无黏性液体(理想液体)和黏性液体(实际液体)均适用。而后两节属于水动力学的内容，由于实际液体存在黏性，使得对水流运动的分析变得十分复杂，在水动力学研究中，通常是先从忽略黏滞性的理想液体入手，然后把对理想液体的研究结果加以修正，得出实际液体的能量方程和动量方程。涉及具体约束边界条件的水流运动(如管流、明渠流、堰流等)，将分别在以后各章讨论。

3.1 拉格朗日法和欧拉法

如何描述运动着的液体是水运动学首先要解决的问题，基于连续介质模型，有两种描述液体运动的方法：拉格朗日法和欧拉法。

3.1.1 拉格朗日法

拉格朗日法是以研究单个液体质点的运动为基础，然后通过综合所有液体质点的运动参数的变化情况，得出整个液体的运动规律。理论力学中研究质点和质点系运动，就是采用这种方法。

拉格朗日法的着眼点是液体质点，在研究的流动液体中取某一液体质点 M，在运动起始时刻 $t=t_0$ 时其占据的空间坐标为 (a,b,c)，该坐标称为起始坐标，在任意 t 时刻所占据的空间坐标为 (x,y,z)，该坐标称为运动坐标，则运动坐标可以表示为时间 t 与该质点起始坐标的函数，即

$$\left.\begin{aligned} x &= x(a,b,c,t) \\ y &= y(a,b,c,t) \\ z &= z(a,b,c,t) \end{aligned}\right\} \tag{3-1}$$

式中:a、b、c、t 为拉格朗日变数。若给定方程中的 a、b、c 值,就可以得到起始坐标值为(a,b,c) 的质点 M 的运动轨迹方程。

式(3-1) 中对时间 t 取偏导,可得出该质点的运动速度在 x、y、z 轴方向的分量

$$\left.\begin{aligned} u_x &= \frac{\partial x}{\partial t} = \frac{\partial x\,(a,b,c,t)}{\partial t} \\ u_y &= \frac{\partial y}{\partial t} = \frac{\partial y\,(a,b,c,t)}{\partial t} \\ u_z &= \frac{\partial z}{\partial t} = \frac{\partial z\,(a,b,c,t)}{\partial t} \end{aligned}\right\} \tag{3-2}$$

同理,式(3-2) 中对时间取偏导,即可得出该质点运动的加速度在三个坐标轴方向的分量

$$\left.\begin{aligned} a_x &= \frac{\partial u_x}{\partial t} = \frac{\partial^2 x\,(a,b,c,t)}{\partial t^2} \\ a_y &= \frac{\partial u_y}{\partial t} = \frac{\partial^2 y\,(a,b,c,t)}{\partial t^2} \\ a_z &= \frac{\partial u_z}{\partial t} = \frac{\partial^2 z\,(a,b,c,t)}{\partial t^2} \end{aligned}\right\} \tag{3-3}$$

这样,如果知道了所有液体质点的运动参数和运动过程,就可以得出整个液体的运动规律。

拉格朗日法物理概念比较容易理解,一旦运动函数 $x(a,b,c,t)$、$y(a,b,c,t)$、$z(a,b,c,t)$ 确定后,速度和加速度即可确定。从这一点来看,它和研究固体质点运动的方法完全一样。但是,由于液体质点运动轨迹非常复杂,一般情况下很难得到众多个别质点的运动规律,因此,水力学中只有在分析某些液体运动(如波浪运动) 等情况下才使用拉格朗日法,而通常情况下更常用的是下面要介绍的欧拉法。

3.1.2 欧拉法

运动液体占据的流动空间称为流场。欧拉法着眼于流场中的空间点,从分析流场中不同液体质点通过某一固定空间点的运动情况入手,设法描述出每一个空间点上液体质点的运动参数随时间的变化规律。欧拉法的研究对象是空间点,而拉格朗日法的研究对象是液体质点本身。

欧拉法中,在任何时刻,任意空间点上的液体质点的速度 $\vec{u}$ 是空间点坐标(x,y,z) 和时间 t 的函数(矢量式),即

$$\vec{u} = \vec{u}(x,y,z,t) \tag{3-4}$$

式(3-4) 在三个空间坐标的分量式(标量式) 为

$$\left.\begin{aligned} u_x &= u_x(x,y,z,t) \\ u_y &= u_y(x,y,z,t) \\ u_z &= u_z(x,y,z,t) \end{aligned}\right\} \tag{3-5}$$

这里,欧拉法只是关注某一时刻占据这个空间点的液体质点的运动要素值,而不去探究这个液体质点的过去和将来。

同理,压强、密度可表示为

$$p = p(x,y,z,t) \tag{3-6}$$

$$\rho = \rho(x, y, z, t) \tag{3-7}$$

式中：x、y、z 均应看作为自变量，它们和 t 一起被称为欧拉变数。

在式(3-5)中，若(x,y,z)为常数，t 为变数，可得到不同时刻通过该空间点的液体质点的速度变化情况；若 t 为常数，(x,y,z)为变数，则可得到某一瞬时通过流场不同空间点的液体质点速度分布情况。由式(3-5)确定的速度函数是定义在空间点上的，它们是空间点的坐标(x,y,z)的函数，其研究的对象是流场，而不是质点。因此，欧拉法又称为流场法。

现在讨论液体质点加速度的表达式。欧拉法的研究对象是空间点，而所谓的加速度是指某一液体质点在通过某一空间点的速度随时间的变化，在微小时段 $\mathrm{d}t$ 内，这一液体质点将运动到新的位置，即运动着的液体质点本身的坐标是时间的函数，不能将其视为常数。因此，加速度是速度对时间取全导数，根据复合函数求导法则，可得出加速度的表达式为

$$\left.\begin{aligned} a_x &= \frac{\mathrm{d}u_x}{\mathrm{d}t} = \frac{\partial u_x}{\partial t} + \frac{\partial u_x}{\partial x}\frac{\mathrm{d}x}{\mathrm{d}t} + \frac{\partial u_x}{\partial y}\frac{\mathrm{d}y}{\mathrm{d}t} + \frac{\partial u_x}{\partial z}\frac{\mathrm{d}z}{\mathrm{d}t} \\ a_y &= \frac{\mathrm{d}u_y}{\mathrm{d}t} = \frac{\partial u_y}{\partial t} + \frac{\partial u_y}{\partial x}\frac{\mathrm{d}x}{\mathrm{d}t} + \frac{\partial u_y}{\partial y}\frac{\mathrm{d}y}{\mathrm{d}t} + \frac{\partial u_y}{\partial z}\frac{\mathrm{d}z}{\mathrm{d}t} \\ a_z &= \frac{\mathrm{d}u_z}{\mathrm{d}t} = \frac{\partial u_z}{\partial t} + \frac{\partial u_z}{\partial x}\frac{\mathrm{d}x}{\mathrm{d}t} + \frac{\partial u_z}{\partial y}\frac{\mathrm{d}y}{\mathrm{d}t} + \frac{\partial u_z}{\partial z}\frac{\mathrm{d}z}{\mathrm{d}t} \end{aligned}\right\} \tag{3-8}$$

式(3-8)中，坐标增量 $\mathrm{d}x$、$\mathrm{d}y$、$\mathrm{d}z$ 不是任意微小增量，而是在 $\mathrm{d}t$ 时段内液体质点在空间位置的微小位移在各坐标轴上的投影。即有

$$\frac{\mathrm{d}x}{\mathrm{d}t} = u_x, \frac{\mathrm{d}y}{\mathrm{d}t} = u_y, \frac{\mathrm{d}z}{\mathrm{d}t} = u_z$$

将其代入式(3-8)，即得到欧拉法加速度的表达式

$$\left.\begin{aligned} a_x &= \frac{\partial u_x}{\partial t} + u_x\frac{\partial u_x}{\partial x} + u_y\frac{\partial u_x}{\partial y} + u_z\frac{\partial u_x}{\partial z} \\ a_y &= \frac{\partial u_y}{\partial t} + u_x\frac{\partial u_y}{\partial x} + u_y\frac{\partial u_y}{\partial y} + u_z\frac{\partial u_y}{\partial z} \\ a_z &= \frac{\partial u_z}{\partial t} + u_x\frac{\partial u_z}{\partial x} + u_y\frac{\partial u_z}{\partial y} + u_z\frac{\partial u_z}{\partial z} \end{aligned}\right\} \tag{3-9}$$

式(3-9)中，液体质点的加速度由两部分组成：等号后边第一项为当地加速度（或时变加速度），是由于时间过程而使空间点上的质点速度发生变化所引起的加速度；等号后边后三项为迁移加速度（或位变加速度），是由于流动过程中质点位移占据不同的空间点而发生速度变化所引起的加速度。

在水箱侧壁开口并接出一根收缩管，水经收缩管流出（见图 3-1），若水箱无来水补充，水位 H 将会逐渐降低，管轴线上液体质点的速度随时间推移而不断减小，时变加速度$\frac{\partial u_x}{\partial t}$为负值。同时管道沿流动方向收缩，某一确定时刻液体质点的速度沿轴向逐渐增大，有位变加速度 $u_x\frac{\partial u_x}{\partial x}$ 且为正值。所以该液体质点的加速度 $a_x = \frac{\partial u_x}{\partial t} + u_x\frac{\partial u_x}{\partial x}$。若水箱有来水补充，水箱水位 H 保持不变，液体质点的速度不随时间而变，时变加速度$\frac{\partial u_x}{\partial t} = 0$，但仍有位变加速度，该液体质点的加速度为 $a_x = u_x\frac{\partial u_x}{\partial x}$。

若出水管为等直径的直管（见图 3-2），水箱无来水补充时，管轴线上的液体质点加速度为

$a_x = \frac{\partial u_x}{\partial t}$。当水箱有来水补充，水箱水位 H 保持不变时，该液体质点既无时变加速度也无位变加速度，$a_x = 0$。

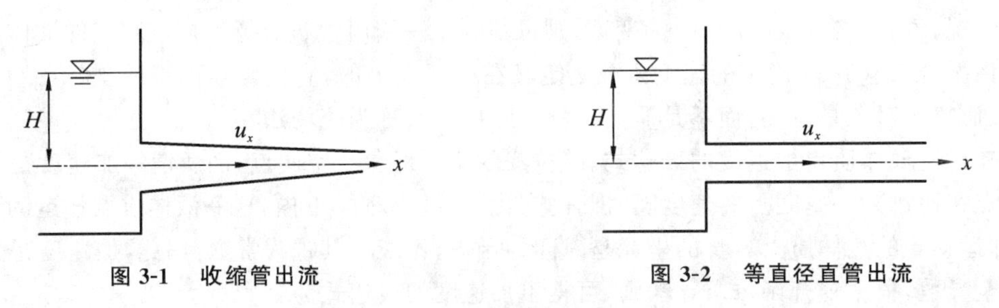

图 3-1　收缩管出流　　　　图 3-2　等直径直管出流

在水力学中常用欧拉法。首先，因为大多数实际工程问题中，我们一般只需要弄清楚在某一个空间位置上水流的运动情况，而并不需要去追究这些液体质点的运动轨迹及运动过程。其次，欧拉法中加速度是一阶导数，运动方程将是一阶偏微分方程，数学方程的求解较拉格朗日法为易。再次，在测量流体的运动要素时，欧拉法可将测试仪表固定在指定的空间点上，这种测量方法是容易实现的。

 3.2 液体运动分类及水运动学基本概念

3.2.1　恒定流与非恒定流

上节讲到，用欧拉法描述液体运动时，一般情况下，将各种运动要素都表示为空间坐标(x,y,z)和时间 t 的连续函数。

如果流场中液体质点通过任一空间点时，所有的运动要素都不随时间而变化，这种流动称为恒定流；反之，只要有任何一个运动要素是随时间而变化的，就是非恒定流。

我们在研究实际水流运动的时候，首先要分清水流是恒定流还是非恒定流。恒定流的表达式中不包含时间变量，而非恒定流的流速、压强等运动要素是时间的函数，由于描述液体运动的变量增加，使得水流运动分析更加复杂和困难。在实际工程中，多数情况下正常运行的系统是恒定流，或者虽然是非恒定流，但由于其流动参数随时间变化缓慢，仍可近似按恒定流来处理。在上节列举的水箱出流的例子中，水位 H 保持不变的是恒定流，水位 H 随时间变化的是非恒定流。本书主要讨论恒定流运动。

3.2.2　迹线与流线

上节讲到，拉格朗日法是研究个别液体质点在不同时刻的运动情况，而欧拉法是考察同一时刻液体质点在不同空间位置的运动状态。前者引出了迹线的概念，后者引出了流线的概念。

迹线是液体质点运动的轨迹线，它是某一个液体质点在运动过程中的不同时刻所占据的空间位置的连线，迹线必定与时间有关。迹线是拉格朗日法描述液体运动的图线。

流线是某一指定时刻在流场中画出的一条曲线，在该时刻，位于曲线各空间点上的液体质点的流速方向都与该曲线相切（见图 3-3）。流线是从欧拉法引出的，也是我们要重点理解的概念。

根据流线的定义，可以在任意流场中绘制流线（见图 3-4）。在流场中任取一点 1，绘出某一时刻通过该空间点的液体质点的速度矢量 $\boldsymbol{u}_1$，再在该矢量线上取距点 1 很近的点 2，标出同一时刻，通过点 2 的液体质点的速度矢量 $\boldsymbol{u}_2$，如此继续下去，可得到点 1、2、3、4…… 组成的一条折线，若令折线上相邻各点的间距无线接近，其极限就是该时刻流场中通过空间点 1、2、3、4 的流线，它是由各个点连接而成的光滑曲线（见图 3-3）。

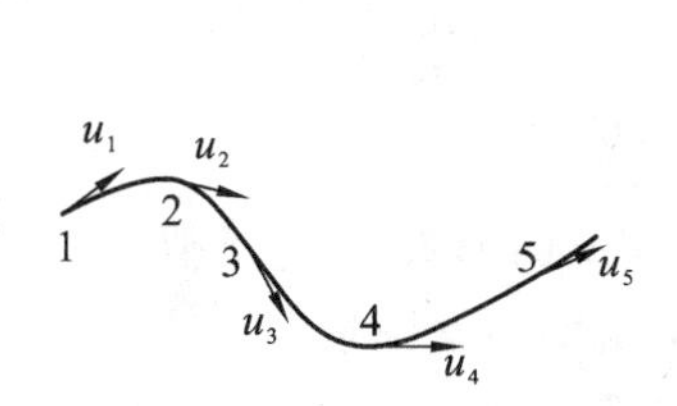

图 3-3　某时刻一根流线

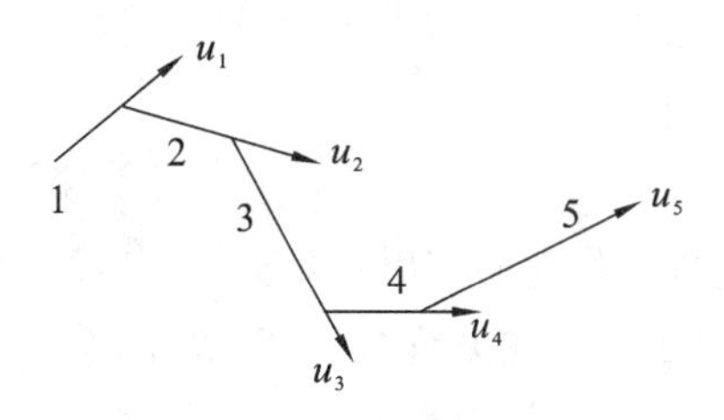

图 3-4　流线的绘制

采用同样的方法，可以画出该时刻通过上述流线外其他各点的流线，在运动液体的整个空间可绘出一系列的流线，称为流线簇，流线簇构成的流线图称为流谱，用来反映整个流场的情况。整个流场被无数流线所充满，从而显示出液体运动清晰的几何图像。

根据上述流线的概念，可以得出流线的几个基本特性，具体如下。

（1）流场中，同一瞬时的流线不能相交，也不能转折，只能是一条光滑的曲线。否则，交点（或转折点）处的液体质点就有两个流速方向，而每个液体质点在某一给定时刻只能有一个流动方向，也可以说，某瞬时通过流场中的任一点只能画一条流线。

上述特性的一个例外是，流线可以在一些特殊点相交，如速度为零的点（图 3-5 中的 A 点），通常称为驻点；速度无穷大的点（图 3-6、图 3-7 中的 O 点），通常称为奇点；以及流线相切点（图 3-5 中的 B 点）。通过上述点不只有一条流线。另外，由于液体是连续介质，各运动要素在空间和时间上的变化都应该是连续的，所以流线只能是一条光滑的连续曲线。

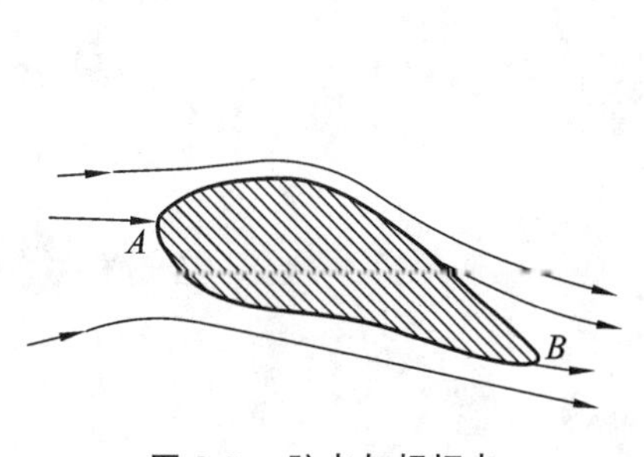

图 3-5　驻点与相切点

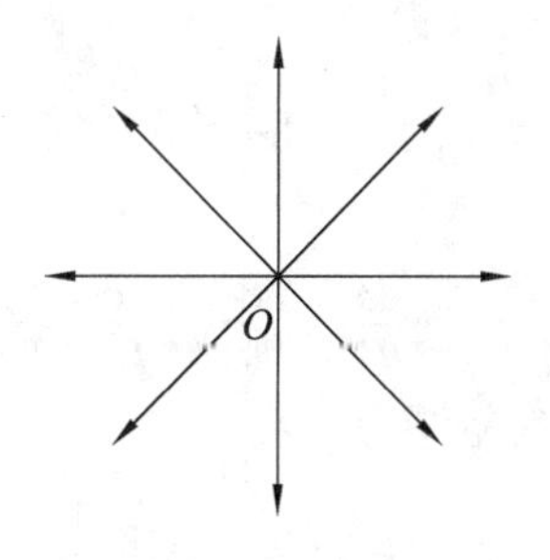

图 3-6　奇点（源）

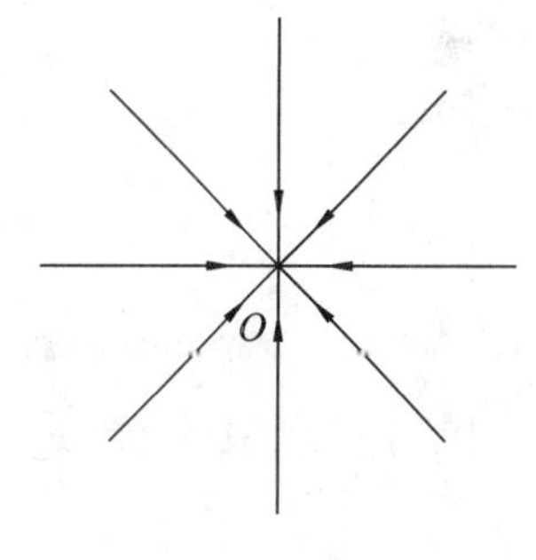

图 3-7　奇点（汇）

（2）对于恒定流，流线的形状不随时间而变化，这时流线与迹线互相重合；对于非恒定流，流线形状随时间而改变，这时流线与迹线一般不重合。个别情况，有时流场中速度方向不随时间变化，只有速度大小随时间变化，这时虽然液体的流动是非恒定流，但其流线和迹线仍然重合。

（3）流线的形状和疏密反映了某瞬时流场内液体的流速大小和方向：流线密的地方，流速大；流线疏的地方，流速小。

（4）边界附近流线的形状总是尽可能接近边界的形状。根据流线的概念，可以形象地描述不同边界条件下的液体流动状态。圆柱绕流运动和断面突然扩大的水流运动，均可用流线分布图形象地描述（见图 3-8）。根据流线分布图可知：当固体边界渐变时，固体边界是液体运动的边界流线，即液体沿边界流动。如果边界发生突然变化，由于惯性作用，主流会脱离固体边界，在边界和主流之间形成漩涡区，漩涡区的固体边界就不再是边界流线了。

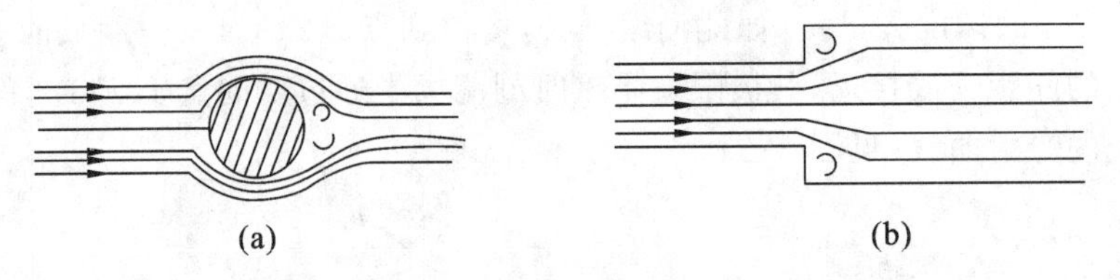

图 3-8　不同边界条件的流线

从上述流线的性质可以理解到，流线是空间流速分布情况的形象化，它类似于电力线和磁力线。如果获得了某一瞬时许多流线，就了解了该瞬时整个液流的运动图景。

根据流线的定义，可以利用数学工具建立流线方程。

设某时刻在流线上任一点 $M(x,y,z)$ 附近取微元线段矢量$\overrightarrow{\mathrm{d}s}$，其坐标轴方向的分量为 $\mathrm{d}x$、$\mathrm{d}y$、$\mathrm{d}z$，根据流线的定义，过该点的速度矢量 $\vec{u}$ 与$\overrightarrow{\mathrm{d}s}$ 共线，满足

$$\overrightarrow{\mathrm{d}s} \times \vec{u} = 0 \tag{3-10}$$

即

$$\begin{vmatrix} i & j & k \\ \mathrm{d}x & \mathrm{d}y & \mathrm{d}z \\ u_x & u_y & u_z \end{vmatrix} = 0$$

展开上式，得流线的微分方程为

$$\frac{\mathrm{d}x}{u_x} = \frac{\mathrm{d}y}{u_y} = \frac{\mathrm{d}z}{u_z} \tag{3-11}$$

式(3-11)包括两个独立方程，式中 u_x、u_y、u_z 是空间坐标 x、y、z 和时间 t 的函数。因为流线是对某一时刻而言，所以微分方程中，时间 t 是参变量，在积分求流线方程时将其作为常数。

而迹线是液体质点在某一时段的运动轨迹线，由其运动方程

$$\left.\begin{aligned} \mathrm{d}x &= u_x\mathrm{d}t \\ \mathrm{d}y &= u_y\mathrm{d}t \\ \mathrm{d}z &= u_z\mathrm{d}t \end{aligned}\right\}$$

便可得到迹线的微分方程

$$\frac{\mathrm{d}x}{u_x} = \frac{\mathrm{d}y}{u_y} = \frac{\mathrm{d}z}{u_z} = \mathrm{d}t \tag{3-12}$$

式中：时间 t 是自变量，x、y、z 是 t 的函数。

3.2.3　元流、总流、过水断面、断面平均流速

上节讲到的流线，只能表示流场中各空间点的液体质点的流动方向，为了描述流场内流过的液体数量，需要引入以下基于欧拉法的一些其他基本概念。

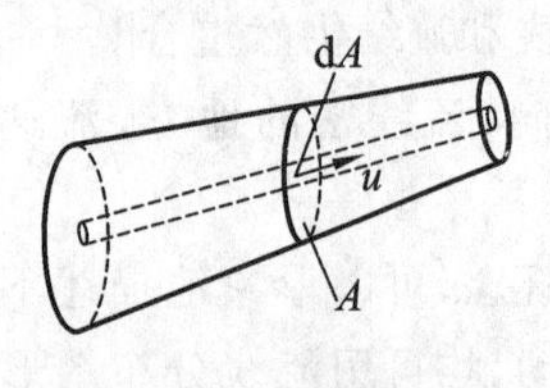

图 3-9　元流与总流

元流是横断面积无限小的流束，它的侧表面是由流线组成的流管。流动边界内由无数个元流组成的宏观水流，称为总流，如图 3-9 所示。总流一般指实际水流，边界具有一定规模、一定尺寸，如管道中的有压流、渠道中的明渠流、外边界与空气接触的射流等。

与元流或总流的所有流线正交的横断面，称为过水断面。过水断面的形状可以是平面(当流线是平行的直线时)，也可以是曲面(流线为其

他形状时）。

单位时间内，流过某一过水断面的液体体积称为流量，流量用 Q 表示，单位为 m^3/s。

引入元流概念的目的有两个：

(1) 元流的横断面积 dA 无限小，因此 dA 面积上各点的运动要素（点流速 u 和压强 p）都可以当作常数；

(2) 元流作为基本无限小单位，通过积分运算，可求得总流的运动要素。例如元流的流量为 $dQ = u dA$，则通过总流过水断面的流量 Q 为

$$Q = \int dQ = \int_A u \, dA \tag{3-13}$$

一般情况下，组成总流的各个元流过水断面上的点流速是不相等的，而且有时流速分布很复杂。为了简化问题，我们引入了断面平均流速 v 的概念。这是恒定总流分析方法的基础，也称为一元流动分析法，即认为液体的运动要素只是一个空间坐标（流程坐标）的函数。断面平均流速 v 等于通过总流过水断面的流量 Q 除以过水断面的面积 A，即

$$v = Q/A \tag{3-14}$$

断面平均流速代替真实流速分布是对水流真实结构的一种简化。对大多数水流运动，采用这样的处理方法可使问题的分析变得比较简单。在实际应用中，有时并不需要知道总流过水断面上的流速分布，仅需要了解断面平均流速的大小及沿程变化情况即可。

液体运动除了以恒定流和非恒定流分类外，还有以下几种分类方法。

3.2.4 均匀流与非均匀流

流线是相互平行的直线的流动称为均匀流。这里要满足两个条件，即流线既要相互平行，又必须是直线，只要其中有一个条件不能满足，这个流动就是非均匀流。均匀流的概念也可以表述为液体的流速大小和方向沿空间流程不变。或者表述为，流场中各空间点的位变加速度均为零。

流动的恒定、非恒定是相对时间而言，均匀、非均匀是相对空间而言；恒定流可是均匀流，也可以是非均匀流，对非恒定流也是如此。

均匀流具有下列特征：

(1) 过水断面为平面，且形状和大小沿程不变；

(2) 同一条流线上各点的流速相同，因此各过水断面上平均流速 v 相等；

(3) 同一过水断面上各点的测压管水头为常数（即动水压强分布与静水压强分布规律相同，具有 $z + \frac{p}{\rho g} = C$ 的关系）。因此，均匀流过水断面上任一点的动水压强或断面上的动水总压力都可以按照静水压强以及静水总压力的公式来计算。

在工程实践中，等径直管中的水流、断面形状不变的长直渠道中的水流，都可以视为均匀流，而弯管中的水流、突然扩大的水流、突然缩小的水流以及渐扩管、渐缩管中的水流均为非均匀流。

3.2.5 一元流、二元流、三元流

根据水流运动要素与空间坐标有关的个数，我们把水流运动分为一元流、二元流与三元流。严格来说，自然界的实际水流都是三元流，按三元流来分析和处理水流运动，是一种严格而全面的方法，但是由于需要考虑运动要素在三个坐标方向的变化，使得分析和计算复杂而烦琐。为了简化起见，常常引入断面平均流速的概念，把许多问题转化为一元流动来讨论，即用一元分析法

来研究实际水流的运动，这是重要的处理方法。本章后续介绍的连续性方程、能量方程、动量方程都是用一元分析法来推导得出的。有时也可以根据实际情况把复杂的三元流简化为二元流来处理。

3.2.6　渐变流与急变流

根据流线的不平行和弯曲程度，我们把非均匀流又分为两类：流线不平行但流线间夹角较小，或者流线弯曲但弯曲程度较小(即曲率半径较大)，这种流动称为非均匀渐变流，简称渐变流；反之，则称为急变流。由于渐变流的流线近似于平行直线，在过水断面上动水压强的分布规律，可近似看作与静水压强分布规律相同，即同一个过水断面上的测压管水头近似当作常数：$z+\frac{p}{\rho g}=C$，这一点在讨论恒定总流能量方程时要应用到。对于急变流，同一过水断面上各点的测压管水头不是常数：$z+\frac{p}{\rho g}\neq C$。在过水断面上，与流线正交的方向上存在着离心惯性力，这时，如果再把过水断面上的动水压强按静水压强分布规律看待所引起的偏差就会很大。

自然界的实际水流绝大多数是非均匀流，把非均匀流区分为渐变流和急变流是为了简化对非均匀流渐变流的讨论。

3.3　恒定总流的连续性方程

恒定总流的连续性方程是水力学的一个基本方程，它是质量守恒原理在水力学中的应用。水力学中研究液体质量守恒原理的目的，并不是仅仅为了简单地说明液体在运动过程中质量保持不变，而是要利用质量守恒规律来分析研究液体在运动过程中有关运动要素(如流速等)沿流程的变化关系，而这种关系，水力学上是用连续性方程来表达的。

下面用一元分析法来推导恒定总流的连续性方程。

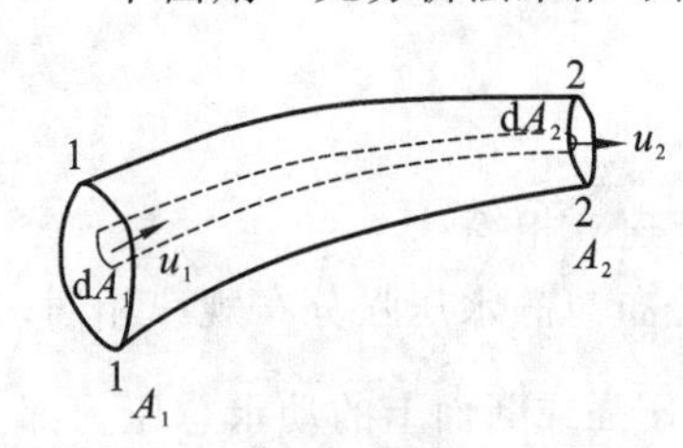

图 3-10　连续性方程的推导

从总流中任取一流段，其进口过水断面 1-1 面积为 A_1，出口过水断面 2-2 面积为 A_2；再从中任取一元流，其进口过水断面的面积为 dA_1，流速为 u_1，出口过水断面的面积为 dA_2，流速为 u_2(如图 3-10 所示)。考虑到：

(1) 在恒定流条件下，元流的形状与位置不随时间改变；

(2) 不可能有液体经元流侧面流进或流出；

(3) 液体是连续介质，元流内部不存在空隙。

根据质量守恒原理，单位时间内流进 dA_1 的质量等于流出 dA_2 的质量，因元流过水断面很小，可认为 ρ 和 u 均匀分布，即

$$\rho_1 u_1 dA_1=\rho_2 u_2 dA_2=\text{常数}$$

对于不可压缩的液体，密度 $\rho_1=\rho_2=$ 常数，则有

$$u_1 dA_1=u_2 dA_2=dQ \tag{3-15}$$

这就是元流的连续性方程。它表明：不可压缩元流的流速与其过水断面的面积成反比，因而流线密集的地方，流速大；流线稀疏的地方，流速小。

总流是无数个元流之和，将元流的连续性方程在总流过水断面上积分可得总流的连续性

方程

$$\int dQ = \int_{A_1} u_1 dA_1 = \int_{A_2} u_2 dA_2$$

引入断面平均流速后，上式成为

$$v_1 A_1 = v_2 A_2 = Q \tag{3-16}$$

式(3-16) 就是不可压缩恒定总流的连续性方程。其中，v_1、A_1 为过水断面 1-1 的平均流速和断面面积，v_2、A_2 为过水断面 2-2 的平均流速和断面面积。式(3-16) 说明，在不可压缩液体恒定总流中，任意两个过水断面，其断面平均流速的大小与过水断面面积成反比，断面大的地方流速小，断面小的地方流速大。

连续性方程是不涉及任何作用力的方程，所以，它无论对于理想液体或实际液体都适用。

连续性方程不仅适用于恒定流条件下，而且在边界固定的管流中，即使是非恒定流，对于同一时刻的两过水断面仍然适用。当然，非恒定管流中流速与流量都要随时间改变。

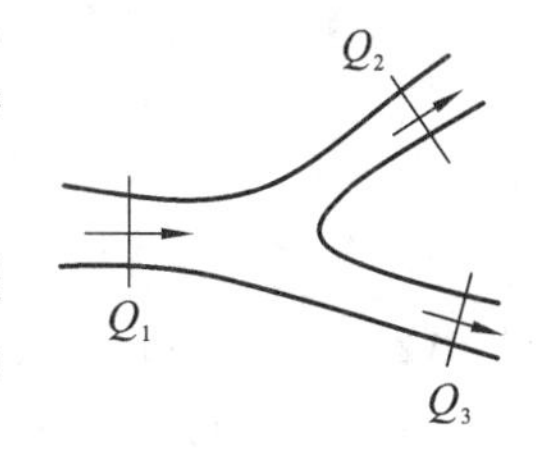

图 3-11　分叉水流

上述总流的连续性方程是在流量沿程不变的条件下导出的。若沿程有流量汇入或分出，则总流的连续性方程在形式上需作相应的修正。如图 3-11 所示的情况：

$$Q_1 = Q_2 + Q_3 \tag{3-17}$$

连续性方程是水力学中三大基本方程之一，它总结和反映了水流的过水断面面积与断面平均流速沿流程变化的规律。

3.4 恒定总流的能量方程

前面讲述的连续性方程是质量守恒原理在水力学中的反映，是一个运动学方程。本节将讲述能量守恒原理在水力学中的具体体现，从动力学角度来讨论力的作用与水流各运动要素之间的关系，即研究在水流运动过程中的能量转化过程。

由于实际液体具有黏滞性，致使问题比较复杂，所以，一般是先从理想液体开始研究，即不考虑液体的黏滞性。然后再对黏性的作用进行分析，对理想液体所得的结论加以修正，得到实际液体的能量方程。以下仍用一元分析法进行分析讨论。

3.4.1　理想液体恒定元流的能量方程

理想元流的能量方程可简单地利用动能定理导出。1738 年，伯努利本人就是这样得到该方程的，所以能量方程又称为伯努利方程。

在理想液体中任取一段元流，如图 3-12 所示。进口过水断面为 1-1，面积为 dA_1，形心距离某基准面 0-0 的铅垂高度为 z_1，流速为 u_1，动水压强为 p_1；而出口过水断面为 2-2，其相应的参数为 dA_2，z_2，u_2 与 p_2。元流同一过水断面上各点的流速和动水压强可认为是均匀分布的。

假定是恒定流，经过时间 dt，所取流段从 1-2 位置变形运动到 1′-2′ 位置。1-1 断面与 2-2 断面移动的距离分别是：

$$dl_1 = u_1 dt, \quad dl_2 = u_2 dt$$

根据动能定理，运动液体的动能增量等于作用在它上面各力做功的代数和。其各项具体分析

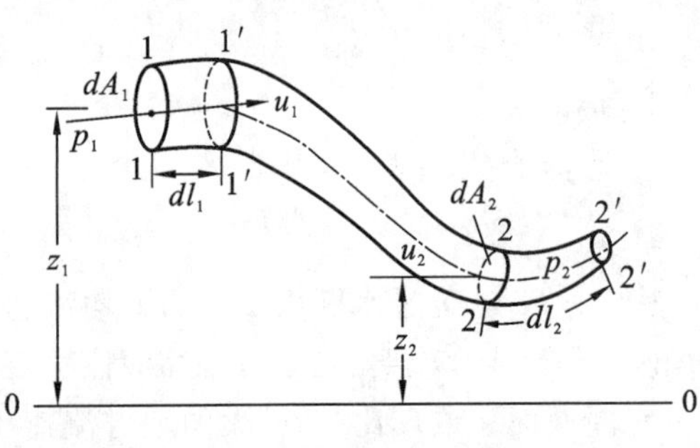

图 3-12　元流能量方程的推导

如下。

(1) 动能增量 dE_u。元流从 1-2 位置运动到 1′-2′ 位置，其动能增量 dE_u 在恒定流时等于 2-2′ 段动能与 1-1′ 段动能之差，因为恒定流时公共部分 1′-2 段的形状与位置及其各点流速不随时间变化，因而其动能也不随时间变化。

根据质量守恒原理，2-2′ 段与 1-1′ 段的质量同为 dM，注意到对于不可压缩的液体，$\rho=\dfrac{\gamma}{g}$ 为常数，dQ 为常数，于是

$$\begin{aligned}dE_u &= dM\frac{u_2^2}{2}-dM\frac{u_1^2}{2}=dM\left(\frac{u_2^2}{2}-\frac{u_1^2}{2}\right)\\ &=\rho dQdt\left(\frac{u_2^2}{2}-\frac{u_1^2}{2}\right)=\gamma dQdt\left(\frac{u_2^2}{2g}-\frac{u_1^2}{2g}\right)\end{aligned}\tag{3-18}$$

(2) 重力做功 dA_G。对于恒定流，公共部分 1′-2 段的形状与位置不随时间改变，重力对它不做功。所以，元流以 1-2 位置运动到 1′-2′ 位置重力所做的功 dA_G 等于 1-1′ 段液体运动到 2-2′ 位置时重力所做的功，即

$$dA_G = dMg(z_1-z_2)=\rho g\,dQdt(z_1-z_2)=\gamma dQdt(z_1-z_2)\tag{3-19}$$

(3) 压力做功 dA_P。元流从 1-2 位置运动到 1′-2′ 位置时作用在过水断面 1-1 上的动水压力 p_1dA_1 与运动方向相同，做正功；作用在过水断面 2-2 上的动水压力 p_2dA_2 与运动方向相反，做负功；而作用在元流侧面上的动水压强与运动方向垂直，不做功。于是

$$\begin{aligned}dA_P &= p_1dA_1dl_1-p_2dA_2dl_2\\ &= p_1dA_1u_1dt-p_2dA_2u_2dt=dQdt(p_1-p_2)\end{aligned}\tag{3-20}$$

对于理想液体，不存在切应力，其做功为零。根据动能定理，有

$$dE_u = dA_G+dA_P\tag{3-21}$$

将各项代入式(3-21)，得

$$\gamma dQdt\left(\frac{u_2^2}{2g}-\frac{u_1^2}{2g}\right)=\gamma dQdt(z_1-z_2)+dQdt(p_1-p_2)$$

消去 $dQdt$，并整理得

$$z_1+\frac{p_1}{\rho g}+\frac{u_1^2}{2g}=z_2+\frac{p_2}{\rho g}+\frac{u_2^2}{2g}\tag{3-22}$$

或

$$z+\frac{p}{\rho g}+\frac{u^2}{2g}=\text{常数}\tag{3-23}$$

上式就是不可压缩理想液体恒定元流的能量方程。其物理意义和几何意义如下。

(1) 物理意义。

理想元流能量方程中的各项分别表示了单位重量液体的三种不同形式的能量。

z 为单位重量液体的位能(位置势能或重力势能)，这是因为重量为 Mg，高度为 z 的液体质点的位能是 Mgz。

$\dfrac{p}{\rho g}$ 为单位重量液体的压能(压强势能)。压能是压强场中移动液体质点时压力做功而使液体获得的一种势能。可作如下说明：设想在运动液体中某点插入一根测压管，液体就会沿着测压管

上升，如图 3-13 所示，若该点相对压强为 p，则液体上升高度为 $h=\frac{p}{\rho g}$，说明压强有做功的能力，而使液体的势能增加，所做的功为$Mgh=Mg\frac{p}{\rho g}$，所以单位重量液体的压能为$\frac{p}{\rho g}$。

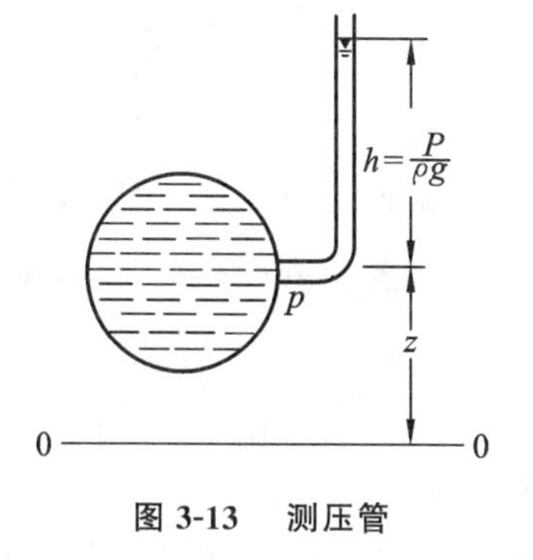

图 3-13　测压管

$\frac{u^2}{2g}$ 为单位重量液体的动能，因重量为 Mg 的液体质点的动能是$\frac{1}{2}Mu^2$。

$z+\frac{p}{\rho g}$ 是单位重量液体所具有的势能，即重力势能与压力势能之和。

$z+\frac{p}{\rho g}+\frac{u^2}{2g}$ 是单位重量液体所具有的机械能，即动能与势能之和。

理想元流的能量方程表明：对于同一恒定元流（或沿同一流线），其单位重量液体的总机械能守恒。

(2) 几何意义。

理想元流能量方程的各项表示了某种高度，具有长度的量纲。

Z 为元流过水断面上某点相对于基准面的位置高度，称为位置水头。

$\frac{p}{\rho g}$ 为压强水头，p 为相对压强时，也即测压管高度。

$\frac{u^2}{2g}$ 为流速水头，也即液体以速度 u 垂直向上喷射到空中时所达到的高度（不计阻力）。

通常 p 为相对压强，此时 $z+\frac{p}{\rho g}$ 称为测压管水头，以 H_p 表示，而 $z+\frac{p}{\rho g}+\frac{u^2}{2g}$ 叫作总水头，以 H 表示。所以总水头与测压管水头之差等于流速水头。

作为元流能量方程的应用，以下介绍毕托管测流速原理。

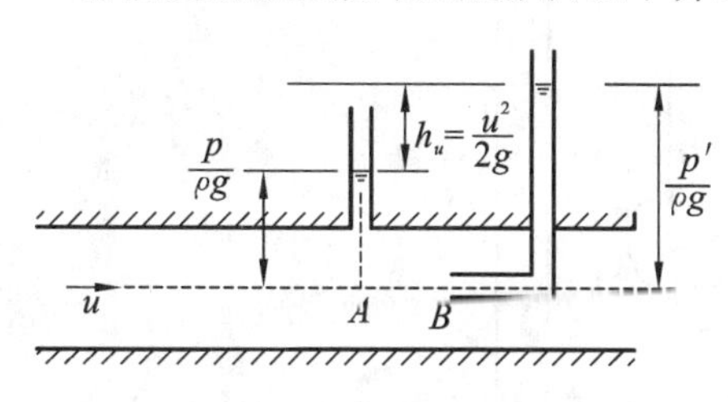

图 3-14　毕托管原理示意图

如图 3-14 所示，在运动液体（如管流）中放置一根测速管，它是弯成直角的两端开口的细管，一端正对来流，置于测定点 B 处，另一端垂直向上。B 点的运动质点由于测速管的阻滞而流速等于零，动能全部转化为压能，使得测速管中液面升高为$\frac{p'}{\rho g}$。B 点称为滞止点或驻点。另一方面，在 B 点上游同一水平流线上相距很近的 A 点未受测速管的影响，流速为 u，其测压管高度$\frac{p}{\rho g}$可通过同一过水断面壁上的测压管测定。

应用恒定流理想液体元流的能量方程于 A、B 两点，有

$$\frac{p}{\rho g}+\frac{u^2}{2g}=\frac{p'}{\rho g} \tag{3-24}$$

得

$$\frac{u^2}{2g}=\frac{p'}{\rho g}-\frac{p}{\rho g}=h_u \tag{3-25}$$

由此说明流速水头等于测速管与测压管的液面差 h_u，这是流速水头几何意义的另一种解释。

则
$$u=\sqrt{2g\frac{p'-p}{\rho g}}=\sqrt{2gh_u} \tag{3-26}$$

根据这个原理，可将测压管与测速管组合制成一种测定点流速的仪器，称为毕托管。测速管与前端迎流孔相通，测压管与侧面顺流孔（一般有4至8个）相通。考虑到实际液体从前端小孔至侧面小孔的黏性效应，还有毕托管放入后对流场的干扰，以及前端小孔实测到的测速管高度$\frac{p'}{\rho g}$不是一点的值，而是小孔截面的平均值，所以使用时应引入修正系数ζ，即

$$u=\zeta\sqrt{2g\frac{p'-p}{\rho g}}=\zeta\sqrt{2gh_u} \tag{3-27}$$

式中：ζ值由实验测定，通常很接近于1。

3.4.2 实际液体元流的能量方程

由于实际液体具有黏性，在流动过程中须克服内摩擦阻力做功，消耗一部分机械能，使之不可逆地转变为热能等能量形式而耗散掉，因而液流的机械能沿程减小。设h'_w为元流单位重量液体从1-1过水断面流至2-2过水断面的机械能损失，称为元流的水头损失，根据能量守恒原理，实际液体元流的能量方程应为

$$z_1+\frac{p_1}{\rho g}+\frac{u_1^2}{2g}=z_2+\frac{p_2}{\rho g}+\frac{u_2^2}{2g}+h'_w \tag{3-28}$$

实际元流的能量方程中各项及总水头H、测压管水头H_p的沿程变化可用几何曲线来表示。如图3-15所示，总水头线和测压管水头线及管轴线（位置水头线）清晰地显示了实际元流三种能量及其组合的沿程变化过程。

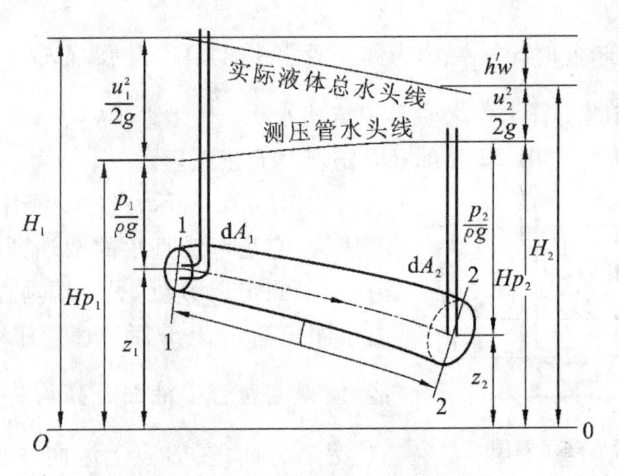

图3-15 实际总流能量方程的几何意义

3.4.3 实际液体总流的能量方程

1. 实际液体总流能量方程的公式推导

前面已经得到了实际元流的能量方程，但要解决实际工程问题，还需通过在过水断面上积分把它推广到总流。将式(3-28)各项乘以$\rho g\,\mathrm{d}Q$，得到单位时间内通过元流两过水断面的全部液体的能量关系式：

$$\left(z_1+\frac{p_1}{\rho g}+\frac{u_1^2}{2g}\right)\rho g\,\mathrm{d}Q=\left(z_2+\frac{p_2}{\rho g}+\frac{u_2^2}{2g}\right)\rho g\,\mathrm{d}Q+h'_w\rho g\,\mathrm{d}Q \tag{3-29}$$

注意到 $\mathrm{d}Q=u_1\mathrm{d}A_1=u_2\mathrm{d}A_2$，在总流过水断面上积分，得到通过总流两过水断面的能量关系为

$$\int_{A_1}\left(z_1+\frac{p_1}{\rho g}+\frac{u_1^2}{2g}\right)\rho g u_1\,\mathrm{d}A_1=\int_{A_2}\left(z_2+\frac{p_2}{\rho g}+\frac{u_2^2}{2g}\right)\rho g u_2\,\mathrm{d}A_2+\int_{1-1}^{2-2}h'_w\rho g\,\mathrm{d}Q \tag{3-30}$$

可分写成

$$\begin{aligned}&\rho g\int_{A_1}\left(z_1+\frac{p_1}{\rho g}\right)u_1\,\mathrm{d}A_1+\rho g\int_{A_1}\frac{u_1^3}{2g}\mathrm{d}A_1\\&=\rho g\int_{A_2}\left(z_2+\frac{p_2}{\rho g}\right)u_2\,\mathrm{d}A_2+\rho g\int_{A_2}\frac{u_2^3}{2g}\mathrm{d}A_2+\int_{1-1}^{2-2}h'_w\rho g\,\mathrm{d}Q\end{aligned} \tag{3-31}$$

上式共有三种类型的积分，现分别确定如下。

(1) $\rho g\int_A\left(z+\frac{p}{\rho g}\right)u\,\mathrm{d}A$ 是单位时间内通过总流过水断面的液体势能。

若将过水断面取在渐变流上，则

$$\begin{aligned}\rho g\int_A\left(z+\frac{p}{\rho g}\right)u\,\mathrm{d}A&=\rho g\left(z+\frac{p}{\rho g}\right)\int_A u\,\mathrm{d}A\\&=\rho g\left(z+\frac{p}{\rho g}\right)vA=\left(z+\frac{p}{\rho g}\right)\rho gQ\end{aligned} \tag{3-32}$$

(2) $\rho g\int_A\frac{u^3}{2g}\mathrm{d}A$ 是单位时间内通过总流过水断面的液体动能。由于流速 u 在总流过水断面上的分布一般难以确定，可用断面平均流速 v 来表示实际动能，可以证明 $\int_A u^3\mathrm{d}A>\int_A v^3\mathrm{d}A$，即按断面平均流速计算的动能小于断面实际动能，故不能直接把动能积分符号内的 u 换成 v，而需要乘一个修正系数 α 才能使之相等，令 $\int_A u^3\mathrm{d}A=\alpha v^3A$，则

$$\rho g\int_A\frac{u^3}{2g}\mathrm{d}A=\frac{\rho g}{2g}\alpha v^3A=\frac{\alpha v^2}{2g}\rho gQ \tag{3-33}$$

这里引入的修正系数 α 叫作动能修正系数，它是断面实际动能与按断面平均流速计算的动能之比值。即

$$\alpha=\frac{\int_A u^3\mathrm{d}A}{v^3A} \tag{3-34}$$

α 值取决于总流过水断面上的流速分布，通过分析可知 α 是大于或等于1的。流速分布较均匀时，$\alpha=1.05\sim1.10$；流速分布不均匀时，α 值较大，甚至可达到2或更大。在工程计算中，当断面流动为均匀流或渐变流时，常近似取 $\alpha=1$。

(3) $\int_{1-1}^{2-2}h'_w\rho g\,\mathrm{d}Q$ 是单位时间总流过水断面1-1与2-2之间的机械能损失，同样可用单位重量液体在这两断面间的平均能量损失（称为总流的水头损失）h_w 来表示，则

$$\int_{1-1}^{2-2}h'_w\rho g\,\mathrm{d}Q=h_w\rho gQ \tag{3-35}$$

将式(3-32)、式(3-33)、式(3-35)一起代入式(3-29)，注意到 $Q_1=Q_2=Q$，再两边除以 ρgQ，

则得

$$z_1+\frac{p_1}{\rho g}+\frac{\alpha_1 v_1^2}{2g}=z_2+\frac{p_2}{\rho g}+\frac{\alpha_2 v_2^2}{2g}+h_w \tag{3-36}$$

2. 总流能量方程的物理意义和几何意义

总流能量方程的物理意义和几何意义与元流的能量方程相类似，不需详述，需注意的是方程的“平均”意义。

式(3-36)中，z为总流过水断面上某点(所取计算点)单位重量液体的位能，称为位置高度或位置水头；

$\frac{p}{\rho g}$为总流过水断面上某点(所取计算点)单位重量液体的压能，称为测压管高度或压强水头；

$\frac{\alpha v^2}{2g}$为总流过水断面上单位重量液体的平均动能，称为平均速度高度或速度水头；

h_w为单位重量液体在这两断面间的平均能量损失。

因为所取过水断面是渐变流断面，断面上各点的势能相等，即$z+\frac{p}{\rho g}$是过水断面上单位重量液体的平均势能，而$\frac{\alpha v^2}{2g}$是过水断面上单位重量液体的平均动能，故三者之和$z+\frac{p}{\rho g}+\frac{\alpha v^2}{2g}$是过水断面上单位重量液体的平均机械能。

3. 总流能量方程的水头线图示

恒定总流能量方程各项的量纲都是长度量纲，因此可以用比例线段表示位置水头、压强水头、流速水头的大小。各断面的位置水头、测压管水头和总水头端点的连线分别称为位置水头线、测压管水头线H_p和总水头线H，如图3-16所示。

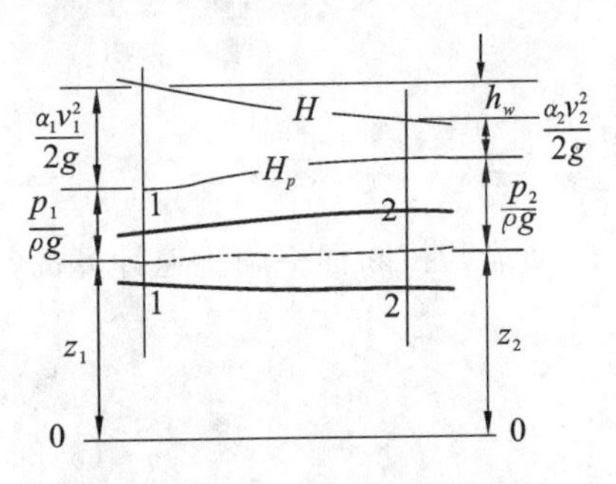

图3-16　总流能量方程的水头线

线间距离分别表示该过水断面上各点平均压强水头和平均流速水头。测压管水头线在位置水头线之上，表明压强为正；测压管水头线在位置水头线之下，表明压强为负，该处有真空存在。

对于实际液体总流，总水头总是沿程减小的，故其总水头线必定是一条逐渐下降的线(直线或曲线)，而测压管水头线则可能下降、上升，甚至是水平的。理想液体的总水头线是一条水平线。

总水头线沿流程的降低值与流程长度之比，称为总水头线坡度，或称水力坡度，常以J表示，它反映沿流程单位长度上的水头损失。若总水头线为倾斜直线，则

$$J=\frac{H_1-H_2}{L}=\frac{h_w}{L} \tag{3-37}$$

当总水头线为曲线时，其坡度沿程为变值，在某一断面处，水力坡度可表示为

$$J=-\frac{\mathrm{d}H}{\mathrm{d}L}=\frac{\mathrm{d}h_w}{\mathrm{d}L} \tag{3-38}$$

用水头线的图示来表示能量方程，可以清晰地反映出液流中单位重量液体的机械能沿程的变化情况，在长距离有压输水管道的水力计算时，常画出测压管水头线和总水头线，帮助分析管

道的受压情况。对于河渠中的渐变流，由于水面均为大气压，其水面线即为测压管水头线。

4. 总流能量方程的应用条件

实际液体总流能量方程在推导过程中的限制条件可以归纳如下。

(1) 液流为恒定流。

(2) 液体为不可压缩的均质液体。

(3) 质量力限仅有重力。

(4) 所选取的两过水断面应符合渐变流条件，但两过水断面间的流动可以是急变流。

(5) 在所取的两过水断面之间没有流量的分出或汇入。若在两断面间有流量分出或汇入，因总流的能量方程是对单位重量液体而言的，因而这种情况下只须计入相应的能量损失，该方程仍可近似应用。

(6) 两过水断面间除了水头损失以外，没有能量的输入或输出。但当在两过水断面间通过水泵、风机或水轮机等流体机械时，流体额外地获得或失去能量，则总流的能量方程应作如下修正：

$$z_1 + \frac{p_1}{\rho g} + \frac{\alpha_1 v_1^2}{2g} \pm H_m = z_2 + \frac{p_2}{\rho g} + \frac{\alpha_2 v_2^2}{2g} + h_w \tag{3-39}$$

式中：$+H_m$ 表示单位重量流体流过水泵、风机所获得的能量；

$-H_m$ 表示单位重量流体流经水轮机所失去的能量。

5. 总流能量方程解题的注意要点

最后补充总结总流能量方程的解题注意要点，具体如下。

(1) 选取渐变流过水断面是运用总流能量方程解题的关键，应将渐变流过水断面取在已知参数较多的断面上，并使方程含有所要求的未知数。

(2) 过水断面上的计算点原则上可任取，这是因为断面上各点势能 $z+\frac{p}{\rho g}=$ 常数，而且断面上各点平均动能$\frac{\alpha v^2}{2g}$相同。为方便起见，通常对于管流取在管轴线上，明渠流取在自由液面上。

(3) 方程中动水压强 p_1 与 p_2，原则上可取绝对压强，也可取相对压强，但对同一问题必须采用相同的标准。在一般水力计算中，以取相对压强为宜。

(4) 位置水头的基准面可任选，但对于两个过水断面必须选取同一基准面，通常使 $z \geqslant 0$。

总流能量方程的解题步骤可以总结为四个字“三选一列”，即选择过水断面、选择过水断面上的计算点、选择计算位置水头的基准面，最后列出能量方程。过水断面垂直于水流的流动方向，而基准面则是水平面。

3.4.4 总流能量方程的应用举例

例 3-1 文丘里流量计是一种常用的测量有压管道流量的装置，它包括“收缩段”、“喉管”和“扩散段”三部分，见图 3-17，安装在需要测定流量的管道上。在收缩进口断面 1-1 和喉管断面 2-2 上设测压孔，连接比压计，通过测量两个断面的测管水头差 Δh，就可计算管道的理论流量 Q，再经修正得到实际流量。

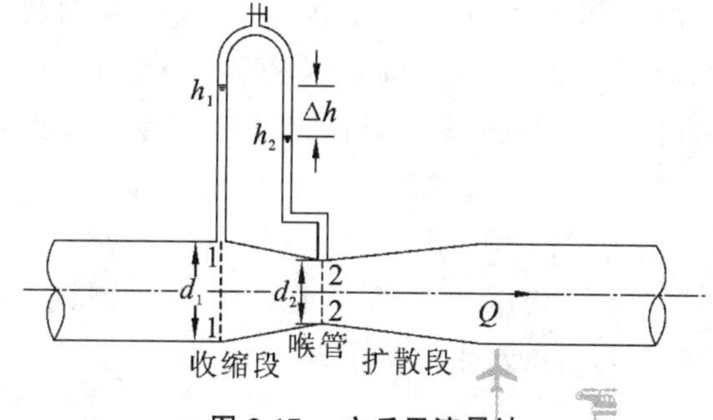

图 3-17 文丘里流量计

水流从1-1断面到达2-2断面，由于过水断面的收缩，流速增大。根据恒定总流能量方程，若不考虑水头损失，速度水头的增加等于测压管水头的减小（即比压计液面高差 Δh），这样我们就可以通过测量到的 Δh 建立两断面平均流速 v_1 和 v_2 之间的一个关系：

$$\Delta h = h_1 - h_2 = \left(z_1 + \frac{p_1}{\rho g}\right) - \left(z_2 + \frac{p_2}{\rho g}\right) = \frac{\alpha_2 v_2^2}{2g} - \frac{\alpha_1 v_1^2}{2g}$$

如果我们假设动能修正系数 $\alpha_1 = \alpha_2 = 1.0$，则

$$\left(z_1 + \frac{p_1}{\rho g}\right) - \left(z_2 + \frac{p_2}{\rho g}\right) = \frac{v_2^2}{2g} - \frac{v_1^2}{2g}$$

另一方面，由恒定总流连续性方程有

$$A_1 v_1 = A_2 v_2，即\frac{v_1}{v_2} = \left(\frac{d_2}{d_1}\right)^2$$

故 $\dfrac{v_2^2}{2g} - \dfrac{v_1^2}{2g} = \dfrac{v_1^2}{2g}\left[\left(\dfrac{d_1}{d_2}\right)^4 - 1\right]$，于是有

$$\Delta h = \frac{v_1^2}{2g}\left[\left(\frac{d_1}{d_2}\right)^4 - 1\right] \tag{3-40}$$

解得

$$v_1 = \frac{1}{\sqrt{\left(\frac{d_1}{d_2}\right)^4 - 1}} \sqrt{2g\Delta h} \tag{3-41}$$

最终得到理论流量为

$$Q_{理} = v_1 A_1 = \frac{\frac{1}{4}\pi d_1^2}{\sqrt{\left(\frac{d_1}{d_2}\right)^4 - 1}} \sqrt{2g\Delta h} = K\sqrt{\Delta h} \tag{3-42}$$

式(3-42)中，$K = \dfrac{\frac{1}{4}\pi d_1^2}{\sqrt{\left(\frac{d_1}{d_2}\right)^4 - 1}} \sqrt{2g}$，称为文丘里管常数。显然，当管路直径 d_1 和喉管直径 d_2 确定以后，也就是每一个文丘里流量计都有一个给定的 K 值。因此，只要测得管道断面与喉管断面的测压管高差 Δh，就能计算出管道内通过的流量 Q。

流量计流过实际流体时，由于两断面测压管水头差中还包括了因黏性造成的水头损失，所以流量应修正为

$$Q_{实} = \mu K\sqrt{\Delta h} \tag{3-43}$$

式(3-43)中，$\mu < 1.0$，称为文丘里流量计的流量系数，一般取值为0.95～0.98。流量系数除了反映黏性的影响外，还包括了在推导理论流量时将断面动能修正系数 α_1、α_2 近似取为1.0带来的误差，流量系数还体现了渐变流假设是否得到了严格的满足这个因素。对于文丘里流量计而言，下游断面设置在喉管断面，可以说渐变流假设得到了严格的满足。

如果文丘里流量计安装在倾斜的管路中，由于两测压管液面高差 Δh 也是测压管水头差，所以上述公式仍然可用。

如果两测压管液面高差过大不便测读，文丘里流量计就可直接安装水银压差计（见图3-18），由压差计原理可知

$$\frac{p_1}{\rho g}-\frac{p_2}{\rho g}=\frac{\rho_m g-\rho g}{\rho g}\Delta h=12.6\Delta h \tag{3-44}$$

式(3-43)中，h 为水银压差计两支水银面的高差。此时，文丘里流量计的流量为

$$Q_{实}=\mu K\sqrt{12.6\Delta h} \tag{3-45}$$

如图 3-18 所示的文丘里流量计，已知管径 $d_1=100$ mm，喉管直径 $d_2=50$ mm，测得水银压差计读数 $\Delta h=6$ cm，给定文丘里流量计的流量系数为 $\mu=0.98$，试求管道内通过的流量。

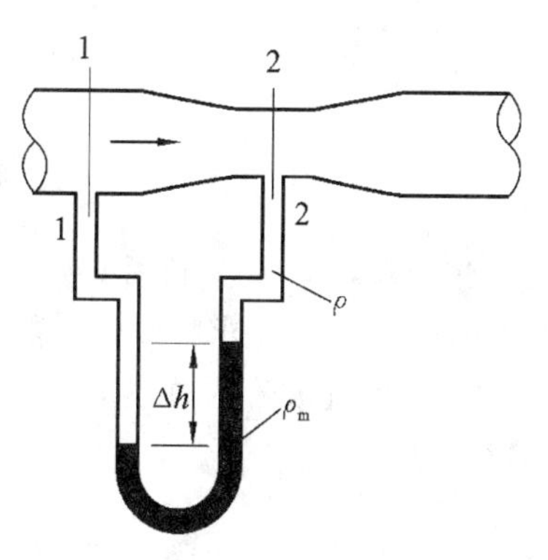

图 3-18　文丘里流量计（水银压差计）

解　根据所给断面尺寸，可计算出文丘里管常数为

$$K=\left[\frac{\frac{1}{4}\pi d_1^2}{\sqrt{\left(\frac{d_1}{d_2}\right)^4-1}}\sqrt{2g}=\frac{\frac{1}{4}\times 3.14\times 0.1^2}{\sqrt{\left(\frac{0.1}{0.05}\right)^4-1}}\times\sqrt{2\times 9.8}\right]\text{m}^3/\text{s}=0.008\ 97\ \text{m}^3/\text{s}$$

流量为

$$Q=\mu K\sqrt{12.6\Delta h}=(0.98\times 0.008\ 97\times\sqrt{12.6\times 0.06})\ \text{m}^3/\text{s}=0.007\ 64\ \text{m}^3/\text{s}$$

例 3-2　判定有压管中的水流方向。有一直径缓慢变化的锥形水管(见图 3-19)，1-1 断面处直径 d_1 为 0.15 m，中心点 A 的相对压强为 6.86 kN/m²，2-2 断面处直径 d_2 为 0.3 m，中心点 B 的相对压强为 4.90 kN/m²，断面平均流速 v_2 为 1.5 m/s，A、B 两点高差为 1 m，试判别管中水流方向，并求 1、2 两断面间的水头损失。

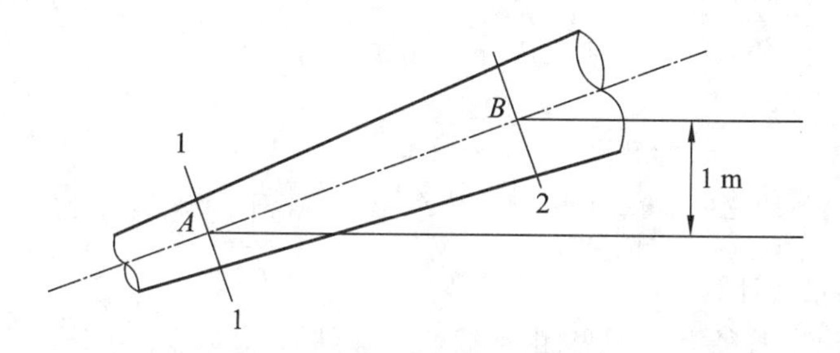

图 3-19　判定有压管中的水流方向

解　首先利用连续性方程求出 1-1 断面的平均流速，因 $v_1A_1=v_2A_2$，故

$$v_1=\frac{A_2}{A_1}v_2=\left(\frac{d_2}{d_1}\right)^2v_2=\left[\left(\frac{0.3}{0.15}\right)^2\times 1.5\right]\ \text{m/s}=6\ \text{m/s}$$

因水管直径变化缓慢，对 1-1 及 2-2 断面水流可近似看作渐变流，以过 A 点水平面为基准面，取动能修正系数 $\alpha_1=\alpha_2=1$，分别计算两断面的总能量：

$$z_1+\frac{p_1}{\rho g}+\frac{\alpha_1 v_1^2}{2g}=\left(0+\frac{6\ 860}{9\ 800}+\frac{6^2}{2\times 9.8}\right)\ \text{m}=2.54\ \text{m}$$

$$z_2+\frac{p_2}{\rho g}+\frac{\alpha_2 v_2^2}{2g}=\left(1+\frac{4\ 900}{9\ 800}+\frac{1.5^2}{2\times 9.8}\right)\ \text{m}=1.61\ \text{m}$$

对于实际水流在运动过程中存在能量损失，水流一定是从总能量高的断面流向总能量低的断面。

因$\left(z_1+\frac{p_1}{\rho g}+\frac{\alpha_1 v_1^2}{2g}\right)>\left(z_2+\frac{p_2}{\rho g}+\frac{\alpha_2 v_2^2}{2g}\right)$，故管中水流应该是由 A 至 B 的方向流动。

水头损失 $h_w=\left(z_1+\frac{p_1}{\rho g}+\frac{\alpha_1 v_1^2}{2g}\right)-\left(z_2+\frac{p_2}{\rho g}+\frac{\alpha_2 v_2^2}{2g}\right)=(2.54-1.61)\ \text{m}=0.93\ \text{m}$

例 3-3 利用虹吸管从河道取水，如图 3-20 所示。已知管径 $d=0.5$ m，在不计水头损失的情况下：(1) 求虹吸管中的流量；(2) 计算 1、2、3、4、5 各点的单位位能、压能、动能和总机械能；(3) 画出虹吸管的总水头线、测压管水头线、位置水头线。

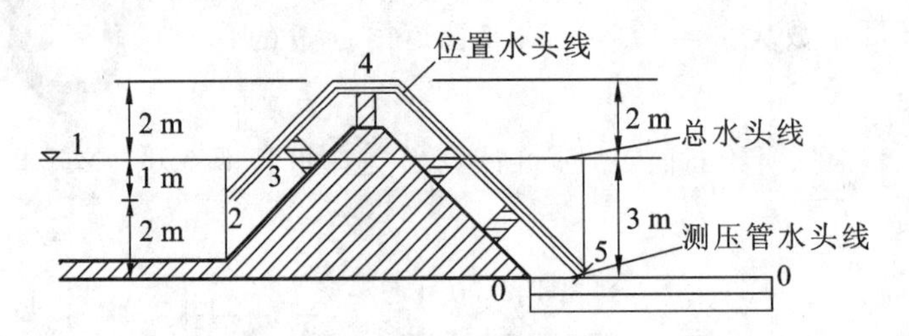

图 3-20 利用虹吸管从河道取水

解 选择通过出口断面中心点的水平面为基准面，由图可知，1、2、3、4、5 点的位置水头（单位重量液体具有的位能）分别为 $z_1=3$ m、$z_2=2$ m、$z_3=3$ m、$z_4=5$ m、$z_5=0$，并令各动能修正系数 $\alpha_1=\alpha_2=\alpha_3=\alpha_4=\alpha_5=1$。因上游河道断面比管道断面大得多，可认为$\frac{\alpha_1 v_1^2}{2g}\approx 0$。以相对压强计算，则有 $p_1=p_5=p_a=0$。

(1) 计算管道中的流速及流量。

列 1、5 点所在过水断面的能量方程，并将以上各值代入式中，则得

$$3+0+0=0+0+\frac{v_5^2}{2g}$$

$$v_5=\sqrt{2g\times 3}=7.668\ \text{m/s}$$

$$Q=Av_5=\frac{\pi d^2}{4}v_5=\left(\frac{3.14\times 0.5^2}{4}\times 7.668\right)\ \text{m}^3/\text{s}=1.505\ \text{m}^3/\text{s}$$

(2) 各点单位能量的计算。

根据题中所给条件，管径沿程不变，由连续性方程可知，$v_2=v_3=v_4=v_5$，所以单位重量液体具有的动能，即流速水头为$\frac{v_2^2}{2g}=\frac{v_3^2}{2g}=\frac{v_4^2}{2g}=\frac{v_5^2}{2g}=3$ m。

列 4、5 点所在过水断面的能量方程，则得

$$z_4+\frac{p_4}{\rho g}+\frac{v_4^2}{2g}=0+0+\frac{v_5^2}{2g}$$

从而得到：

$$\frac{p_4}{\rho g}=-z_4=-5\ \text{m}$$

同理，可得：

$$\frac{p_2}{\rho g}=-2\ \text{m},\quad \frac{p_3}{\rho g}=-3\ \text{m}$$

(3) 画出虹吸管的总水头线、测压管水头线、位置水头线，如图 3-20 所示。

可以看出除了出口断面外，在沿虹吸管其他各处，位置水头线均高于测压管水头线，即 $z>$

$z+\frac{p}{\rho g}$，说明管路各处均存在真空，其中出口断面相对压强为 0，而最高处断面的中心点 4 处的真空值为 5 m。

思考：若考虑虹吸管的沿程水头损失和各处的局部水头损失，本题该如何验算？

3.5 恒定总流的动量方程

3.5.1 恒定总流动量方程的推导

恒定总流的动量方程是继总流的连续性方程与能量方程之后，研究液体一元流动的又一基本方程，三者统称为水力学三大方程。

恒定总流的动量方程是根据动量定理导出的。这一定理可表述为：物体的动量变化率$\frac{\mathrm{d}\vec{p}}{\mathrm{d}t}$等于所受外力的合力$\sum\vec{F}$，即

$$\frac{\mathrm{d}\vec{p}}{\mathrm{d}t}=\frac{\mathrm{d}\left(\sum m\vec{u}\right)}{\mathrm{d}t}=\sum\vec{F} \tag{3-46}$$

它是个矢量方程。

如图 3-21 所示，从恒定总流中任取一束元流，初始时刻在 1-2 位置，经 dt 时段运动到 1′-2′ 位置，设通过过水断面 1-1 与 2-2 的流速分别为 u_1 与 u_2。

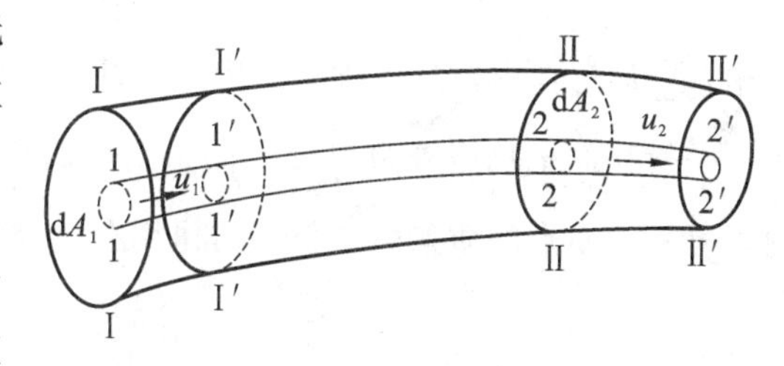

图 3-21 恒定总流动量方程的推导

dt 时段内元流的动量增量 d$\vec{p}$ 等于 1′-2′ 段与 1-2 段液体各质点动量的矢量和之差，由于恒定流公共部分 1′-2 段的形状与位置及其动量不随时间改变，因而元流段的动量增量等于 2-2′ 段动量与 1-1′ 段动量之矢量差。根据质量守恒原理，2-2′ 段的质量与 1-1′ 段的质量相等（设为 dM），则元流的动量增量为

$$\mathrm{d}\vec{p}=\mathrm{d}M\vec{u}_2-\mathrm{d}M\vec{u}_1=\mathrm{d}M(\vec{u}_2-\vec{u}_1) \tag{3-47}$$

对于不可压缩的液体，$\mathrm{d}Q_1=\mathrm{d}Q_2=\mathrm{d}Q$，故

$$\mathrm{d}\vec{p}=\rho\mathrm{d}Q\mathrm{d}t(\vec{u}_2-\vec{u}_1) \tag{3-48}$$

根据动量定理，得恒定元流的动量方程

$$\rho\mathrm{d}Q(\vec{u}_2-\vec{u}_1)=\sum\vec{F} \tag{3-49}$$

式中：$\sum\vec{F}$ 是作用在元流段 1-2 上外力的合力。

下面我们再来建立恒定总流的动量方程。

总流的动量变化$\sum\mathrm{d}\vec{p}$等于所有元流的动量变化之矢量和，若将总流两端断面取在渐变流上，则 dt 时间段总流的动量变化等于元流积分

$$\sum \mathrm{d}\vec{p} = \int_{A_2} \rho \mathrm{d}Q \mathrm{d}t \vec{u}_2 - \int_{A_1} \rho \mathrm{d}Q \mathrm{d}t \vec{u}_1$$
$$= \rho \mathrm{d}t \left(\int_{A_2} u_2 \vec{u}_2 \mathrm{d}A_2 - \int_{A_1} u_1 \vec{u}_1 \mathrm{d}A_1 \right) \tag{3-50}$$

由于流速 u 在过水断面上的分布一般难以确定，故用断面平均流速 v 来计算总流的动量增量，得

$$\sum \mathrm{d}\vec{p} = \rho \mathrm{d}t (\beta_2 v_2 \vec{v}_2 A_2 - \beta_1 v_1 \vec{v}_1 A_1) \tag{3-51}$$

按断面平均流速计算的动量 $\mathrm{d}t\rho v^2 A$ 与实际动量存在差异，为此需要修正。因断面 1-1 与断面 2-2 是渐变流过水断面，即 v 方向与各点 u 方向几乎相同，则可引入动量修正系数 β

$$\beta = \frac{\int_A u^2 \mathrm{d}A}{v^2 A} \tag{3-52}$$

β 为实际动量与按断面平均流速计算的动量的比值。β 值总是大于 1。β 值取决于总流过水断面的流速分布，一般渐变流 $\beta = 1.02 \sim 1.05$，但有时可达到 1.33 或更大，工程上常取 $\beta = 1$。

注意到 $v_1 A_1 = v_2 A_2 = Q$，则

$$\sum \mathrm{d}\vec{p} = \rho Q \mathrm{d}t (\beta_2 \vec{v}_2 - \beta_1 \vec{v}_1) \tag{3-53}$$

根据质点系的动量定理，对于总流有 $\frac{\sum \mathrm{d}\vec{p}}{\mathrm{d}t} = \sum \vec{F}$，得

$$\rho Q (\beta_2 \vec{v}_2 - \beta_1 \vec{v}_1) = \sum \vec{F} \tag{3-54}$$

式中：$\sum \vec{F}$ 是作用在总流段 1-2 上所有外力的合力。

一般我们把总流外边界形成的封闭曲面称为控制面。相应地，$\sum \vec{F}$ 应等于作用在该控制面内所有液体质点的质量力 $\sum \vec{F}_m$ 与作用在该控制面上所有表面力 $\sum \vec{F}_s$ 的合力，即

$$\sum \vec{F} = \sum \vec{F}_m + \sum \vec{F}_s \tag{3-55}$$

恒定总流的动量方程式(3-53) 表明：总流作恒定流动时，单位时间控制面内总流的动量变化(流出与流入的动量之差)，等于作用在该控制面内所有液体质点的质量力与作用在该控制面上的表面力的合力。

恒定流动的动量方程不仅适用于理想液体，而且也适用于实际液体。

实际上，即使是非恒定流，只要流体在控制面内的动量不随时间改变(例如泵与风机中的流动)，这一方程仍可适用。

用动量方程解题的关键在于如何选取控制面，一般应将控制面的一部分取在运动液体与固体边壁的接触面上，另一部分取在渐变流过水断面上，并使控制面封闭。

总流的动量方程是一个矢量方程式，故在实用上，是利用它在坐标系上的投影式进行计算，即

$$\left.\begin{aligned} \rho Q (\beta_2 v_{2x} - \beta_1 v_{1x}) &= \sum F_x \\ \rho Q (\beta_2 v_{2y} - \beta_1 v_{1y}) &= \sum F_y \\ \rho Q (\beta_2 v_{2y} - \beta_1 v_{1z}) &= \sum F_z \end{aligned}\right\} \tag{3-56}$$

式(3-56) 中，$\sum F_x$、$\sum F_y$、$\sum F_z$ 是作用在控制体上所有外力的合力沿 x、y、z 轴方向的分量；v_{1x}、v_{2x}、v_{1y}、v_{2y}、v_{1z}、v_{2z} 分别是控制体进出口断面上的平均流速在 x、y、z 轴上的分量；β_1、β_2 为进

出口断面处的动量修正系数。

在写投影式时应注意各项的正负号。方程式中的动量差是指流出的动量减去流入的动量，两者不可颠倒。对于已知的外力和流速的方向，凡是与选定的坐标轴方向相同者取正号；与坐标轴方向相反者取负号。对于未知待求的，则可先假定为某一方向，并按上述原则取好正负号，代入总流动量方程中。如果最后求得的结果是正值，说明假定的方向即为实际的方向；如果为负值，则说明假定的方向与实际方向相反。

应用总流的动量方程解题，可按以下步骤进行：

(1) 选控制体：根据问题的要求，将所研究的两个渐变流断面之间的水体选为控制体；

(2) 选坐标系：选定坐标轴的方向，确定各作用力及流速的投影的大小和方向；

(3) 作计算简图：分析脱离体受力情况，并在脱离体上标出全部作用力的方向；

(4) 列动量方程解题：将各作用力及流速在坐标轴上的投影代入动量方程求解。

3.5.2 恒定总流动量方程的应用举例

恒定总流动量方程反映了液流动量变化与其所受作用力之间的关系，应用这一方程可求得液流所受的作用力，再利用牛顿第三定律即作用力和反作用力定律可以得出液流对其控制边界固体的作用力。这是运用动量方程解题的一般思路。作为水力学三大方程之一，动量方程涉及作用力，是一个矢量式，这一点在应用时要特别注意。

有压弯管在变弯处水流会对管壁产生指向外弯侧的离心作用力，其作用结果是导致管道发生位移和振动。在工程实践中为解决这一问题，常在管道转弯处设置镇墩，以固定弯管。而水流对弯管管壁的作用力的大小就是设计镇墩的依据。

在弯管处水流为急变流，动水压强分布规律不易得到，水流对弯管管壁的作用力只有通过动量方程来求解。

如图 3-22 所示放置在铅垂平面内的弯管，弯道的转角为 θ，通过弯管的流量为 Q，弯管中水体重量为 G，两端过水断面的断面面积、平均流速及断面形心点的相对动水压强分别为 A_1 与 A_2、v_1 与 v_2、p_1 与 p_2，现运用动量方程来分析计算水流对弯管管壁的作用力。

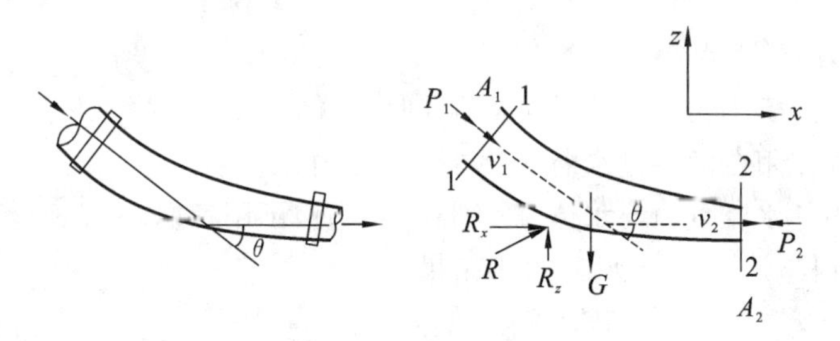

图 3-22 铅垂放置弯管内水流对管壁作用力

取 1-1、2-2 两渐变流断面及管壁包围的水体为控制体，并以 x、z 方向为投影坐标轴，因为水体在 y 方向没有流动，不需要研究 y 方向的动量变化问题。

在选择了控制体和坐标系以后，下一步就要对控制体进行受力分析，作出其受力简图。作用在控制体上的外力有：

(1) 两端渐变流断面上所受的动水压力 $P_1 = p_1A_1$、$P_2 = p_2A_2$；

(2) 控制体内的水体重力 G(如弯管水平放置，是否需要考虑重力)；

(3) 管壁对水流的反作用力 R，包含动水压力和摩擦力两部分。在计算时将 R 按坐标轴方向分为 R_x 和 R_z 两个分力。

假定两端断面上的动量修正系数为 $\beta_1=\beta_2=1.0$，可列出动量方程如下。

沿 x 轴方向，动量方程为

$$\rho Q(v_2-v_1\cos\theta)=p_1A_1\cos\theta-p_2A_2+R_x$$

将 $v_1=\dfrac{Q}{A_1}$、$v_2=\dfrac{Q}{A_2}$ 代入上式，可解出

$$R_x=\rho Q^2\left(\frac{1}{A_2}-\frac{\cos\theta}{A_1}\right)-p_1A_1\cos\theta+p_2A_2 \tag{3-57}$$

沿 z 轴方向，动量方程为

$$\rho Q[0-(-v_1\sin\theta)]=-p_1A_1\sin\theta-G+R_z$$

由上式可解出

$$R_z=\rho Q^2\frac{\sin\theta}{A_1}+p_1A_1\sin\theta+G \tag{3-58}$$

将以上 R_x 和 R_z 合成，即得弯道管壁对水流作用力的合力为

$$R=\sqrt{R_x^2+R_z^2} \tag{3-59}$$

合力 R 与水平方向的夹角 α 为

$$\alpha=\arctan\frac{R_z}{R_x} \tag{3-60}$$

例 3-4 一段水平放置的等截面弯管，直径 d 为 0.2 m，弯角为 45°（如图 3-23 所示）。管中 1-1 断面的平均流速 $v_1=4$ m/s，其形心处的相对压强 $p_1=1$ 个大气压。若不计管流的水头损失，求水流对弯管的作用力 R。

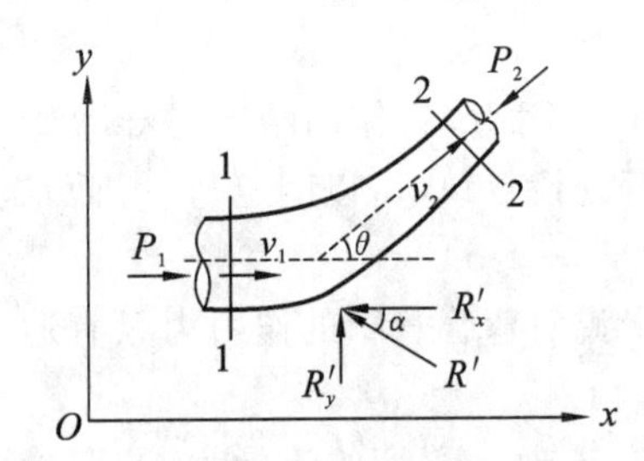

图 3-23 水平放置弯管内水流对管壁作用力

解 (1) 选取渐变流过水断面 1-1 与 2-2 及弯管内壁所围成封闭曲面内的水体为控制体。

(2) 选取水平面内的坐标系 x-O-y，如图 3-23 所示。

(3) 分析控制体的受力：

R' 为弯管对水流的反作用力，其沿坐标轴方向的两个分力为 R'_x 和 R'_y；

P_1 和 P_2 分别为作用在两端过水断面上的动水压力；

作用在控制体内的水流重力与水体流动水平面垂直，不用考虑。

(4) 列出动量方程，计算各分项值，得出结果。

总流动量方程在 x 轴、y 轴上的投影式分别为

$$\rho Q(\beta_2v_2\cos\theta-\beta_1v_1)=P_1-P_2\cos\theta-R'_x$$

$$\rho Q(\beta_2v_2\sin\theta-0)=0-P_2\sin\theta+R'_y$$

则有

$$R'_x=P_1-P_2\cos\theta-\rho Q(\beta_2v_2\cos\theta-\beta_1v_1) \tag{3-61}$$

$$R'_y=P_2\sin\theta+\rho Q\beta_2v_2\sin\theta \tag{3-62}$$

在式(3-61)和式(3-62)中，先由连续性方程得出：$v_1=v_2=4$ m/s；再由能量方程得出：$p_1=p_2=1$ 个大气压 $=98\ 000$ N/m²，则管道通过的流量为

$$Q=\frac{1}{4}\pi d^2v=\left(\frac{1}{4}\times3.14\times0.2^2\times4\right)\ \text{m}^3/\text{s}=0.126\ \text{m}^3/\text{s}$$

两端过水断面所受的水压力为

$$P_1 = P_2 = p_1A_1 = p_2A_2 = \left(98\ 000 \times \frac{1}{4} \times 3.14 \times 0.2^2\right)\text{ N} = 3\ 077\text{ N}$$

取 $\beta_1 = \beta_2 = 1.0$，将上述结果代入式(3-61)和式(3-62)，有

$$R'_x = \left[3\ 077 - 3\ 077 \times \frac{\sqrt{2}}{2} - 1\ 000 \times 0.126 \times \left(4 \times \frac{\sqrt{2}}{2} - 4\right)\right]\text{ N} = 1\ 049\text{ N}$$

$$R'_y = \left(3\ 077 \times \frac{\sqrt{2}}{2} + 1\ 000 \times 0.126 \times 4 \times \frac{\sqrt{2}}{2}\right)\text{ N} = 2\ 532\text{ N}$$

合成以上两分力得

$$R' = \sqrt{(R'_x)^2 + (R'_y)^2} = (\sqrt{1\ 049^2 + 2\ 532^2})\text{ N} = 2\ 741\text{ N}$$

水流对弯管的作用力 R 与以上算得的弯管对水流的作用力 R' 大小相等，方向相反。即 $R = 2\ 741$ N，R 的方向指向右下方，其与水平方向的夹角为

$$\alpha = \arctan\frac{R'_y}{R'_x} = \arctan\frac{2\ 532}{1\ 049} = 67.5°$$

例 3-5 明渠水流对溢流坝或水闸的水平作用力。溢流坝坝顶溢流，当水流流经坝体附近时，流线弯曲较剧烈，坝面上动水压强分布也与静水压强分布规律不同，需要通过动量方程来求解水流对溢流坝面的水平作用力。

解 如图 3-24 所示溢流坝，假定河床横断面为矩形，其宽度为 b，坝上游水深为 H，坝上游断面 1-1 的平均流速为 v_1，通过的流量为 Q。坝下游断面 2-2 处水深为 h，断面平均流速为 v_2。今取过水断面 1-1、2-2 及河床与坝体围成的水体为控制体，并确认断面 1-1、2-2 上均为渐变流，其动水压强符合静水压强分布规律。

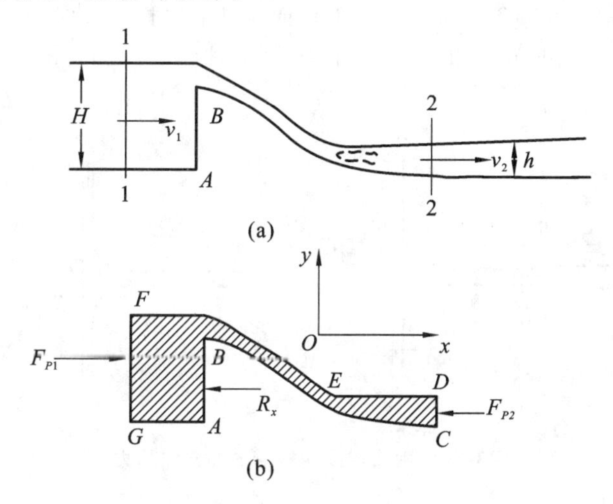

图 3-24　水流对溢流坝面的水平作用力

若上下游河床均为平底，1-1 和 2-2 断面流速均与 x 轴方向平行，应用动量方程只需研究沿 x 轴方向的动量变化，建立 x 方向的动量方程。

作用在控制体上的外力在轴方向的投影：

(1) 1-1、2-2 断面上的动水压力，因断面是渐变流，认为其值与静水压力相同，可用水静力学的图算法或解析法求得，具体如下：

$$F_{P1} = \frac{1}{2}\rho gbH^2, F_{P2} = \frac{1}{2}\rho gbh^2 \tag{3-63}$$

(2) 坝体对水流的反作用力(在水平方向上)R_x，它包含了水流与坝面的摩擦力在 x 方向的

投影。

(3) 水体的重力在 x 方向投影为零。

在以上选取控制体、选择坐标系、分析控制体上所受外力的基础上，假定动量修正系数 $\beta_1 = \beta_2 = 1.0$，列出 x 方向的动量方程如下：

$$\rho g Q(v_{2x} - v_{1x}) = F_{P1} - F_{P2} - R_x \tag{3-64}$$

因

$$v_{1x} = v_1 = \frac{Q}{bH}, v_{2x} = v_2 = \frac{Q}{bh} \tag{3-65}$$

将式(3-63)、式(3-65)代入式(3-64)，得

$$\rho g Q^2\left(\frac{1}{bh} - \frac{1}{bH}\right) = \frac{1}{2}\rho g b(H^2 - h^2) - R_x$$

整理求解，得

$$R_x = \frac{1}{2}\rho g b\left[H^2 - h^2 - \frac{2Q^2}{gb^2}\left(\frac{1}{h} - \frac{1}{H}\right)\right] \tag{3-66}$$

水流对坝体的作用力 R'_x 与 R_x 大小相等、方向相反。

对平板闸门闸下出流，水流对闸门的作用力与以上情况类似，也需用动量方程来求解。

例 3-6 射流对顶冲板墙的冲击作用力。射流冲击平板一般都是空间流动问题。通常可以不考虑射流的扩散和水头损失，并把它简化为平面流动。

如图 3-25 所示，设从喷嘴中所喷出的水平水流，以速度 v_0 射向与之垂直的铅垂固定平面墙壁，当水流接触平面墙壁后，沿墙壁向左右对称散开，整个流动均在水平面内，求射流对墙壁面的冲击力。

解 取喷嘴出口断面 0-0 与沿壁面流动的对称两断面 1-1 和 2-2 之间的水体作为研究的控制体，取与 v_0 方向一致的 x 轴为投影坐标轴。现分析作用在控制体内水体的外力情况：

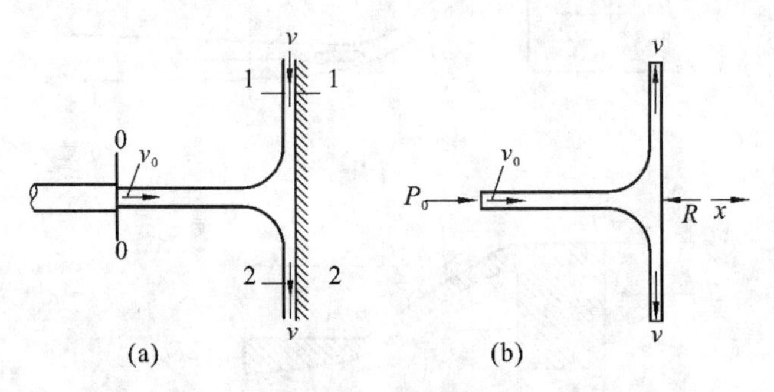

图 3-25 射流对顶冲板墙的冲击作用力

如图 3-25 所示，作用在控制体内水体上 x 轴方向的外力有：0-0 断面上的动水压力 P_0，壁面对水体的作用力 R，重力与水体运动平面垂直，不用考虑，1-1 断面和 2-2 断面所受的动水压力与壁面垂直，也不用考虑。射流从喷嘴射入大气后，0-0 断面上的动水压强可以认为与大气压相等，即相对压强为零，对应动水压力 P_0 也为零，根据以上受力分析，可写出 x 轴方向的动量方程为

$$\rho Q(0 - \alpha_0 v_0) = 0 - R \tag{3-67}$$

考虑取 $\alpha_0 = 1$，射流对墙壁面的冲击力 R' 与壁面对水体的作用力 R 为作用力和反作用力关系。可得射流对墙壁面的冲击力 R' 为

$$R' = \rho Q v_0 \tag{3-68}$$

R' 的方向与 x 轴同向。

思考题与习题

思 考 题

3-1 拉格朗日法和欧拉法的研究对象有何区别?水力学研究问题时通常采用哪种方法?为什么?

3-2 何为当地加速度(或时变加速度)?何为迁移加速度(或位变加速度)?试列举实例说明。

3-3 “恒定流与非恒定流”“均匀流与非均匀流”“渐变流与急变流”是如何定义的?在水力学研究中为何要引入渐变流这一概念?

3-4 何为流线?何为迹线?在何种情况下两者重合?

3-5 什么叫总水头线和测压管水头线?理想液体和实际液体的总水头线各自有什么特征?

3-6 “水一定是从高处向低处流”“水一定是从压强大的地方向压强小的地方流动”“水一定是由流速大的地方向流速小的地方流动”,这些说法正确吗?试用能量方程说明实际液体的水流流向。

3-7 恒定总流能量方程中各项的物理意义和几何意义是什么?

3-8 恒定总流动量方程中控制体的选取要注意什么问题?对分叉水流如何使用动量方程解决问题?

3-9 按有压管流、明渠流、射流三种水流形式分别讨论在使用水力学三大方程解题时各自要注意什么问题?各自有何特点?

3-10 在两张靠得较近的薄纸间吹气时,两张纸是彼此分开还是彼此靠拢?为什么?

3-11 如图 3-26 所示等直径管恒定流:(1) 通过的液体为水;(2) 通过的液体为油,$\rho_{油} < \rho_{水}$,在不计损失时,哪种情况通过的流速为大(或相等),为什么?

3-12 一等直径的虹吸管如图 3-27 所示,试问:

(1) A、B、C 三点哪点的压强最小?

(2) 分析 $A \to B$,$B \to C$,$A \to C$ 的能量转换特点。

(3) 实现虹吸管流动的条件是什么?

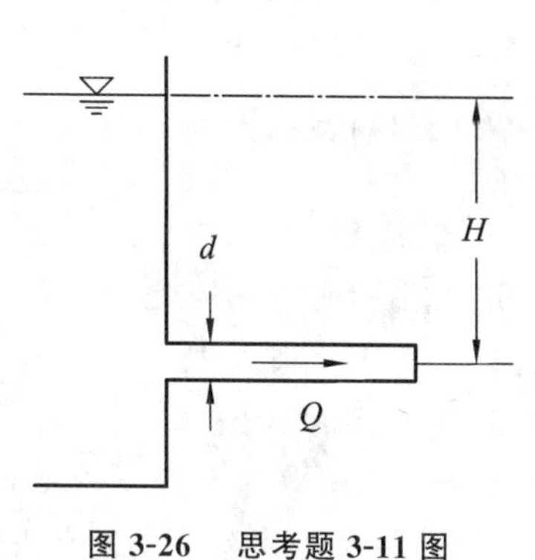

图 3-26 思考题 3-11 图

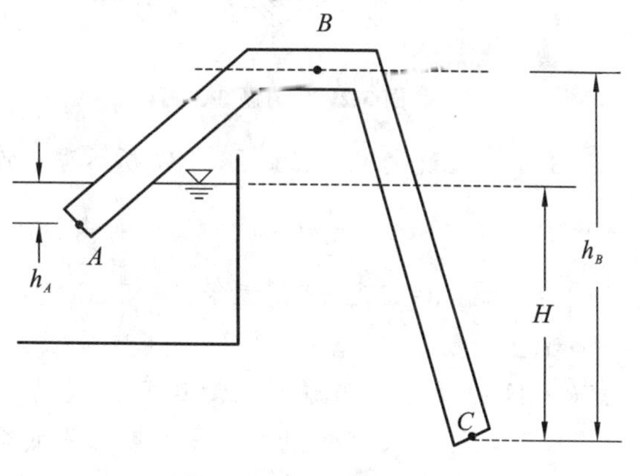

图 3-27 思考题 3-12 图

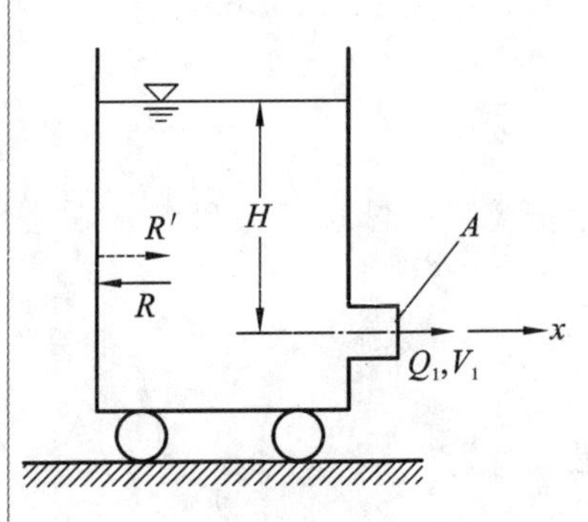

图 3-28　思考题 3-14 图

3-13 恒定总流的动量方程中 $\sum F$ 中都包括哪些力？如果由动量方程求得的力为负值说明什么问题？

3-14 设水由水箱经管嘴射出，已知水头为 H（恒定不变），管嘴截面积为 A，水箱水面面积很大（见图 3-28），若不计能量损失，试求水箱静止时受到的水平分力 R。

习　题

3-1 已知水平圆管过水断面上的流速分布为 $u = u_{\max}\left[1-\left(\frac{r}{r_0}\right)^2\right]$，式中 $u_{\max}$ 为管轴心处的最大流速，r_0 为圆管内径，r 为流速为 u 处距离管轴心的径距。试求断面平均流速 v。

3-2 给水管道设计输水流量为 300 m^3/h，流速限制在 0.9～1.4 m/s 之间，若规定管径必须取 50 mm 的整数倍，试确定管道直径 d，并求得相应流速 v。

3-3 有一矩形截面的人工渠道，其宽度 B 等于 2.5 m，测得断面 1-1 与 2-2 处水深 h_1 为 0.5 m，h_2 为 0.3 m（见图 3-29），如断面平均流速 $v_1 = 3$ m/s，求通过此渠道的流量 Q 及断面 2-2 处的平均流速 v_2。

3-4 如图 3-30 所示，用毕托管原理测量流量，已知输水管直径 $d = 200$ mm，水银压差计读数 $h_p = 50$ mm，若此时断面平均流速 $v = 0.85u_A$，u_A 为毕托管前管轴上未受扰动水流的 A 点流速。求输水管中的体积流量 Q。

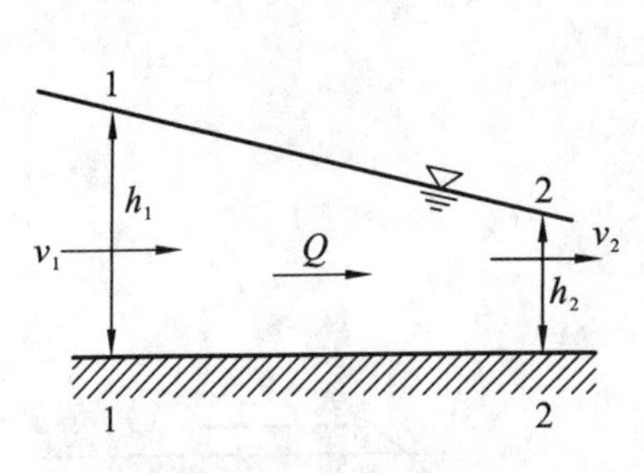

图 3-29　习题 3-3 图

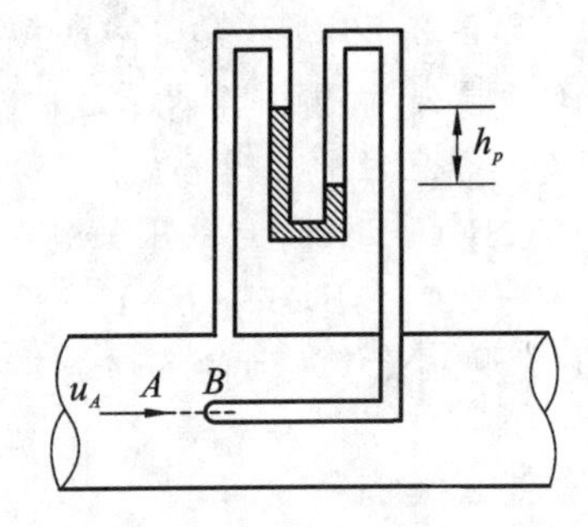

图 3-30　习题 3-4 图

3-5 按大致比例绘出如图 3-31 所示理想液体恒定流过流断面 1-1、2-2 间的总水头线和测压管水头线，$d_1 = \frac{1}{2}d_2$，$d_2 = \frac{1}{2}D$，$p_1 > p_a$。

3-6 如图 3-32 所示，用直径 $d = 5$ cm 的虹吸管从水箱中引水，虹吸管最高点距水面 $h_1 = 2.5$ m，上升段损失 $h_{w_1} = 0.2$ m，下降段损失 $h_{w_2} = 0.5$ m。若虹吸管允许的最大真空度为 7.76 mH_2O，那么该管最大流量是多少？此时下降管的最大高度 h_2 应为多少？

3-7 如图 3-33 所示为某段矩形断面平底渠道，其宽度由 $b_1 = 2.5$ m 收缩至 $b_2 = 2.0$ m，收缩前水深 $h_1 = 1.5$ m，收缩后水面降低 $\Delta z = 0.18$ m。若该段流动损失为收缩后流速水头的二分之一，问该渠道输送的流量是多少？

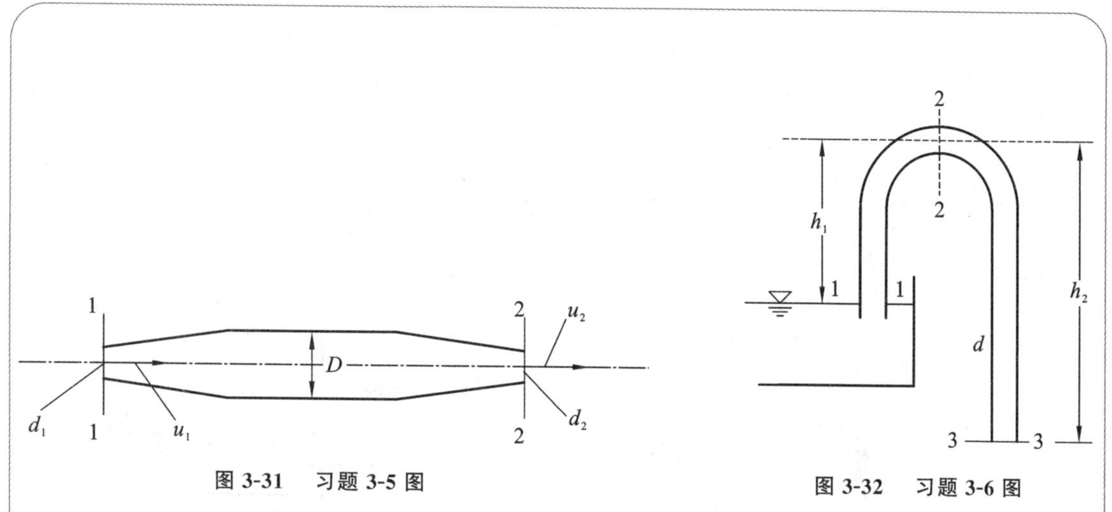

图 3-31　习题 3-5 图

图 3-32　习题 3-6 图

3-8 图 3-34 所示为一水泵吸水管装置。已知吸水管直径 $d=250\ \mathrm{mm}$，2-2 断面处的真空度 $h_{v_2}=4\ \mathrm{mH_2O}$，1-1 断面以前的水头损失为 $8\dfrac{v^2}{2g}$，1-1、2-2 间的损失为 $\dfrac{1}{5}\dfrac{v^2}{2g}$，动能修正系数 $\alpha=1$，求：(1) 吸水管流量 Q；(2)1-1 断面的相对压强 p_1。

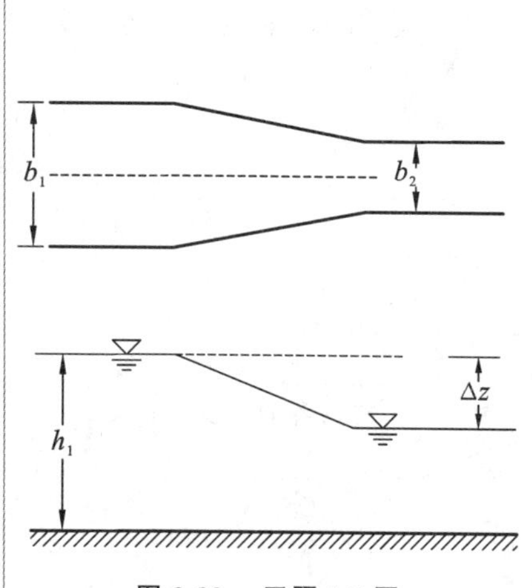

图 3-33　习题 3-7 图

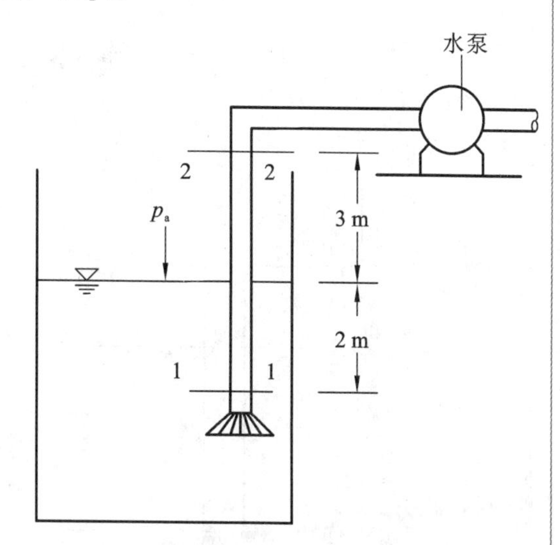

图 3-34　习题 3-8 图

3-9 图 3-35 所示水箱连接一铅直输水管，箱中水深 $h=1\ \mathrm{m}$，由于收缩影响，入口 C-C 断面之平均流速为管出口断面平均流速的 1.5 倍。设水的汽化压强为 $1.5\ \mathrm{kN/m^2}$，当地大气压强为 $98\ \mathrm{kN/m^2}$，问出水管的长度 l 为多少时 C-C 断面不发生汽化(不计损失)？

3-10 水流由水箱经水平串联管路流入大气，如图 3-36 所示。已知 AB 管段直径 $d_1=0.25\ \mathrm{m}$，沿程损失 $h_{fAB}=0.4\dfrac{v_1^2}{2g}$，$BC$ 管段直径 $d_2=0.15\ \mathrm{m}$，已知损失 $h_{fBC}=0.5\dfrac{v_2^2}{2g}$，进口局部损失 $h_{j_1}=0.5\dfrac{v_1^2}{2g}$，突然收缩局部损失 $h_{j_2}=0.32\dfrac{v_2^2}{2g}$，试求管内流量 Q，并绘出总水头线和测压管水头线。

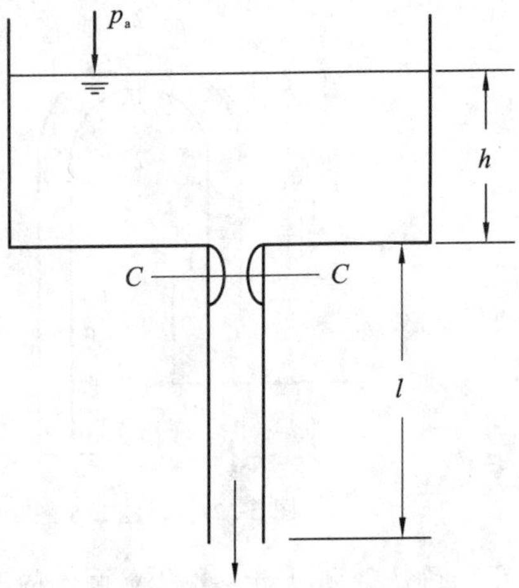

图 3-35　习题 3-9 图

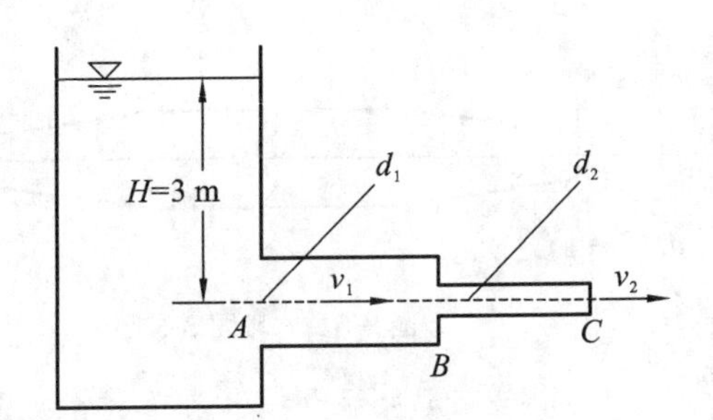

图 3-36　习题 3-10 图

3-11 设水流从水箱经铅垂圆管流入大气，已知管径 $d=$ 常数，$H=$ 常数 <10 m，水箱面积很大（见图 3-37），能量损失略去不计，试求管内不同 h 处的流速和压强变化情况。

3-12 图 3-38 所示为一变径弯管，$d_1=250$ mm，$d_2=200$ mm，通过流量 $Q=0.12\ \mathrm{m^3/s}$，已知断面 1-1 处的压强 $p_1=1.8\times10^5\ \mathrm{N/m^2}$，若不计阻力，试求固定该弯管所需力的大小（该弯管置于水平面上）。

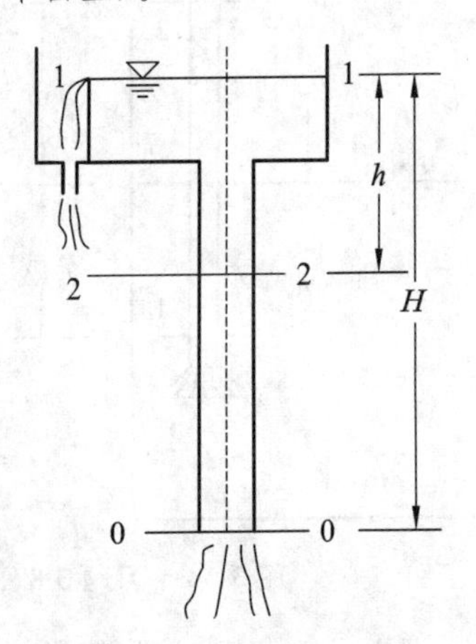

图 3-37　习题 3-11 图

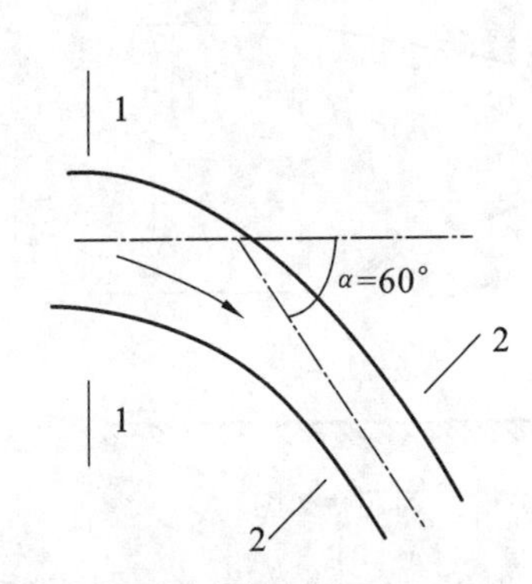

图 3-38　习题 3-12 图

3-13 如图 3-39 所示为一水平放置的渐缩管，水从大直径 d_1 断面流向小直径 d_2 断面。已知 $d_1=200$ mm，$p_1=40\ \mathrm{kN/m^2}$，$v_1=2$ m/s，$d_2=100$ mm，不计摩擦，试求水流对渐缩管的轴向推力。

3-14 如图 3-40 所示胸墙上游水深 4.5 m，下游出流水深 2.0 m，胸墙迎水面宽 3.0 m。过流能力为 30 $\mathrm{m^3/s}$，求水流闸孔上胸墙的水平推力，并与相同高度情况下的静止水压力进行比较。

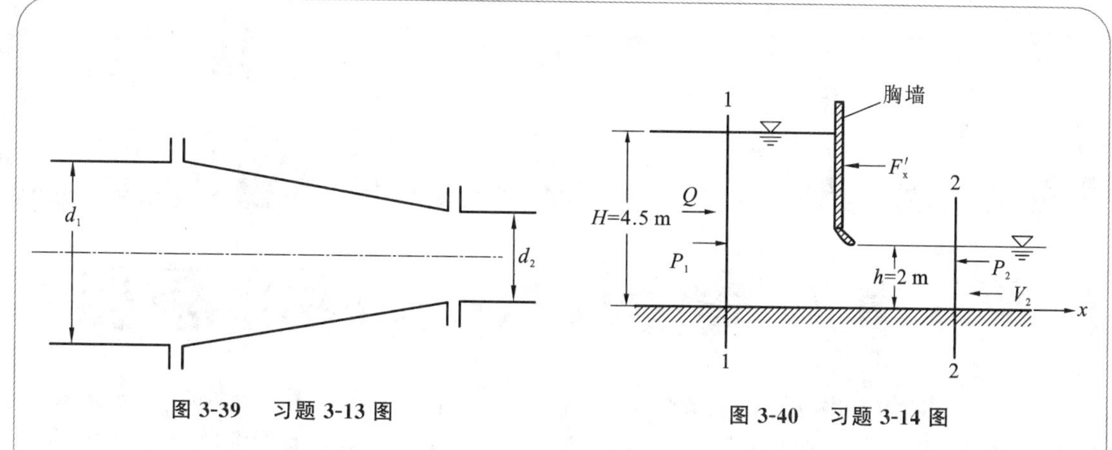

图 3-39　习题 3-13 图

图 3-40　习题 3-14 图

3-15 图 3-41 所示射流沿水平方向以速度 v_0 冲击一倾斜放置的光滑平板，其体积流量为 Q_0，忽略重力和水头损失。求分流后的流量分配情况。

（提示：对于光滑平板，反作用力的方向与平板正交）

3-16 如图 3-42 所示，两个相邻的平行压力水槽，其过流断面面积分别为 a 和 $3a$，相应的流量各为 $2Q$ 和 $3Q$，在断面 1-1 处两股水流汇合，进入面积为 $4a$ 的槽道，在断面 2-2 处完全混合。假定为无损失流动，试推求断面 1-1 和断面 2-2 之间的压强差表达式。

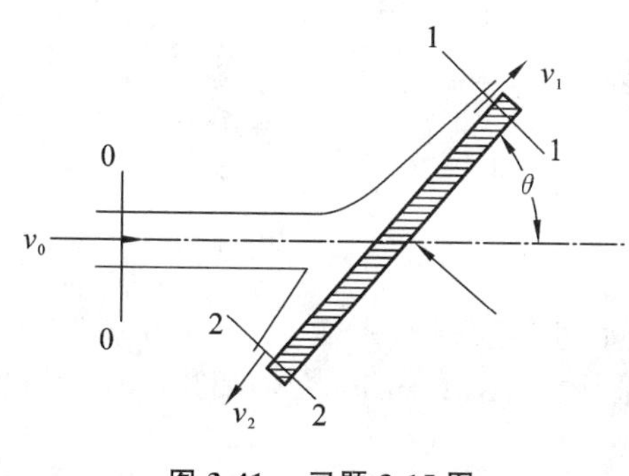

图 3-41　习题 3-15 图

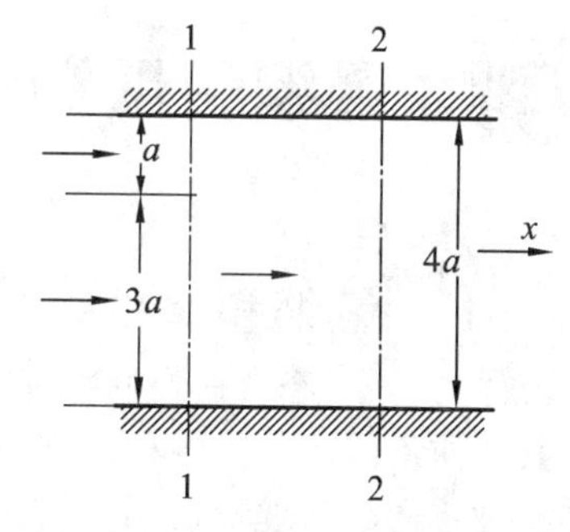

图 3-42　习题 3-16 图

Chapter 4

第4章 量纲分析和相似原理

前面几章阐述了流体力学的基础理论，建立了控制流体运动的三大基本方程。应用基本方程求解，是解决流体力学问题的基本途径。但是，对于许多复杂的工程问题，由于理论上的障碍，用求解基本方程的方法存在较大的困难，此时就需要应用定性的理论分析和实验相结合的方法进行研究。

量纲分析和相似原理，为科学地组织实验及整理实验成果提供理论指导。对于复杂的流动问题，还可借助量纲分析和相似原理来建立物理量之间的联系。因此，量纲分析与相似原理是发展流体力学理论、解决实际工程问题的有力工具。

4.1 量纲和量纲和谐原理

4.1.1 量纲和单位

在流体力学中，经常遇到的物理量有长度、时间、速度、质量、密度、力和黏滞系数等。这些物理量按其性质不同而分为各种类别，这种类别就称为量纲(dimension)。例如长度、时间和质量就是三种类别不同的物理量，它们具有不同的量纲。

量度各种物理量数值大小的标准，称为单位(unit)。同一个物理量，其单位可以有多种。如长度的单位可用米、分米、厘米、毫米等不同的单位来度量。由于所选的单位不同，被度量的物理量将具有不同的量值。例如直径1米的管道，可用100厘米或1000毫米来表示，但是所有这些测量长度的单位(米、分米、厘米、毫米等)均具有长度量纲。其他的物理量如时间，也是一样，其单位可用时、分、秒等来表示，但均具有时间量纲。可见，一个物理量，虽然可用不同单位来度量，但其量纲是唯一的，可以这样理解，量纲反映的是一个物理量的本质，而单位用来刻画一个物理量的数量。

常采用$[q]$代表任意一个物理量q的量纲。

4.1.2 基本量纲与导出量纲

物理量的量纲可分为基本量纲(fundamental dimension)和导出量纲(derived dimension)两大类。同时具有以下两个特点的一组物理量的量纲构成基本量纲：它们之间是相互独立的，即组内的任何一个物理量的量纲不能由组内的其他物理量的量纲导出；这样一组物理量的量纲，可以用来表示除该组以外的任何一个物理量的量纲。除基本量纲外，其余的那些可由基本量纲导出的物理量的量纲，称为导出量纲。

在流体力学中，通常遇到物理量有以下三类：

(1) 几何学量，如长度、面积、体积等。

(2) 运动学量，如速度，加速度，流量，运动黏滞系数等。

(3) 动力学量，如质量、力、密度、动力黏滞系数、切应力、压强等。

为了应用方便，并同国际单位制相一致，普遍采用$M—L—T—\theta$基本量纲系，即选取质量M、长度L、时间T，温度θ的量纲为基本量纲，则其余物理量的量纲均为导出量纲。

值得注意的是，组成基本量纲的物理量不是唯一的，是可以做其他选择的，除了温度θ外，只要在几何学量、运动学量和动力学量中任意各选一个都可以组成基本量纲，被选作基本量纲的物理量称为基本量。

4.1.3 量纲公式

对于不可压缩的流体运动，只需要M、L、T三个基本量纲，其余物理量的量纲均可由这三个基本量纲导出。例如：

速度的量纲$[V]=LT^{-1}$；

加速度的量纲$[a]=LT^{-2}$；

力的量纲$[F]=MLT^{-2}$；

动力黏滞系数的量纲$[\mu]=ML^{-1}T^{-1}$。

综合以上分析可以看出，任何一个物理量q的量纲$[q]$都可用三个基本量纲的指数积的形式表示，即

$$[q]=M^{\alpha}L^{\beta}T^{\gamma} \tag{4-1}$$

式(4-1)称为量纲公式。物理量q的性质由基本量纲的指数α、β、γ决定：当$\alpha=0$、$\beta\neq 0$、$\gamma=0$，q为几何量；当$\alpha=0$、$\beta\neq 0$、$\gamma\neq 0$，q为运动学量；当$\alpha\neq 0$、$\beta\neq 0$、$\gamma\neq 0$，q为动力学量。表4-1给出了流体力学中常见物理量的量纲。

表4-1 流体力学中常见物理量的量纲

物理量		量纲	物理量		量纲
几何学量	长度L	L	动力学量	质量m	M
	面积A	L^2		力F	MLT^{-2}
	体积V	L^3		密度ρ	ML^{-3}
	水力坡度J	L^0		动力黏滞系数μ	$ML^{-1}T^{-1}$
	惯性矩I	L^4		压强p	$ML^{-1}T^{-2}$
运动学量	时间T	T		切应力τ	$ML^{-1}T^{-2}$
	速度V	LT^{-1}		体积弹性系数E	$ML^{-1}T^{-2}$
	加速度a	LT^{-2}		表面张力系数σ	MT^{-2}
	运动黏滞系数ν	L^2T^{-1}		功、能W	ML^2T^{-2}
	单宽流量q	L^2T^{-1}		功率N	ML^2T^{-3}
	流函数φ	L^2T^{-1}		动量K	MLT^{-1}
	势函数φ	L^2T^{-1}			
	角速度ω	T^{-1}			

4.1.4 无量纲量

在量纲公式(4-1)中，若各基本量纲的指数均为零，即 $\alpha=\beta=\gamma=0$，则 $[q]=1$，该物理量 q 称为无量纲量，或称为 π 数。

无量纲量可由两个具有相同量纲的物理量相除得到，例如线应变 $\varepsilon=\Delta l/L$、水力坡度 $J=\Delta h/L$ 和相对粗糙度 Δ/d 等；也可由几个具有不同量纲的物理量的乘除组合得到，例如雷诺数 $Re=Vd/\nu$、弗汝德数 $Fr=V/\sqrt{gh}$ 等。

无量纲量具有以下几个特点。

1. 客观性

凡有量纲的物理量，都有单位。同一物理量，因选取的单位不同，数值也不同。如果用有量纲量作过程的自变量，计算出的因变量数值，将随自变量选取的单位不同而不同。因此，要使运动方程式的计算结果不受选取的单位影响，就需要把方程中各项物理量组合成无量纲项。从这个意义上说，真正客观的方程式，应是由无量纲量组成的方程式。

2. 不受运动规模的影响

无量纲量的数值大小与单位无关，因此不受运动规模的影响。规模大小不同的流动，如两者是相似的流动，则相应的无量纲数相同。在模型实验中，常用同一个无量纲数(例如雷诺数)作为模型和原型流动相似的判据。

3. 可进行超越函数运算

有量纲量只能作简单的，诸如加、减、乘、除代数运算，作对数、指数、三角函数运算是没有意义的，而无量纲化能进行超越函数运算。如气体等温压缩功计算式

$$W=p_1V_1\ln\left(\frac{V_2}{V_1}\right)$$

其中压缩后与压缩前的体积比$\frac{V_2}{V_1}$组成无量纲项，能进行对数运算。

4.1.5 量纲和谐原理

量纲和谐原理(theory of dimensional homogeneity)是量纲分析的基础。量纲和谐原理的表述：凡正确反映客观规律的物理方程，其各项的量纲一定是一致。例如实际液体总流的能量方程

$$z_1+\frac{p_1}{\gamma}+\frac{\alpha_1 v_1^2}{2g}=z_2+\frac{p_1}{\gamma}+\frac{\alpha_2 v_2^2}{2g}+h_w$$

式中各项的量纲均为 L。其他凡正确反映客观规律的物理方程，量纲之间的关系均是如此。量纲和谐原理可以用来检验理论或经验公式的合理性。

值得注意的是，在工程界，至今还有一些单纯依据实验、观测资料建立的经验公式，它们不满足量纲和谐原理。例如曼宁(Manning)公式

$$v=\frac{1}{n}R^{2/3}J^{1/2}$$

经量纲分析，边界壁的粗糙度 n 具有时间的量纲，这显然是错误的。这种情况表明，人们对这部分流动问题的认识还不够全面、不够充分，可以预见，这样的公式将逐渐被修正或被正确完整的公式所代替。

由量纲和谐原理，可引出以下两点。

(1) 凡正确反映客观规律的物理方程，一定能表示成由无量纲项组成的无量纲方程。

(2) 量纲和谐原理规定了一个物理过程中有关物理量之间的关系。因为一个正确完整的物理方程中，各物理量的量纲之间的关系是确定的，按物理量的量纲之间的这一确定性，就可建立该物理过程各物理量的关系式。量纲分析法就是根据这一原理发展起来的，它是 20 世纪初在力学上的重要发现之一。

4.2 量纲分析法

在量纲和谐原理基础上发展起来的量纲分析法有两种：一种称瑞利(L. Rayleigh) 法，适用于比较简单的问题；另一种称 π 定理，是一种更具普遍性的原理，适用于比较复杂的问题。

4.2.1 瑞利法

瑞利法的基本原理是，某一物理过程同 n 个物理量有关，这些物理量之间满足关系式

$$f(q_1, q_2, \cdots, q_n) = 0 \tag{4-2}$$

其中的任意一个物理量 q_i 都可以表示为其余物理量的指数乘积，即 $q_i = Kq_1^a q_2^b \cdots q_{n-1}^p$，由此写出其量纲式为

$$[q_i] = [q_1^a q_2^b \cdots q_{n-1}^p]$$

将量纲式中各物理量的量纲按式(4-1) 表示为基本量纲的指数积的形式，并根据量纲和谐原理确定各物理量的指数 $a, b, \cdots, p$，就可得出表达该物理过程的关系式，这就是瑞利法。

下面通过例题来说明瑞利法的应用步骤。

例 4-1 求水泵输出功率的表达式。

解 (1) 找出同水泵输出功率 N 有关的物理量。这些物理量包括：水的容量 γ、管路中的流量 Q、水泵的扬程 H。由式(4-2) 得

$$f(N, \gamma, Q, H) = 0$$

(2) 写出指数乘积关系式。

$$N = K\gamma^a Q^b H^c$$

(3) 写出量纲式。

$$[N] = [\gamma^a Q^b H^c]$$

(4) 按式(4-1)，以基本量纲(M、L、T) 表示各物理量的量纲。

$$ML^2T^{-3} = (ML^{-2}T^{-2})^a\ (L^3T^{-1})^b\ (L)^c$$

(5) 根据量纲和谐原理求出各物理量的指数。

$$M: a = 1$$

$$L: -2a + 3b + c = 2$$

$$T: -2a - b = -3$$

由此解得 $a = 1, b = 1, c = 1$。

(6) 整理关系式。

$$N = K\gamma QH$$

其中，K 为系数，由实验确定。

例 4-2 求圆管层流的流量关系式。

解 (1) 找出影响圆管层流流量的物理量。这些物理量包括：管段两端的压强差 Δp，管段长 l，圆管半径 r_0，流体的动力黏滞系数 μ。

根据经验和对已有实验资料的分析，得知流量 Q 与压强差 Δp 成正比，与管段长 l 成反比。因此，可将 Δp、l 合并为一项 $\Delta p/l$，得到关系式

$$f(Q, \Delta p/l, r_0, \mu) = 0$$

(2) 写出指数积关系式。

$$Q = K\left(\frac{\Delta p}{l}\right)^a r_0^b \mu^c$$

(3) 写出量纲式。

$$[Q] = \left[\left(\frac{\Delta p}{l}\right)^a r_0^b \mu^c\right]$$

(4) 按式(4-1)，以基本量纲表示各物理量的量纲。

$$L^3T^{-1} = (ML^{-2}T^{-2})^a L^b\ (ML^{-1}T^{-1})^c$$

(5) 根据量纲和谐原理求各物理量的指数。

$$M: a + c = 0$$

$$L: -2a + b - c = 3$$

$$T: -2a - c = -1$$

由此解得 $a = 1, b = 4, c = -1$。

(6) 整理关系式。

$$Q = K\left(\frac{\Delta p}{l}\right) r_0^4 \mu^{-1}$$

其中，K 为系数，由实验确定 $K = \frac{\pi}{8}$。

则
$$Q = \frac{\pi}{8}\frac{\Delta p}{l\mu} r_0^4$$

由以上例题可以看出，用瑞利法求力学方程，当有关物理量不超过四个，待求的量纲指数不超过三个时，可直接根据量纲和谐原理求出各物理量的指数，建立关系式，如例 4-1。当有关物理量超过四个时，则需要合并有关物理量，以求得各物理量的指数，如例 4-2。

当研究的物理过程比较复杂，有关物理量的个数比较多时，宜用 π 定理求解。

4.2.2 π 定理

π 定理是量纲分析更为普遍的原理，是在 1915 年由美国物理学家布金汉(E. Buckingham)提出，又称为布金汉定理。π 定理指出：某一物理过程同 n 个物理量有关，它们之间满足关系式

$$f(q_1, q_2, \cdots, q_n) = 0$$

选取其中 m 个物理量作为基本量，则该物理过程可由$(n - m)$ 个无量纲项所表达的关系式来描述，即

$$f(\pi_1, \pi_2, \cdots, \pi_{n-m}) = 0 \tag{4-3}$$

π 定理可用数学方法证明，这里从略。

π 定理的应用步骤如下。

(1) 找出与研究的物理过程有关的 n 个物理量。

(2) 从 n 个物理量中选取 m 个基本量。选择基本量的方法如 4.1.2 中所述。

对于不可压缩流体的运动，$m = 3$。通常选取速度 V、密度 ρ、特征长度 L 为基本量，即 q_1、

q_2、q_3。

(3) 用基本量与其余$(n-m)$个物理量组成$(n-m)$个无量纲的 π 项。

$$\pi_1 = \frac{q_4}{q_1^{a_1} q_2^{b_1} q_3^{c_1}}$$

$$\pi_2 = \frac{q_5}{q_1^{a_2} q_2^{b_2} q_3^{c_2}}$$

$$\vdots$$

$$\pi_{n-3} = \frac{q_n}{q_1^{a_{n-3}} q_2^{b_{n-3}} q_3^{c_{n-3}}}$$

(4) 根据 π 为无量纲项,定出各 π_i 项基本量的指数 a_i、b_i、$c_i$$(i=1,2,\cdots,n-3)$。

(5) 整理关系式。

例 4-3 求有压管流两断面间压强差 Δp(或称压强损失)的表达式。

解 (1) 找出与研究过程有关的物理量。

由经验和对已有资料的分析可知,有压管流两断面间压强差 Δp 与流体的密度ρ、运动黏滞系数ν、管长 l、管径 d、管壁绝对粗糙度 Δ 以及流速 V 有关,故有关量个数 $n=7$。

(2) 选取基本量。在有关量中选 V、d、ρ 为基本量,基本量个数 $m=3$。

(3) 组成 π 项,π 项个数为 $n-m=7-3=4$,具体如下:

$$\pi_1 = \frac{\Delta p}{V^{a_1} d^{b_1} \rho^{c_1}}$$

$$\pi_2 = \frac{\nu}{V^{a_2} d^{b_2} \rho^{c_2}}$$

$$\pi_3 = \frac{l}{V^{a_3} d^{b_3} \rho^{c_3}}$$

$$\pi_4 = \frac{\Delta}{V^{a_4} d^{b_4} \rho^{c_4}}$$

(4) 计算各 π_i 项中基本量的指数。

$$\pi_1: [\Delta p] = [V^{a_1} d^{b_1} \rho^{c_1}]$$

$$ML^{-1}T^{-2} = (LT^{-1})^{a_1} L^{b_1} (ML^{-3})^{c_1}$$

$$M: c_1 = 1$$

$$L: a_1 + b_1 - 3c_1 = -1$$

$$T: -a_1 - \ 2$$

由此解得 $a_1=2$,$b_1=0$,$c_1=1$。

$$\pi_1 = \frac{\Delta p}{V^2 \rho}$$

$$\pi_2: [\nu] = [V^{a_2} d^{b_2} \rho^{c_2}]$$

$$L^2T^{-1} = (LT^{-1})^{a_2} L^{b_2} (ML^{-3})^{c_2}$$

$$M: c_2 = 0$$

$$L: a_2 + b_2 - 3c_2 = 2$$

$$T: -a_2 = -1$$

由此解得 $a_2=1$,$b_2=1$,$c_2=0$。

$$\pi_2 = \frac{\nu}{Vd}$$

$$\pi_3: [l] = [V^{a_3} d^{b_3} \rho^{c_3}]$$

$$L = (LT^{-1})^{a_3} L^{b_3} (ML^{-3})^{c_3}$$
$$M: c_3 = 0$$
$$L: a_3 + b_3 - 3c_3 = 1$$
$$T: -a_3 = 0$$

由此解得 $a_3 = 0, b_3 = 1, c_3 = 0$。

$$\pi_3 = \frac{l}{d}$$
$$\pi_4: \Delta = [V^{a_4} d^{b_4} \rho^{c_4}]$$
$$L = (LT^{-1})^{a_4} L^{b_4} (ML^{-3})^{c_4}$$
$$M: c_4 = 0$$
$$L: a_4 + b_4 - 3c_4 = 1$$
$$T: -a_4 = 0$$

由此解得 $a_4 = 0, b_4 = 1, c_4 = 0$。

$$\pi_4 = \frac{\Delta}{d}$$

(5) 整理方程式。

$$f\left(\frac{\Delta p}{V^2 \rho}, \frac{\nu}{Vd}, \frac{l}{d}, \frac{\Delta}{d}\right) = 0$$

由此求解$\frac{\Delta p}{V^2 \rho}$:

$$\frac{\Delta p}{V^2 \rho} = f_1\left(\frac{\nu}{Vd}, \frac{l}{d}, \frac{\Delta}{d}\right)$$

因 $\Delta p \propto l$,则

$$\frac{\Delta p}{V^2 \rho} = f_2\left(\frac{\nu}{Vd}, \frac{\Delta}{d}\right)\frac{l}{d} = f_2\left(Re, \frac{\Delta}{d}\right)\frac{l}{d}$$
$$\frac{\Delta p}{\rho g} = f_2\left(Re, \frac{\Delta}{d}\right)\frac{l}{d}\frac{V^2}{2g} = \lambda \frac{l}{d}\frac{V^2}{2g}$$

上式就是管道压强损失的计算公式。

4.2.3 量纲分析方法的讨论

以上简要介绍了量纲分析方法,下面再作几点讨论。

(1) 量纲分析方法的理论基础是量纲和谐原理,即凡正确反映客观规律的物理方程,量纲一定是和谐的。

(2) 量纲和谐原理是判别经验公式是否完善的基础。20 世纪,量纲分析原理未发现之前,水力学中积累了不少纯经验公式,每一个经验公式都有一定的实验根据,都可用于一定条件下流动现象的描述,这些公式孰是孰非,无所适从。量纲分析方法可以从量纲理论作出判别和权衡,使其中的一些公式从纯经验的范围内解脱出来。

(3) 应用量纲分析方法得到的物理方程式,是否符合客观规律,和所选入的物理量是否正确有关。而量纲分析方法本身对有关物理量的选取却不能提供任何指导和启示,可能由于遗漏某一个具有决定性意义的物理量,导致建立的方程式不正确,也可能因选取了没有决定性意义的物理量,造成方程中出现累赘的物理量。

这种局限性是方法本身决定的。研究量纲分析方法的前驱者之一瑞利,在分析流体通过恒温

固体的热传导问题时，就曾遗漏了流体黏度的影响，而导出一个不全面的物理方程式。弥补量纲分析方法的局限性，需要已有的理论分析和实验成果，要依靠研究者的经验和对流动现象的观察认识能力。

（4）量纲分析为组织实施实验研究，以及整理实验数据提供了科学的方法。可以说量纲分析方法是沟通流体力学理论和实验之间的桥梁。

4.3 相似理论基础

现代许多工程问题，由于流动情况十分复杂，无法直接应用基本方程式求解，而有赖于实验研究。大多数工程实验是在模型基础上进行的。所谓模型(model)是指与原型(prototype)有同样的运动规律，各运动参数存在固定比例关系的缩小物。通过模型实验，把研究结果换算为原型流动，进而预测在原型流动中将要发生的现象。怎样才能保持模型和原型有同样的流动规律呢？关键要使模型和原型是相似的流动，只有这样的模型才是有效的模型，实验研究才有意义。相似理论就是研究相似现象之间联系的理论，是模型试验的理论基础。

4.3.1 流动相似的含义

许多水力学问题单纯依靠理论分析是很难得到解答的，即使是在计算机和计算技术高度发展的今天，对于复杂多变的液流问题，如果没有实验成果的验证，完全依靠大容量、高速度的计算机进行数值计算来求解，毕竟没有十分把握。因此，往往需要依靠实验研究来解决一些复杂的流动问题。但是，如何进行实验以及如何把实验成果应用到实际问题中去？液流相似原理的理论可以回答这一问题。液流相似原理不仅是实际研究的理论根据，同时也是对液流现象进行理论分析的另一个重要手段，其应用非常广泛，小到局部流动现象，大到大气环流、海洋流动等，都可借助液流相似原理的理论来探求其运动规律。在水力学的研究中，从水流的内部机理直至与水流接触的各种复杂边界，包括水力机械、水工建筑物等多方面的设计、施工、与运行管理等有关的水流问题，都可应用水力学模型实验来进行研究。即在一个和原形水流相似而缩小了几何尺寸的模型中进行实验。如果在这种缩小了几何尺寸的模型中，所有物理量都与原形中相应点上对应物理量保持各自一定的比例关系，则这两种流动现象就是相似的，这就是流动相似的基本含义。

两个互为相似的水流系统，每一种物理量的比例常数都有各自的数值，例如，长度 l、速度 V、力 F 的比例常数可分别写为

$$\lambda_l = \frac{l_p}{l_m} \tag{4-4a}$$

$$\lambda_V = \frac{l_p}{l_m} \tag{4-4b}$$

$$\lambda_F = \frac{l_p}{l_m} \tag{4-4c}$$

其中，脚标 p 表示原型，m 表示模型。λ_l、λ_V、λ_F 分别表示各种物理量的相似比例常数，简称为各种物理量的比尺。λ_l 称为长度比尺，λ_V 称为速度比尺，λ_F 称为力的比尺。

4.3.2 流动相似的特征

通过前面学习，已经知道表征液流现象的基本物理量有三类，分别是几何学量、运动学量、动

力学量,因此,两个液流系统的相似特征,可用几何相似、运动相似和动力相似来描述。

1. 几何相似

几何相似(geometric similarity)指在原型和模型两个流动中,所有相应线段的长度成比例,且相应线段间的夹角相等。

$$\frac{l_{p1}}{l_{m1}}=\frac{l_{p2}}{l_{m2}}=\cdots=\lambda_l \tag{4-5}$$

其中,l_{mi} 表示模型流场中具有特征意义的长度;l_{pi} 表示原型流场中的对应长度;λ_l 表示原型和模型的长度比尺。

例如,对于明渠横断面,几何长度有底宽 b、水深 h、湿周 χ、水力半径 R 等。当原型和模型存在几何相似时,应有

$$\frac{b_p}{b_m}=\frac{h_p}{h_m}=\frac{\chi_p}{\chi_m}=\frac{R_p}{R_m}=\lambda_l$$

2. 运动相似

运动相似(kinematic similarity)指在原型和模型两个流动中,相应点的运动要素(如速度、加速度等)方向相同、大小成比例。对速度

$$\frac{V_{p1}}{V_{m1}}=\frac{V_{p2}}{V_{m2}}=\cdots=\lambda_V \tag{4-6}$$

对加速度

$$\frac{a_{p1}}{a_{m1}}=\frac{a_{p2}}{a_{m2}}=\cdots=\lambda_a \tag{4-7}$$

式(4-6)中,λ_V 表示两流场相应点的速度比尺;式(4-7)中,λ_a 表示两流场相应点的加速度比尺。

3. 动力相似

动力相似(dynamic similarity)指在原型和模型两个流动中,对应点上各种作用力 F(如惯性力、黏性力、质量力及压力等)方向相同,大小各成同一比例。用 λ_F 表示某种作用力的比尺,则

$$\frac{F_{p1}}{F_{m1}}=\frac{F_{p2}}{F_{m2}}=\cdots=\lambda_F \tag{4-8}$$

两个流场具有几何相似并不能保证它们一定具有动力相似。例如,如果用同一翼型模型在不同黏度的流体中测量升力和阻力,由于升力与流体黏滞系数无关,阻力与黏滞系数有关,所以在两个流场中测出的升力可能相等而阻力却不一定相等。由此可见,尽管两个流场具有几何相似,然而却不一定具有动力相似。不过,只有在满足了几何相似的前提下,运动相似和动力相似才有可能。所以,几何相似是运动相似和动力相似的必要条件,但并不是充分条件。

相对来说,几何相似比较容易做到,只要将原型严格按照比例缩小或者放大制作成模型就可以了。动力相似是流动相似的主导因素,只有满足动力相似才能保证运动相似,从而达到流动相似。

4.3.3 牛顿相似定律

模型与原型的流动都必须服从同一运动规律,并为同一物理方程所描述,这样才能做到几何相似、运动相似和动力相似。由于与液体不同的物理性质有关的重力、黏滞力、弹性力、表面张力等都是企图改变运动状态的力,而由液体惯性所引起的惯性力是企图维持液体原有运动状态的力,因此各种力之间的对比关系应以惯性力和其他各力之间的比值来表示。

为了正确地进行模型设计，需对液流的动力相似作进一步探讨，找出动力相似的具体表达式。

任何液体运动，不论是原型还是模型，都必须遵循牛顿第二定律 $F = ma$，按习惯，选取流速 V、密度 ρ、特征长度 l 为基本量，则 $F = ma = \rho l^3 \dfrac{l}{t^2} = \rho l^2 V^2$。

动力相似要求

$$\lambda_F = \frac{F_p}{F_m} = \frac{\rho_p l_p^2 V_p^2}{\rho_m l_m^2 V_m^2} = \lambda_\rho \lambda_l^2 \lambda_V^2 \tag{4-9}$$

上式可以写成

$$\frac{F_p}{\rho_p l_p^2 V_p^2} = \frac{F_m}{\rho_m l_m^2 V_m^2} \tag{4-10}$$

$\dfrac{F}{\rho l^2 V^2}$ 是无量纲数，称为牛顿数(Newton number)，以 Ne 表示。牛顿数的物理意义是作用于水流的外力与惯性力之比。则式(4-10) 可写为

$$Ne_p = Ne_m \tag{4-11}$$

式(4-11) 表明，两个动力相似的水流，它们的牛顿数必相等，称为牛顿相似定律。

4.3.4 液体流动的动力相似准则

在自然界，作用于水流的力是多种多样的，例如重力、黏滞力、压力、表面张力、弹性力等，这些力互不相同，各自遵循自己的规律，并用不同形式的物理公式来表达。因此，要使模型和原型水流运动相似，这些力除了满足牛顿数 Ne 相等的条件外，还必须满足由其自身性质决定的规律。然而要考虑所有不同性质的力的相似，就要同时满足许多特殊规律，这是非常困难的，往往也无法做到，对于某种具体水流来说，虽然它同时受到不同性质的力作用，但是这些力对水流运动状态的影响并不相同，即总有一种或两种力处于主导地位，决定了水流运动状态。在水力模型试验中，往往使其中起主导作用的力满足相似条件，这样，就能基本上反映水流运动状态的相似。实践证明，这样处理能满足实际问题中所要求的精度，这种只满足某一种力作用下的动力相似条件称为动力相似准则。

1. 重力相似准则

重力是液流现象中常遇到的一种作用力，如明渠水流、堰流及闸孔出流等都是重力起主导作用的流动。

重力可表示 $G = \rho g V$。重力比尺为

$$\lambda_G = \frac{G_p}{G_m} = \frac{\rho_p g_p V_p}{\rho_m g_m V_m} = \lambda_\rho \lambda_g \lambda_l^3$$

当重力起主导作用时，可以认为 $F = G$，$\lambda_F = \lambda_G$，结合式(4-9)，有

$$\frac{\rho_p g_p l_p^3}{\rho_p l_p^2 V_p^2} = \frac{\rho_m g_m l_m^3}{\rho_m l_m^2 V_m^2}$$

整理得

$$\frac{V_p}{\sqrt{g_p l_p}} = \frac{V_m}{\sqrt{g_m l_m}} \tag{4-12}$$

$\dfrac{V}{\sqrt{gl}}$ 是无量纲数，称为弗汝德数(Froude number)，以 Fr 表示，则式(4-13) 可表示为

$$Fr_p = Fr_m \tag{4-13}$$

式(4-13)表明，两个液流在重力作用下的动力相似条件是它们的弗汝德数相等，称为重力相似准则或弗汝德数相似准则。

2. 阻力相似准则

阻力可表示为

$$T = \tau \chi l$$

式中，τ 为边界切应力，χ 为湿周，l 为流程长。对于均匀流，$\tau = \rho g R J$，又水力坡度 $J = h_f/l = \frac{\lambda}{4R}\frac{V^2}{2g}$，则

$$T = \rho g R\,\frac{\lambda}{4R}\frac{V^2}{2g}\chi l = \frac{1}{8}\rho\lambda l \chi V^2$$

式中，λ 为沿程水头损失系数。阻力比尺为

$$\lambda_T = \frac{T_p}{T_m} = \frac{\rho_p \lambda_p l_p^2 V_p^2}{\rho_m \lambda_m l_m^2 V_m^2} = \lambda_\rho \lambda_\lambda \lambda_l^2 \lambda_V^2$$

当阻力起主要作用时，可以认为 $F = T$，结合式(4-9)，有

$$\lambda_p = \lambda_m \tag{4-14}$$

或

$$\lambda_\lambda = 1 \tag{4-15}$$

式(4-14)或式(4-15)为阻力相似的一般准则。

考虑到 λ 与谢才系数 C 的关系：$\lambda = \frac{8g}{C^2}$，则沿程水头损失系数的比尺为

$$\lambda_\lambda = \frac{\lambda_g}{\lambda_C^2} = \frac{1}{\lambda_C^2}$$

结合式(4-15)，有

$$\lambda_C = 1 \tag{4-16}$$

即

$$C_p = C_m \tag{4-17}$$

式(4-16)或(4-17)为阻力相似一般准则的另一表达式。式(4-16)及式(4-17)表明：两个液流在阻力作用下的动力相似条件是它们的沿程水头损失系数或谢才系数相等。这一准则对层流和紊流均适用。

下面分别导出适用于层流和紊流粗糙区的阻力相似准则和相似条件。

1) *层流*

对于层流，沿程水头损失系数 $\lambda = \frac{64}{Re}$，则

$$\lambda_\lambda = \frac{1}{\lambda_{Re}}$$

结合式(4-15)，有

$$\lambda_{Re} = 1$$

即

$$Re_p = Re_m \tag{4-18}$$

式(4-18)表明两个液流在黏滞力(层流时的阻力)作用下的动力相似条件是它们的雷诺数相等，称为黏滞力相似准则或雷诺相似准则。

2）紊流粗糙区

对于紊流粗糙区，由曼宁公式 $C=\frac{1}{n}R^{1/6}$ 得

$$\lambda_C=\frac{\lambda_l^{1/6}}{\lambda_n}$$

结合式(4-17)，有

$$\lambda_n=\lambda_l^{1/6} \tag{4-19}$$

上式为紊流粗糙区的阻力相似条件，它表明：只要模型的糙率比尺 λ_n 满足式(4-19)的关系，就能满足阻力作用下的动力相似。因此，紊流粗糙区又称自动模型区。

3）表面张力相似准则

表面张力用 σl 表征，σ 为表面张力系数，结合式(4-9)，有

$$\frac{\sigma_p l_p}{\rho_p l_p^2 V_p^2}=\frac{\sigma_m l_m}{\rho_m l_m^2 V_m^2}$$

整理得

$$\frac{\sigma_p/\rho_p}{V_p^2 l_p}=\frac{\sigma_m/\rho_m}{V_m^2 l_m} \tag{4-20}$$

$\frac{V^2 l}{\sigma/\rho}$ 是一个无量纲数，称为韦伯数(Weber number)，以 We 表示，韦伯数表示水流中表面张力与惯性力之比，则式(4-20)可写成

$$We_p=We_m \tag{4-21}$$

式(4-21)为表面张力相似准则，或称为韦伯相似准则。它表明：两个液流在表面张力作用下的力学相似条件是它们的韦伯数相等。这个准则只有在流动规模甚小，表面张力的作用相对显著时才需应用。

3. 弹性力相似准则

弹性力用 El^2 表示，式中 E 为体积弹性系数，结合式(4-9)，有

$$\frac{E_p l_p^2}{\rho_p l_p^2 V_p^2}=\frac{E_m l_m^2}{\rho_m l_m^2 V_m^2}$$

简化后整理得

$$\frac{E_p/\rho_p}{V_p^2}=\frac{E_m/\rho_m}{V_m^2} \tag{4-22}$$

$\frac{V^2}{E/\rho}$ 是一个无量纲数，称为柯西数(Cauchy number)，以 Ca 表示，柯西数表示水流中弹性力与惯性力之比，则式(4-22)可写成

$$Ca_p=Ca_m \tag{4-23}$$

式(4-23)为弹性力相似准则，或称柯西相似准则。它表明：两个液流在弹性力作用下的力学相似条件是它们的柯西数相等。它适用于管路中发生水击时的流动。

4. 惯性力相似准则

在非恒定一元流动中，加速度 a 可表示为

$$a=\frac{\mathrm{d}V}{\mathrm{d}t}=\frac{\partial V}{\partial t}V+\frac{\partial V}{\partial s}\frac{\partial s}{\partial t}=\frac{\partial V}{\partial t}+V\frac{\partial V}{\partial s}$$

式中，加速度由定位加速度 $\frac{\partial V}{\partial t}$ 和变位加速度 $V\frac{\partial V}{\partial s}$ 两部分组成，定位加速度的惯性作用与变位加速度的惯性作用之比可写成

$$\frac{V\frac{V}{l}}{\frac{V}{t}} = \frac{Vt}{l}$$

$\frac{l}{Vt}$ 是一个无量纲数,称为斯特劳哈尔数(Strouhal number),以 Sr 表示。如果要求原型、模型的非恒定流动相似,则要求斯特劳哈尔数相等,即

$$Sr_{\mathrm{p}} = Sr_{\mathrm{m}} \tag{4-24}$$

式(4-24)是惯性力相似准则,它是变位加速度的惯性作用与定位加速度的惯性作用之比。因为它是控制非恒定流时间的准数,故又称为时间相似准则。

5. 压力相似准则

一般水流运动中所要了解的是压差 Δp,结合式(4-9),有

$$\frac{\Delta p_{\mathrm{p}} A_{\mathrm{p}}}{\rho_{\mathrm{p}} l_{\mathrm{p}}^2 V_{\mathrm{p}}^2} = \frac{\Delta p_{\mathrm{m}} A_{\mathrm{m}}}{\rho_{\mathrm{m}} l_{\mathrm{m}}^2 V_{\mathrm{m}}^2}$$

整理得

$$\frac{\Delta p_{\mathrm{p}}}{\rho_{\mathrm{p}} V_{\mathrm{p}}^2} = \frac{\Delta p_{\mathrm{m}}}{\rho_{\mathrm{m}} V_{\mathrm{m}}^2} \tag{4-25}$$

令 $Eu = \frac{\Delta p}{\rho V^2}$,它是一个无量纲数,称为欧拉数(Euler number),它表示水流中压差与惯性力的对比关系,当要求原型与模型中压差相似,则必须

$$Eu_{\mathrm{p}} = Eu_{\mathrm{m}} \tag{4-26}$$

上式为压力相似准则。

4.4 模型实验

模型实验是根据相似原理,制成和原型相似的小尺度模型进行实验研究,并以实验的结果预测出原型将会发生的流动现象。进行模型实验需要解决下面几个问题。

4.4.1 模型律的选择

为了使模型和原型流动完全相似,除要几何相似外,各独立的相似准则应同时满足。但实际上要同时满足各准则很困难,甚至是不可能的,例如按雷诺准则

$$Re_{\mathrm{m}} = Re_{\mathrm{p}}$$

原型与模型的速度比

$$\frac{V_{\mathrm{p}}}{V_{\mathrm{m}}} = \frac{\nu_{\mathrm{p}}}{\nu_{\mathrm{m}}} \frac{l_{\mathrm{m}}}{l_{\mathrm{p}}} \tag{4-27}$$

按弗汝德准则

$$Fr_{\mathrm{m}} = Fr_{\mathrm{p}}$$

若 $g_{\mathrm{m}} = g_{\mathrm{p}}$,则原型与模型的速度比

$$\frac{V_{\mathrm{p}}}{V_{\mathrm{m}}} = \sqrt{\frac{l_{\mathrm{p}}}{l_{\mathrm{m}}}} \tag{4-28}$$

要同时满足雷诺准则和弗汝德准则,由式(4-27)和(4-28)得

$$\frac{\nu_p}{\nu_m}\frac{l_m}{l_p}=\sqrt{\frac{l_p}{l_m}} \tag{4-29}$$

当原型和模型为同种流体时，$\nu_m=\nu_p$，则

$$\frac{l_m}{l_p}=\sqrt{\frac{l_p}{l_m}}$$

只有 $l_m=l_p$，即 $\lambda_l=1$ 时，上式才能成立。这在大多数情况下，已失去模型实验的价值。

当原型和模型为不同种流体时，$\nu_m\neq\nu_p$，由式(4-29)得

$$\frac{\nu_p}{\nu_m}=\left(\frac{l_p}{l_m}\right)^{3/2}=\lambda_l^{3/2}$$

$$\nu_m=\frac{\nu_p}{\lambda_l^{3/2}}$$

上式中，若长度比尺 $\lambda_l=10$，则 $\nu_m=\dfrac{\nu_p}{31.62}$。若原型中流体为水，模型就需选用运动黏滞系数是水 1/31.62 的流体，而这样的流体是很难找到的。

由以上分析可见，模型实验做到流动完全相似是比较困难的，一般只能达到近似相似，就是保证对流动起主要作用的力相似，这就是模型律的选择问题。如有压管流、潜体绕流，黏滞力起主要作用，应按雷诺准则设计模型；堰顶溢流、闸孔出流、明渠流动等，重力起主要作用，应按弗汝德准则设计模型。

在沿程阻力系数实验中已经知道，当雷诺数 Re 超过一定数值，流动进入紊流的粗糙区后，沿程阻力系数不随 Re 变化，即流动阻力的大小与 Re 无关，这个流动范围称为自动模型区。若原型和模型流动都处于自动模型区，只需几何相似，不需 Re 相等，就自动实现阻力相似。工程上许多明渠水流处于自动模型区，按弗汝德准则设计的模型，只要模型中的流动进入自动模型区，便同时满足阻力相似。

4.4.2　模型设计

进行模型设计，通常是先根据实验场地，模型制作和量测条件，定出长度比尺 λ_l；再以选定的长度比尺 λ_l 缩小原型的几何尺寸，得出模型区的几何边界；根据对流动受力情况的分析，满足对流动起主要作用的力相似，选择模型律；最后按所选用的相似准则，确定流速比尺及模型的流量。例如，按雷诺准则

$$\frac{V_p l_p}{\nu_p}=\frac{V_m l_m}{\nu_m}$$

若 $\nu_m=\nu_p$，则

$$\frac{V_p}{V_m}=\frac{l_m}{l_p}=\frac{1}{\lambda_l} \tag{4-30}$$

按弗汝德准则

$$\frac{V_p}{\sqrt{g_p l_p}}=\frac{V_m}{\sqrt{g_m l_m}}$$

如 $g_m=g_p$，则

$$\frac{V_p}{V_m}=\sqrt{\frac{l_p}{l_m}}=\sqrt{\lambda_l} \tag{4-31}$$

流量比

$$\frac{Q_p}{Q_m}=\frac{V_p A_p}{V_m A_m}=\lambda_V\lambda_l^2$$

$$Q_{\mathrm{m}} = \frac{Q_{\mathrm{p}}}{\lambda_V \lambda_l^2}$$

结合式(4-31)有

$$Q_{\mathrm{m}} = \frac{Q_{\mathrm{p}}}{\lambda_l^{2.5}} \tag{4-32}$$

表4-2给出了按雷诺准则和弗汝德准则导出各物理量比尺。

表4-2　模型比尺

名　　称	比　　尺			名　　称	比　　尺		
	雷诺准则		弗汝德准则		雷诺准则		弗汝德准则
	$\lambda_\nu = 1$	$\lambda_\nu \neq 1$			$\lambda_\nu = 1$	$\lambda_\nu \neq 1$	
长度比尺 λ_l	λ_l	λ_l	λ_l	力的比尺 λ_F	λ_ρ	$\lambda_\nu^2\lambda_\rho$	$\lambda_l^3\lambda_\rho$
流速比尺 λ_V	λ_l^{-1}	$\lambda_\nu\lambda_l^{-1}$	$\sqrt{\lambda_l}$	压强比尺 λ_P	$\lambda_l^{-2}\lambda_\rho$	$\lambda_\nu^2\lambda_l^{-1}\lambda_\rho$	$\lambda_l\lambda_\rho$
加速度比尺 λ_a	λ_l^{-3}	$\lambda_\nu^2\lambda_l^{-3}$	1	功、能比尺	$\lambda_l\lambda_\rho$	$\lambda_\nu^2\lambda_l\lambda_\rho$	$\lambda_l^4\lambda_\rho$
流量比尺 λ_Q	λ_l	$\lambda_\nu\lambda_l$	$\lambda_l^{2.5}$	功率比尺	$\lambda_l^{-1}\lambda_\rho$	$\lambda_\nu^3\lambda_l^{-1}\lambda_\rho$	$\lambda_l^{3.5}\lambda_\rho$
时间比尺 λ_t	λ_l^2	$\lambda_\nu^{-1}\lambda_l^2$	$\sqrt{\lambda_l}$				

例4-4　直径为15 cm的输油管，管长10 m，通过流量为0.04 $\mathrm{m^3/s}$。现用水来做实验，选模型管径和原型相等，原型中油的运动黏滞系数 $\nu = 0.13\ \mathrm{cm^2/s}$。模型中的实验水温为 $t = 10℃$。(1) 求模型中的流量为多少才能达到与原型相似？(2) 若在模型中测得10 m长管段的压强差为0.35 cm，反算原型输油管1000 m长管段上的压强差为多少？(用油柱高表示)

解　(1) 输油管路中的主要作用力为黏滞力，故按雷诺准则确定模型流速及流量。

$t = 10℃$ 时，水的运动黏滞系数 $\nu = 0.0131\ \mathrm{cm^2/s}$，则 $\lambda_\nu = \frac{\nu_{\mathrm{p}}}{\nu_{\mathrm{m}}} = \frac{0.13}{0.0131} = 9.924$，由题意知 $\lambda_l = \frac{l_{\mathrm{p}}}{l_{\mathrm{m}}} = 1$。

由表4-2可知：$\lambda_Q = \frac{Q_{\mathrm{p}}}{Q_{\mathrm{m}}} = \lambda_\nu\lambda_l$，则模型流量

$$Q_m = \frac{Q_p}{\lambda_\nu\lambda_l} = \frac{0.04}{9.924 \times 1}\ \mathrm{m^3/s} = 0.004\ \mathrm{m^3/s}$$

(2) 要使黏滞力为主的原型与模型的压强高度相似，除了满足两种液流的雷诺数相同外，还应保证欧拉数也相同，由式(4-25)得

$$\frac{\Delta p_{\mathrm{p}}}{\Delta p_{\mathrm{m}}} = \left(\frac{V_{\mathrm{p}}}{V_{\mathrm{m}}}\right)^2 \frac{\rho_{\mathrm{p}}}{\rho_{\mathrm{m}}}$$

由 $\Delta p = \rho g h$ 得

$$\frac{h_{\mathrm{p}}}{h_{\mathrm{m}}} = \frac{\Delta p_{\mathrm{p}}}{\Delta p_{\mathrm{m}}} \frac{\rho_{\mathrm{m}}}{\rho_{\mathrm{p}}} \frac{g_{\mathrm{m}}}{g_{\mathrm{p}}} = \frac{\Delta p_{\mathrm{p}}}{\Delta p_{\mathrm{m}}} \frac{\rho_{\mathrm{m}}}{\rho_{\mathrm{p}}} = \left(\frac{V_{\mathrm{p}}}{V_{\mathrm{m}}}\right)^2$$

用原型中的油柱高表示为

$$h_{\mathrm{p}} = h_{\mathrm{m}}\left(\frac{V_{\mathrm{p}}}{V_{\mathrm{m}}}\right)^2 = (0.35 \times 9.924^2)\ \mathrm{cm} = 34.5\ \mathrm{cm}$$

(注：工程上往往根据每1 000 m长管路中的水头损失作为设计管路加压泵站扬程选择的依据。)

4.4.3 相似原理的应用及限制条件

进行水力模型设计时，首先必须根据原型中液体运动的特性，确定控制流动的主要作用力，再根据对应的相似准则，算出各物理量的模型比尺。但是由于水流运动的复杂性，即使相似准数保持不变，模型中的物理现象也只在一定范围内才与原型相似，这是因为模型相对原型缩小或扩大之后，数量变化超越了一定的界限，性质上就起变化，如高速掺气水流模型以及在常规大气压情况下的负压模拟问题。因此模型设计中除保持相似准数相等以外，模型中各物理量的大小还应保持在一定范围以内而不超过某些界限，才不致产生过分歪曲现象而得出错误结果。对于水流运动，埃斯奈尔(Eisner) 等人提出以下几个限制条件。

1. 共同作用力的限制条件

当流体在几种力共同作用下运动时，从理论上讲必须同时考虑几个相似准则，但在一般情况下往往只考虑重力相似和阻力相似。在水力模型实验中的液体一般都是水，因此无法使模型设计时同时遵循弗汝德准则和雷诺准则，只能考虑一种主要的作用力，同时估计其他作用力的影响，使原型与模型近似的相似。由于水利工程建筑物中水流运动大多是重力起主要作用，所以一般按弗汝德准则设计模型，但实验中必须在黏滞性可忽略的范围内进行，或估算由于超出范围而引起的误差，再对试验成果予以修正。

2. 流态的限制条件

1）层流与紊流的界限

层流运动与紊流运动有本质的差别。由于水力模型实验中研究的多是紊流，因此模型水流中相当于最小水流尺度(或水力半径）和最小流速时的雷诺数应大于上临界雷诺数。一般在圆管中，上临界雷诺数取 13 350；粗糙表面矩形明渠中上临界雷诺数为 3 000 ～ 4 000。

2）缓流与急流的界限

对于明渠水流模型，应保证其水流状态(缓流或急流）与原型相同。如按重力相似准则设计明渠水流模型，对应点上模型的弗汝德数应与原型相等，而水流状态也应相同。然而有时由于各种外界因素的影响，如扰动程度、边界粗糙程度等都无法完全相似，这样就使水流状态有所变化。

在设计明渠均匀流模型时，常以实际底坡 i 与临界底坡 i_k 相比以判别流态。明渠临界底坡 $i_k = \dfrac{g\chi_k}{\alpha C_k^2 B_k}$，则模型底坡 i_m 为

均匀缓流模型： $$i_m < \frac{g\chi_k}{\alpha C_k^2 B_k}$$

均匀急流模型： $$i_m > \frac{g\chi_k}{\alpha C_k^2 B_k}$$

当 $\lambda_i = \dfrac{i_p}{i_m} = 1$ 时，模型底坡与原型相同。如考虑外界影响因素，为保证水流状态相似，往往对模型底坡作一定的调整，即如需保证为缓流状态，则底坡设计成比计算临界值小 10%；如需保证为急流，则底坡要较临界值大 10%。

3. 模型试验中几个应注意的问题

1）模型中糙率制作的限制条件

边壁表面有凹有凸，如果要求模型与原型严格的几何相似，则应把边壁上凹凸大小、位置和形态如实模拟，但这是不可能的，即使这些凹凸被准确地缩小后，它们对水流摩阻的影响也不会

与原型相似。因此模型的糙率不能用使壁面的粗细起伏与原型几何相似的办法来获得，而只能使模型边界对水流的阻滞影响相似，形成水头损失相似，在明渠中就是使模型水面坡降与原型相等，即使 $J_m = J_p$，或 $\lambda_m = \lambda_p$。实际实验中先按经验试行加糙，再按不同流量放水校核水面坡降。

2) 真空与空蚀的限制条件

一般模型实验是在常规的一个大气压下进行测试的，有时如将模型中测得的负压按比尺换算为原型值，其压强水头甚至超过 −10 m，这是不合理的，而且原型中也不可能出现这种现象，因而在实验中对真空、空蚀问题的测试要予以注意。

3) 高速水流中的掺气

水流速度较高(一般认为大于 15 m/s) 会挟有大量空气，成为掺气水流，致使其特性和运动规律发生变化。模型中各水力要素虽与原型相似，但流速小了，因而模型中无法产生掺气现象，这时相似就受到限制。

此外，如果原型水流具有表面波浪，模型中亦需要波浪再现时，为了克服表面张力的影响，则要求模型表面流速大于 0.23 m/s；水深太小，也会影响流速与压强的分布，因此模型中最小水深应大于 1.5 cm。设计模型时，应使流速、水深大于这些界限。

由此说明在进行水力模型实验时，除选定相似准则和推算相似比尺外，还要考虑有影响的各种物理因素，注意到实验模型反映天然物理过程所具有的局限性。

思考题与习题

思考题

4-1 如果流动不受温度的影响，一般最多会涉及____基本量纲。

(A)1 个　　(B)2 个　　(C)3 个　　(D)4 个

4-2 恒定流的相关物理参数是否会涉及时间量纲？

(A) 是　　(B) 否

4-3 物理量的量纲与单位______。

(A) 有关　　(B) 无关

4-4 对于一般的流动现象，通常都可以运用 π 定理组成 2 个以上的无量纲量。如果流动参数都涉及 3 个基本量纲，流动现象一般与____物理量相关。

(A)2 个以上　　(B)3 个以上

(C)4 个以上　　(D)5 个以上

4-5 如果两个流场已经具有几何相似和运动相似，那么是否可以保证它们一定具有动力相似？______

(A) 是　　(B) 否

4-6 如果两个流场已经具有几何相似和动力相似，那么是否可以保证它们一定具有运动相似？______

(A) 是　　(B) 否

4-7 在黏性不可压缩流体的管道流动中，应该优先考虑哪种相似性参数？

(A) 弗汝德数　　(B) 雷诺数　　(C) 斯特劳哈尔数

(D) 欧拉数　　(E) 马赫数

4-8 对于恒定流动，不需要考虑哪种相似性参数？

(A) 弗汝德数　(B) 雷诺数　(C) 斯特劳哈尔数

(D) 欧拉数　(E) 马赫数

4-9 如果忽略流体的黏性效应，则不需要考虑哪种相似性参数？

(A) 弗汝德数　(B) 雷诺数　(C) 斯特劳哈尔数

(D) 欧拉数　(E) 马赫数

4-10 对于不可压缩流体的流动，不需要考虑哪种相似性参数？

(A) 弗汝德数　(B) 雷诺数　(C) 斯特劳哈尔数

(D) 欧拉数　(E) 马赫数

习　题

4-1 两个力学相似的水流必须满足哪些条件？

4-2 水力模型实验中常见的相似准则有哪些？其意义如何，怎样表示？

4-3 何谓量纲？何谓单位？

4-4 基本量纲如何选取？怎样检查其独立性？

4-5 何谓有量纲量和无量纲量？无量纲量有哪些优点？

4-6 由实验观测得知，量水堰的过堰流量 Q 与堰上水头 H_0、堰宽 b、重力加速度 g 之间存在一定的函数关系。试用瑞利法导出流量公式。

4-7 试用瑞利法推导管道中液流的切应力 τ 的表达式。设切应力 τ 是管径 d、相对粗糙率 $\dfrac{\Delta}{d}$、液体密度 ρ、动力黏滞系数 μ 和流速 V 的函数。

4-8 用 π 定理推导文丘里管流量公式。影响喉道处流速 V_2 的因素有：文丘里管进口断面直径 d_1、喉道断面直径 d_2、水的密度 ρ、动力黏滞系数 μ 及两断面间压强差 Δp。设该管水平放置。

4-9 运动黏滞系数 $\mu = 4.645\times10^{-5}\ \mathrm{m^2/s}$ 的油，在黏滞力和重力均占优势的原型中流动，模型的长度比尺 $\lambda_l = 5$。为同时满足重力和黏滞力相似条件，问模型液体的运动黏滞系数应为多少？

4-10 用水做图 4-1 所示管嘴的模型实验，模型管嘴的直径 $d_m = 30$ mm。实验测得，当测压管中液柱高度 $h_m = 50$ m 时，流量 $Q_m = 18\times10^{-3}\ \mathrm{m^3/s}$，出口射流的平均速度 $V_m = 30$ m/s。如果要求原型管嘴的流量 $Q_p = 0.1\ \mathrm{m^3/s}$ 以及出口射流平均速度 $V_p = 60$ m/s，并且已知流动处于平方阻力区，试确定原型管嘴的直径 d_p 及水头 h_p。

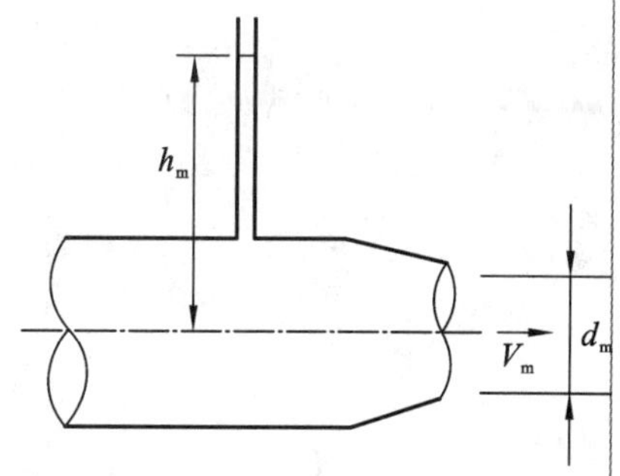

图 4-1　习题 4-10 图

4-11 有一单孔 WES 剖面混凝土溢流坝。已知坝高 $a_p = 10$ m，坝上设计水头 $H_p = 5m$，流量系数 $m = 0.502$，溢流孔净宽 $b_p = 8.0$ m，在长度比尺 $\lambda_l = 20$ 的模型上进行实验。要求：(1) 计算模型的流量；(2) 如在模型坝趾处测得收缩断面表面流速 $V_{cm} = 3.46$ m/s，计算原型的相应流速 V_{cp}；(3) 求原型的流速系数 ϕ_p。

4-12 某溢流坝按长度比尺 $\lambda_l = 25$ 设计一断面模型。如图 4-2 所示，模型坝宽 $b_m = 0.61$ m，原型坝高 $a_p = 11.4$ m，原型最大水头 $h_p = 1.52$ m。问：(1) 模型坝高和最大水头应为多少？(2) 如果模型通过流量为 $Q_m = 0.02\ m^3/s$，问原型中单宽流量 q_p 为多少？(3) 如果模型中水跃的跃高 $a_m = 26$ m，问原型中水跃高度为多少？

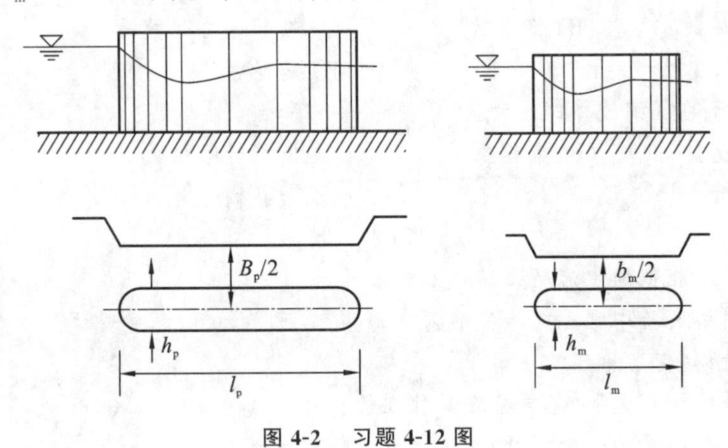

图 4-2　习题 4-12 图

Chapter 5

第5章 液流形态和水头损失

在第3章中我们已经讲过理想液体和实际液体的能量方程式。实际液体具有黏滞性，在流动过程中有能量损失。单位重量液体从一断面流至另一断面所损失的机械能称为两断面间的能量损失，也叫水头损失。即在实际液体的能量方程中的最后一项 h_w。实际液体本身具有的黏滞性是产生水头损失的内因，而固体边界的影响则是产生水头损失的外因。本章先从水头损失的成因入手，弄清楚水头损失的物理概念及其分类；又因水头损失的变化规律与液流形态有密切关系，所以本章在分析研究液流形态分类的基础上，再来探讨水头损失的变化规律及其计算。

5.1 沿程水头损失与局部水头损失

5.1.1 水头损失产生的原因

实际液体水流与边界面接触的液体质点黏附于固体表面，流速为零，在边界面的法线方向上，流速从零迅速增大，导致过水断面上流速分布不均匀，这样相邻流层之间存在相对运动，有相对运动的两相邻流层间就产生内摩擦力，水流在流动过程中必然要克服这种摩擦阻力消耗一部分机械能，这部分机械能会转化为热能而散失，即为水头损失。在水力学中，能量损失都是以单位重量液体所损失的能量来表示的。

黏滞性的存在是液流水头损失产生的根源，是内在的、根本的原因。但从另一方面考虑，液流总是在一定的固体边界下流动的，固体边界的沿程急剧变化，必然导致主流脱离边壁，并在脱离处产生漩涡。漩涡的存在意味着液体质点之间的摩擦和碰撞加剧，这显然要引起另外的较大的水头损失。因此，必须根据固体边界沿程变化情况对水头损失进行分类。

水流横向边界对水头损失的影响：横向固体边界的形状和大小可用过水断面面积 A 与湿周 χ 来表示。湿周是指水流与固体边界接触的周界长度。湿周不同，产生的水流阻力不同。比如：两个不同形状的过水断面，一为正方形，一为扁长矩形，两者的过水断面面积 A 相同，水流条件相同，但扁长矩形断面的湿周较大，故所受阻力大，水头损失也大。如果两个过水断面的湿周相同，但面积 A 不同，通过同样的流量 Q，水流阻力及水头损失也不相等。所以单纯用 A 或 χ 来表示水力特征并不全面，只有将两者结合起来才比较全面，为此，水力学中引入水力半径 R 的概念。

$$R = \frac{A}{\chi} \tag{5-1}$$

水力半径具有长度量纲，常用单位为 m。不同断面形式和尺寸的水流具有不同的水力半径。

如直径为d的圆管流动，水力半径为$R=\frac{\frac{1}{4}\pi d^2}{\pi d}=\frac{d}{4}$。水力半径是反映过水断面形状尺寸的一个重要的水力要素。

水流边界纵向轮廓对水头损失的影响：纵向轮廓不同的水流可能发生均匀流与非均匀流，其水头损失也不相同。

到此，我们可以得出结论，产生水头损失必须具备两个条件：液体具有黏滞性（内因）；固体边界的影响，液体质点之间产生了相对运动（外因）。

5.1.2 水头损失的分类

边界形状和尺寸沿程不变或变化缓慢时的水头损失称为沿程水头损失，以h_f表示，简称沿程损失。

边界形状和尺寸沿程急剧变化时的水头损失称为局部水头损失，以h_j表示，简称局部损失。

从水流分类的角度来说，沿程损失可以理解为均匀流和渐变流情况下的水头损失，而局部损失则可理解为急变流情况下的水头损失。

按均匀流的定义可知沿水流方向各过水断面的水力要素及断面平均流速都是保持不变的，所以均匀流只有沿程水头损失，而且各单位长度上的沿程水头损失也是相等的，总水头线为一直线。又因各过水断面平均流速相等，所以各过水断面上的流速水头也是相等的。因此，均匀流总水头线和测压管水头线是相互平行的直线，两者之间的距离是流速水头。

以上根据水流边界情况（外界条件）对水头损失所做的分类，丝毫不意味着沿程损失和局部损失在物理本质上有什么不同。不论是沿程水头损失还是局部水头损失，都是由于黏滞性引起内摩擦力做功消耗机械能而产生的。若水流是没有黏滞性的理想液体，则不论边界怎样急剧变化，引起的也只是流线间距和方向的变化，即机械能之间的相互转化，绝不可能出现水头损失。

事实上，这样来划分水头损失，反映了人们利用水流规律来解决实践问题的经验，给生产实践带来了很大的方便。例如，各种水工建筑物、各种水力机械、管道及其附件等，都可以事先用科学实验的方法测定它的沿程水头损失和局部水头损失，为后来的设计和运行管理提供必要的数据。一般而言，水流在等直径的直管中或长直渠道中的水头损失就是沿程水头损失，而在管道入口、出口、异径管、弯管、三通、闸门、渠道过水断面突变、渠道转弯等处的水头损失都是局部水头损失。

在实践中，沿程损失和局部损失往往是不可分割、互相影响的，因此，在计算水头损失时要作这样一些简化处理：沿流程如果有几处局部水头损失，只要不是相距太近，就可以把它们分别计算；边界局部变化处，对沿程水头损失的影响不单独计算，假定局部损失集中产生在边界突变的一个断面上，该断面的上游段和下游段的水头损失仍然只考虑沿程损失，即将两者看成互不影响，单独产生的。这样一来，沿流程的总水头损失（以h_w表示）就是该流段上所有沿程损失和局部损失之和，即

$$h_w=\sum h_f+\sum h_j \tag{5-2}$$

5.1.3 水头损失的计算公式

水头损失计算公式的建立，经历了从经验到理论的发展过程。19 世纪中叶，法国工程师达西

和德国水力学家魏斯巴赫在归纳总结前人试验的基础上，提出了圆管沿程水头损失的计算公式 —— 达西-魏斯巴赫(Darcy-Weisbach)公式

$$h_f = \lambda \frac{l}{d} \frac{v^2}{2g} \tag{5-3}$$

式中：l 为管长；d 为管径；v 为断面平均流速；λ 为沿程水头损失系数，又叫作沿程阻力系数。λ 为无量纲待定系数，可由试验确定。由此可以认为，达西 — 魏斯巴赫公式实际上是把沿程水头损失的计算，转化为研究确定沿程水头损失系数 λ。本章的内容即围绕这点展开。

对于局部水头损失，按下式计算

$$h_j = \zeta \frac{v^2}{2g} \tag{5-4}$$

式中：ζ 为局部水头损失系数，由实验确定；ζ 为与 v 对应的断面平均流速。

5.2 层流与紊流

在自然界的条件下，水流运动时，内部存在着两种流动形态，不同的水流形态下，水流的运动方式、断面流速分布规律、水头损失各不相同。英国物理学家雷诺在 1883 年通过大量试验发现，水头损失规律之所以不同，是因为黏性液体存在着两种不同的流态，并提出了流态判别的标准和方法。

5.2.1 雷诺试验

雷诺试验的装置如图 5-1 所示，它主要由水箱 A、颜色水加入装置 D、水平试验玻璃管管段 1-2、测压管 1# 和 2#、阀门 K_1 和 K_2 组成。

试验时保持水箱 A 内的液面稳定，以保证水平管中的水流为恒定流。首先轻微开启阀门 K_2，使水平管内流速十分缓慢，接着打开颜色水控制开关 K_1，使色液(如红色)经细管末端针头细孔 B 适量注入水平玻璃管中。这时就可以看到在水平管中心线上出现一条鲜明的红色直线，这一红色直线并不与周围的水流混掺，玻璃管内各流层有序地相互平行向前流动，如图 5-2(a) 所示。再将阀门 K_2 逐渐开大，玻璃管内流速逐渐增大，可以看到红色直线开始颤动，并且具有波状轮廓，如图 5-2(b) 所示。若继续开大阀门 K_2，波状红色线则开始断裂、扭曲、交错，并与周围水流混掺，失去了线状轮廓。最后在流速达到某一定值时，红色色液布满全管，管内形成大小不等的漩涡，如图 5-2(c) 所示。

试验表明：同一种液体在同一管道中流动，随着流速的由小变大，液流表现出两种不同的流动形态。

当流速较小时，各液层的液体质点有条不紊地作有序线状运动，互不混掺。这种形态的运动称为层流。当流速较大时，各液层的液体质点形成涡体，在流动过程中相互混掺，作无序紊乱运动。这种形态的运动称为紊流。

当试验以相反的程序进行时，观察到的现象也以相反的次序出现，但紊流转化为层流时的流速数值要比层流转化为紊流时的流速数值小。表征流态转换点的这两个特征流速，分别称为下临界流速 v_k 和上临界流速 v_k'。

有序的层流和混掺的紊流这两种不同的流动形态对水流的机械能损失有什么影响呢？雷诺

试验除了观察到流态转化现象外，还利用在水平管均匀流段设置的两根测压管，来测量沿程水头损失的变化，寻求不同流态的液流运动其沿程水头损失的变化规律。

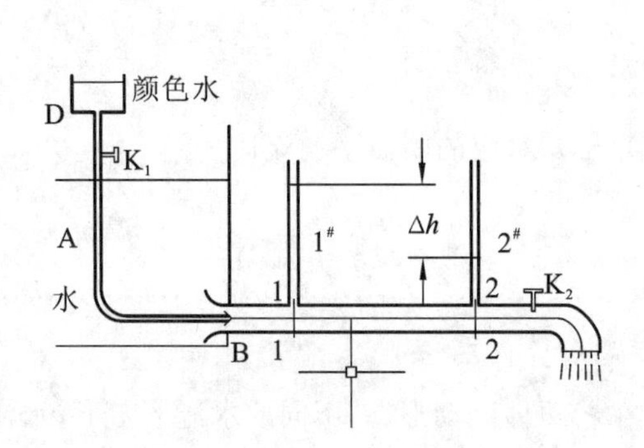

图 5-1　雷诺试验装置

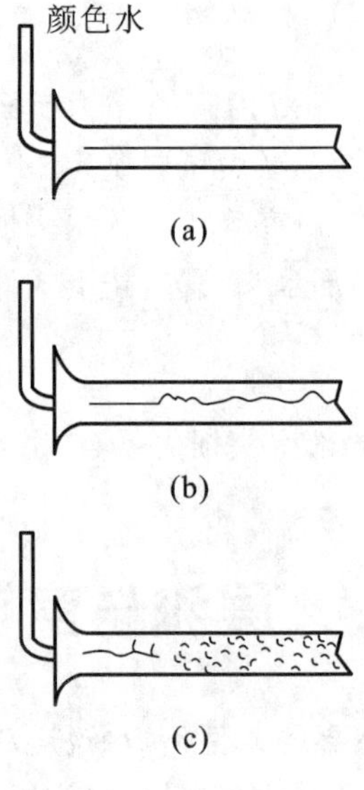

图 5-2　雷诺实验

列写断面 1-1 和断面 2-2 之间的能量方程式，如下

$$z_1+\frac{p_1}{\rho g}+\frac{\alpha_1 v_1^2}{2g}=z_2+\frac{p_2}{\rho g}+\frac{\alpha_2 v_2^2}{2g}+h_{\mathrm{f}}$$

因$\frac{\alpha_1 v_1^2}{2g}=\frac{\alpha_2 v_2^2}{2g}$，故测压管水头差为

$$\Delta h=\left(z_1+\frac{p_1}{\rho g}\right)-\left(z_2+\frac{p_2}{\rho g}\right)=h_{\mathrm{f}} \tag{5-5}$$

上式表明，流段两端的测压管水头差等于该流段的沿程水头损失。

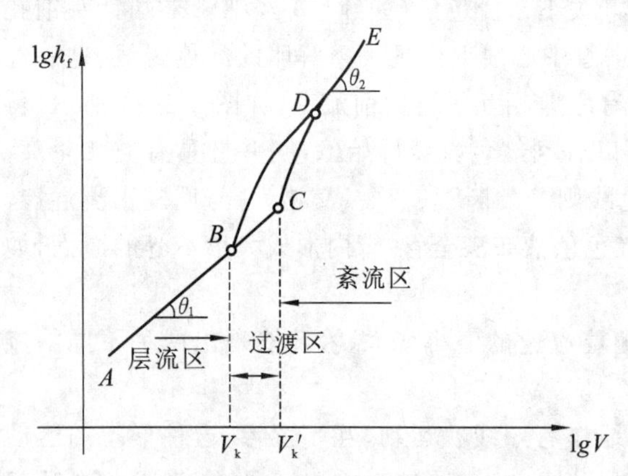

图 5-3　沿程水头损失与断面平均流速的关系

下面分析沿程水头损失与管中平均流速的相互关系。在双对数格纸上将试验数据绘出，得到 h_{f} 和 v 的关系曲线，如图 5-3 所示。

试验时，当流速自小变大，则层流维持至 C 点才能转变为紊流，C 点所对应的流速叫上临界流速 v_{k}'。若试验自相反程序进行，则紊流维持至 B 点才转变为层流，B 点所对应的流速叫下临界流速 v_{k}。BC 之间的液流形态要看试验的程序，可能为层流也可能是紊流，称为过渡区。线段 AC 和 ED 都是直线，可用下列方程式来表示：

$$\lg h_{\mathrm{f}}=\lg k+m\lg v \tag{5-6}$$

式中，m 和 $\lg k$ 分别表示直线的斜率和截距，也可表示为

$$h_{\mathrm{f}}=kv^m \tag{5-7}$$

根据试验结果：层流时适用直线 AC，$\theta_1=45°$，即 $m=1$，即层流的沿程水头损失与流速的一

次方成正比；紊流时适用直线 BE，$\theta_2 > 45°$，其中 BD 范围内线段有些弯曲，$m = 1.75 \sim 2$，DE 段则为固定直线，$m = 2$，即充分紊流时沿程水头损失与流速的二次方成正比。由此可见，m 值是随液体质点的紊动程度而增加的，因此，凡涉及确定沿程水头损失的问题，都需要首先判别水流的流动形态（流态）。

5.2.2　水流流态的判别——雷诺数

雷诺试验中，用染色液体目测的办法判别水流流态，但在实际的液流运动中，这种方法显然是难以办到的，况且也很不准确，带有主观随意性。利用临界流速可以判别水流流态，但临界流速有上临界流速与下临界流速之分，况且，试验表明：如果试验管径、液体的种类和温度不同，得到的临界流速值是不相同的。因此，用临界流速来判别流态也是不切实际的。进一步试验研究表明，分别用下临界流速 v_k 或上临界流速 v'_k 与管径 d 和运动黏滞系数 ν 组成的无量纲数 Re_k 或 Re'_k 却大致是一个常数，这两个常数均称为临界雷诺数。经过反复试验，下临界雷诺数 Re_k 的值比较稳定，上临界雷诺数 Re'_k 的数值受试验条件的影响较大。实用上就以下临界雷诺数 Re_k 作为流态判别界限，对圆管 $Re_k \approx 2\ 320$，常取 $Re_k = 2\ 000$。

雷诺数可定义为如下无量纲数：

$$Re = \frac{vd}{\nu} \tag{5-8}$$

这样，就可以用实际液流的雷诺数 Re 与临界雷诺数 Re_k 比较来判别流态了。当实际液流的 $Re < Re_k$，则流动为层流；实际液流的 $Re > Re_k$，则流动为紊流。

以上是圆管水流的流态判别方法，对于明渠水流和非圆断面管流，同样可以用雷诺数来判别流态。这里需用过水断面的水力半径 R 来代替圆管雷诺数中的直径 d，即以水力半径 R 为特征长度来表达的雷诺数为：

$$Re_k = \frac{vR}{\nu} \tag{5-9}$$

上式对应的临界雷诺数为 $Re_k = 500$。注意到，对于圆管水流，其过水断面的 $R = \frac{d}{4}$，也可以用式(5-9)来判别流态，只不过这时要按临界雷诺数 $Re_k = 500$ 来判别。

雷诺数的物理意义可以理解为水流的惯性力与黏滞力之比，这一点可通过量纲分析加以说明。流动一旦受到扰动，惯性作用将使紊动加剧，而黏性作用将使紊动趋于减弱。因此，雷诺数表征的是这两种作用相互影响的程度。雷诺数小，意味着黏性作用增强；雷诺数大，意味着惯性作用比黏性作用大。

例 5-1　有一圆形水管，管径为 100 mm，管内水流的平均流速为 1 m/s，水温为 20 ℃。试判别管中水流的流态。

解　由水温为 20 ℃ 查得水的运动黏滞系数 $\nu = 1.003 \times 10^{-6}\ \text{m}^2/\text{s}$，则水流的雷诺数

$$Re = \frac{vd}{\nu} = \frac{1 \times 0.1}{1.003 \times 10^{-6}} = 99\ 700.9 > 2\ 000$$

因此，管中的水流为紊流。

雷诺试验告诉我们：水流能量损失规律与流态直接相关，沿程水头损失的计算一般是从探讨不同流态下的流速分布出发，进而最终找到计算沿程水头损失的公式。

5.3 恒定均匀流基本方程

5.3.1 恒定均匀流基本方程的推导

均匀流条件下，液流运动过程中只存在沿程水头损失，它是液体中内摩擦力做功所消耗的能量，而单位面积上的内摩擦力就是切应力，两者之间应有一定的关系。现以圆管或明渠内的恒定均匀流为例进行分析，导出这种关系。

如图 5-4 所示，任意取出一段总流来分析。设总流与水平面成一角度 α，过水断面面积为 A，该段长度为 l。令 p_1、p_2 分别表示作用于断面 1-1 及 2-2 的形心上的动水压强，z_1、z_2 表示该两断面形心距基准面的高度。作用在总流流段上有下列各力：

(1) 动水压力：作用在 1-1 断面上的动水压力 $P_1 = Ap_1$，作用在 2-2 断面上的动水压力 $P_2 = Ap_2$。

(2) 重力：$G = \rho g A l$。

(3) 摩擦阻力：因为作用在总流内部各个流束之间的内摩擦力是成对彼此相等而方向相反的，相互抵消，不必考虑。只需要考虑总流外边界与粘贴在固体边界壁面上的液体质点之间的摩擦力。假设 τ_0 为单位表面积上的摩擦力，χ 为总流过水断面与壁面接触的周界线长，即湿周，则总摩擦力 $T = l\chi\tau_0$。

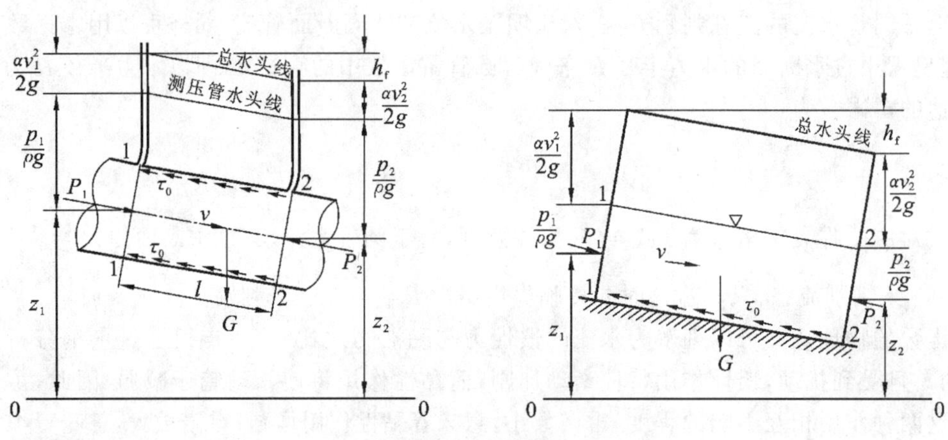

图 5-4 恒定均匀流基本方程的推导

因为均匀流没有加速度，各作用力处于平衡状态，可列出沿流动方向的力平衡方程式为

$$P_1 - P_2 + G\sin\alpha - T = 0$$

即

$$Ap_1 - Ap_2 + \rho g A l \sin\alpha - l\chi\tau_0 = 0$$

由图 5-4 可知，$\sin\alpha = \frac{z_1 - z_2}{l}$，代入上式，并整理得

$$\left(z_1 + \frac{p_1}{\rho g}\right) - \left(z_2 + \frac{p_2}{\rho g}\right) = \frac{l\chi}{A} \cdot \frac{\tau_0}{\rho g} \tag{5-10}$$

因断面 1-1 及 2-2 的流速水头相等，列出两断面间的能量方程为

$$\left(z_1 + \frac{p_1}{\rho g}\right) - \left(z_2 + \frac{p_2}{\rho g}\right) = h_f \tag{5-11}$$

联立力的平衡方程式(5-10)与能量方程式(5-11)得

$$h_f = \frac{l\chi}{A} \cdot \frac{\tau_0}{\rho g} = \frac{l}{R} \cdot \frac{\tau_0}{\rho g} \tag{5-12}$$

又均匀总流的水力坡度 $J = \frac{h_f}{l}$,故上式也可写成

$$\tau_0 = \rho g R J \tag{5-13}$$

式(5-12)或式(5-13)就是均匀流沿程水头损失与切应力的关系式,也叫作恒定均匀流基本方程。该式对层流和紊流都是适用的。

5.3.2 切应力的分布

液流各流层之间均有内摩擦切应力 τ 存在,在均匀流中任取一流束按 5.3.1 中的同样方法,列出力的平衡式和能量方程式,求得

$$\tau = \rho g R' J \tag{5-14}$$

式中,R' 为流束的水力半径,J 为均匀总流的水力坡度。

由式(5-13)及式(5-14)可得

$$\frac{\tau}{\tau_0} = \frac{R'}{R}$$

对圆管均匀流,总流断面 $R = \frac{d}{4} = \frac{r_0}{2}$,流束断面 $R' = \frac{r}{2}$,式中 r_0 为圆管的半径,则离管轴距离为 r 处的切应力

$$\tau = \frac{r}{r_0}\tau_0 \tag{5-15a}$$

所以圆管均匀流过水断面上的切应力是按直线分布的,圆中心的切应力为零,沿半径方向逐渐增大,到管壁达最大值 τ_0。如图 5-5 所示。由于均匀流基本方程对于层流和紊流都适用,因此切应力的这一分布规律对层流和紊流也都适用。

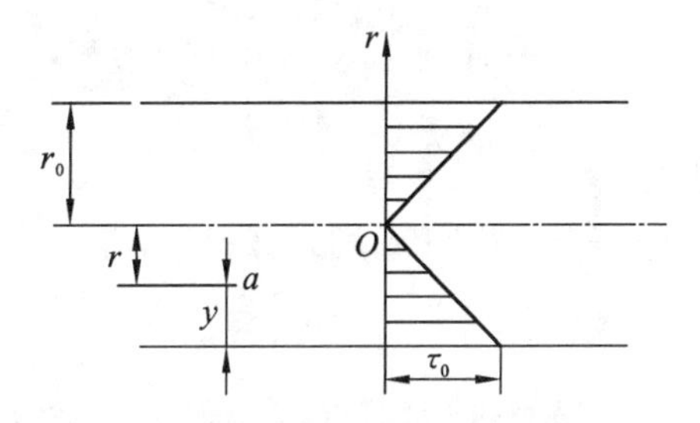

图 5-5 圆管均匀流断面切应力分布

以管壁为原点建立坐标 y,则任一点 a 距离管壁的距离为 y,如图 5-5 所示,有 $r = r_0 - y$,代入式(5-15a)得

$$\tau = \tau_0\left(1 - \frac{y}{r_0}\right) \tag{5-15b}$$

对于水深为 h 的明渠均匀流,从渠底计算的垂向坐标为 y,同理可得任一点 y 处的切应力为

$$\tau = \tau_0\left(1 - \frac{y}{h}\right) \tag{5-16}$$

所以在明渠均匀流过水断面上的切应力也是按直线分布的,水面上的切应力为零,离渠底为 y 处的切应力为 τ,至渠底达最大值 τ_0。

5.4 层流沿程水头损失的计算

层流的质点以规则的运动轨迹,相互之间不混掺的方式流动。层流的切应力服从牛顿内摩擦

定律 $\tau=\mu\dfrac{\mathrm{d}u}{\mathrm{d}y}$。另一方面，均匀流基本方程也可以表示层流的切应力，将以上两者结合，便可推导出层流的流速分布，进而对层流的一系列水力特征进行理论上的分析，下面以圆管均匀层流为例进行分析。

圆管中的层流运动，可以看作是许多无限薄的同心圆筒层一个套一个地向前运动，如图 5-6 所示。因此每一圆筒层表面的切应力都可以按牛顿内摩擦定律来计算。

$$\tau=-\mu\frac{\mathrm{d}u}{\mathrm{d}r} \tag{5-17}$$

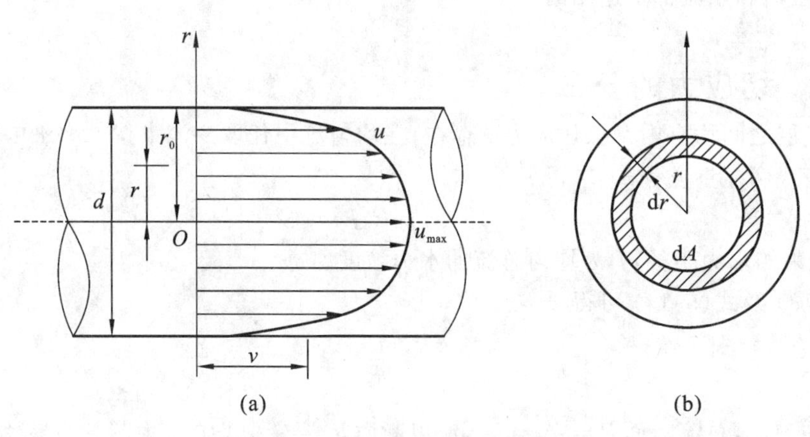

图 5-6　圆管均匀层流的流速分布

因各圆筒层的流速 u 是随着半径 r 的增加而递减的，故 $\dfrac{\mathrm{d}u}{\mathrm{d}r}<0$，因切应力的大小以正值表示，故式(5-17) 右端取负号。

另一方面，由均匀流基本方程

$$\tau=\rho gR'J=\rho g\frac{r}{2}J \tag{5-18}$$

联立式(5-17) 和式(5-18)，得

$$-\mu\frac{\mathrm{d}u}{\mathrm{d}r}=\rho g\frac{r}{2}J$$

积分整理后，可得

$$u=-\frac{\rho gJ}{4\mu}r^2+C$$

式中，C 为积分常数。

当 $r=r_0$ 时，$u=0$，代入上式得

$$C=\frac{\rho gJ}{4\mu}r_0^2$$

将 C 值代入，得流速分布公式

$$u=\frac{\rho gJ}{4\mu}(r_0^2-r^2) \tag{5-19}$$

上式表明，圆管均匀层流的流速分布是以管轴为中心的旋转抛物面，称为抛物线型的流速分布。如图 5-6 所示，在管轴心($r=0$) 处流速最大

$$u_{max}=\frac{\rho gJ}{4\mu}r_0^2 \tag{5-20}$$

已知流速分布式(5-19),将其对过水断面积分,即可得到相应的流量表达式。

$$Q=\int_A u\mathrm{d}A=\int_0^{r_0}\frac{\rho gJ}{4\mu}(r_0^2-r^2)\cdot 2\pi r\mathrm{d}r=\frac{\pi\rho gJ}{8\mu}r_0^4 \tag{5-21}$$

根据断面平均流速的定义,可求得其表达式

$$v=\frac{Q}{A}=\frac{\pi\rho gJr_0^4}{8\mu}\cdot\frac{1}{\pi r_0^2}=\frac{\rho gJ}{8\mu}r_0^2=\frac{1}{2}u_{\max} \tag{5-22}$$

即圆管层流的断面平均流速等于最大流速的一半。

由式(5-22)得

$$J=\frac{h_f}{l}=\frac{8\mu v}{\rho gr_0^2}=\frac{32\mu v}{\rho gd^2}$$

或

$$h_f=\frac{32\mu vl}{\rho gd^2} \tag{5-23}$$

上式就是计算圆管层流沿程水头损失的公式,它从理论上证明了层流时沿程水头损失与断面平均流速的一次方成正比,这与雷诺试验的结果完全一致。

若用式(5-3)达西-魏斯巴赫公式的形式来表示圆管层流的沿程水头损失,则有

$$h_f=\lambda\frac{l}{d}\frac{v^2}{2g}=\frac{32\mu vl}{\rho gd^2}=\frac{64}{\frac{vd}{\nu}}\frac{l}{d}\frac{v^2}{2g}$$

由上式可得

$$\lambda=\frac{64}{Re} \tag{5-24}$$

由此可知,圆管层流中沿程水头损失系数 λ 仅系雷诺数的函数,且与雷诺数成反比。

达西—魏斯巴赫公式不仅适用于圆管层流,也适用于圆管紊流,只是在紊流时应用该公式,λ 需另外设法取值,有关内容将在后面的章节介绍。另外需要特别说明的是,式(5-24)只适用于圆管层流,对其他断面形式的层流并不适用,如对明渠均匀层流,其 $\lambda=\frac{24}{Re}$。

5.5 紊流的概念及其流速分布

5.5.1 紊流的形成过程

由雷诺试验可知,层流运动时液体质点是分层运动,各层之间没有质点的混掺,而紊流运动则是各流层之间有液体质点的交换和混掺。紊流的形成取决于两个基本条件:一是在水流中有涡体产生;二是涡体能脱离原流层向周围邻近流层混掺,缺少以上任何一个条件,都不能实现层流向紊流的转化。涡体的形成是混掺作用产生的基础和根源,以下我们先来分析涡体的形成,再来讨论涡体的混掺。

涡体的形成是液体黏滞性和外界干扰共同作用的结果。由于液体具有黏滞性,使得液流过水断面上的流速分布总是不均匀的,因此相邻各流层之间的液体质点就有相对运动发生,使各流层之间产生内摩擦切应力。对于某一选定的流层,与其相邻的流速较大的流层加于它的切应力是顺流方向的,而与其相邻的流速较小的流层加于它的切应力是逆流向的(见图 5-7),因此该选定分

析的流层所承受的切应力，有构成力矩、使流层发生旋转的倾向。当边壁凹凸不平且来流中残存扰动时，流层会出现局部性波动，使流线弯曲，如图 5-7(a) 所示。在流线上凸的波峰上部，流线间距变小，流速增大，压强减小；而在波峰下部，流线间距变大，流速减小，压强增大。在波谷附近流速和压强也有相应变化，但与波峰处的情况相反。这样就使发生微小波动的流层各段承受不同方向的横向压力 P。显然这种横向压力将使流线进一步扭曲，波峰更凸、波谷更凹，如图 5-7(b) 所示。波幅增大到一定程度后，在横向压力和切应力的综合作用下，波峰和波谷扭曲重叠，形成自身旋转的涡体，如图 5-7(c) 所示。

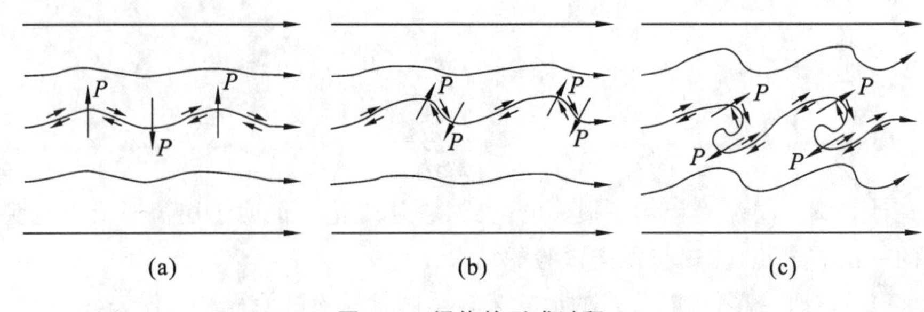

图 5-7　涡体的形成过程

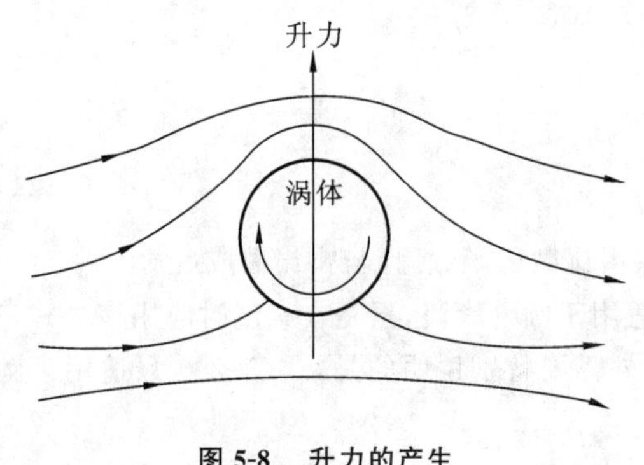

图 5-8　升力的产生

涡体形成后，涡体旋转方向与水流流速方向一致的一边流速变大，相反一边流速变小。流速大的一边压强小，流速小的一边压强大，这样就在涡体上下产生压差，形成作用于涡体的升力，如图 5-8 所示。这种升力就有可能推动涡体脱离原流层而混掺入流速较高的邻层，从而扰动邻层进一步产生新的涡体。如此继续发展，层流即转化为紊流。

但是，需要注意的是：形成涡体之后，并不一定就能形成紊流，一方面因为涡体由于惯性有保持其本身运动的趋势，另一方面，因为液体具有黏滞性，黏滞作用又要约束涡体的运动。所以，涡体能否脱离原流层而冲入相邻流层，就要看惯性作用与黏滞作用两者的对比关系。只有惯性作用与黏滞作用相比强大到相当的程度，才可能形成紊流。而雷诺数正好表征了惯性与黏滞性的对比关系。因此，将雷诺数定义为流态判别数是完全符合实际情况的。

5.5.2　紊流的特征

1. 紊流的脉动现象和时均概念

在紊流中，大小不同的涡体在向前运动的同时，不停地旋转、震荡、混掺、相互碰撞、分解又重新组合，因此各点的运动要素的大小、方向就不断地变化。我们把运动要素随时间作不规则急剧变化的现象称为脉动或紊动。脉动现象是紊流的基本特征。

由于紊流的运动要素随时间作不规则变化，因此描述紊流的运动要素非常困难。但是紊流运动要素的统计值是稳定的，因此可以用统计的方法来描述紊流。

统计的方法是将任一瞬时的运动要素看作是由两部分组成的：一是时均值；二是脉动值。瞬时值即为以上两者的叠加。以液流中某一点沿流向的流速 u_x 为例，如图 5-9(a) 所示。

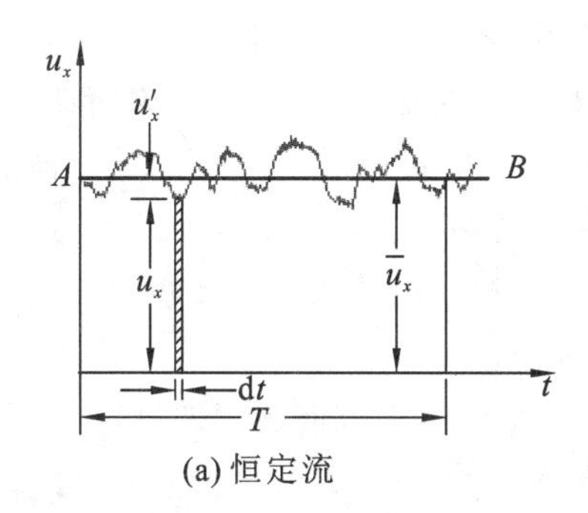

(a) 恒定流

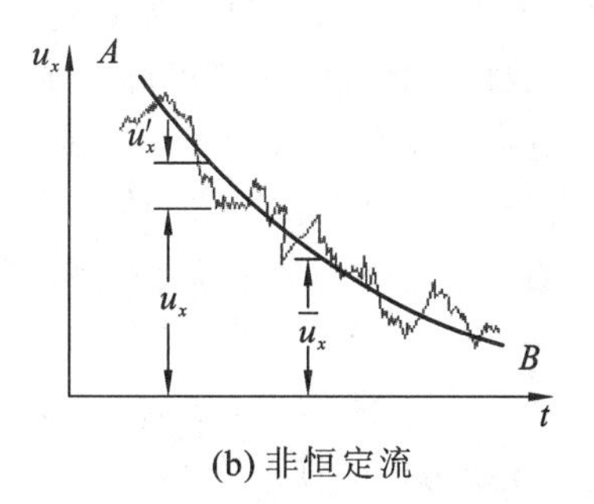

(b) 非恒定流

图 5-9　瞬时速度

$$u_x = \overline{u}_x + u_x' \tag{5-25}$$

式中，u_x 为瞬时流速，$\overline{u}_x$ 为时均流速，u_x' 为脉动流速。

时均流速由下式定义

$$\overline{u}_x = \frac{1}{T}\int_0^T u_x \mathrm{d}t \tag{5-26}$$

式中，T 为计算时均值所取的时段。时均值的大小与所取时间长短有关，T 太短，不稳定，不能消除脉动的影响；T 也不能取得过长，否则难以反映 $\overline{u}_x$ 的变化规律。所以水文测验中，相关规范对流速仪的测定时间长短有一定要求。

脉动值的大小可以反映紊动程度的强弱，脉动值有大、有小、有正、有负。但当 T 有足够长时段，在 T 时段内脉动值的时均值则等于零。统计理论中的均方根被用来表示紊动程度的强弱。脉动量的均方根称为脉动强度。应用中通常将脉动强度除以时均值，将其无量纲化，称为相对脉动强度。

以上分析也适用于紊流的其他运动要素。

紊流运动要素时均值概念的提出，给我们的研究带来方便，如果从瞬时的概念看紊流，恒定流是不存在的，但从时均运动上看，就有了时均流线和时均恒定流。即：当运动要素时均值不随时间变化即为恒定流；当运动要素时均值随时间变化即为非恒定流，如图 5-9(b) 所示即为非恒定流中时均流速随时间变化的情况。今后不加说明，就用 u、p 等符号表示紊流的时均值，省略“时均”两字和时均顶标“—”。其他有关流线、流管、均匀流、非均匀流等定义，在时均意义上对紊流同样适用。

2. 紊流的附加切应力

在紊流中，除了因流层间的相对运动所引起的黏滞切应力之外，质点之间横向的相互混掺和碰撞也能引起切应力。把质点相互混掺和碰撞引起的切应力称为附加切应力，又称为脉动切应力或雷诺应力。这样一来，紊流的切应力就应该包括黏滞切应力 τ_1 和附加切应力 τ_2。

许多学者对附加切应力作了研究，目前已有几种学说，如普朗特学说、卡门学说、泰勒学说等。这几种学说虽然出发点不同，但得到的紊动附加切应力与时均流速的关系却基本一致。其中，应用较广的是普朗特半经验理论。

紊流半经验理论的特点是寻求由于脉动所引起的附加切应力与时均流速的关系，从而求得脉动对时均流动的影响，为解决紊流问题开辟了途径。

普朗特半经验理论的基本出发点是脉动引起动量传递。他认为，在紊流中，由于存在着脉动流速，流动液层在一定距离内会产生动量交换；由于动量交换，便会在液层之间的交界面上产生沿流向的内摩擦力。这一理论又叫作动量输运理论，或者混合长度理论。

普朗特理论假设液体质点在横向脉动运移过程中瞬时流速保持不变，因而动量也保持不变，而在到达新位置后，动量突然改变为与新位置上的质点相同。根据动量定律，这种液体质点的动量变化可以认为是附加切应力的作用结果。这样便可建立附加切应力与液体质点脉动流速之间的关系。下式是明渠二元均匀流的推导结果，式中各项以时均值表示。

$$\overline{\tau}_2 = -\rho\overline{u'_x u'_y} \tag{5-27}$$

式中，$\overline{\tau}_2$ 为附加切应力；ρ 为液体的密度；u'_x为沿水平水流运动方向流速的脉动流速；u'_y为与水流运动方向垂直的混掺方向的横向脉动流速。

由于 u'_x与 u'_y的正负号总是相反的，为了使切应力以正值出现，在式(5-27) 等号右边加一负号。

式(5-27) 即为紊流附加切应力与脉动流速之间的关系式，是雷诺在 1895 年首先提出的。但是脉动流速随时间的变化规律不易测量和计算，所以需要将式(5-27) 转化为以时均流速表示的形式。为解决这一问题，1925 年，普朗特引用气体分子运动自由程的概念，引入"混合长度" 的概念。所谓混合长度，是液体质点在横向脉动流速作用下，与周围液体混合并交换动量以前所移动的距离。普朗特经过一系列假设、推导及系数合并，得出了紊流切应力与时均流速梯度之间的关系式。

$$\overline{\tau}_2 = \rho l^2\left(\frac{\mathrm{d}\overline{u}_x}{\mathrm{d}y}\right)^2 \tag{5-28}$$

式中，l 称为混合长度，由试验确定。

式(5-28) 为计算紊流附加切应力提供了一条途径，但式中的混合长度 l 还有待确定。根据实测资料，对于固定边界附近的流动，有 $l=\kappa y$，其中 y 为测点到壁面的距离，κ 为一(普适) 常数，称为卡门(通用) 常数，实验结果表明，$\kappa = 0.36 \sim 0.435$，常取 0.4。

有了紊流附加切应力的表达式，我们可以写出紊流切应力的表达式。

$$\overline{\tau} = \overline{\tau}_1 + \overline{\tau}_2 = \mu\frac{\mathrm{d}\overline{u}_x}{\mathrm{d}y} + \rho l^2\left(\frac{\mathrm{d}\overline{u}_x}{\mathrm{d}y}\right)^2 \tag{5-29}$$

以后我们讨论紊流运动时所有运动要素都是采用时均值，为了表达方便，时均符号可以省去，则式(5-29) 可写成下式。

$$\tau = \mu\frac{\mathrm{d}u_x}{\mathrm{d}y} + \rho l^2\left(\frac{\mathrm{d}u_x}{\mathrm{d}y}\right)^2 \tag{5-30}$$

3. 紊流的黏性底层

普朗特等人的研究表明，在同一过水断面上，紊流质点的混掺强度并不是到处都一样的。紧靠管壁处，液体质点受固体边界的限制，不能产生横向运移，没有混掺现象，紊动受到抑制，且由于壁面无滑动条件，沿壁面法线方向，切向流速从零迅速增至有限值，流速梯度很大，此处的切应力主要是黏滞切应力，附加切应力趋于零。因而，在固体边界附近有一层极薄的液层处于层流状态，这一液层称为黏性底层或层流底层。在黏性底层以内，黏滞切应力起主导作用。在黏性底层以外，还有一层由层流向紊流过渡的过渡层。过渡层之外的液流才是紊流，称为紊流核心或紊流流核。

上述结论说明了紊流在断面上的组成层次，这一紊流的分区也称为紊流的结构。如图 5-10 所示即为圆管断面的紊流结构。黏性底层与紊流核心区不是截然分开的，而是密切联系的。水流的紊动强度越大，质点脉动到边壁附近的概率越高，黏性底层就越薄。经过研究发现，过渡层对工程实际意义不大，可以不加考虑。而黏性底层虽然很薄，但对水流阻力的影响却不可忽视。因此，需要确定出黏性底层的厚度。

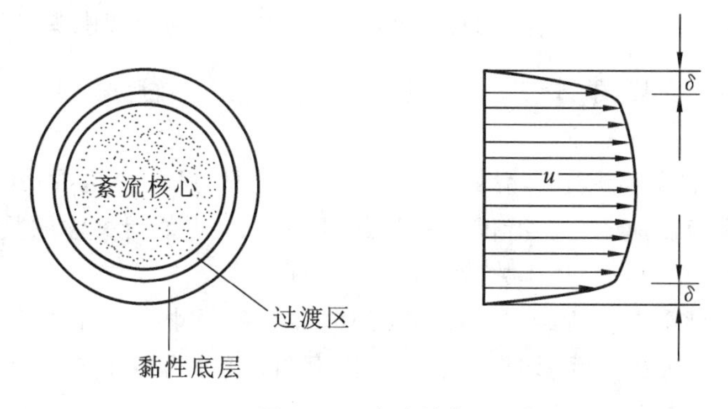

图 5-10　紊流结构

黏性底层的性质与层流完全一样，其切应力 $\tau=\mu\dfrac{\mathrm{d}u_x}{\mathrm{d}y}$，因黏性底层很薄，其流速分布可看作是按直线变化的。自固体壁面处：$y=0$，$u_x=0$；变化到黏性底层上边界处：$y=\delta_0$，$u_x=u_{\delta_0}$。由于在层内流速近似按直线分布，则 $\dfrac{\mathrm{d}u_x}{\mathrm{d}y}$ 为常数，τ 也为常数，其 $\tau=\tau_0$（τ_0 为边界处的切应力）。这样就有

$$\tau=\tau_0=\mu\frac{\mathrm{d}u_x}{\mathrm{d}_y}=\mu\frac{u_{\delta_0}}{\delta_0}$$

整理后可得

$$\frac{u_{\delta_0}}{\delta_0}=\frac{\dfrac{\tau_0}{\rho}}{\dfrac{\mu}{\rho}}$$

令 $\sqrt{\dfrac{\tau_0}{\rho}}=u_*$，注意到运动黏滞系数 $\nu=\dfrac{\mu}{\rho}$，则有

$$\frac{u_{\delta_0}}{\delta_0}=\frac{u_*^2}{\nu}$$

式中，u_* 具有流速的量纲，叫作阻力流速。

因 $\dfrac{u_{\delta_0}}{\delta_*}$ 为一无量纲数，常用符号 N 表示，据尼古拉兹试验结果 $N=11.6$，故有

$$\delta_0=\frac{11.6\nu}{u_*}\tag{5-31}$$

由达西-魏斯巴赫公式 $h_{\mathrm{f}}=\lambda\dfrac{l}{4R}\dfrac{v^2}{2g}$、均匀流基本方程 $\tau_0=\rho gRJ$、水力坡度定义 $J=\dfrac{h_{\mathrm{f}}}{l}$ 可得

$$\tau_0=\frac{\lambda}{8}\rho v^2$$

因此：

$$u_*=\sqrt{\frac{\lambda}{8}}v$$

将上式代入式(5-31)，得

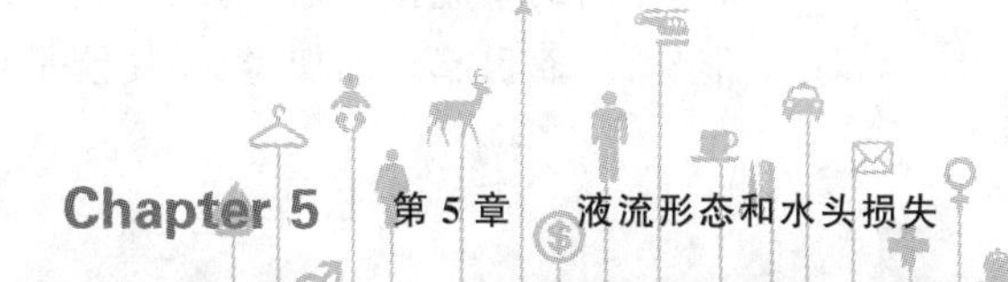

$$\delta_0 = \frac{32.8d}{Re\sqrt{\lambda}} \tag{5-32}$$

式(5-32)中,d 为圆管直径;Re 为管流的雷诺数($Re = \frac{vd}{\nu}$);λ 为沿程水头损失系数;δ_0 为圆管黏性底层的理论厚度或名义厚度。式(5-32)表明,管径 d 一定后,当流速 v 增大,则雷诺数 Re 增大,δ_0 将减小。

根据目前的试验测量资料表明,黏性底层的实际厚度只有理论厚度的 2/5 左右,两者之间有较大差异。但是,在紊流流速分布及沿程损失系数的分析中,更值得关注的是黏性底层的存在以及它的物理意义,而不在于它的具体数值。

根据黏性底层厚度 δ_0 与壁面绝对粗糙度 Δ 的大小关系,可将紊流的壁面划分为三种类型,壁面类型不同,其沿程水头损失系数的变化规律就不同,可分为以下三种情况讨论,如图 5-11 所示。

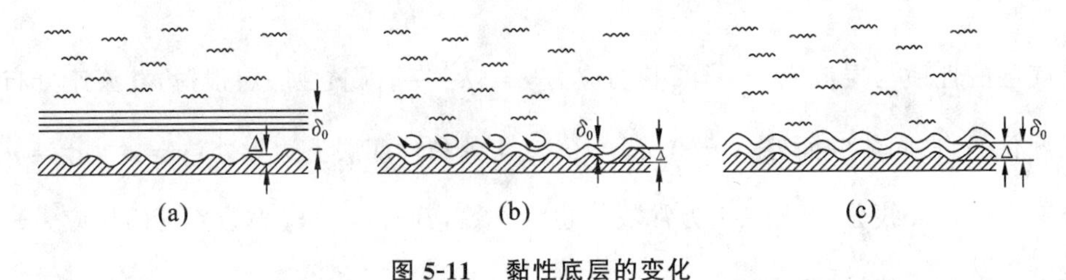

图 5-11　黏性底层的变化

(1) 当雷诺数 Re 较小,δ_0 比 Δ 大得多($\frac{\Delta}{\delta_0} < 0.3$)时,此时黏性底层完全掩盖了壁面的绝对粗糙度,紊流就好像在完全光滑的壁面上运动一样,其沿程阻力主要是黏性底层的黏滞阻力,绝对粗糙度对阻力没有影响,这种壁面称为光滑面,这样的管道称为光滑管,这种情况称为紊流水力光滑区。

(2) 当雷诺数 Re 较大,δ_0 与 Δ 相差不多($0.3 \leqslant \frac{\Delta}{\delta_0} \leqslant 6$)时,此时,黏性底层已不足以完全掩盖绝对粗糙度,但粗糙度还没有起决定作用。这种壁面称为过渡粗糙面,这样的管道称为过渡粗糙管,这种情况称为紊流过渡粗糙区。

(3) 当雷诺数 Re 很大,δ_0 比 Δ 小得多($\frac{\Delta}{\delta_0} > 6$)时,此时,黏性底层已很薄,根本无法掩盖绝对粗糙度,绝对粗糙度将伸入至紊流内部,当紊流绕过凸出高度时,将形成许多小的旋涡,边壁阻力主要由这些小的旋涡造成,绝对粗糙度对水流阻力的影响是主要的。这种壁面称为粗糙面,这样的管道称为粗糙管,这种情况称为紊流粗糙区。

最后,必须指出,所谓光滑面或粗糙面并非完全取决于固体壁面本身是光滑还是粗糙,而应该根据绝对粗糙度 Δ 与黏性底层厚度 δ_0 两者的大小关系来确定。对某一壁面而言,绝对粗糙度 Δ 是一定的,而黏性底层厚度 δ_0 却是随水流状况改变而变化的。因此,即使对同一个固体壁面,由于雷诺数的改变,可能是光滑面,也可能是粗糙面。这就是说,壁面的这种分类完全是从水力学角度出发的,在水流条件未定时,无法确定一个边界究竟是"光滑"还是"粗糙"。故在壁面分类前冠以"水力"二字,即水力光滑面、水力过渡粗糙面、水力粗糙面。

以上介绍的紊流特征当中,运动要素的脉动是最根本的特征。脉动使液体质点间不断地交换动量、能量,从而引起附加切应力,使能量损失增加,导致流速分布均匀化。

5.5.3 紊流的流速分布

层流是抛物线型的流速分布。而紊流中由于液体质点相互混掺、相互碰撞，因而产生了液体内部各质点间的动量传递，其结果是造成紊流过流断面流速分布的均匀化。紊流流速分布的表达式，目前最常用的有以下两种。

1. 紊流流速分布的对数公式

紊流的流速分布在黏性底层和紊流核心区是完全不同的。在黏性底层，黏性切应力起主导作用，流速梯度很大，流速从边壁的零迅速增至有限值，其流速分布近似按直线变化。而在紊流核心区，紊流附加切应力起主导作用，因此可由附加切应力的公式推导紊流核心区的流速分布公式。

对切应力公式，分离变量得

$$\mathrm{d}u_x = \frac{1}{l}\sqrt{\frac{\tau}{\rho}}\mathrm{d}y$$

式中，τ 在断面上是变量，不同 y 值对应不同的附加切应力。

普朗特假设壁面附近处 $\tau = \tau_0 =$ 常数（τ_0 为壁面切应力）；$l = \kappa y$，其中 κ 为常数。再注意到摩阻流速 $u_* = \sqrt{\frac{\tau_0}{\rho}}$，则有

$$\mathrm{d}u_x = \frac{1}{\kappa}\sqrt{\frac{\tau_0}{\rho}}\frac{\mathrm{d}y}{y} = \frac{u_*}{k}\frac{\mathrm{d}y}{y}$$

对上式积分得

$$u_x = \frac{u_*}{\kappa}\ln y + C \tag{5-33}$$

上式为紊流核心区流速的对数分布公式，其中的系数 κ 和积分常数 C 需由试验确定。在不同的边界状态所确定的紊流区内流速分布公式有不同的形式。

（1）紊流光滑区

$$\frac{u_x}{u_*} = 5.75\lg\frac{u_* y}{\nu} + 5.5 \tag{5-34}$$

（2）紊流粗糙区

$$\frac{u_x}{u_*} = 5.75\lg\frac{y}{\Delta} + 8.5 \tag{5-35}$$

工程实践证明，在紊流核心区采用对数型流速分布能较好地反映紊流流速分布的实际情况。

2. 紊流流速分布的指数公式

大量实测资料的回归分析和研究表明，紊流的流速分布也近似符合指数型分布规律。

$$u_x = u_{\max}\left(\frac{y}{r_0}\right)^n \tag{5-36}$$

式中，$u_{\max}$ 为管道轴线处的流速；r_0 为管道半径；y 为离开壁面的距离；式中的指数 n 与雷诺数有关。

布拉休斯（H. Blasius）建议：当 $Re < 10^5$ 时，可取 $n = \frac{1}{7}$，这已为试验所证实，叫作流速分布的七分之一次方定律；当 $Re > 10^5$ 时，取 $n = \frac{1}{8}$、$n = \frac{1}{9}$、$n = \frac{1}{10}$ 等可获得更准确的结果。

指数型公式结构简单，而且也具有相当的精度，在实际中得到了较为广泛的应用。

例 5-2 试用紊流流速分布的指数公式推求明渠二元均匀流流速分布曲线上与垂

线平均流速相等的点的位置。

解 紊流的黏性底层和过渡层厚度都很小，均可忽略不计。将整个断面的垂线流速分布都按指数型分布公式考虑，求得垂线平均流速为

$$v=\frac{1}{h}\int_0^h u_x \mathrm{d}y=\frac{1}{h}\int_0^h u_{\max}\left(\frac{y}{h}\right)^n \mathrm{d}y=\frac{u_{\max}}{n+1}$$

假设所求点距离渠底的距离为 y_c，依照题意有

$$u_{\max}\left(\frac{y_c}{h}\right)^n=\frac{u_{\max}}{n+1}$$

取 $n=\frac{1}{7}$，则有 $y_c=0.393h$。

由此结果可知，在水面下 $0.607h$ 处的流速与垂线平均流速相等。所以在水文测验时常用水面下 $0.6h$ 处的流速作为平均流速。

5.6 紊流沿程水头损失的计算

运用达西-魏斯巴赫公式计算沿程水头损失为

$$h_{\mathrm{f}}=\lambda\frac{l}{d}\frac{v^2}{2g}$$

或

$$h_{\mathrm{f}}=\lambda\frac{l}{4d}\frac{v^2}{2g}$$

对于圆管层流，我们已求得沿程水头损失系数 $\lambda=\frac{64}{Re}$，而对于紊流，由于其复杂性，λ 值不可能像层流那样严格地从理论上推导出来，其规律主要由试验确定。1933 年，普朗特的学生尼古拉兹，在人工均匀砂粒粗糙圆管中进行了系统的沿程水头损失系数和断面流速分布的测定工作，称为尼古拉兹试验。

5.6.1 人工粗糙管沿程水头损失系数 λ 的试验研究——尼古拉兹试验

尼古拉兹试验的目的是研究紊流沿程水头损失系数 λ 与雷诺数 Re 和管壁相对粗糙度 $\frac{\Delta}{d}$ 之间的关系，从而揭示 λ 的变化规律。

尼古拉兹采用了管内壁粘贴均匀砂的办法制成了人工粗糙管。试验采用不同粗细的砂粒贴在不同直径的管道内壁上，模拟管壁的粗糙状况，粒径 Δ 代表管壁的绝对粗糙度，它与管道直径 d 的比值 $\frac{\Delta}{d}$ 表示相对粗糙度。试验采用了六种不同相对粗糙度的人工管，相对粗糙度分别为 $\frac{1}{30}$、$\frac{1}{61.2}$、$\frac{1}{120}$、$\frac{1}{252}$、$\frac{1}{504}$、$\frac{1}{1\,014}$，这些参数的范围比较大，所以得到的结果比较全面。

尼古拉兹的试验方法是：选定某一已知粗糙度的管道，管径 d 及管道长度 l 已知，测量不同流速 v 时，该管段的沿程水头损失 h_{f}。由于 $Re=\frac{vd}{\nu}$ 和 $h_{\mathrm{f}}=\lambda\frac{l}{d}\frac{v^2}{2g}$，根据实测的 v 及相应的 h_{f} 两组数据，分别应用上述 Re 和 h_{f} 的计算式，可计算出相应的 Re 和 λ 值。在相对粗糙度不同的管道上重复上述试验，可得到不同 $\frac{\Delta}{d}$ 值管道中 Re 与 λ 的相互关系。试验结果如图 5-12 所示。

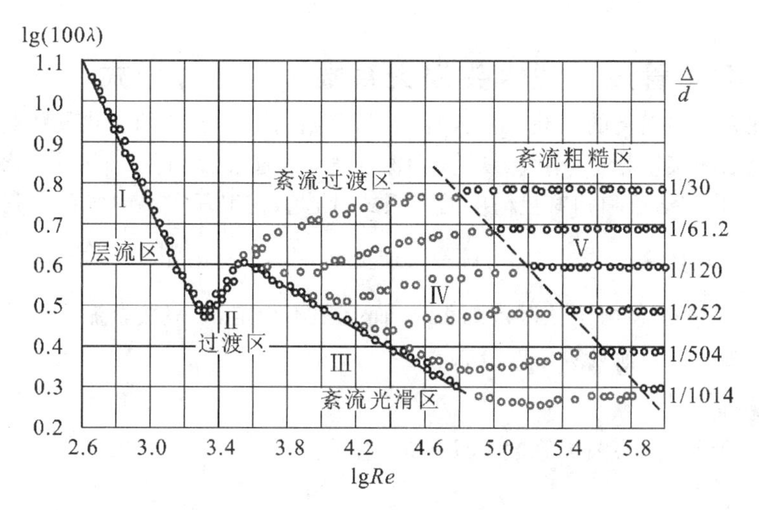

图 5-12　尼古拉兹试验曲线(尼古拉兹试验结果)

试验表明,每一等直径且相对粗糙度已知的管流,对应于图 5-12 中的一个$\dfrac{\Delta}{d}$值的曲线,随着 Re 变大(即流速增大),液体流动从层流状态到充分的紊流状态,都经过层流、水力光滑、水力过渡和水力粗糙等区段,并且对应着各种不同的阻力规律。根据 λ 的变化规律,尼古拉兹试验曲线分为五个阻力区。

第 Ⅰ 区为层流区。当 $Re < 2\ 000$ 时,所有试验点都落在直线 ab 上,这表明此时 λ 值仅随 Re 变化,而与相对粗糙度无关。在该区 $\lambda=\dfrac{64}{Re}$,这与圆管层流理论公式是一致的。因为 $\lambda \propto \dfrac{1}{Re} \propto \dfrac{1}{v}$,所以 $h_{\mathrm{f}} \propto v$,即沿程水头损失和断面平均流速的一次方成正比。ab 线和 bc 线相交处,在图 5-12 的横坐标上是 $\lg Re \approx 3.3$,即 $Re = 2\ 000$,说明对于不同管径和相对粗糙度的有压圆管均匀流的下临界雷诺数 $Re_{\mathrm{k}} = 2\ 000$ 是相同的。

第 Ⅱ 区为层流向紊流转变的过渡区,又称第一过渡区。该区 $2\ 000 < Re < 4\ 000$,所有试验点都在 bc 线附近。λ 随 Re 的增大而增大,而与相对粗糙度无关。由于该过渡区的雷诺数 Re 范围很窄,实用意义不大,人们对它的研究也不多。

第 Ⅲ 区为紊流光滑区。在 $Re > 4\ 000$ 后,不同相对粗糙度的试验点,起初都集中在曲线 cd 线上,表明 λ 值仅与 Re 有关,而与$\dfrac{\Delta}{d}$无关。随着 Re 的增大,相对粗糙度较大的管道,其试验点在较小的 Re 时就偏离了曲线 cd,而相对粗糙度较小的管道,其试验点要在较大的 Re 时才会偏离光滑区曲线 cd。

第 Ⅳ 区为紊流过渡区,又称第二过渡区。该区即 cd 线和 ef 线所包围的区域。在该区不同相对粗糙度管道的试验点已脱离光滑区 cd 线,各自独立成一条波状曲线,表明 λ 值既与 Re 有关,又与$\dfrac{\Delta}{d}$有关。

第 Ⅴ 区为紊流粗糙区,又称阻力平方区或自模区。该区即 ef 线右边的区域。在这个区域里,不同相对粗糙度的试验点,分别落在相应的平行于横坐标的水平直线上,表明 λ 值与 Re 无关,仅与$\dfrac{\Delta}{d}$有关。由达西-魏斯巴赫公式可知,此时 $h_{\mathrm{f}} \propto v^2$,故紊流粗糙区又称为阻力平方区。该区的紊流运动,即使 Re 不同,只要几何相似、边界性质相同,即可达到阻力相似,自动保证模型流与原型流的相似,因而该区又称为自模区。

5.6.2 实用管道沿程水头损失系数 λ 的计算公式

尼古拉兹在人工粗糙管的试验结果告诉我们，不同的阻力区，λ 的变化规律是不一样的。许多学者包括尼古拉兹在实用管道（钢管、铁管、混凝土管、木管、玻璃管等）中也分别进行了大量试验，建立了一些 λ 与雷诺数和相对粗糙度的关系式。因此，在工程实践中应首先判定流动分区，然后再选用相应的公式计算 λ。需要指出：对圆管层流区，$\lambda=\frac{64}{Re}$。第 Ⅱ 区为层流向紊流转变的过渡区，该区 λ 只与 Re 有关，但由于该区范围很小，而且很不稳定，一般按紊流光滑管处理。下面就按三个分区分别介绍圆管紊流计算 λ 的公式。

1. 紊流光滑区

紊流光滑区的沿程水头损失系数 λ 只与 Re 有关。

布拉休斯公式
$$\lambda=\frac{0.3164}{Re^{0.25}} \tag{5-37}$$

式(5-37)为经验公式，其形式简单，计算方便，在 $Re>10^5$ 范围内，精度很高。

将式(5-37)代入达西-魏斯巴赫公式计算沿程水头损失，可知 $h_f \propto v^{1.75}$，故紊流光滑区又称为1.75次方阻力区。

尼古拉兹公式
$$\frac{1}{\sqrt{\lambda}}=2\lg\frac{Re\sqrt{\lambda}}{2.51} \tag{5-38}$$

式(5-38)为半经验公式，适用于 $Re>10^5$。

2. 紊流粗糙区

紊流粗糙区的沿程水头损失系数 λ 只与 $\frac{\Delta}{d}$ 有关。

尼古拉兹公式
$$\frac{1}{\sqrt{\lambda}}=2\lg\frac{3.7d}{\Delta} \tag{5-39}$$

希弗林松公式
$$\lambda=0.11\left(\frac{\Delta}{d}\right)^{0.25} \tag{5-40}$$

尼古拉兹公式是半经验公式，希弗林松公式是经验公式。两者均形式简单、使用方便、应用较广。

3. 紊流过渡区

在紊流过渡区，即第 Ⅳ 区，实用管道的试验曲线与尼古拉兹试验曲线存在较大差异，其原因可能是实用管道与人工粗糙管道在粗糙物的凸起形状和分布等方面不同所致。因此尼古拉兹过渡区的试验资料对实用管道是不适用的。而柯列布鲁克-怀特公式给出了实用管道紊流过渡区 λ 的计算式。

$$\frac{1}{\sqrt{\lambda}}=-2\lg\left(\frac{\Delta}{3.7d}+\frac{2.51}{Re\sqrt{\lambda}}\right) \tag{5-41}$$

该式实际上是尼古拉兹光滑区公式和粗糙区公式的结合。当 Re 很小时，括号内第一项很小，该式接近于光滑区的公式；当 Re 很大时，括号内第二项很小，该式接近于粗糙区的公式。故式(5-41)适用于紊流实用管道的全部三个阻力区，适用范围广。

尼古拉兹试验采用的是人工粗糙管，它与实用管道（又称自然管道，或叫工业管道）相比，无论在凹凸形状、尺寸、均匀程度和排列情况等方面都有很大的不同，为此引入当量粗糙度 k_s 的概念。将各种实用管道的试验结果与人工粗糙管的试验结果相比较，把具有同一 λ 值的人工粗糙管的绝对粗糙度Δ作为实用管道的绝对粗糙度 k_s，称 k_s 为实用管道的当量粗糙度。常用当量粗糙度 k_s 值见表 5-1。

表 5-1 常用当量粗糙度 k_s 值

管流壁面	k_s/mm	明渠流壁面	k_s/mm
清洁铜管、玻璃管	0.001 5 ～ 0.01	纯水泥面	0.25 ～ 1.25
橡皮软管	0.01 ～ 0.03	刨光木板面	0.25 ～ 2.0
新的无缝钢管	0.04 ～ 0.17	非刨光木板面、水泥浆粉面	0.45 ～ 3.0
旧钢管、涂柏油的钢管	0.12 ～ 0.21	水泥浆砖砌体	0.80 ～ 6.0
普通新铸铁管	0.25 ～ 0.42	混凝土衬砌	1.80 ～ 3.80
旧的生锈钢管	0.60 ～ 0.67	琢石护面	1.25 ～ 6.0
污秽的金属管	0.75 ～ 0.90	土渠	4.0 ～ 11.0
木管道	0.25 ～ 1.25	水泥勾缝的普通块石砌体	6.0 ～ 17.0
陶土排水管	0.45 ～ 6.0	石砌渠道（干砌、中等质量）	25 ～ 45
涂有珐琅质的排水管	0.25 ～ 6.0	卵石河床（d = 70 ～ 80 mm）	30 ～ 60

1944 年，莫迪（Moody）根据实用管道研究成果和得到公认的经验公式，经过计算和整理，提出了类似人工粗糙管试验曲线的研究成果，称为莫迪图，如图 5-13 所示。可以认为，莫迪图是柯列布鲁克-怀特公式的曲线表达形式，两者均适用于实用管道。根据 Re 和 $\frac{k_s}{d}$，可以方便地从莫迪图上查得 λ 值。

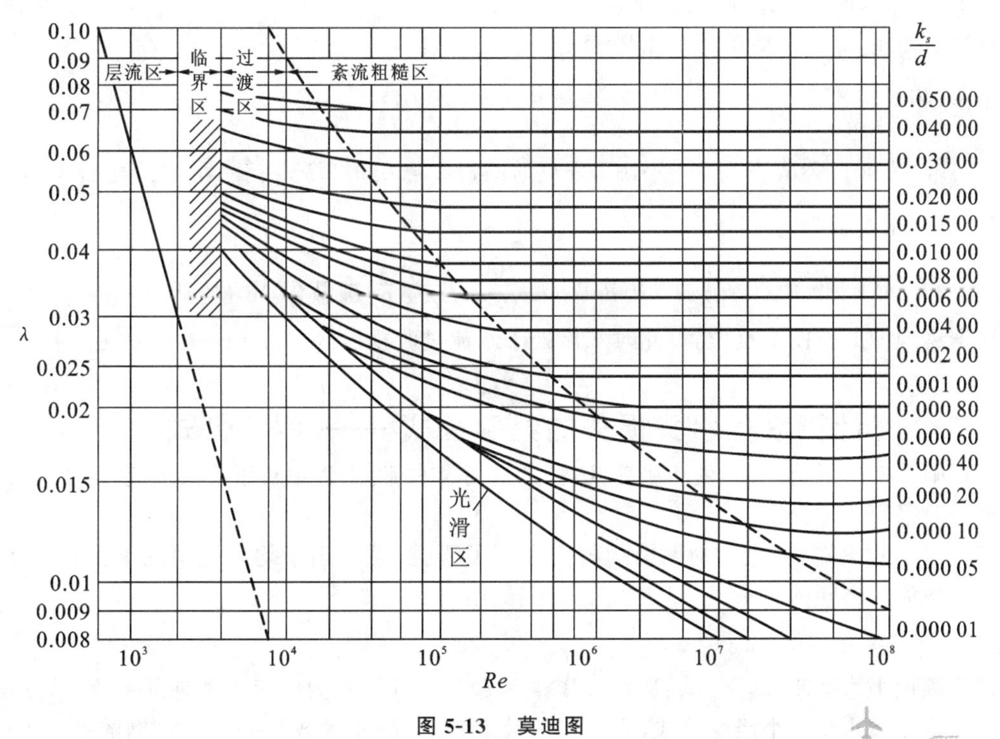

图 5-13 莫迪图

莫迪图发表后，在研究沿程水头损失系数 λ 值方面还出现了一些有价值的成果，最有代表性的是1953年舍维列夫提出的计算紊流过渡区和粗糙区的沿程水头损失系数公式，具体如下。

对旧钢管和旧铸铁管，紊流过渡区(即 $v < 1.2$ m/s)：

$$\lambda = \frac{0.0179}{d^{0.3}}\left(1+\frac{0.867}{v}\right)^{0.3} \tag{5-42}$$

对于紊流粗糙区(即 $v \geqslant 1.2$ m/s)：

$$\lambda = \frac{0.021}{d^{0.3}} \tag{5-43}$$

式中，d 为管径，以m计；v 为断面平均流速，以m/s计。

舍维列夫公式在我国给水排水工程设计中被采用。该式是对旧管的计算公式，对于新管也按此式计算，更偏于安全。

例5-3 某输水管采用新铸铁管，管径 $d = 300$ mm，管长 $l = 100$ m，流量 $Q = 0.1\ \mathrm{m^3/s}$，水温 $T = 10$ ℃。试求沿程水头损失，并判别水流形态及具体分区。

解 要计算沿程水头损失，首先要计算雷诺数 Re，判别流态。

管道平均流速为

$$v = \frac{4Q}{\pi d^2} = \frac{4\times 0.1}{3.14\times 0.3^2}\ \mathrm{m/s} = 1.415\ \mathrm{m/s}$$

由水温 $T = 10$ ℃ 查得运动黏度

$$\nu = 1.308\times 10^{-6}\ \mathrm{m/s}$$

因此：

$$Re = \frac{vd}{\nu} = \frac{1.415\times 0.3}{1.308\times 10^{-6}} = 3.25\times 10^5$$

因 $Re > 2\,000$，故水流形态为紊流。

查表5-1得，新铸铁管的当量粗糙度 $k_s = 0.3$ mm。

于是，相对粗糙度 $$\frac{k_s}{d} = \frac{0.3}{300} = 0.001$$

由 $\frac{k_s}{d} = 0.001$ 及 $Re = 3.25\times 10^5$，查莫迪图得 $\lambda = 0.0205$。

故，沿程水头损失为

$$h_f = \lambda\frac{l}{d}\frac{v^2}{2g} = 0.0205\times\frac{100}{0.3}\times\frac{1.415^2}{2\times 9.81}\ \mathrm{m} = 0.697\ \mathrm{m}$$

根据莫迪图的查图交点位置，此时水流处于紊流过渡粗糙区。

5.6.3 计算沿程水头损失的经验公式——谢才公式

工程中的实际水流，大多处于粗糙区，特别是明渠水流。工程中对于明渠水流，其沿程水头损失计算一般采用谢才公式。

1775年，法国工程师谢才对明渠均匀流进行了研究，总结出了均匀流情况下沿程水头损失与断面平均流速之间的关系式，即谢才公式，其数学表达式如下：

$$v = C\sqrt{RJ} \tag{5-44}$$

式中，v 为断面平均流速，单位m/s；R 为水力半径，单位m；J 为水力坡度；C 为谢才系数，单位 $\mathrm{m^{\frac{1}{2}}/s}$。

由于谢才公式是一个经验公式，为了达到量纲和谐，谢才系数为一个有量纲的系数。在应用谢才公式时，必须按规定的单位代入计算，否则，将会导致错误。

谢才公式实质上与达西-魏斯巴赫公式是相同的，只要令

$$\lambda = \frac{8g}{C^2} \tag{5-45}$$

或

$$C = \sqrt{\frac{8g}{\lambda}} \tag{5-46}$$

则谢才公式就与达西-魏斯巴赫公式相同，而谢才系数C也与沿程水头损失系数λ相似，是一个阻力系数。从原则上讲，谢才公式也可用于不同流态或流区沿程水头损失的计算，只是流态和流区不同，谢才系数C的计算公式也将不同。

在实际水利工程中，绝大多数水流都属于紊流阻力平方区，而谢才系数的经验公式也是根据紊流阻力平方区的大量实测资料求得的，所以，对阻力平方区的紊流，实际上采用更多的是按经验公式来计算谢才系数。下面介绍两个最为常用的计算谢才系数的经验公式，它们只适用于紊流阻力平方区。

(1) 曼宁公式：

$$C = \frac{1}{n}R^{1/6} \tag{5-47}$$

式中，n为壁面粗糙系数，简称糙率；R为水力半径，以m计。

(2) 巴甫洛夫斯基公式：

$$C = \frac{1}{n}R^{y} \tag{5-48}$$

式中，n为壁面粗糙系数，简称糙率；R为水力半径，以m计；指数y由下式确定。

$$y = 2.5\sqrt{n} - 0.13 - 0.75\sqrt{R}(\sqrt{n} - 0.10) \tag{5-49}$$

近似计算时，可按下式：

当$R < 1.0$ m时，
$$y = 1.5\sqrt{n} \tag{5-50}$$

当$R > 1.0$ m时，
$$y = 1.3\sqrt{n} \tag{5-51}$$

巴甫洛夫斯基公式的实测资料范围是：$0.1\ \text{m} \leqslant R \leqslant 3.0\ \text{m}$，$0.011 \leqslant n \leqslant 0.04$。这个范围基本包括了工程实际中的一般情况。

粗糙系数n综合反映了壁面粗糙程度对水流的影响，其概念不如绝对粗糙度Δ那样单纯而明确，其量纲也不甚明了，使用上常认为粗糙系数n无量纲。在计算时，粗糙系数n可由水力计算手册查得，表5-2给出了常见壁面的粗糙系数，可供计算时参考。粗糙系数选择是否恰当对水力计算影响很大，选择偏大或偏小都会对工程设计造成不利影响，因此必须谨慎选用。

表5-2　常用粗糙系数n值

边壁种类和状况	n	$\frac{1}{n}$
特别光滑的黄铜管、玻璃管、涂有珐琅质或其他釉料的表面	0.009	111
精致水泥浆抹面、精刨木板、新制的清洁的生铁和铸铁管铺设平整接缝光滑	0.011	90.9
未刨光但连接很好的木板、正常情况下的给水管、极清洁的排水管、最光滑的混凝土面	0.012	83.3
正常情况的排水管、略有污秽的给水管、良好的砖砌面	0.013	76.9
污秽的给水管和排水管、一般的混凝土、一般砖砌面	0.014	71.4

续表

边壁种类和状况	n	$\frac{1}{n}$
陈旧的砖砌面、相当粗糙的混凝土面、特别光滑仔细开挖的岩石面	0.017	58.8
坚实黏土渠道、有不连续淤泥层的黄土或砂砾石砌面渠道、维护良好的大土渠	0.022 5	44.4
一般大土渠、情况良好的小土渠、情况极其良好的天然河流（河床清洁顺直、水流通畅、没有浅滩深槽）	0.025	40
养护情况在中等标准以下的土渠	0.027 5	36.4
情况较差的土渠（如有部分地区的杂草或砾石、部分岸坡塌倒）、情况良好的天然河道	0.03	33.3
情况很差的土渠（剖面不规则、有杂草块石、水流不畅等）、情况比较良好但有少量块石和野草的天然河流	0.035	28.6
情况极差的土渠（深槽或浅滩、杂草众多、渠底有大块石等）、情况不良的天然河流（野草块石较多、河床不甚规则而有弯曲、有不少倒塌和深潭浅滩等）	0.040	25.0

例 5-4 混凝土衬砌矩形渡槽，底宽 $b=5\ \text{m}$，水深 $h=3\ \text{m}$，粗糙系数 $n=0.014$，通过设计流量 $Q=25\ \text{m}^3/\text{s}$，试求水力坡降。

解 该渡槽的过水断面、湿周、水力半径分别为

$$A=bh=5\times 3\ \text{m}^2=15\ \text{m}^2$$

$$x=b+2h=(5+2\times 3)\ \text{m}=11\ \text{m}$$

$$R=\frac{A}{x}=\frac{15}{11}\ \text{m}=1.364\ \text{m}$$

按曼宁公式：$C=\frac{1}{n}R^{\frac{1}{6}}=\frac{1}{0.014}\times 1.364^{\frac{1}{6}}\ \text{m}^{\frac{1}{2}}/\text{s}=75.221\ \text{m}^{\frac{1}{2}}/\text{s}$

故根据谢才公式，水力坡降为

$$J=\left(\frac{Q}{AC\sqrt{R}}\right)^2=\left(\frac{25}{15\times 75.221\times\sqrt{1.364}}\right)^2=0.000\ 36$$

5.7 局部水头损失的计算

以上讨论的沿程水头损失都发生在管道或渠道的顺直段，但实际工程中管道常常是由各管段通过变径接头、弯管、阀门等管件连接起来的，渠道中也会有弯道、渐变段、闸门等。当水流经过这些部位时都会产生局部水头损失。

试验表明，局部水头损失和沿程水头损失一样，不同的流态遵循不同的规律。如果经过局部边界几何条件改变前后水流均保持层流运动，那么在该处所发生的局部水头损失还是由各流层间的黏性切应力所引起的，在该局部，由于边界几何条件的改变，导致流速分布重新调整，流层间相对运动加大，能量损失也增大。进一步试验和研究得到层流局部水头损失系数 ζ 与雷诺数 Re 有如下关系：

$$\zeta = \frac{B}{Re} \tag{5-52}$$

式中，B 是随局部障碍的形状而异的常数。

在实际工程中，大多是紊流，我们以下也是只讨论紊流的局部水头损失。

紊流中局部边界发生突然改变时，水流速度分布也会发生改变，从而在水流中产生漩涡，并加大了流速梯度及附加切应力。漩涡的产生往往导致主流与固体边壁分离，在漩涡内部，紊动加剧，同时主流与漩涡区不断有质量和能量交换，消耗大量机械能。因此，局部水头损失比流段长度相同的沿程水头损失要大得多，而局部障碍的形式多种多样，流动现象也极其复杂，很难从理论上进行分析计算，一般是通过试验来确定局部水头损失系数。

圆管突然扩大的局部水头损失是目前较成功地用理论分析来解决的实例。

如图 5-14 所示，设水流由面积为 $A_1 = \frac{\pi d_1^2}{4}$ 的细管流入面积为 $A_2 = \frac{\pi d_2^2}{4}$ 的粗管。当水流由小管流入大管时，形成如图所示的漩涡区。取过水断面 1-1 在两管交界处，断面 2-2 在漩涡区末端，断面 1-1 和断面 2-2 均可认为是渐变流断面。

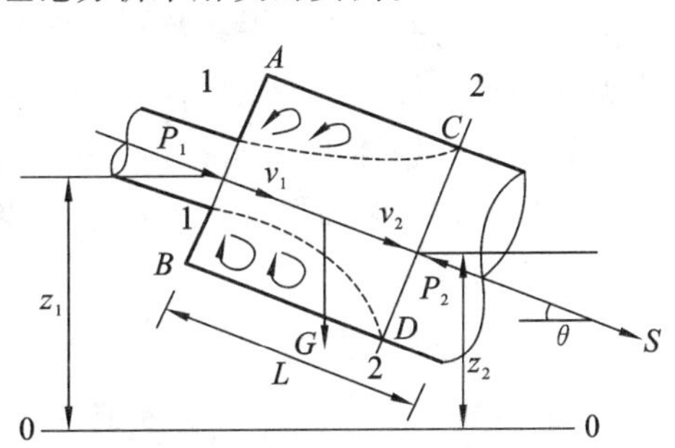

图 5-14　圆管突然扩大

列出断面 1-1、2-2 之间的能量方程，考虑流段 l 较短，其间的沿程水头损失很小，可不考虑。则有

$$h_j = h_w = \left(z_1 + \frac{p_1}{\rho g}\right) - \left(z_2 + \frac{p_2}{\rho g}\right) + \frac{\alpha_1 v_1^2 - \alpha_2 v_2^2}{2g} \tag{5-53}$$

式中，p_1、z_1 及 p_2、z_2 分别是断面 1-1、2-2 形心处的压强和位置高度，v_1、v_2 分别是断面 1-1、2-2 的断面平均流速。

取断面 AB、CD 及断面之间的管壁为控制面，忽略壁面对水流的摩擦阻力，可对控制体内的水体沿水流方向列动量方程：

$$p_1 A_1 - p_2 A_2 + R + \rho g A_2 l \sin\theta = \rho Q(\beta_2 v_2 - \beta_1 v_1) \tag{5-54}$$

式中，R 为大小管交接处环形面对水体的作用力。

通过相关试验证明，压强沿断面 1-1，包括同漩涡区接触的部分即环形面 $(A_2 - A_1)$ 都符合静水压强分布，于是 $R = p_1(A_2 - A_1)$，另外，注意到 $l\sin\theta = z_1 - z_2$，式(5-54) 可写成为

$$\left(z_1 + \frac{p_1}{\rho g}\right) - \left(z_2 + \frac{p_2}{\rho g}\right) = \frac{v_2}{g}(\beta_2 v_2 - \beta_1 v_1) \tag{5-55}$$

联立式(5-53) 和式(5-55)，令 $\alpha_1 = \alpha_2 = \beta_1 = \beta_2 = 1.0$，可以求得

$$h_j = \frac{(v_1 - v_2)^2}{2g} \tag{5-56}$$

式(5-56) 称为包达(Borda) 定理，它表明圆管在突然扩大处的局部水头损失等于流速差的速度水头。

要把式(5-56) 改写成计算局部水头损失的一般形式，只需将 $v_2 = v_1 \frac{A_1}{A_2}$ 或 $v_1 = v_2 \frac{A_2}{A_1}$ 代入式(5-56) 即得

$$h_j = \left(1 - \frac{A_1}{A_2}\right)^2 \frac{v_1^2}{2g} = \zeta_1 \frac{v_1^2}{2g} \tag{5-57}$$

式(5-57) 为用扩大前的流速水头表示的突然扩大的局部水头损失公式。

或者
$$h_j=\left(1-\frac{A_1}{A_2}\right)^2\frac{v_1^2}{2g}=\zeta_1\frac{v_1^2}{2g} \tag{5-58}$$

式(5-58)为用扩大后的流速水头表示的突然扩大的局部水头损失公式。

其他情况下的局部水头损失虽然无法从理论上推导，但可以像突然扩大的局部水头损失一样，将其表示为局部水头损失系数与流速水头的乘积，这种表达形式也是所有局部水头损失的通用表达式，即在本章开始处我们给出的式(5-4)：

$$h_j=\zeta\frac{v^2}{2g}$$

式中，ζ 为局部水头损失系数，可由试验确定；v 为发生局部水头损失以前或以后的断面平均流速，查资料时应特别注意使 ζ 与 v 相一致。

通常某种局部水头损失系数并不是常数，而是与水流的流动形态有关，但因为层流在实际生活中遇到的机会很少，而一般水流的雷诺数都大到使局部水头损失系数值不再随雷诺数的变化而改变的程度，就好像沿程水头损失中紊流的阻力平方区一样，这时的值就为一常数，其大小只与管路局部变化的断面形状有关，而与雷诺数无关。水力学中给出的局部水头损失系数值都是指这一范围内的值。

表 5-3 列出了一些常用管道的 ζ 值，供参考。

表 5-3　部分常见的局部水头损失系数 ζ

<table>
<tr><th>名　称</th><th>简　图</th><th colspan="7">ζ</th><th>公　式</th></tr>
<tr><td>管道突然扩大</td><td> 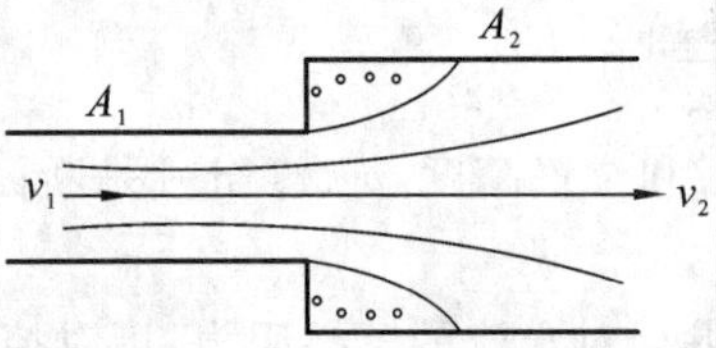A₁, A₂, v₁, v₂</td><td colspan="7">$\zeta=\left(1-\frac{A_1}{A_2}\right)^2$</td><td>$h_j=\zeta\frac{v_1^2}{2g}$</td></tr>
<tr><td>管道突然收缩</td><td> 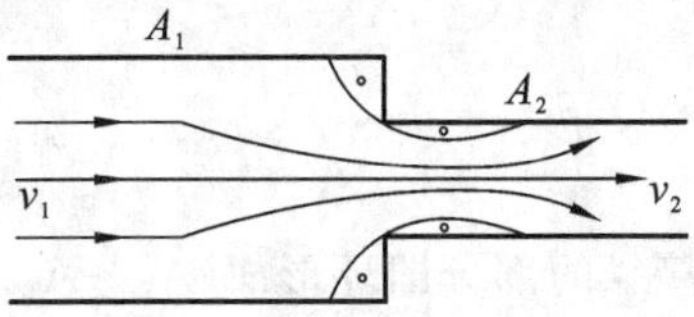A₁, A₂, v₁, v₂</td><td colspan="7">$\zeta=0.5\left(1-\frac{A_2}{A_1}\right)$</td><td>$h_j=\zeta\frac{v_2^2}{2g}$</td></tr>
<tr><td rowspan="3">管道进口</td><td>直角进口 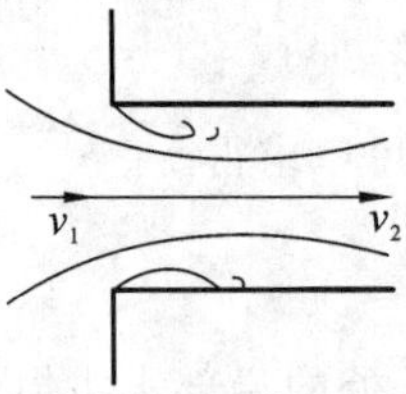
v₁, v₂</td><td colspan="7">0.5</td><td>$h_j=\zeta\frac{v_2^2}{2g}$</td></tr>
<tr><td rowspan="2">圆角进口 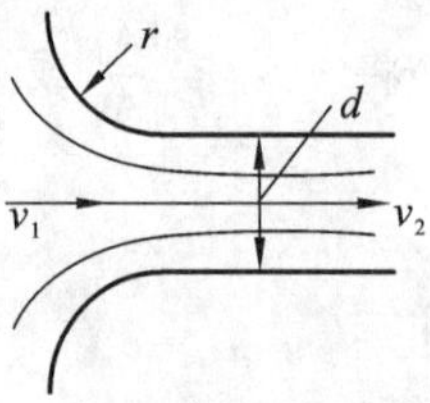
r, d, v₁, v₂</td><td>r/d</td><td>0</td><td>0.02</td><td>0.06</td><td>0.10</td><td>0.16</td><td>0.22</td><td rowspan="2">$h_j=\zeta\frac{v_2^2}{2g}$</td></tr>
<tr><td>ξ</td><td>0.50</td><td>0.35</td><td>0.20</td><td>0.11</td><td>0.05</td><td>0.03</td></tr>
</table>

<table>
<tr><th>名　称</th><th>简　图</th><th>ζ</th><th>公　式</th></tr>
<tr><td>管道出口</td><td>出口淹没在水面下
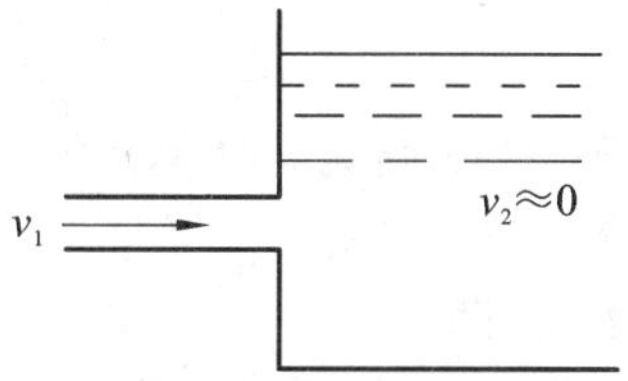</td><td>1.0</td><td>$h_j = \zeta \frac{v_1^2}{2g}$</td></tr>
<tr><td>圆角弯管</td><td>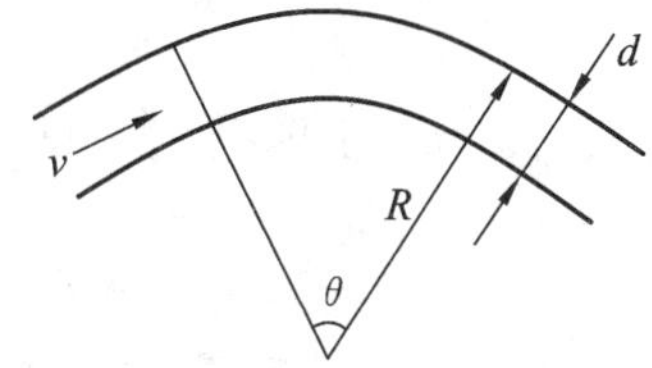</td><td>$\zeta = \left[0.131 + 0.163\left(\frac{d}{R}\right)^{3.5}\right]\left(\frac{\theta}{90^\circ}\right)^{\frac{1}{2}}$</td><td>$h_j = \zeta \frac{v^2}{2g}$</td></tr>
<tr><td>折角弯管</td><td>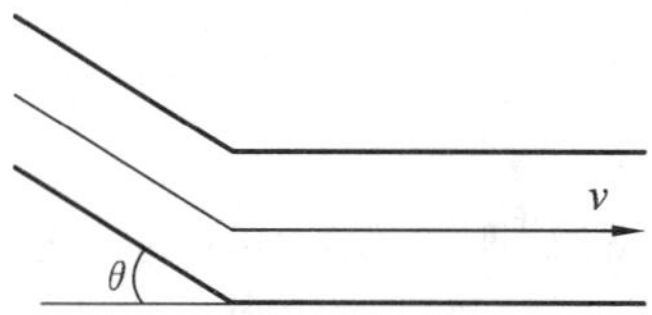</td><td>$\zeta = 0.946\sin^2\left(\frac{\theta}{2}\right) + 2.05\sin^4\left(\frac{\theta}{2}\right)$</td><td>$h_j = \zeta \frac{v^2}{2g}$</td></tr>
<tr><td>闸阀</td><td>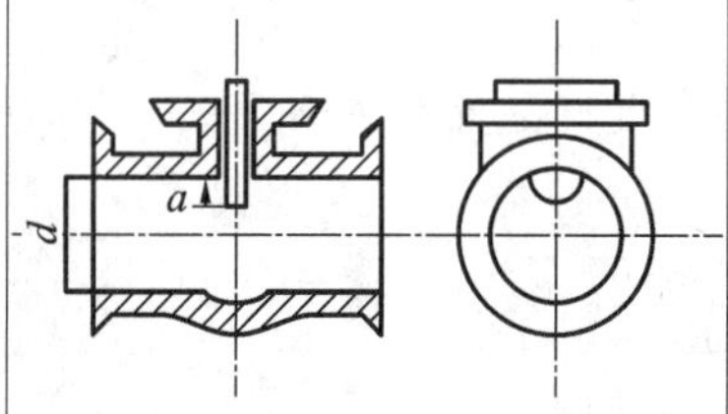</td><td>在各种关闭度时：
<table>
<tr><td>a/d</td><td>0</td><td>1/8</td><td>2/8</td><td>3/8</td></tr>
<tr><td>ξ</td><td>0.00</td><td>0.15</td><td>0.26</td><td>0.81</td></tr>
<tr><td>a/d</td><td>4/8</td><td>5/8</td><td>6/8</td><td>7/8</td></tr>
<tr><td>ξ</td><td>2.06</td><td>5.52</td><td>17.0</td><td>97.8</td></tr>
</table></td><td rowspan="3">$h_j = \zeta \frac{v^2}{2g}$
（v 为管中流速）</td></tr>
<tr><td rowspan="2">滤水网</td><td>没有底阀
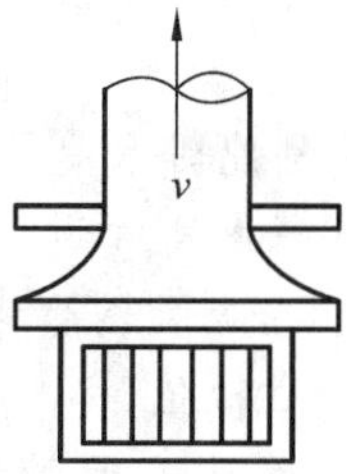</td><td>2 ～ 3</td></tr>
<tr><td>有底阀
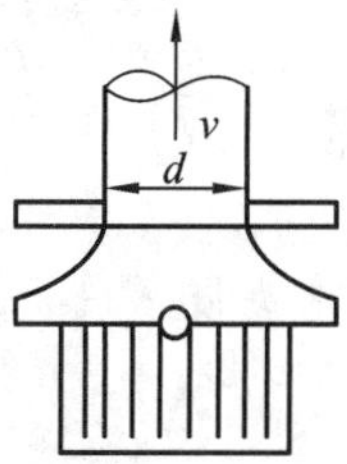</td><td>
<table>
<tr><td>d/mm</td><td>40</td><td>50</td><td>75</td><td>100</td><td>150</td></tr>
<tr><td>ξ</td><td>12</td><td>10</td><td>8.5</td><td>7.0</td><td>6.0</td></tr>
</table>
<table>
<tr><td>d/mm</td><td>200</td><td>250</td><td>300</td><td>350 ～ 450</td><td>500 ～ 600</td></tr>
<tr><td>ξ</td><td>5.2</td><td>4.4</td><td>3.7</td><td>3.6</td><td>3.5</td></tr>
</table></td></tr>
</table>

思考题与习题

思 考 题

5-1 水头损失的物理意义是什么?沿程水头损失和局部水头损失各自是如何产生的?

5-2 层流和紊流的流动形态有何不同?为什么要区分这两种流态?

5-3 雷诺数的物理意义是什么?为什么用下临界雷诺数判别流态?

5-4 影响雷诺数的因素是什么?若两根直径不相同的管道,通过不同种类的液体,流速也不相等,它们的临界雷诺数是否相同?

5-5 当管道流量一定时,随管径的加大,雷诺数是增大还是减小?当管道断面平均流速一定时,随管径的加大,雷诺数是增大还是减小?

5-6 圆管层流的切应力、流速如何分布?断面平均流速与轴心处的最大流速有何关系?

5-7 瞬时流速、脉动流速、时均流速和断面平均流速的定义及其相互关系怎样?

5-8 紊流中为什么存在黏性底层?其厚度与哪些因素有关?

5-9 尼古拉兹试验实测了哪些数据?根据这些数据画出的试验曲线将液体流动分成了哪五个分区?在各分区中沿程水头损失系数分别与哪些因素有关?

5-10 如何确定管道的当量粗糙度?又如何根据当量粗糙度计算沿程水头损失?

5-11 试由达西-魏斯巴赫公式和谢才公式推导出沿程水头损失系数与谢才系数之间的关系。

5-12 根据圆管层流的流速分布推求其动能修正系数和动量修正系数。推导结果说明什么问题?

5-13 输水管道直径突然变化,如要使此处局部水头损失与流动方向无关,试求突变的直径比应是多少?

5-14 已知圆管层流中$\lambda=\dfrac{64}{Re}$,水力光滑区$\lambda=\dfrac{0.3164}{Re^{1/4}}$,水力粗糙区$\lambda=0.11\left(\dfrac{k_s}{d}\right)^{1/4}$,试分析三种情况下沿程水头损失$h_f$与断面平均流速$v$之间的关系。

习 题

5-1 某清洁铜质水管,内径$d=15$ mm,长度$l=3$ m,流速$v=0.1$ m/s,水温$t=20$ ℃。试确定水流的形态。

5-2 上题中若流速增大为$v=1$ m/s,其他条件不变,试判别此时水流是层流还是紊流?

5-3 水流经过直径渐变管道,已知直径由d渐扩为$D=2d$,试问哪个断面的雷诺数更大些?并计算两个断面的雷诺数之比值。

5-4 有一水银压差计用于测量输水管路两断面的压强差,如图5-15所示。设两测压管间的输水管长度$l=10$ m,输水管路直径$d=150$ mm。某次测得:输水管流量$Q=40$ L/s,水银面高差$\Delta h=8$ cm,水温$t=10$ ℃。试求:(1) 管段的沿程水头损失;(2) 管段的沿程水头损失系数;(3) 判别管中的水流形态。

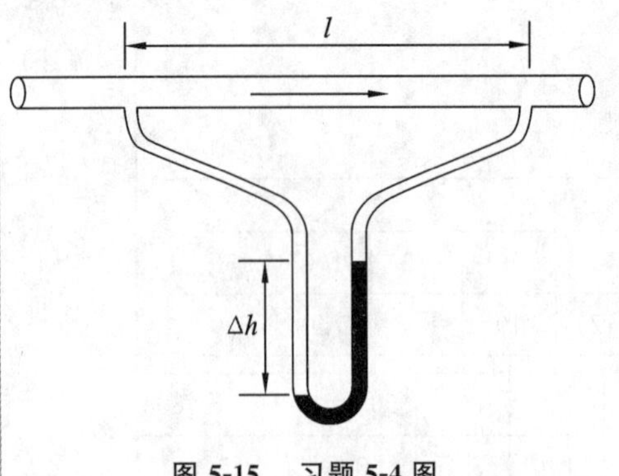

图 5-15 习题 5-4 图

5-5 有一矩形断面渠道，渠中水流为均匀流。渠底宽度 $b = 2$ m，水深 $h = 1.5$ m。测得 100 m 渠段长度的沿程水头损失 $h_f = 20$ cm。求水流作用于渠道壁面的平均切应力 τ_0。

5-6 某旧铸铁输水管道，直径 $d = 200$ mm，管长 $l = 1\ 000$ m，测得输水流量 $Q = 0.077\ 6\ m^3/s$，设当量粗糙度 $k_s = 0.6$ mm，水温 $t = 20$ ℃，试用莫迪图查算沿程水头损失系数，并计算沿程水头损失。

5-7 一过水隧洞，直径 6 m，长 $l = 1\ 000$ m，满流时通过流量为 400 m^3/s，粗糙系数 $n = 0.014$，流动属于阻力平方区。试求隧洞中水流的沿程水头损失。

5-8 梯形断面输水渠道，已知底宽 $b = 10$ m，均匀流水深 $h = 3$ m，边坡系数 $m = 1$，粗糙系数 $n = 0.020$，通过的流量 $Q = 39\ m^3/s$，试求在 1 km 渠道长度上的水头损失。

5-9 如图 5-16 所示，输水管道直径 $d = 50$ mm，流量 $Q = 3.34 \times 10^{-3}\ m^3/s$，水银压差计读数 $\Delta h = 150$ mm 汞柱。若不计沿程水头损失，试求阀门的局部水头损失系数。

5-10 如图 5-17 所示，两水箱水位恒定，水面高差 $H = 3$ m，连接管道长 $l = 30$ m，直径 $d = 0.3$ m，沿程水头损失系数 $\lambda = 0.02$，管道中间有阀门，阀门的局部水头损失系数 $\zeta = 3.84$，试求通过管道的流量，并画出管道水流的测压管水头线和总水头线。

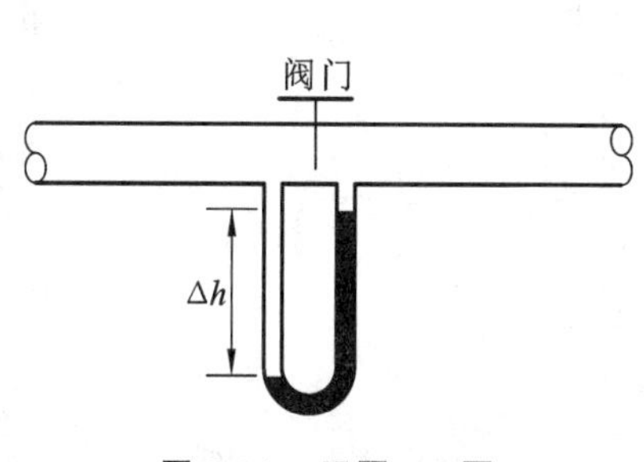

图 5-16　习题 5-9 图

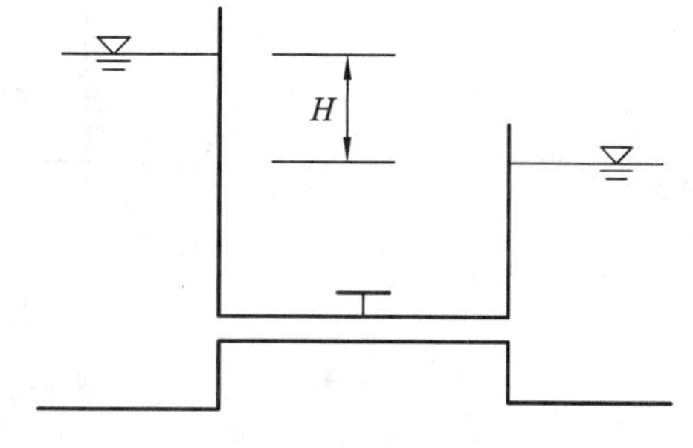

图 5-17　习题 5-10 图

5-11 等直径输水管道均匀流动，已知管长为 l，输水流量 Q 不变，沿程水头损失系数 λ 确定。问当管径由最初设计值 $d_1 = 100$ mm 改为 $d_2 = 99$ mm 时，管道的沿程水头损失会增加多少？

5-12 图 5-18 所示是用四点法测定阀门局部水头损失系数的示意图。管道直径 $d = 50$ mm，测压管水面标高为 $\Delta_1 = 180$ cm、$\Delta_2 = 170$ cm、$\Delta_3 = 100$ cm、$\Delta = 95$ cm，管中流速 $v = 1.5$ m/s。(1) 试求阀门的局部水头损失系数；(2) 采用三个测压管即用三点法能否测定阀门的局部水头损失系数？若能，请设计试验，并写出相应计算公式。

5-13 如图 5-19 所示，水箱中的水通过等直径垂直管道向大气流出，设水箱水深为 H，管道直径为 d，长度为 l，沿程水头损失系数为 λ，局部水头损失系数为 ζ。试问在什么条件下，流量不随管长的增加而减小？

5-14 突然扩大圆管，流速由 v_1 变为 v_2。若改为两级放大，问中间级的流速取多大，方可使所产生的局部水头损失最小。

5-15 突然扩大圆管，流速由 v_1 变为 v_2。不计沿程水头损失。(1) 试证明图 5-20 中粗管的测压管读数一定大于细管的测压管读数，并求出水位差 h；(2) 确定在任何流量下都将有最大的测压管读数差 h 的突然扩大管的直径比 d_2/d_1。

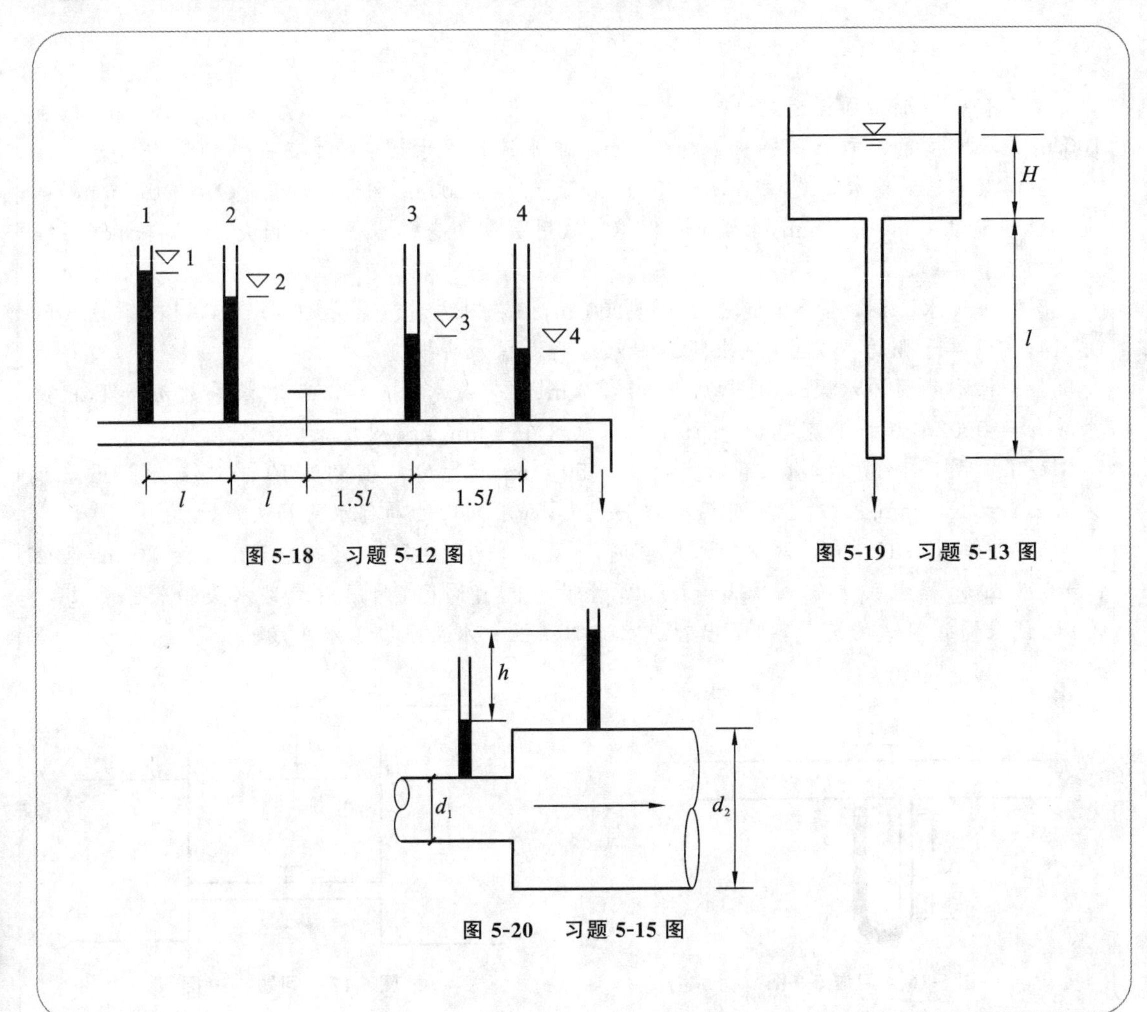

图 5-18　习题 5-12 图

图 5-19　习题 5-13 图

图 5-20　习题 5-15 图

Chapter 6

第6章　孔口、管嘴出流和有压管恒定流

6.1　孔口、管嘴恒定流的水力计算

6.1.1　液体经薄壁孔口的恒定出流

在容器侧壁上开一孔口,液体从孔口流出的现象称为孔口出流。根据孔口出流的特点,可作以下形式的分类。

(1) 按孔口出流条件,分为自由出流和淹没出流。如果液体经孔口后流入大气中,称为自由出流;如果经孔口后流入另一液面以下的空间,称为淹没出流。

(2) 按孔口断面上速度分布特性,可分为小孔口和大孔口。如果孔口断面上流速分布均匀,称为小孔口;如果孔口断面上流速分布差异较大,称为大孔口。

(3) 按孔口边缘形状以及出流情况,可分为薄壁孔口和厚壁孔口。经孔口出流的液体具有一定的流速,能形成射流,且孔口具有尖锐的边缘,孔壁厚度不影响射流的形状,这种孔口叫作薄壁孔口;当出流液体具有一定的流速,能形成射流,此时虽然孔口也有尖锐边缘,射流形成收缩断面,但由于孔壁较厚,射流收缩后又扩散而附壁,这种孔口称为厚壁孔口,也叫作管嘴出流。

(4) 按孔口出流的运动要素是否随时间变化,分为恒定出流和非恒定出流。当出流系统的作用水头保持不变时,出流的各种参数保持恒定,这种情况称为恒定出流;反之为非恒定出流。

1. 薄壁小孔口的自由出流

如图6-1所示,在容器壁上开一孔口,孔口直径为e,孔口面积为A,孔口作用水头为H,孔口上游流速为v_0。液体经孔口流出时,在惯性力的作用下,流线向孔口中心线弯曲,水流断面发生收缩,在距离孔口壁面约$e/2$处的断面c处收缩完毕,此处流线近乎平行,断面面积达到最小,这一断面称为收缩断面,其面积为A_c,流速为v_c。此后,水流断面面积又逐渐扩大,并在重力作用下以抛物线的形式下落。

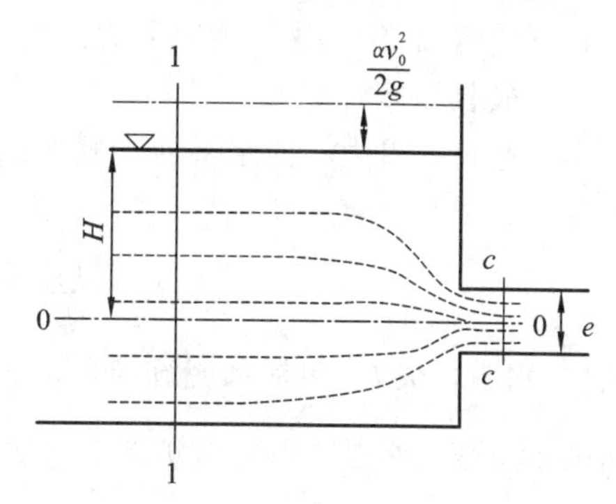

图6-1　孔口流出

为计算孔口出流的流量，选通过孔口中心的水平面为基准面 0-0，取孔口上游渐变流断面 1-1 和收缩断面 c-c 为计算断面，列写能量方程：

$$H+\frac{p_a}{\rho g}+\frac{\alpha_0 v_0^2}{2g}=0+\frac{p_c}{\rho g}+\frac{\alpha_c v_c^2}{2g}+h_w$$

式中，v_0 是水池（或水箱）中渐变流断面的流速，称为行近流速，相应的流速水头$\frac{\alpha_0 v_0^2}{2g}$称为行近流速水头。又出流水股较细，故认为水股中心点压强为大气压，即 $p_c=p_a$。令 $H_0=H+\frac{\alpha_0 v_0^2}{2g}$ 为总水头，这样能量方程就可以简写成 $H_0=\frac{\alpha_0 v_c^2}{2g}+h_w$，此式表明，孔口总水头 H_0 一部分转换为收缩断面的流速水头，另一部分形成流动过程中的水头损失。

由于水箱中的沿程水头损失可以忽略，于是 h_w 只是水流流经孔口的局部水头损失，即 $h_w=\zeta\frac{v_c^2}{2g}$，将其代入 $H_0=\frac{\alpha_c v_c^2}{2g}+h_w$，并整理得

$$v_c=\frac{1}{\sqrt{\alpha_c+\zeta}}\sqrt{2gH_0}=\varphi\sqrt{2gH_0} \tag{6-1}$$

式中，ζ 为孔口局部水头损失系数，$\varphi=\frac{1}{\sqrt{\alpha_c+\zeta}}$ 为流速系数。

如不计损失，则 $\zeta=0$，又 $\alpha_c=1$，则 $v_c=\sqrt{2gH_0}$，此时的 v_c 称为理想液体流速。而 $\zeta\neq 0$ 时，$v_c=\varphi\sqrt{2gH_0}$ 称为实际液体流速。可见 φ 是收缩断面的实际液体流速 v_c 与理想液体流速的比值。

通过试验，可以测得圆形小孔口的流速系数 $\varphi=0.97\sim0.98$。这样，水流经小孔口的局部水头损失系数为

$$\zeta=\frac{1}{\varphi^2}-\alpha_c=\frac{1}{0.97^2}-1=0.06$$

孔口断面面积为 A，收缩断面面积为 A_c，$\varepsilon=A_c/A$ 称为孔口收缩系数。由孔口出流的流量为

$$Q=A_c v_c=A\varepsilon\varphi\sqrt{2gH_0}=\mu A\sqrt{2gH_0} \tag{6-2}$$

式中，$\mu=\varepsilon\varphi$ 称为孔口流量系数。对于薄壁圆形小孔口，$\mu=0.60\sim0.62$，常取 $\mu=0.62$。式(6-2)为薄壁小孔口自由出流的计算公式。

2. 薄壁小孔口的淹没出流

若从孔口流出的水流不是进入空气，而是进入另一部分液体中，如图 6-2 所示，致使孔口淹没在下游水面之下，这种情况称为淹没出流。如同自由出流一样，水流流经孔口，由于惯性作用，流线形成收缩然后扩大。

以通过孔口中心的水平面为基准面 0-0，取符合渐变流条件的断面 1-1、断面 2-2，列写能量方程：

$$H_1+\frac{p_1}{\rho g}+\frac{\alpha_1 v_1^2}{2g}=H_2+\frac{p_2}{\rho g}+\frac{\alpha_2 v_2^2}{2g}+h_w$$

式中，水头损失 h_w 包括水流流经孔口的局部水头损失和水流流经孔口后形成的收缩断面（面积为 A_c）至断面 2-2 流束突然扩大引起的局部水头损失，即 $h_w=\zeta_1\frac{v_c^2}{2g}+\zeta_2\frac{v_c^2}{2g}$，$\zeta_1$ 是水流流经孔口的局部阻力系数，ζ_2 是水流经收缩断面至断面 2-2 突然扩大的局部阻力系数，由第五章局部阻力

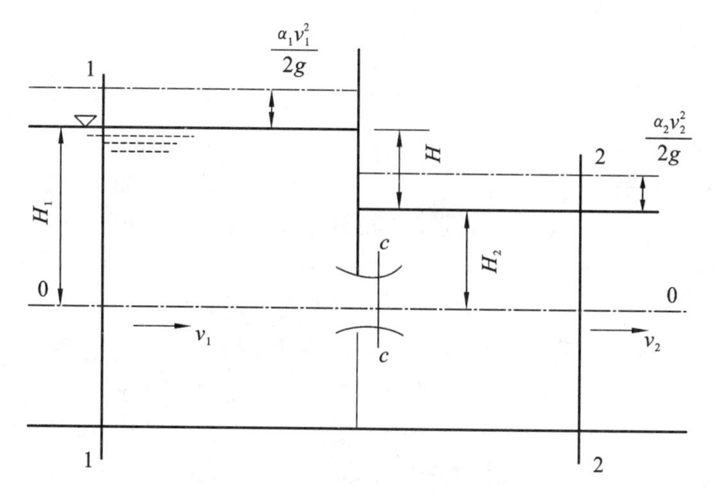

图 6-2　孔口的淹没出流

计算公式确定。当 $A_2 \gg A_c$ 时，$\zeta_2 \approx 1.0$。当孔口两端水箱较大时，$\frac{\alpha_1 v_1^2}{2g} \approx \frac{\alpha_2 v_2^2}{2g} \approx 0$；$\frac{p_1}{\rho g} = \frac{p_2}{\rho g}$；$H_1 - H_2 = H$，则能量方程简化为

$$H = \zeta_1 \frac{v_c^2}{2g} + \zeta_2 \frac{v_c^2}{2g}$$

则

$$v_c = \frac{1}{\sqrt{\zeta_1 + \zeta_2}} \sqrt{2gH} = \frac{1}{\sqrt{\zeta_1 + 1}} \sqrt{2gH} = \varphi \sqrt{2gH} \tag{6-3}$$

$$Q = A_c v_c = \varepsilon A \varphi \sqrt{2gH} = \mu A \sqrt{2gH} \tag{6-4}$$

比较式(6-2)和式(6-4)，发现两式的流量系数完全相同，流速系数也相同，但应注意，在自由出流的情况下，孔口的作用水头 H 是孔口上游水面至孔口形心点的深度，而在淹没出流情况下，孔口的作用水头 H 是孔口上下游水位差。因此，孔口淹没出流的流速和流量均与孔口在水面下的深度无关，也与孔口的大小无关。

3. 小孔口的收缩系数及流量系数

流速系数 φ 和流量系数 μ，取决于局部阻力系数 ζ_1 和收缩系数 ε，而局部阻力系数和收缩系数与雷诺数 Re 及边界条件有关，当 Re 较大即流动在阻力平方区，这时两者都与 Re 无关。因为工程中遇到的孔口出流问题，大多数在阻力平方区，故认为 φ 及 μ 不随 Re 变化。因此，下面只分析边界条件对流速系数 φ 和流量系数 μ 的影响。

在边界条件中，影响 μ 的因素有孔口形状、孔口边缘情况以及孔口在壁面上的位置。

试验证明，不同形状的小孔口其流量系数差别不大；孔口边缘情况对收缩系数会有影响，锐缘孔口的收缩系数最小，圆边孔口的收缩系数较大。

孔口在壁面的位置，对收缩系数有直接的影响。当孔口的全部边界都不与相邻的容器底边、侧边或液面重合时，如图 6-3 中 Ⅰ、Ⅱ 两孔所示位置，孔口的四周流线都发生收缩，这种孔口称为全部收缩孔口，否则为不全部收缩孔口。在相同的作用水头下，不全部收缩时的收缩系数 ε 比全部收缩时的大，其流量系数 μ' 值也将相应增大。不全部收缩和全部收缩的流量系数关系的经验公式为

$$\mu' = \mu\left(1 + C\frac{S}{X}\right) \tag{6-5}$$

式中，μ 为全部收缩时孔口的流量系数；S 为未收缩部分的周长；X 为孔口的全部周长；C 为系数：圆孔取 0.13，方孔取 0.15。

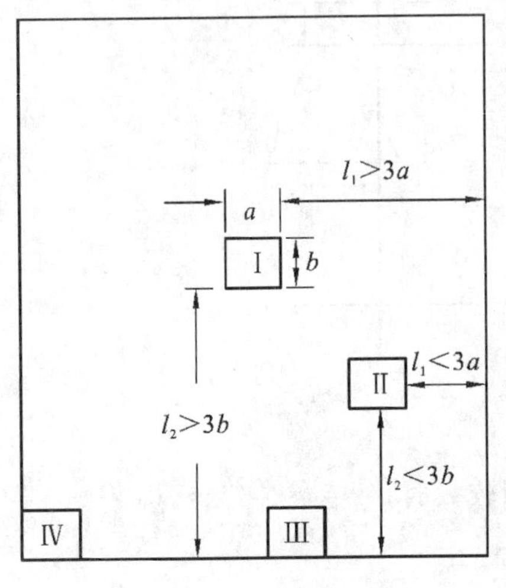

图 6-3　孔口收缩与位置关系

全部收缩孔口又有完善收缩和不完善收缩之分：凡孔口与相邻壁面的距离大于同方向孔口尺寸的 3 倍（$l_1 > 3a$，$l_2 > 3b$），则侧壁对孔口流速的收缩无影响，这种孔口叫作完善收缩孔口，如图 6-3 中 Ⅰ 孔所示位置；否则为不完善收缩孔口，如图 6-3 中 Ⅱ 孔所示位置。不完善收缩孔口的流量系数大于完善孔口的流量系数。

根据实测结果，薄壁圆形小孔口在全部完善收缩情况下，各项系数为：收缩系数 $\varepsilon = 0.64$，流速系数 $\varphi = 0.97$，流量系数 $\mu = 0.62$，阻力系数 $\zeta = 0.06$。

不完善收缩的收缩系数 ε 比完善收缩的大，其流量系数也将相应的增大，两者之间的关系可用下式估算：

$$\mu'' = \mu\left[1 + 0.64\left(\frac{A}{A_0}\right)^2\right] \tag{6-6}$$

式中，μ 为全部完善收缩时孔口流量系数；A 为孔口面积；A_0 为孔口所在壁面的全部面积。式(6-6) 的适用条件是：孔口处在壁面的中心位置，各方向上影响不完善收缩的程度近乎一致。

4. 大孔口的流量系数

大孔口可以看作由许多小孔口组成。实际计算表明，小孔口的流量计算公式也适用于大孔口。由于大孔口的收缩系数比小孔口大，因而流量系数也大，给排水工程中的取水口及闸孔出流，一般按照大孔口计算，其流量系数见表 6-1。

表 6-1　大孔口的流量系数

水流收缩情况	μ
全部、不完善收缩	0.70
底部无收缩，侧向收缩	0.65 ～ 0.70
底部无收缩，侧向收缩较小	0.70 ～ 0.75
底部无收缩，侧向收缩极小	0.80 ～ 0.90

6.1.2　液体经管嘴的恒定出流

1. 圆柱形外管嘴的恒定出流

如图 6-4 所示，当孔口壁厚 $\delta \approx (3 \sim 4)d$ 时，或者在孔口处外接一段长 $l \approx (3 \sim 4)d$ 的短管时，水流在出口断面满管流出的水力现象称为管嘴出流。

管嘴出流的特点是，在距离管道入口约为 $l_c = 0.8d$ 处有一收缩断面 c-c，在收缩断面前后，流股与管壁分离，中间形成漩涡区，产生负压，出现真空现象，之后水流逐渐扩大并充满全管泄出。

因此，管嘴出流的水头损失包括进口损失和收缩断面后扩大引起的局部水头损失，忽略沿程水头损失。

以管嘴轴线 0-0 所在的水平面为基准面，列写水箱中过水断面 1-1 和管嘴出口断面 2-2 的能量方程：

$$H + 0 + \frac{\alpha_0 v_0^2}{2g} = 0 + 0 + \frac{\alpha v^2}{2g} + h_w$$

式中，$h_w = \zeta_n \dfrac{v^2}{2g}$，其中，$\zeta_n$ 称为管嘴出流的局部阻力系数，根据实测资料，一般取 $\zeta_n = 0.5$。令 $H_0 = H + \dfrac{\alpha_0 v_0^2}{2g}$，则可解得管嘴出流流速及流量：

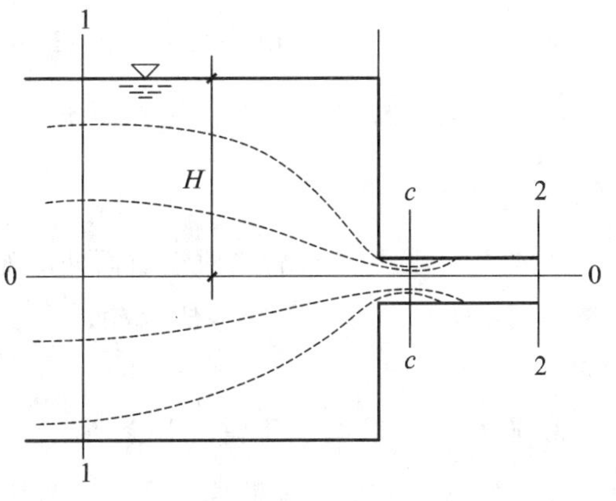

图 6-4　管嘴出流

$$v = \frac{1}{\sqrt{\alpha + \zeta_n}} \sqrt{2gH_0} = \varphi_n \sqrt{2gH_0} \tag{6-7}$$

$$Q = Av = A\varphi_n \sqrt{2gH_0} = A\mu_n \sqrt{2gH_0} \tag{6-8}$$

式中，φ_n 为管嘴流速系数，$\varphi_n = \dfrac{1}{\sqrt{\alpha + \zeta_n}} = \dfrac{1}{\sqrt{1 + 0.5}} = 0.82$；$\mu_n$ 为管嘴流量系数，由于管嘴出口断面无收缩，即 $\varepsilon = 1.0$，故 $\mu_n = \varepsilon\varphi_n = 0.82$。式(6-2) 与式(6-8) 形式完全相同，但式(6-2) 中 μ 为 0.62，而式(6-8) 中的 μ_n 为 0.82，$\mu_n/\mu = 0.82/0.62 = 1.32$，说明同样的作用水头 H_0，圆柱形外管嘴的出流能力是孔口出流能力的 1.32 倍。

2. 圆柱形外管嘴的真空

孔口外加了管嘴，增加了阻力，但流量并未减少，反而比原来提高了 32%，这是因为收缩断面处真空在起作用。以图 6-4 为例，为研究管嘴出流收缩断面处真空值的大小，以通过管嘴轴线的水平面为基准面，列写断面 1-1 和断面 c-c 的能量方程：

$$H + \frac{p_a}{\rho g} + \frac{\alpha_0 v_0^2}{2g} = 0 + \frac{p_c}{2g} + \frac{\alpha_c v_c^2}{2g} + \zeta_0 \frac{v_c^2}{2g}$$

式中，ζ_0 表示从断面 1-1 到断面 c-c 的局部阻力系数，相当于孔口出流时的 ζ_0。令 $H_0 = H + \dfrac{\alpha_0 v_0^2}{2g}$，则能量方程简化为

$$H_0 + \frac{p_a - p_c}{\rho g} = (\alpha_c + \zeta_0) \frac{v_c^2}{2g}$$

解得：

$$v_c = \frac{1}{\sqrt{\alpha_c + \zeta_0}} \sqrt{2g\left(H_0 + \frac{p_a - p_c}{\rho g}\right)} = \varphi \sqrt{2g\left(H_0 + \frac{p_a - p_c}{\rho g}\right)}$$

管嘴流量：

$$Q = v_c A_c = \varepsilon\varphi A \sqrt{2g\left(H_0 + \frac{p_a - p_c}{\rho g}\right)}$$

式中，φ 为孔口出流的流速系数，μ 为孔口出流的流量系数，取 $\mu = 0.62$，$\dfrac{p_a - p_c}{\rho g}$ 为收缩断面的真空度。由连续性方程得

$$Q = \mu_n A \sqrt{2gH_0} = \mu A \sqrt{2g\left(H_0 + \frac{p_a - p_c}{\rho g}\right)}$$

将 $\mu_n = 0.82$、$\mu = 0.62$ 代入上式，解得

$$\frac{p_a - p_c}{\rho g} = 0.75H_0 \tag{6-9}$$

上式说明，圆柱形外管嘴收缩断面处出现了负压，真空度为作用水头 H_0 的 3/4。相当于把管嘴的作用水头增大了 0.75 倍，所以相同直径、相同作用水头下的圆柱形外管嘴的流量比孔口的大。

3. 圆柱形外管嘴的正常工作条件

由式(6-9)可知，收缩断面的真空度与作用水头成正比，作用水头越大，收缩断面的真空值也越大。若真空度达 7.0 m 以上，即 $\frac{p_a - p_c}{\rho g} > 7.0\ \text{m}$，则 $H_0 > 9.0\ \text{m}$，此时，液体由于低于饱和蒸气压时会发生汽化，管嘴外的空气也在大气压的作用下冲进管嘴内，使管嘴内收缩断面的真空被破坏，管嘴变为非满管出流，此时的管嘴出流与孔口出流一样。为了保证正常的管嘴出流，需要对收缩断面的真空度也即管嘴的作用水头有所限制，则有

$$\frac{p_a - p_c}{\rho g} = 0.75H_0 < 7.0\ \text{m}$$

即 $H_0 < 9.0\ \text{m}$。

其次，管嘴的长度也有一定的限制：若长度过短，流束收缩后来不及扩到整个断面，真空不能形成，管嘴不能发挥作用；若长度过长，沿程损失不能忽略，出流将变为有压管流，因此圆柱形外管嘴的工作条件是：① 作用水头 $H_0 < 9.0\ \text{m}$；② 管嘴长度 $l = (3 \sim 4)d$。

4. 其他形式的管嘴

除圆柱形外管嘴外，工程上为了增加孔口出流的流量，或者是为了增加或减小射流的速度，常采用不同的管嘴形式(见图 6-5)。各种管嘴出流的流量公式都与圆柱形外管嘴相同。各自的水力特点如下。

(1) 圆锥形扩散管嘴。当圆锥角 $\theta = 5° \sim 7°$ 时，$\mu_n = 0.45 \sim 0.5$。这种管嘴在收缩断面形成真空，真空值随圆锥角的增大而增大，并具有较大的出流能力和较小的出流速度，主要用于形成较大真空或出流流速较小处，如射流泵、水轮机尾水管和喷射器等设备。

(2) 圆锥形收敛管嘴。$\mu_n = 0.9 \sim 0.96$。这种管嘴有较大的出流速度，适用于消防水枪、射流泵、水轮机喷嘴等。

(3) 流线形管嘴。管嘴进口为流线形，水流在管嘴内无收缩及扩大，其阻力系数比直角进口的小很多，$\mu_n = 0.9 \sim 0.98$，常用于水坝泄水管和涵洞的进口。

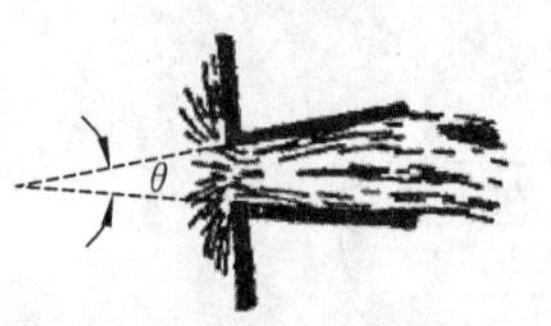

(a) 圆锥形扩散管嘴

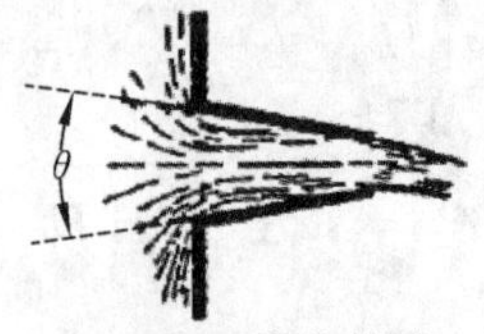

(b) 圆锥形收敛管嘴

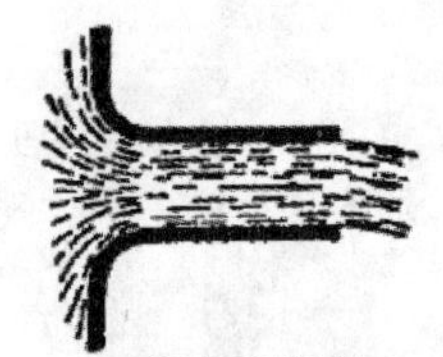
(c) 流线形管嘴

图 6-5　其他形式的管嘴

短管恒定流的水力计算

若管道的整个断面充满液体，没有自由液面，管道周界上的各点都受到水压力的作用且压强一般不等于大气压强，这种管道称为有压管道。在水利工程和日常生活中，为了输水和排水，常需要修建各种管道，如泄洪隧洞、引水管、虹吸管、涵洞以及供热、供气、通风等管道，都是常见的有压管路。有压管流又分为恒定流和非恒定流。本章主要讨论有压管道的恒定流，对于有压管道的非恒定流只作一般性介绍。

根据液体流动时，局部水头损失和沿程水头损失在总水头损失中所占比例不同，有压管道又分为短管和长管两种。应用能量方程解题时，局部水头损失和流速水头可以忽略不计的管道叫作长管；局部水头损失和流速水头所占比重较大，相比沿程损失不能忽略的管道叫作短管。工程中的短管有泄洪管与放水管、水泵的吸水管和压水管、虹吸管、路基涵管等，管道不太长，局部变化较多的管道一般按短管计算。根据短管出流形式的不同，短管的水力计算又可分为自由出流和淹没出流。

6.2.1 短管自由出流

图 6-6 所示为一短管的自由出流。设管道由三段管径为 d、管道总长为 l 的管段组成，在管道中，还装有一个阀门和两个弯头。取管道出口断面中心的水平面 0-0 为基准面，对渐变流断面 1-1 和 2-2，列写能量方程：

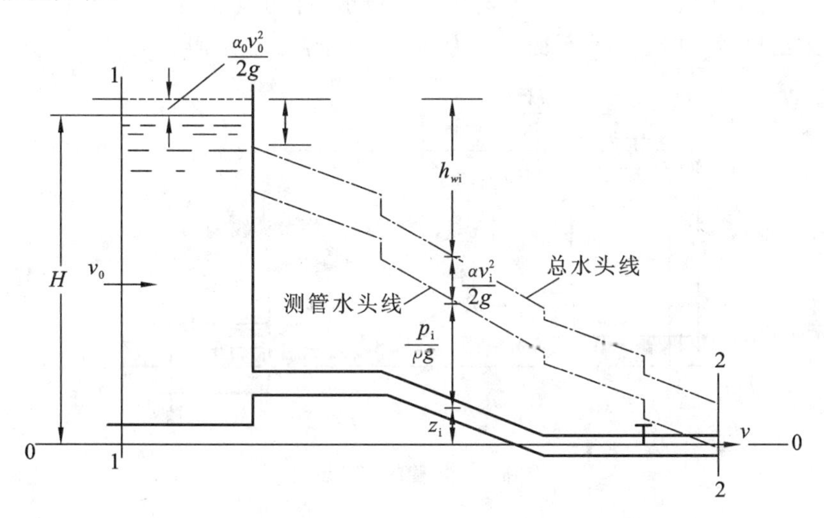

图 6-6　短管的自由出流

$$H+0+\frac{\alpha_0 v_0^2}{2g}=0+0+\frac{\alpha v^2}{2g}+h_w$$

令 $H_0=H+\frac{\alpha_0 v_0^2}{2g}$，则

$$H_0=\frac{\alpha v^2}{2g}+h_w \tag{6-10}$$

上式说明，管道的总水头 H_0 一部分转换为出口的流速水头，另一部分转化为流动过程中的

水头损失，且

$$h_w = \sum h_f + \sum h_j = \sum \lambda \frac{l}{d}\frac{v^2}{2g} + \sum \zeta \frac{v^2}{2g}$$

上式中，h_f 是以达西-魏斯巴赫公式表示的，若用谢才公式计算，其形式需做相应变化。将上式代入式(6-10)得

$$H_0 = \left(\alpha + \sum \lambda \frac{l}{d} + \sum \zeta\right)\frac{v^2}{2g} \tag{6-11}$$

于是管内的流速及流量为

$$\begin{cases} v = \dfrac{1}{\sqrt{\alpha + \sum \lambda \dfrac{l}{d} + \sum \zeta}}\sqrt{2gH_0} \\ Q = vA = \dfrac{1}{\sqrt{\alpha + \sum \lambda \dfrac{l}{d} + \sum \zeta}}\sqrt{2gH_0}A = \mu_c A\sqrt{2gH_0} \end{cases} \tag{6-12}$$

其中

$$\mu_c = \frac{1}{\sqrt{\alpha + \sum \lambda \dfrac{l}{d} + \sum \zeta}} \tag{6-13}$$

μ_c 为管道的流量系数。

6.2.2 短管淹没出流

图 6-7 所示为一短管的淹没出流，它与图 6-6 所示的自由出流除出口形式不一样外，其余条件相同。取管道出口断面中心的水平面 0-0 为基准面，对渐变流断面 1-1 和 2-2，列写能量方程：

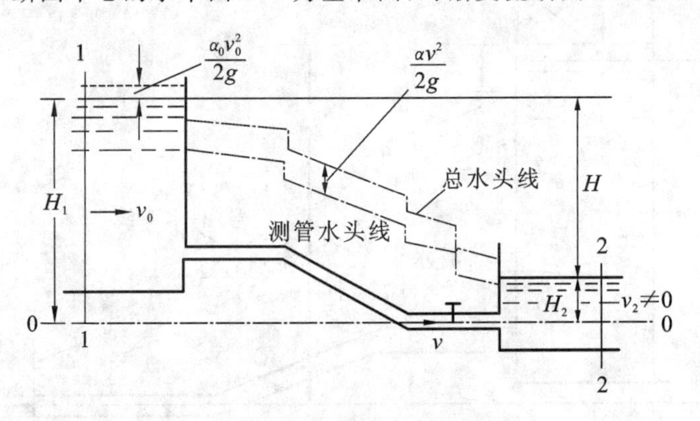

图 6-7 短管的淹没出流

$$H_1 + 0 + \frac{\alpha_0 v_0^2}{2g} = H_2 + 0 + \frac{\alpha_2 v_2^2}{2g} + h_w$$

相对于管道断面面积，上下游水池的过水断面面积一般很大，故有 $\frac{\alpha_0 v_0^2}{2g} = \frac{\alpha_0 v_2^2}{2g} \approx 0$。令上下游的水头差为总水头 H，则有

$$H = H_1 - H_2 = h_w \tag{6-14}$$

式(6-14)说明，短管水流在淹没出流的情况下，管道的总水头 H 完全消耗在克服水流的沿程阻力和局部阻力上，即

$$H = h_w = \sum h_f + \sum h_j = \sum \lambda \frac{l}{d} \frac{v^2}{2g} + \sum \zeta \frac{v^2}{2g} \tag{6-15}$$

淹没出流时，管内的流速与流量分别为

$$\left.\begin{aligned} v &= \frac{1}{\sqrt{\sum \lambda \frac{l}{d} + \sum \zeta}} \sqrt{2gH} \\ Q = vA &= \frac{1}{\sqrt{\sum \lambda \frac{l}{d} + \sum \zeta}} \sqrt{2gH}A = \mu_c A \sqrt{2gH} \end{aligned}\right\} \tag{6-16}$$

式中

$$\mu_c = \frac{1}{\sqrt{\sum \lambda \frac{l}{d} + \sum \zeta}} \tag{6-17}$$

μ_c 为管道的流量系数。

对比式(6-12)与式(6-16)可以看出，自由出流的作用水头是指上游水面与管道出口的高差 H，而淹没出流的作用水头为上下游水面的高差 H。另外，两种情况下的流量系数表达式也有所差别，自由出流比淹没出流多一项动能校正系数 α(在紊流时，取 $\alpha = 1.0$)，而淹没出流比自由出流多一项出口处的局部水头损失系数 $\zeta_{出口}$(在直角出口时，$\zeta_{出口} = 1.0$)，所以同一短管在自由出流和淹没出流的情况下，流量计算公式的形式及流量系数均相同。

6.2.3 总水头线和测压管水头线

绘制管道的总水头线，可以定性地图示能量方程中的各项沿流程的变化情况；绘制测压管水头线，可以很直观地了解管道沿程的压强分布，为管道的合理设计和运行提供科学依据。绘制测压管水头线有两种办法。

1. 直接计算法

首先选择一个统一的基准面，依次对各管段的每一断面列写能量方程，计算相应断面上的测压管水头。例如在图 6-6 中，以通过管道出口断面中心线的水平面为基准面，管道进口的总水头为 H_0，由进口断面至管道任意断面之间的水头损失为 h_{wi}，列两个断面的能量方程

$$H + 0 + \frac{\alpha_0 v_0^2}{2g} = z_i + \frac{p_i}{\rho g} + \frac{\alpha_i v_i^2}{2g} + h_{wi}$$

则任一断面的测压管水头为

$$z_i + \frac{p_i}{\rho g} = H_0 - \frac{\alpha_i v_i^2}{2g} - h_{wi} \tag{6-18}$$

应用式(6-18)可绘制出管道的测压管水头线。直接计算法实际上是以能量方程的基准面为基础计算测压管水头的高度。

2. 总水头线法

对于简单管道，管材与管径不变的管段，流速水头不变，测压管水头线与总水头线平行，从总水头线向下减去相应断面的流速水头即为测压管水头线。

总体而言，总水头线是沿程下降的，而测压管水头线可升可降。绘制水头线时，沿程水头损失随着管长线性增加，而局部水头损失发生在管道水流边界突然变化的管段上，但可近似作为集中损失图示在边界突然变化的断面处。因此，总水头线在有沿程损失的管段中直线下降，而在有局

部水头损失的地方突然下降。

绘制总水头线与测压管水头线时,有以下几种情况可作为控制条件。

(1) 固体边界发生明显变化的地方产生局部水头损失,局部水头损失集中绘制在固体边界变化处。例如管道进口处的局部水头损失,集中绘制在进口处,即总水头线在此降落 h_{j1},如图 6-8(a) 所示。

(2) 上游水面线是测压管水头线的起始线,如图 6-8(a) 所示。

(3) 短管自由出流时,管道出口断面的测压管水头为零,即测压管水头线的终点落在管道出口断面的中心,如图 6-8(a) 所示的出口断面 c-c。

(4) 短管淹没出流时,下游水面是测压管水头线的终止线,如图 6-8(b)、(c) 所示。总水头线根据上、下游水池中流速是否为零分为以下四种情况。

① 上游 $v_0 \approx 0$ 时,总水头线与测压管水头线重合。

② 上游 $v_0 \neq 0$ 时,总水头线比测压管水头线高出 $\frac{\alpha_0 v_0^2}{2g}$,如图 6-8(a) 所示。

③ 下游 $v_{02} \approx 0$ 时,管道出口 $h_{j2} = \zeta \frac{v^2}{2g} = \frac{v^2}{2g}$,即与流速水头相等,总水头线下降 h_j,之后与水面线衔接;测压管水头线即为水面线,如图 6-8(b) 所示。

④ 下游 $v_{02} \neq 0$ 时,管道水流经过出口相当于突然扩大的水流,总水头线下降 h_{j2},测压管水头线上升后与水面衔接,如图 6-8(c) 所示。

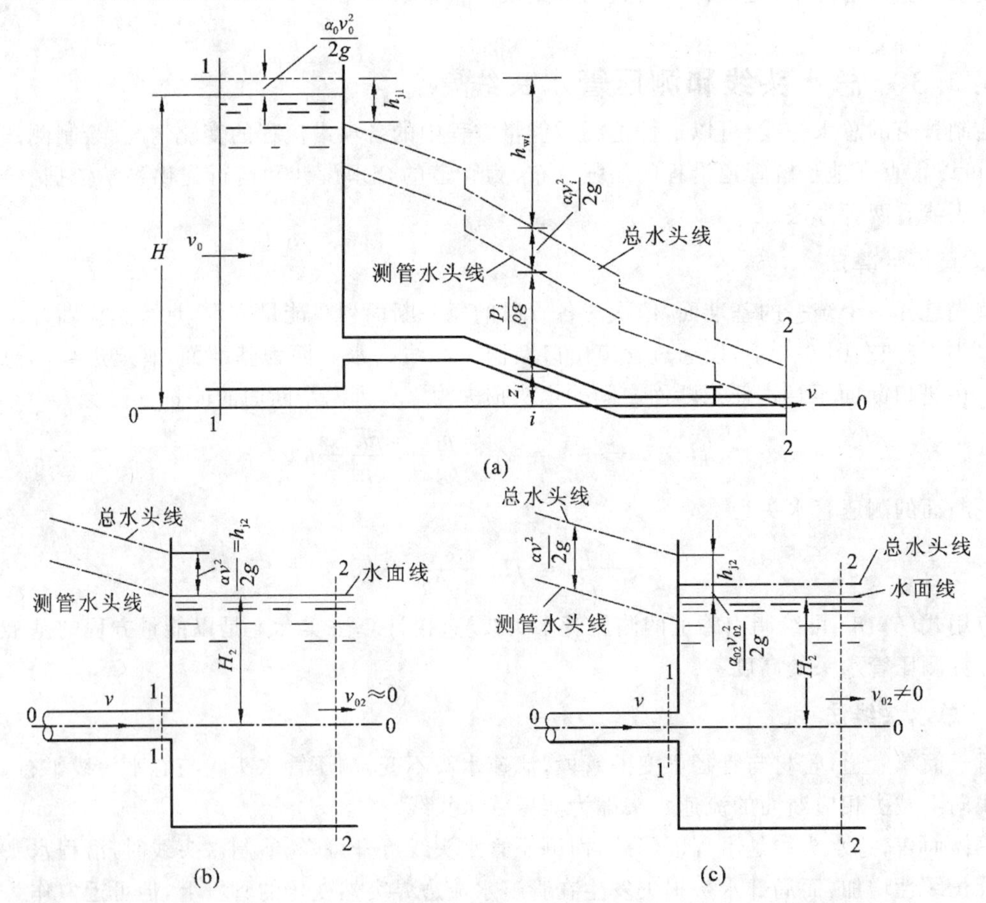

图 6-8 水头线的绘制

6.2.4　短管的水力计算

短管的水力计算包括以下三类问题。

(1) 在管道布置、管道材料、直径 d 和作用水头 H 一定的条件下，计算或者校核管道的过流能力，即求 Q。

(2) 在管道布置、管道材料、作用水头 H 和流量 Q 一定的情况下，设计管道，即求管径 d。

(3) 在管道布置、管道材料、直径 d 和流量 Q 一定的情况下，求作用水头 H、水塔高度或水泵扬程。

6.2.5　短管水力计算实例

1. 虹吸管的计算

虹吸管有着极其广泛的应用。如为减少挖方而跨越高地铺设的管道、给水建筑中的虹吸泄水管、泄出油车中石油产品的管道及在农田水利工程中都有普遍的应用。

凡部分管道轴线高于上游供水自由水面的管道都叫作虹吸管(见图 6-9)。由于虹吸管部分管道高于上游液面，必存在真空管段。要使虹吸管能连续正常工作，必须利用真空泵将管道内的空气抽出，或是在下游闸阀开启的情况下向管道内灌水，使虹吸管顶部的水流在自重的作用下流出管道，从而形成一定的真空度。只要虹吸管内的真空不被破坏，管道进出口保持一定的高度差，液体就会不断地从上游流向下游。但如果真空度过大，负压的存在使溶解于液体中的空气分离出来，随着负压的加大，分离出的空气会急剧增加，在管顶会集结大量的气体挤压有效的过水断面，阻碍水流的运动，严重时会造成断流。为保证虹吸管能通过设计流量，工程上一般限制管中最大允许的真空度为$[h_v] = 7 \sim 8\ \mathrm{mH_2O}$。

虹吸管的水力计算主要是确定通过虹吸管的流量及其最大安装高度。

例 6-1　有一渠道用直径 $d = 0.4$ m 的混凝土虹吸管来跨过山丘(见图 6-9)，渠道上游水面高程$\nabla_1 = 100.0$ m，下游水面高程$\nabla_2 = 99.0$ m，虹吸管长度 $l_1 = 12$ m，$l_2 = 8$ m，$l_3 = 15$ m，沿程水头损失系数均为 0.033；进口安装滤水网，无底阀，进口的局部水头损失 $\zeta_{进口} = 2.5$，管顶部有两个 60° 的折角弯头，每个弯头 $\zeta_{弯头} = 0.55$，管道出口 $\zeta_{出口} = 1.0$。试确定：

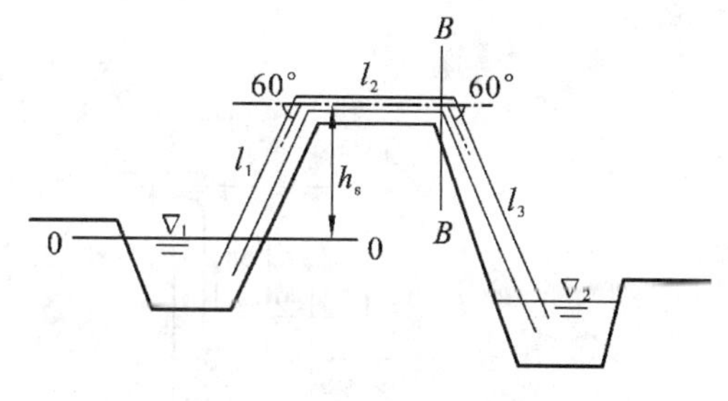

图 6-9　虹吸管水力计算

(1) 虹吸管内液流的流量；

(2) 当吸虹管中的最大允许真空度为$[h_v] = 7\ \mathrm{mH_2O}$ 时，虹吸管的最大安装高程是多少?

解　(1) 计算虹吸管内液流的流量。

因为虹吸管的出口在水面以下，属于管道淹没出流。如果不考虑虹吸管进口前渠道的行近流速，则可直接应用淹没出流的公式计算流量。

管道的流量系数为

$$\mu_c = \frac{1}{\sqrt{\sum \lambda \frac{1}{d} + \sum \zeta}} = \frac{1}{\sqrt{0.033 \times \frac{8+12+15}{0.4} + 2.5 + 2 \times 0.55 + 1}} = 0.365$$

虹吸管的输水能力：

$$Q=\mu_{c}A\sqrt{2gH}=\left[0.365\times\frac{3.14\times(0.4)^{2}}{4}\times\sqrt{2\times9.8\times(100-99)}\right]\text{m}^{3}/\text{s}=0.203\ \text{m}^{3}/\text{s}$$

虹吸管内液流的流速为

$$v=\frac{Q}{A}=\frac{4\times0.203}{3.14\times0.4^{2}}\ \text{m/s}=1.62\ \text{m/s}$$

(2) 计算虹吸管的最大安装高度。

虹吸管的最大真空一般发生在管道最高位置且距离进口最远处。本题中最大真空发生在第二个弯头处，即断面 B-B 处。

以上游渠道自由面为基准面，忽略行近流速水头，断面 B-B 中心至上游渠道水面高差为 h_s，对上游断面 0-0 及断面 B-B 列能量方程：

$$0+0+0=h_{s}+\frac{p_{2}}{2g}+\frac{\alpha_{2}v^{2}}{2g}+h_{w}$$

$$\begin{aligned}h_{s}&=-\frac{p_{2}}{\rho g}-\left(\alpha_{2}+\lambda\frac{l_{1}+l_{2}}{d}+\zeta_{进口}+\zeta_{弯头}\right)\frac{v^{2}}{2g}\\&=\left[7.0-\left(1+0.033\times\frac{12+8}{0.4}+2.5+0.5\right)\times\frac{1.62^{2}}{2\times9.8}\right]\text{m}\\&=6.24\ \text{m}\end{aligned}$$

为保证虹吸管正常工作，上游水面离虹吸管顶部的高度不得超过 6.24 m。

2. 离心式水泵管道系统的水力计算

如图 6-10 所示，水泵从蓄水池抽水并送至水塔，需经吸水管和压水管两段管道。水泵工作时，由于转轮的转动，使水泵进口端形成真空，水流在水池水面大气压的作用下沿吸水管上升，经水泵获得新的能量后进入压水管送至水塔。水泵管道的吸水管属于短管，而压水管要视情况而定，水泵的水力计算主要是确定吸水管与压水管的管径、水泵扬程、水泵安装高度。

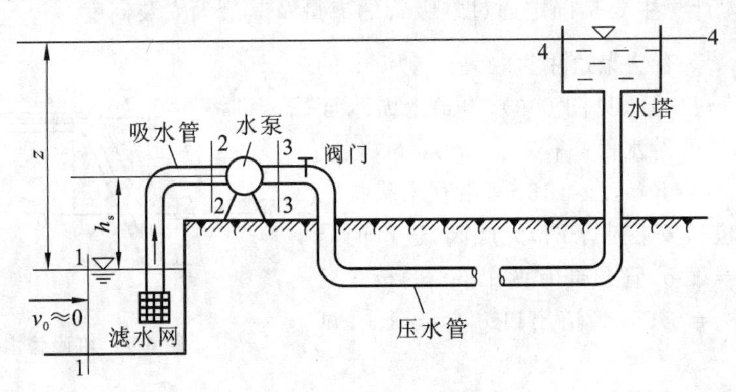

图 6-10　水泵的水力计算

1) 确定吸水管与压水管的管径

管径一般是根据允许流速确定。根据有关规定，通常吸水管的允许流速为 0.8 ～ 1.25 m/s。流速确定后，管径 d 为

$$d=\sqrt{\frac{4Q}{\pi v}}\tag{6-19}$$

2) 确定水泵的扬程

水泵的扬程是指单位重量的水体从水泵中获得的能量，用 h_p 表示。

取水池水面0-0为基准面，写出断面1-1和4-4的能量方程，忽略两断面的行近流速水头，得

$$0+0+0+h_p=z+0+0+h_w$$

即

$$h_p=z+h_w \tag{6-20}$$

式中，h_p 为扬程；z 为提水高度；h_w 包括吸水管的水头损失与压水管的水头损失。式(6-20) 说明，水泵向单位重量液体提供的能量，一部分将水流位能增加 z，另一部分消耗在管道的水头损失上。

3）确定水泵的最大允许安装高度

水泵的安装高度是指水泵的叶轮轴线与水池水面的高差，以 H_s 表示。水泵正常工作的条件是在其进口处有一定的真空，且要按照水泵最大允许真空度计算（一般不超过 7.0 mH_2O）。以水池水面 0-0 为基准面，写出断面 1-1 和 2-2 的能量方程：

$$0+0+0=H_s+\frac{p_2}{\rho g}+\frac{\alpha_2 v_2^2}{2g}+h_{1-2}$$

因为

$$-\frac{p_2}{\rho g}=\frac{p_v}{\rho g}=h_v$$

由此得

$$H_s=h_v-\left(\alpha+\sum\lambda\frac{l}{d}+\sum\zeta\right)\frac{v^2}{2g} \tag{6-21}$$

式中，h_v 为水泵进口的真空度。式(6-21) 表明，水泵的安装高度主要与泵进口的真空度有关，还与管径、管长和流量有关。

例 6-2 用一水泵将水抽至水塔，如图 6-10 所示。吸水管长 $l_1=12$ m，管径 $d_1=15$ cm，进口有滤水网并附有底阀（$\zeta_{进口}=6.0$），其中有一个 90° 弯头（$\zeta_{弯头}=0.8$）；压水管长 $l_2=100$ m，管径 $d_2=15$ cm，其中有三个 90° 弯头，并设一闸阀（$\zeta_{闸阀}=0.1$）。管的沿程水头损失系数 $\lambda=0.024$，出口为淹没出流（$\zeta_{出口}=1.0$）。水塔水面与水池水面的高差 $z=20$ m，水泵的设计流量 $Q=0.03\ m^3/s$，水泵进口处允许真空度为 $[h_v]=6.0\ mH_2O$。试计算：(1) 水泵扬程 h_P；(2) 水泵的安装高程 h_s。

解 (1) 水泵管道系统中的流速

$$v=\frac{4Q}{\pi d^2}=\frac{4\times 0.03}{3.14\times 0.15^2}\ m/s=1.70\ m/s$$

由式(6-21) 计算安装高度 H_s：

$$H_s=h_v-\left(\alpha+\lambda\frac{l}{d}+\sum\zeta\right)\frac{v^2}{2g}=\left[7-\left(1+0.024\times\frac{12}{0.15}+6.0+0.8\right)\times\frac{1.70^2}{2\times 9.8}\right]\ m=5.57\ m$$

即水泵的安装高度不得超过 5.57 m。

(2) 吸水管的水头损失

$$\begin{aligned}h_{w1-2}&=\left(\lambda\frac{l_1}{d_1}+\zeta_{进口}+\zeta_{弯头}\right)\frac{v^2}{2g}\\&=\left[\left(0.024\times\frac{12}{0.15}+6.0+0.8\right)\times\frac{1.70^2}{2\times 9.8}\right]\ m\\&=1.29\ m\end{aligned}$$

压水管的水头损失

$$\begin{aligned}h_{w3-4}&=\left(\lambda\frac{l_2}{d_2}+\zeta_{闸阀}+3\zeta_{弯头}+\zeta_{出口}\right)\frac{v^2}{2g}\\&=\left[\left(0.024\times\frac{100}{0.15}+0.1+3\times 0.8+1.0\right)\times\frac{1.70^2}{2\times 9.8}\right]\ m\\&=2.88\ m\end{aligned}$$

由式(6-20)得水泵扬程为

$$h_p = z + h_w = (20 + 1.29 + 2.88)\ \text{m} = 24.17\ \text{m}$$

6.3 长管恒定流的水力计算

在以上介绍的管道水力计算中，沿程水头损失和局部水头损失均需计算，若流速水头与局部水头损失之和相对于沿程水头损失很小(一般小于5%)，此时，将局部水头损失按沿程水头损失的比例估算或者完全忽略，这样计算将大为简化，且不影响计算的精确度，这就是长管的水力计算特点。根据管道的组合情况，长管计算可以分为简单管道、串联管道、并联管道、分叉管道、沿程均匀泄流管道和管网等。

6.3.1 简单管道水力计算

直径和糙率沿管长不变，且没有分支的管道称为简单管道，这是长管中最基本的情况，简单管道的计算是其他复杂管道计算的基础。

图6-11(a)所示为简单管道自由出流的情况，以通过管道出口断面2-2的水平面0-0为基准面，对渐变流断面1-1和2-2列能量方程

$$H + \frac{\alpha_0 v_0^2}{2g} = \frac{\alpha v^2}{2g} + h_w$$

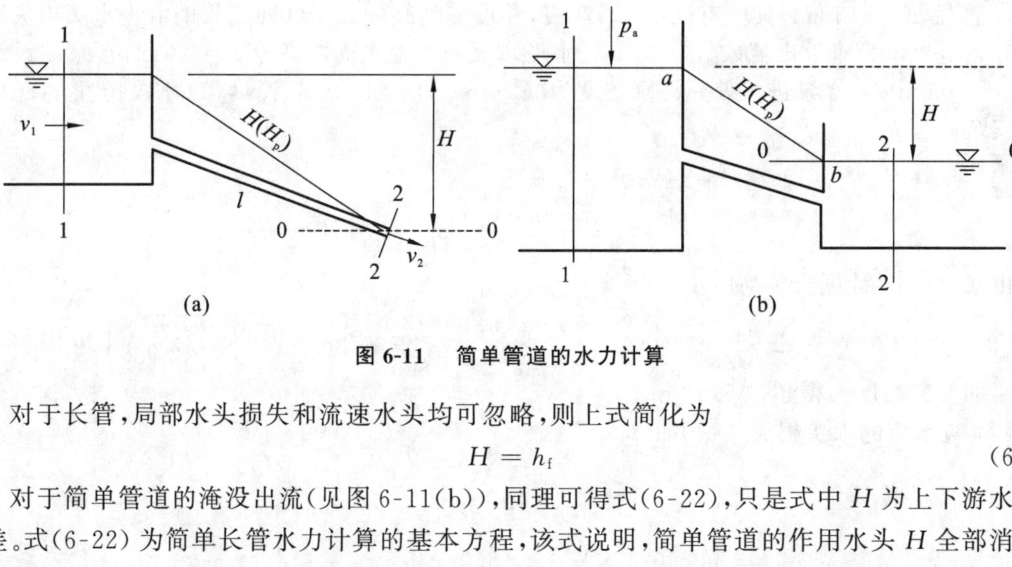

图6-11 简单管道的水力计算

对于长管，局部水头损失和流速水头均可忽略，则上式简化为

$$H = h_f \tag{6-22}$$

对于简单管道的淹没出流(见图6-11(b))，同理可得式(6-22)，只是式中 H 为上下游水面的高差。式(6-22)为简单长管水力计算的基本方程，该式说明，简单管道的作用水头 H 全部消耗在沿程水头损失 h_f 上。不论自由出流还是淹没出流，由于忽略了流速水头，总水头线与测压管水头线重合。

计算简单管道的沿程水头损失、流量及管径等问题，有以下两种方法。

1. 达西-维斯巴赫公式

$$H = h_f = \lambda \frac{l}{d} \frac{v^2}{2g}$$

将 $v=\frac{4Q}{\pi d^2}$ 代入式(6-22)得

$$H=\frac{8\lambda}{\pi^2 g d^5}Q^2 l = AQ^2 l \tag{6-23}$$

式中：

$$A=\frac{8\lambda}{g\pi^2 d^5} \tag{6-24}$$

A 称为管段的比阻，比阻的物理意义是单位流量通过单位长度管道所需的水头，它与管壁粗糙程度、管径 d 有关，A 的单位为 s^2/m^6。

1) 通用公式

工程上，一般选用曼宁公式计算 λ。

将 $C=\frac{1}{n}R^{1/6}$ 和 $\lambda=\frac{8g}{C^2}$ 代入式(6-24)得

$$A=\frac{10.3n^2}{d^{5.33}} \tag{6-25}$$

按照式(6-25)编制出比阻的计算表，见表 6-2。

表 6-2　按曼宁公式计算得比阻 A

水管直径 /mm	比阻抗 A(流量以 $m^3 \cdot s^{-1}$ 计)			
	曼宁公式 $\left(c=\frac{1}{n}R^{1/6}\right)$			舍维列夫公式（粗糙区）
	$n=0.012$	$n=0.013$	$n=0.014$	
75	1 480	1 740	2 010	1 709
100	319	375	434	365.3
150	36.7	43.0	49.9	41.85
200	7.92	9.30	10.8	9.029
250	2.41	2.83	3.28	2.752
300	0.911	1.07	1.24	1.025
350	0.401	0.471	0.545	0.452 9
400	0.196	0.230	0.267	0.223 2
450	0.105	0.123	0.143	0.119 5
500	0.059 8	0.070 2	0.081 5	0.068 39
600	0.022 6	0.026 5	0.030 7	0.026 02
700	0.009 93	0.011 7	0.013 5	0.011 50
800	0.004 87	0.005 73	0.006 63	0.005 665
900	0.002 60	0.003 05	0.003 54	0.003 034
1 000	0.001 48	0.001 74	0.002 01	0.001 736

2) 专用公式

对于旧钢管、旧铸铁管，用舍维列夫公式计算 λ，并代入式(6-24)得

当 $v \geqslant 1.2$ m/s(阻力平方区)时:

$$A = \frac{0.001\ 736}{d^{5.3}} \tag{6-26}$$

当 $v < 1.2$ m/s(过渡区)时:

$$A' = 0.852\left(1 + \frac{0.867}{v}\right)^{0.3}\left(\frac{0.001\ 736}{d^{5.3}}\right) = kA \tag{6-27}$$

式中,k 为过渡区的修正系数:

$$k = 0.852\left(1 + \frac{0.867}{v}\right)^{0.3} \tag{6-28}$$

上式说明,通过对阻力平方区的比阻进行修正得到过渡区的比阻,而修正系数为 k。当水温为10℃时,各种流速下的 k 值见表 6-3。

按式(6-26)编制出的不同直径的管道比阻,见表 6-4、表 6-5。

表 6-3 钢管和铸铁管 A 值的修正系数 k

v/(m/s)	0.20	0.25	0.30	0.35	0.40	0.45	0.50	0.55	0.60
k	1.41	1.33	1.28	1.24	1.20	1.175	1.15	1.13	1.115
v/(m/s)	0.65	0.70	0.75	0.80	0.85	0.90	1.0	1.1	≥1.2
k	1.10	1.085	1.07	1.06	1.05	1.04	1.03	1.015	1.00

表 6-4 钢管的比阻 A 值 单位:s^2/m^6

水煤气管			中等管径		大管径	
公称直径 D_s/mm	A(Q 以 m^3/s 计)	A(Q 以 L/s 计)	公称直径 D_s/mm	A(Q 以 m^3/s 计)	公称直径 D_s/mm	A(Q 以 m^3/s 计)
8	225 500 000	225.5	125	106.2	400	0.206 2
10	32 950 000	32.95	150	44.95	450	0.108 9
15	8 809 000	8.809	175	18.96	500	0.062 22
20	1 643 000	1.643	200	9.273	600	0.023 84
25	436 700	0.436 7	225	4.822	700	0.011 50
32	93 860	0.093 86	250	2.583	800	0.005 665
40	44 530	0.044 53	275	1.535	900	0.003 034
50	11 080	0.011 08	300	0.939 2	1 000	0.001 736
70	2 893	0.002 893	325	0.608 8	1 200	0.000 660 5
80	1 168	0.001 168	350	0.407 8	1 300	0.000 432 2
100	267.4	0.000 267 4			1 400	0.000 291 8
125	86.23	0.000 086 23				
150	33.95	0.000 033 95				

表 6-5　铸铁管的比阻 A 值　　单位:s^2/m^6

内径 /mm	A(Q 以 m^3/s 计)	内径 /mm	A(Q 以 m^3/s 计)
50	15 190	400	0.223 2
75	1 709	450	0.119 5
100	365.3	500	0.068 39
125	110.8	600	0.026 02
150	41.85	700	0.011 50
200	9.029	800	0.005 665
250	2.752	900	0.003 034
300	1.025	1 000	0.001 736
350	0.452 9		

2. 谢才公式

用谢才公式时

$$H = \frac{Q^2}{C^2 A^2 R} l = \frac{Q^2}{K^2} l \tag{6-29}$$

式中,K 为流量模数或特征流量,其物理意义为水力坡度 $J = 1$ 时的流量,其单位与流量单位相同。

流量模数 K 综合反映了断面形状、尺寸和管壁粗糙程度对管道输水能力的影响,对于糙率 n 一定的圆管,流量模数 K 只是管径 d 的函数,表 6-6 给出了铸铁管道流量模数 K 值表,以供参考,其他不同材料的 K 值可查阅有关手册。

表 6-6　铸铁管道流量模数 K 值表(按 $C = \frac{1}{n} R^{1/6}$ 计算)

直径 d/mm	$K/(m^3 \cdot s^{-1})$		
	清洁管 $\frac{1}{n} = 90$ ($n = 0.011$)	正常管 $\frac{1}{n} = 80$ ($n = 0.012\ 5$)	污秽管 $\frac{1}{n} = 70$ ($n = 0.014\ 3$)
50	0.009 624	0.008 460	0.007 403
75	0.028 370	0.024 910	0.021 830
100	0.061 110	0.053 720	0.047 010
125	0.110 800	0.097 400	0.085 230
150	0.180 200	0.158 400	0.138 600
175	0.271 800	0.238 900	0.209 000
200	0.388 000	0.341 100	0.298 500
225	0.531 200	0.467 000	0.408 660
250	0.703 500	0.618 500	0.541 200
300	1.144	1.006	0.880 000
350	1.726	1.517	1.327
400	2.464	2.166	1.895

续表

直径 d/mm	$K/(m^3 \cdot s^{-1})$		
	清洁管$\frac{1}{n}=90$ ($n=0.011$)	正常管$\frac{1}{n}=80$ ($n=0.012\ 5$)	污秽管$\frac{1}{n}=70$ ($n=0.014\ 3$)
450	3.373	2.965	2.594
500	4.467	3.927	3.436
600	7.264	6.386	5.587
700	10.96	9.632	8.428
750	13.17	11.58	10.13
800	15.64	13.57	12.03
900	21.42	18.83	16.47
1 000	28.36	24.93	21.82

6.3.2 串联管道的水力计算

由两条或两条以上的不同管径的管道依次首尾连接而成的管道，称为串联管道。串联管道各管段均为简单管道，都可以应用简单管道的计算公式。串联管道各管段通过的流量可相同，也可不同，而各管段之间的连接点称为节点。串联管道的总水头线与测压管水头线重合，整个管道的水头线呈折线形。

如图 6-12 所示，设串联管道任一管段的直径为 d_i、管长为 l_i、流量为 Q_i，各管段末端分出的流量为 q_i，则串联管道的总作用水头

$$H=\sum_{i=1}^{n}h_{fi}=\sum_{i=1}^{n}A_i l_i Q_i^2 \tag{6-30}$$

或

$$H=\sum_{i=1}^{n}h_{fi}=\sum_{i=1}^{n}\frac{Q_i^2}{K_i^2}l_i \tag{6-31}$$

式中，n 为管段的数目。

串联管道的流量应该满足连续性方程，即流向节点的流量与流出节点的流量相等，即

$$Q_i=Q_{i+1}+q_i \tag{6-32}$$

联立式(6-30)、式(6-32) 或式(6-31)、式(6-32) 可进行串联管道的水力计算。

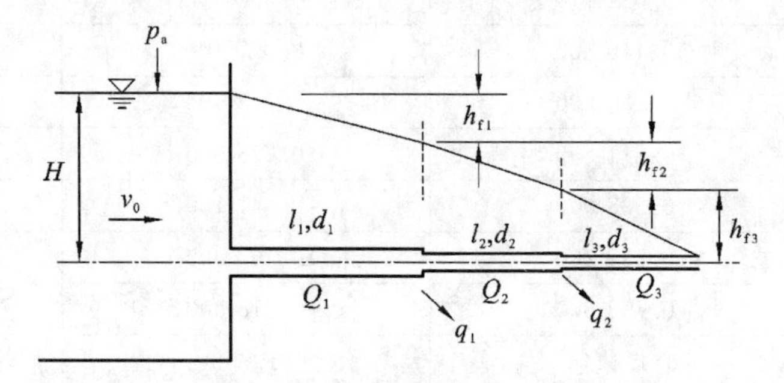

图 6-12　串联管道的水力计算

例 6-3　有一条用水泥砂浆涂衬内壁的铸铁输水管，已知 $n=0.012$，作用水头 $H=$

20 m，管长 $l = 2\ 000$ m，通过流量 $Q = 200$ L/s，请选择铸铁管直径 d。

解 由长管计算公式 $H = AlQ^2$ 得

$$A = \frac{H}{lQ^2} = \frac{20}{2\ 000 \times 0.2^2}\ \mathrm{s^2/m^6} = 0.25\ \mathrm{s^2/m^6}$$

查表得到与计算的 A 值相近的直径是：

$$d = 350\ \mathrm{mm}, A = 0.401\ \mathrm{s^2/m^6}; d = 400\ \mathrm{mm}, A = 0.196\ \mathrm{s^2/m^6}$$

为了保证供水，采用 $d = 400$ mm 为宜，但大管径不经济。采用两段直径不同（350 mm、400 mm）的管道串联。设 400 mm 管长为 l_1，比阻为 A_{01}；350 mm 管长为 l_2，比阻为 A_{02}。

$$H = (A_{01}l_1 + A_{02}L_2)Q^2$$

即

$$20 = (0.196l_1 + 0.401l_2) \times 0.2^2$$

$$l_1 + l_2 = 2\ 000$$

联立以上两式，解得：$l_1 = 1\ 474$ m；$l_2 = 526$ m。

6.3.3 并联管道的水力计算

由两条或两条以上的管道在同一节点处分开，又在另一节点处汇合的管道称为并联管道，而各管道其管长、管径、糙率以及过流流量均可能不同。并联管道能显著提高供水的可靠性。并联管道的计算按照长管计算。

如图 6-13 所示三段并联管道，在节点 A、B 处分别安装测压管，两测压管水头差为 A、B 两点之间任一简单管道的水头损失，则

$$h_{AB} = h_{f1} = h_{f2} = h_{f3}$$

则

$$h_{AB} = \frac{Q_1^2}{K_1^2}l_1 = \frac{Q_2^2}{K_2^2}l_2 = \frac{Q_3^2}{K_3^2}l_3 \tag{6-33}$$

或者

$$h_{AB} = A_1Q_1^2l_1 = A_2Q_2^2l_2 = A_3Q_3^2l_3 \tag{6-34}$$

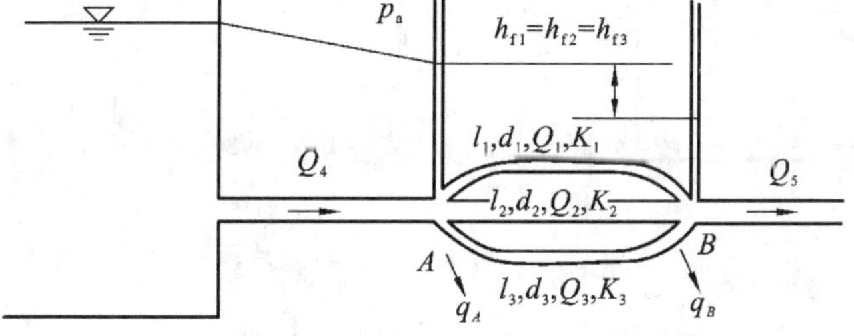

图 6-13 并联管道的水力计算

对于节点 A、B，满足连续性方程，即

$$Q_4 = q_A + Q_1 + Q_2 + Q_3 = Q_1 + Q_2 + Q_3 - q_B = Q_5$$

例 6-4 三根并联混凝土管道如图 6-14 所示，它们的粗糙系数 n 均为 0.013，总流量 $Q = 0.32\ \mathrm{m^3/s}$。已知 $d_1 = 300$ mm，$d_2 = 250$ mm，$d_3 = 200$ mm，$l_1 = l_3 = 1\ 000$ m，$l_2 = 800$ m，试求三根管道的流量。

解 查表 6-2 得：$n = 0.013$，$d_1 = 300$ mm，$A_1 = 1.07\ \mathrm{s^2/m^6}$，$d_2 = 250$ mm，$A_2 = 2.83\ \mathrm{s^2/m^6}$，$d_3 = 200$ mm，$A_3 = 9.30\ \mathrm{s^2/m^6}$。

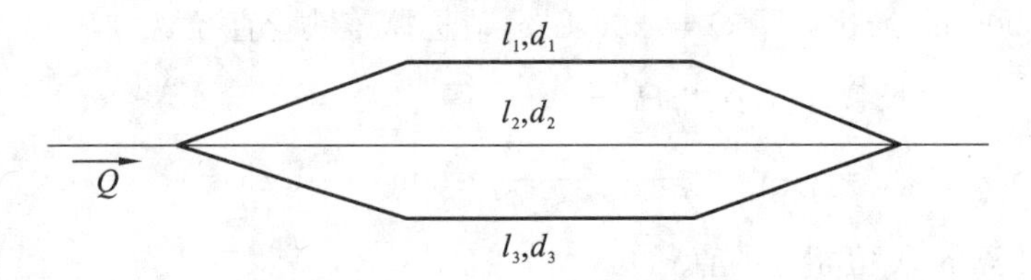

图 6-14　三根并联混凝土管道

由 $A_1 l_1 Q_1^2 = A_2 l_2 Q_2^2 = A_3 l_3 Q_3^2$ 代入数值，得

$$1.07 \times 1\,000 \times Q_1^2 = 2.83 \times 800 \times Q_2^2 = 9.30 \times 1\,000 \times Q_3^2$$

解得：

$$Q_2 = 0.687\,5 Q_1, Q_3 = 0.339\,2 Q_1$$

代入连续性方程，有

$$Q = Q_1 + Q_2 + Q_3 = (1 + 0.687\,5 + 0.339\,2) Q_1 = 2.026\,7 Q_1$$

即

$$Q_1 = \frac{0.32}{2.026\,7} = 0.157\,9\ \mathrm{m^3/s}$$

$$Q_2 = 0.687\,5 Q_1 = 0.108\,6\ \mathrm{m^3/s}, Q_3 = 0.339\,2 Q_1 = 0.053\,6\ \mathrm{m^3/s}$$

6.3.4　分叉管道的水力计算

两根或两根以上管道在一个节点上分叉或汇合，这就是分叉管道，流量在节点处分流或汇合。

分叉管道的水力计算需要满足两个条件：① 节点流量满足连续性方程，即流入节点的流量与流出节点的流量相等；② 一个节点上只存在一个压力水头。

图 6-15 所示为一分叉管道，管道 AB 在 B 节点分叉，连接两根支管 BC 和 BD。AB、BC、BD 管道的流量和水头损失分别为 Q_1、h_f；Q_2、h_{f1}；Q_3、h_{f2}。管道 ABC 和 ABD 可单独视为串联管道。

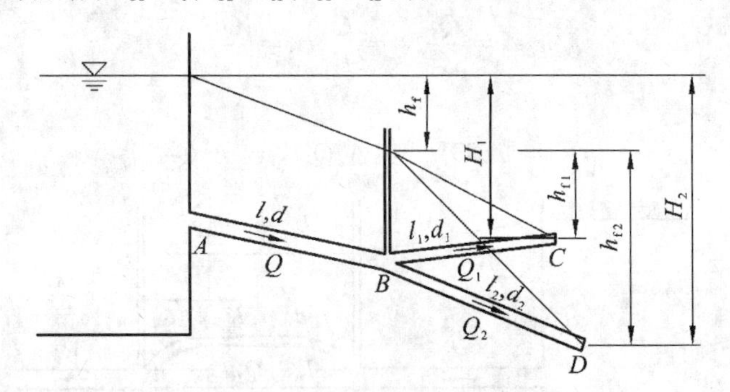

图 6-15　分叉管道的水力计算

根据图中给出的水流方向，对于管道 ABC 和 ABD 分别有

$$H_1 = h_f + h_{f1} = AlQ^2 + A_1 l_1 Q_1^2 \tag{6-35}$$

$$H_2 = h_f + h_{f2} = AlQ^2 + A_2 l_2 Q_2^2 \tag{6-36}$$

根据连续性方程，有

$$Q = Q_1 + Q_2 \tag{6-37}$$

联立式(6-35)、式(6-36)和式(6-37)三个方程，即可求解三个未知数 Q、Q_1、Q_2。

例 6-5　如图 6-16 所示，旧铸铁管的分叉管用于输水。已知主管直径 $d = 300$ mm，管长 $l = 200$ m；支管 1 的直径 $d_1 = 200$ mm，管长 $l_1 = 300$ m；支管 2 的直径 $d_2 = 150$ mm，管长 $l_2 = 200$ m，主管中流量 $Q = 0.1\ \mathrm{m^3/s}$，试求各支管中流量 Q_1 及 Q_2 和支管 2 的出口高程。

解 各管段的比阻由表 6-5 查得：

$$d = 300\ \text{mm}, A = 1.025$$
$$d_1 = 200\ \text{mm}, A_1 = 9.029$$
$$d_2 = 150\ \text{mm}, A_2 = 41.85$$

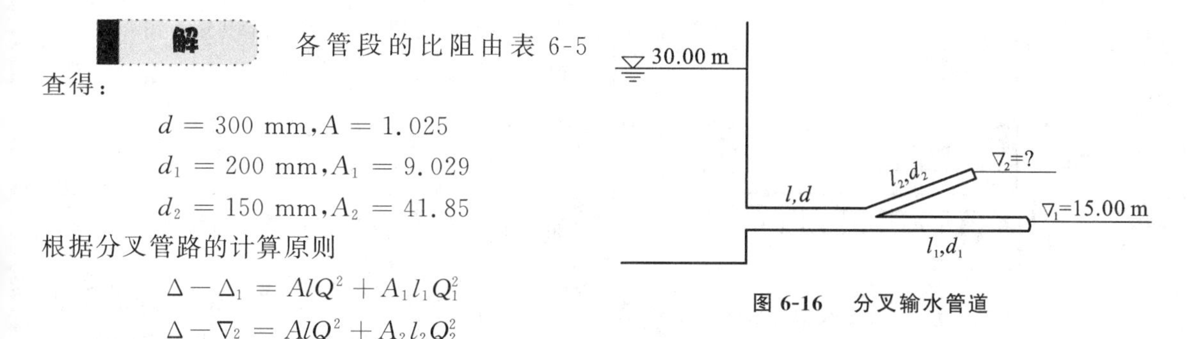

图 6-16　分叉输水管道

根据分叉管路的计算原则

$$\Delta - \Delta_1 = AlQ^2 + A_1 l_1 Q_1^2$$
$$\Delta - \nabla_2 = AlQ^2 + A_2 l_2 Q_2^2$$
$$Q = Q_1 + Q_2$$

将各已知量代入上面三式，得

$$15 = 1.025 \times 200 \times 0.1^2 + 9.019 \times 300 Q_1^2$$
$$30 - \nabla_2 = 1.025 \times 200 \times 0.1^2 + 41.85 \times 200 Q_2^2$$
$$0.1 = Q_1 + Q_2$$

解得

$$Q_1 = 69.1\ \text{L/s}, Q_2 = 30.9\ \text{L/s}$$

检验流速：

$$v = \frac{Q}{\frac{1}{4}\pi d^2} = \frac{4 \times 0.1}{\pi \times 0.3^2}\ \text{m/s} = 1.42\ \text{m/s} > 1.2\ \text{m/s}$$

$$v_1 = \frac{Q_1}{\frac{1}{4}\pi d_1^2} = \frac{4 \times 0.0691}{\pi \times 0.2^2}\ \text{m/s} = 2.2\ \text{m/s} > 1.2\ \text{m/s}$$

$$v_2 = \frac{Q_2}{\frac{1}{4}\pi d_2^2} = \frac{4 \times 0.0309}{\pi \times 0.15^2}\ \text{m/s} = 1.75\ \text{m/s} > 1.2\ \text{m/s}$$

因为各管段流动均属于阻力平方区，故比阻 A 值不需修正。

支管 2 的出口高程 $\nabla_2 = 19.96$ m。

6.3.5　沿程均匀泄流管道的水力计算

前面讨论的管道，其流量在每一段范围内沿程不变，流量集中在管道末端泄出。实际工程中，可能需要在管壁上沿管长开孔连续泄流的管道，如用于人工降雨的管道、给水工程的配水管等，一般来说，沿程泄出的流量是不均匀的，即流量是一个以距离为变数的复杂函数。而最简单的情况是单位长度上泄出相等的流量，这种管道称为沿程均匀泄流管道。水处理构筑物的多孔配水管、冷却塔的布水管、城市自来水管道的沿途泄流、地下工程中距离通风管道的漏风等水力计算，常可简化为沿程均匀泄流管道来处理。

用图 6-17 来分析沿程均匀泄流管道的计算方法。管道 AB 长度为 l，作用水头为 H，管道总流量为 Q，沿程均匀泄流的总流量为 Q_l，管道末端的流量为 Q_t，则离起点 A 距离为 x 的管道断面的流量为

$$Q_x = Q - \frac{Q_l}{l}x$$

在 x 位置处，取微小流段 dx，则微小流段可视为简单管道进行水力计算，dx 内的沿程水头损失为

$$dh_f = AQ_x^2 dx = A\left(Q - \frac{Q_l}{l}x\right)^2 dx$$

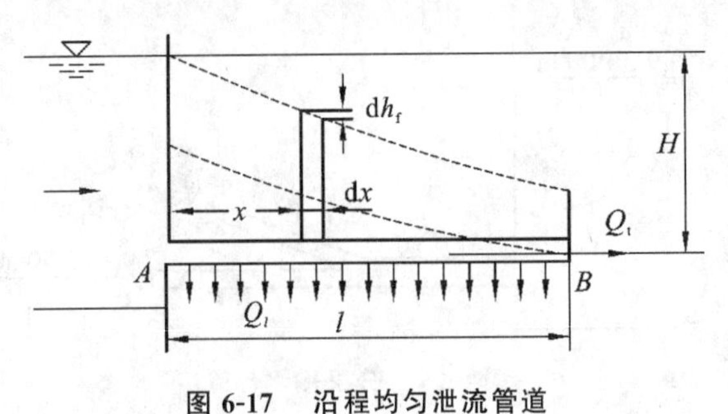

图 6-17　沿程均匀泄流管道

沿整个管道长度对上式进行积分，可得整个管道的沿程水头损失为

$$H = h_{fAB} = Al\left(Q_t^2 + Q_tQ_l + \frac{1}{3}Q_l^2\right) \tag{6-38}$$

如果流量全部沿程均匀泄出，即 $Q_t = 0$，$H = \frac{1}{3}AQ_l^2$，也就是说这种情况下，水头损失等于流量在管道末端全部泄出时水头损失的 1/3。

6.4 管网恒定流的水力计算

为了向更多的用户供水，在工程上往往将许多管道组成管网，多条管道连接组成不规则的网状管道系统，按管道是否连接成环，可将管网分成树状网和环状网。城市给水管网是由许多管道组合形成的复杂管道，通常视为长管计算。

枝状管网如图 6-18 所示，其特点是管线于某点分开后不再汇合到一起，呈树枝形状。一般来说，枝状管网的总长度较短，建设费用较低，但当某处发生事故切断管道时，就会影响到一些用户用水而影响生产生活。另外，树状管网的末端管道，由于逐级分流，流量较小，流速较低，甚至停滞，水质容易变坏。

环状管网如图 6-19 所示，其特点是，管线在一共同节点汇合形成一闭合状的管道。这种管网的供水可靠性较高，当管网中有一段发生故障时，用隔离闸阀将其与管网断开，进行检修，影响范围只有该管段，其他管线可以继续供水，因而环状管网的供水可靠性较高。另外，环状管网还可以大大减轻水击的破坏。由此，一般比较大的、重要的用水单位通常采用环状管网供水。但这种管网需要管材较多、造价高。

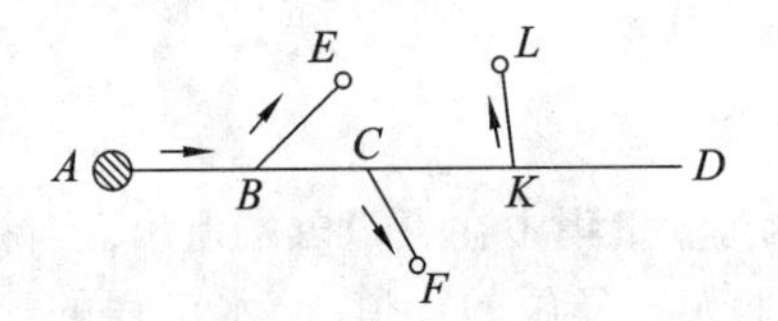

图 6-18　树状管网

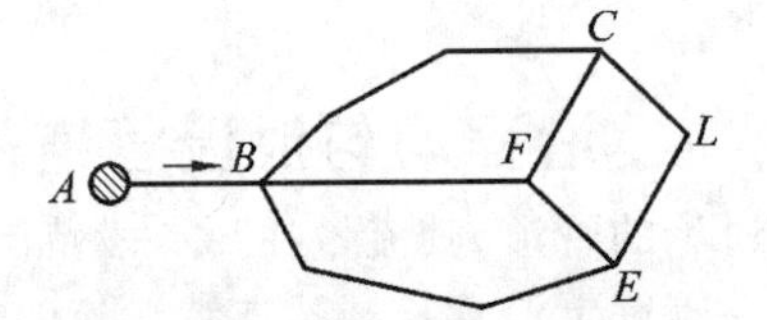

图 6-19　环状管网

管网内各管段的管径是根据流量 Q 及速度 v 两者来决定的。所以在确定管径时，应作经济比较。采用一定的流速使得供水的总成本(包括管网建设费用和管网运行费用)最低，这种流速称为经济流速 v_e。经济流速涉及的因素很多，综合实际的设计经验及技术经济资料，对于中小直径的给水管道，当直径 $D = 100 \sim 400$ mm，$v_e = 0.5 \sim 1.0$ m/s；当直径 $D > 400$ mm，$v_e = 1.0 \sim 1.4$ m/s，但这也会因地因时而略有不同。

6.4.1 枝状管网的水力计算

1. 新建给水系统的管网设计

如图 6-20 所示，已知管网地区的地形资料、各管段长度 l 与端点要求的自由水头 H_z 和各节点的流量分配，要求设计管道的各段直径 d 及水塔的高度 H。具体计算步骤如下：

(1) 在已知流量的条件下，按平均经济流速选择管径；根据计算所得的管径选取标准管径，最后核算流速是否在经济流速范围内；

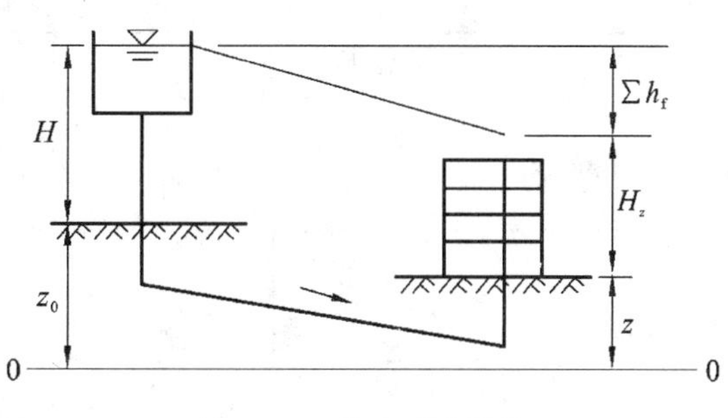

图 6-20　给水系统设计

(2) 利用管道计算的基本公式 $h_{fi}=A_i l_i Q_i^2$ 求出各管段的水头损失；

(3) 计算从水塔建筑物到管网最不利的控制点的总水头损失（即管网上距离水塔最远、要求自由水头满足或稍有富裕某点的给水需要的压力及流量的水头）$\sum h_{fi}$；

(4) 计算控制点与水塔处地形标高之差 $z-z_0$；

(5) 计算水塔高度：

$$H=\sum_{i=1}^{i} h_f + H_z + z - z_0 \tag{6-39}$$

式中：z 为控制点的地形标高；z_0 为最不利点的地形标高；H_z 为最不利点的自由水头；$\sum h_f$ 为从水塔到最不利地点的总水头损失。

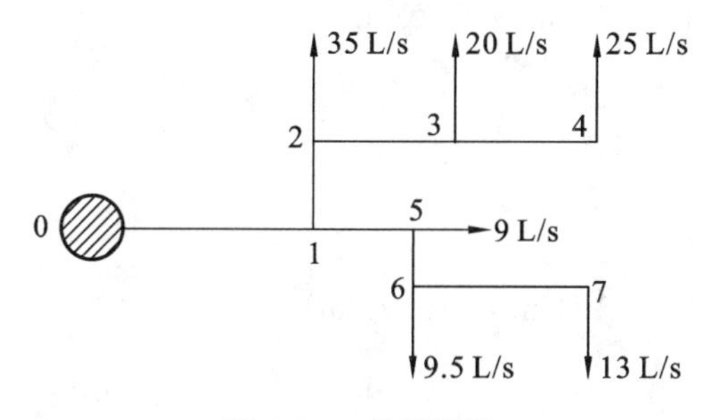

图 6-21　枝状管网

例 6-6　一枝状管网如图 6-21 所示，各节点要求供水量如图所示。每一段管路长度列于表 6-7 中。此外，水塔处的地形标高和点 4、点 7 的地形标高相同，点 4 和点 7 要求的自由水头同为 $H_z=12$ m。求各管段的直径、水头损失及水塔应有的高度。

解　根据经济流速选择各管段的直径。

对于 3-4 管段，$Q=25$ L/s，采用经济流速 $v_e=1$ m/s，则管径

$$d=\sqrt{\frac{4Q}{\pi v_e}}=\sqrt{\frac{4\times 0.025}{\pi\times 1}}\ \text{m}=0.178\ \text{m}$$

采用 $d=200$ mm。

管中实际流速

$$v=\frac{4Q}{\pi d^2}=\frac{4\times 0.025}{\pi\times 0.2^2}\ \text{m/s}=0.8\ \text{m/s}(\text{在经济流速范围})$$

采用铸铁管（用旧管的舍维列夫公式计算 λ），查表 6-5 得 $A=9.029$。因为平均流速 $v=0.8$ m/s $<$ 1.2 m/s，水流在过渡区范围，A 值需修正；当 $v=0.8$ m/s 得修正系数 $k=1.06$，则管段 3-4 的水头损失为

$$h_{f3\text{-}4}=kAlQ^2=(1.06\times 9.029\times 350\times 0.025^2)\ \text{m}=2.09\ \text{m}$$

各管段计算可列表进行，见表 6-7。

表 6-7 枝状管网计算表

已知数值				计算所得数值				
管段		管段长度 l/m	管段中的流量 Q/(L/s)	管道直径 d/mm	流速 v/(m/s)	比阻 $A/(s^2/m^2)$	修正系数 k	水头损失 h_f/m
左侧支线	3-4	350	25	200	0.80	9.029	1.06	2.09
	2-3	350	45	250	0.92	2.752	1.04	2.03
	1-2	200	80	300	1.13	1.015	1.01	1.31
右侧支线	6-7	500	13	150	0.74	41.85	1.07	3.78
	5-6	200	22.5	200	0.72	9.029	1.08	0.99
	1-5	300	31.5	250	0.64	2.752	1.10	0.90
水塔至分叉点	0-1	400	111.5	350	1.16	0.452 9	1.01	2.27

下面确定控制点。由已知条件，在 4 和 7 两点中，由于两点的地形标高和要求的自由水头相同，故从水塔至哪一点的水头损失大，该点即为控制点。

沿 0-1-2-3-4 线

$$\sum h_f = (2.09 + 2.03 + 1.31 + 2.27)\ \mathrm{m} = 7.70\ \mathrm{m}$$

沿 0-1-5-6-7 线

$$\sum h_f = (3.78 + 0.99 + 0.90 + 2.27)\ \mathrm{m} = 7.94\ \mathrm{m}$$

故点 7 为控制点。由式(6-39) 得水塔高度：

$$H = \sum_{i=1}^{i} h_f + H_z + z - z_0 = (7.94 + 12)\ \mathrm{m} = 19.94\ \mathrm{m}$$

采用 $H = 20$ m。

2. 扩建已有给水系统的管网设计

已知水塔高度 H、各管段长度 l_i、管段端点的自由水头 H_z 和流量分配，要求各管段直径。

(1) 根据枝状管网各管线的已知条件，计算各管线的平均水力坡度

$$\overline{J} = \frac{H + (z - z_0) - H_z}{\sum l_i} \tag{6-40}$$

(2) 基于平均水力坡度，为各管段能通过已知流量，各管段的特征流量为

$$K_n^2 = \frac{Q_i^2}{\overline{J}} \tag{6-41}$$

(3) 由特征流量 K_n 即可确定出各管段的管径。选定的管径不符合国家产品规格时，应使一部分管段的 $K < K_n$，另一部分管段的 $K > K_n$，使得这些管段的结合，既能充分利用现有的水头，又能通过要求的流量；另外应考虑经济上的合理性，要求金属材料的用量最少，一般认为 $\sum l_n \cdot d_n$ 最小时，管道金属材料用得最少。

6.4.2 环状管网的水力计算

通常环状管网的布置及各管段的长度 l 和各节点的流量已知。环状管网水力计算的任务是，

确定各管段通过的流量Q及管径d，从而求出各段的水头损失 h_f。

根据环状管网水力计算的基本原则，假定分流都发生在节点，则

(1) 在节点上应满足连续性方程。若记流入节点的流量为负，流出为正(包括节点供水流量q_e)，则节点处

$$\sum Q_i + q_e = 0 \tag{6-42}$$

(2) 在管网的任一闭合环路中，以顺时针方向的水流所引起的水头损失为正，逆时针方向的水流所引起的水头损失为负，则水头损失的代数和应等于零，即

$$\sum h_{fi} = 0 \tag{6-43}$$

(3) 在环路中，任意一根简单管道都根据长管计算，则

$$h_{fi} = A_i l_i Q_i^2 \tag{6-44}$$

环状管网水力计算的步骤如下。

(1) 根据各节点供水流量，假设各管段的水流方向，并对各管道的流量进行初步分配，使各节点满足节点流量$\sum Q_i + q_e = 0$的要求。

(2) 依据初步分配的流量，确定各管段的管径，并按假设的水流方向，计算各管道的沿程水头损失。若记逆时针方向为CC(counter clock wise)；顺时针方向为C(clock wise)，则该闭合环路水头损失应满足$\sum\limits_{C} A_i l_i Q_i^2 = \sum\limits_{CC} A_i l_i Q_i^2$，若不满足，则需进行流量修正。

(3) 计算结果若有$\sum\limits_{C} A_i l_i Q_i^2 > \sum\limits_{CC} A_i l_i Q_i^2$，则沿顺时针方向分配的流量应减少$\Delta Q$，沿逆时针方向分配的流量应增加$\Delta Q$，反之亦然。修正流量可按下式计算

$$\Delta Q = \frac{\sum\limits_{C} A_i l_i Q_i^2 - \sum\limits_{CC} A_i l_i Q_i^2}{2\left(\sum\limits_{C} A_i l_i Q_i^2 + \sum\limits_{CC} A_i l_i Q_i^2\right)}$$

(4) 再进行下列水头损失计算：$\sum\limits_{C} A_i l_i (Q_i - \Delta Q)^2$ 和 $\sum\limits_{CC} A_i l_i (Q_i + \Delta Q)^2$，使两者相等，或两者相差小于允许误差值(一般取 0.1 ~ 0.5 m)，则计算结束。否则重复步骤(1)、(2)、(3)，直到误差达到要求的精度为止。

近年来，应用电子计算机对管网进行设计计算逐渐流行起来，特别是对于多环管网计算，利用计算机计算其迅速准确的特点尤为显著。

例 6-7 水平布置的两环管网如图 6-22 所示，已知用水量 $Q_4 = 0.032\ \mathrm{m^3/s}$，$Q_5 = 0.054\ \mathrm{m^3/s}$。各管段均为铸铁管，长度及管径见表 6-8，求各管段的流量，取闭合差等于 0.5 m。

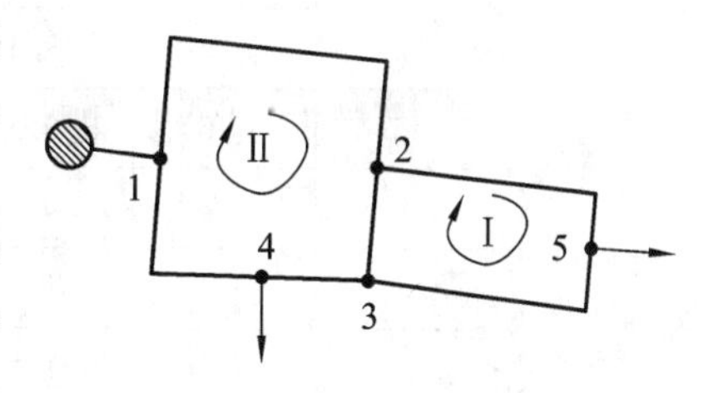

图 6-22　两环的管网

表 6-8　长度及管径

环　　号	管　　段	长　度/m	直　径/mm
1	2-5	220	200
	5-3	210	200
	3-2	90	150

续表

环号	管段	长度(m)	直径(mm)
2	1-2	270	200
	2-3	90	150
	3-4	80	200
	4-1	260	250

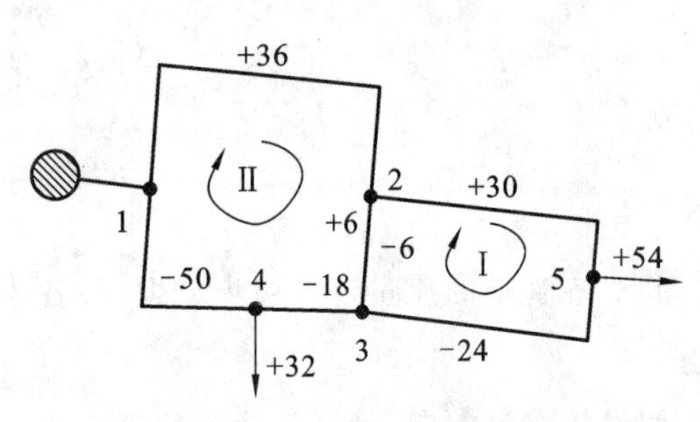

图 6-23 初拟各管段流量

解 (1) 初拟各管段流量,如图 6-23 所示。

(2) 计算各段水头损失,求闭合差。

$$\sum h_{f1} = (1.84 - 1.17 - 0.17)\ \text{m} = 0.5\ \text{m}$$

$$\sum h_{f2} = (3.19 + 0.17 - 0.26 - 1.84)\ \text{m} = 1.26\ \text{m}$$

(3) 加入校正流量,调整分配流量。计算列入表 6-9。

$$\Delta Q = -\frac{\sum h_{fi}}{2\sum \frac{h_{fi}}{Q_i}}$$

表 6-9 环状管网计算表

环号	管段	第一次分配流量	h_{fi}	h_{fi}/Q_i	ΔQ	各管段校正流量	二次分配流量	h_{fi}
1	2-5	+30	+1.84	0.061 3	-1.81	-1.81	28.19	1.64
	5-3	-24	-1.17	0.048 8		-1.81	-25.81	-1.34
	3-2	-6	-0.17	0.028 3		3.75-1.81	-4.06	-0.08
			+0.5	0.138 0				+0.22
2	1-2	+36	+3.19	0.089 0	-3.75	-3.75	32.25	2.61
	2-3	+6	+0.17	0.028 3		-3.75+1.81	4.06	0.08
	3-4	-18	-0.26	0.014 0		-3.75	-21.75	-0.37
	4-1	-50	-1.84	0.036 8		-3.75	-53.75	-2.10
			+1.26	0.168				+0.22

本题按二次分配流量计算,各环已满足闭合差要求,故二次分配流量即为各管段的通过流量。

6.5 非恒定流有压管路中的水击

有压管中,由于某种外界原因(如阀门突然关闭、水泵机组突然停机),使得流速突然变化,从而引起液体内部压强急剧升高和降低的交替变化，这种水力现象称为水击。当急剧升降的压力波的波前通过管路时，产生一种声音，犹如冲击钻工作时产生的声音或用锤子敲击管路时发出的噪音，故水击也称为水锤。由于水击压力的传播是以波的形式传播的，压力波通常称为水击波，用 c 表示。

水击现象发生时，管道系统的正常流动和水泵的正常运转会受到影响，管道中压力可能达到正常压力的几倍甚至几百倍，这种大幅度的压强波动往往引起管壁材料及管道上的设备产生严重变形以致破坏，管道产生强烈振动，阀门破坏甚至管道爆裂或严重变形等重大事故。因此，在压力管道引水系统的设计中，必须进行水击压力计算，并研究防止和削弱水击作用的措施。

6.5.1 水击波的传播过程

现以等直径简单管道中的水击波传播过程为例，来说明阀门突然关闭时所引起的水击现象。如图 6-24 所示，液体自具有固定液面的大水池，沿长为 L，直径为 d 的等直径管道流向大气中，管道出口装有阀门 T。当阀门开启一定大小的正常情况下，管道中的流速为 v_0，密度为 ρ，压强为 p_0。如将阀门突然关闭，则阀门处的液体流速从 v_0 突然减少到零。由于水流具有惯性，因而阀门会受到水流的惯性力，根据作用力和反作用力的关系，阀门对水流也有一个大小相等方向相反的反作用力作用于水流，并通过水流传递给管壁，从而使这层液体被压缩，密度增加 $\Delta\rho$，压力增高了 Δp，同时管壁也发生膨胀。在分析水击现象时，考虑液体的压缩性和管壁的弹性，并假设水流为无黏性的理想液体，且阀门是瞬时完全关闭，在分析水击问题时忽略压力管道中的水头损失及流速水头。

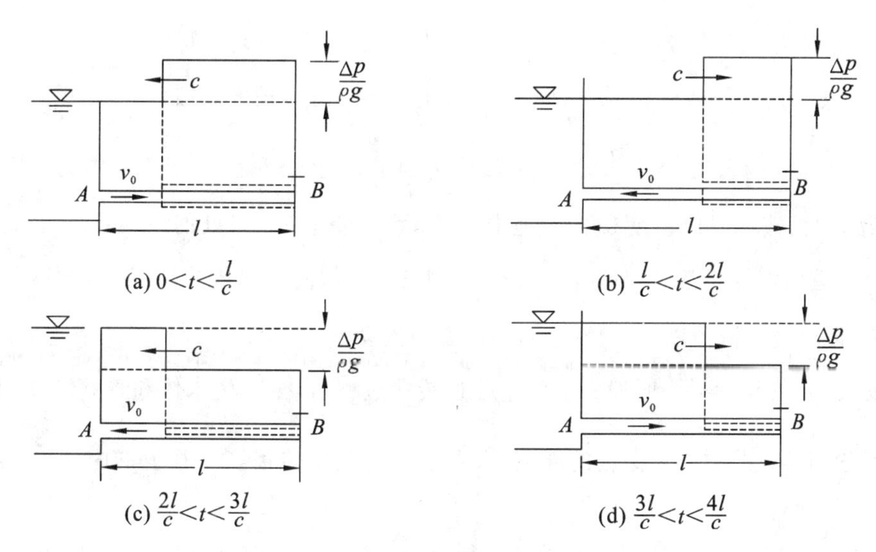

图 6-24　水击传播

水击传播的一个循环可分为四个阶段，水击发生时压强的变化情况及水击波的传播过程分析如下。

(1) 水击波传播的第一阶段 $0<t<\frac{l}{c}$，管中增压波从阀门向管道进口传播的阶段。如图 6-24(a) 所示，设阀门在 $t=0$ 时突然全部关闭。此时，紧靠阀门的一层液体在很短的时间内，首先停止流动，速度由 v_0 降到零，产生水击增压 Δp，使该层液体受压缩，密度增加，而管壁发生膨胀。

此后，第二层液体相继停止流动，同时压力升高，液体受压缩，使密度增加，管壁膨胀。这样，由于液体停止而形成的高低压区分界面，依次向上游传播。传播的速度为 c，实际上接近于液体中的音速。当阀门关闭后 $t=\frac{l}{c}$ 时刻，压力波面传到了管道入口处。这时全管内液体都已停止流动，液体处于被压缩状态，压强增高了 Δp，密度增加，管壁膨胀。

(2) 水击波传播的第二阶段 $\frac{l}{c}<t<\frac{2l}{c}$，管中减压波向下游传播的阶段。

如图 6-24(b) 所示。当 $t=\frac{l}{c}$ 时，压力波传到了管道入口，由于管道中的压力高于水池压力，所以紧靠水池的一层液体将以速度 v_0 开始向水池流动，而使水击压力消失，压力恢复正常，液体密度和管壁也恢复原状。从此刻开始，管中的液体高低压分界面又将以速度 c 自水池向阀门传播，直到 $t=\frac{2l}{c}$ 时刻，高低压分界面又传到了阀门处，这时全管道内液体压力和体积都已恢复原状，而且液体以 $-v_0$ 的流速向水池方向流动。

(3) 水击波传播的第三阶段 $\frac{2l}{c}<t<\frac{3l}{c}$，减压波向上游传播的阶段。

如图 6-24(c) 所示。在 $t=\frac{2l}{c}$ 时，全管道恢复正常，但因液流的惯性作用，紧邻阀门的一层液体仍然企图以速度 v_0 向水池方向流动，而后面又没有液体补充，使靠近阀门的微小流段内的液体发生膨胀，因而该段的压力下降 Δp，进而使液体加倍膨胀，管壁处于收缩状态。同样，第二层、第三层液体依次膨胀，形成的减压波面仍以速度 c 向水池方向传播。当 $t=\frac{3l}{c}$ 时刻，减压波面传到管壁入口处，这时全管道内液流流速为零，压力降低了 Δp，液体膨胀，管壁收缩。

(4) 水击波传播的第四阶段 $\frac{3l}{c}<t<\frac{4l}{c}$，增压波向下游传播的阶段。

如图 6-24(d) 所示。在 $t=\frac{3l}{c}$ 时，减压波面传到了管道入口处，由于管道中的压力比水池液面静压低 Δp，因而液体又以速度 v_0 向管道中流动，使紧邻管道入口处的一层液体压力恢复正常，液体密度和管道也恢复正常。这种情况又依次以速度 c 向阀门方向传播，直到 $t=\frac{4l}{c}$ 时刻，减压波面传到了阀门外，这时液体以 v_0 的流速向阀门方向流动。

水击波从 $t=0$ 至 $t=\frac{4l}{c}$ 时段完成两个往返传播过程后，全管中水体和管壁恢复到水击发生前的正常状态，$T=\frac{4l}{c}$ 称为水击波的周期。水击波在管道中传播一个往返的时间 $T_r=\frac{2l}{c}$ 称为"相"，两相为一个周期。

由以上分析可以看出，在水击发生和发展过程中，其流速和压强沿管道每一瞬间都在变化，而在阀门处的 B 点，压强最先增高和降低，并且持续时间最长，变化最激烈。图 6-25(a) 表示阀门 B 处的水击压力随时间周期变化图。从图中可看出，从阀门开始关闭的时间起，在 $t<\frac{2l}{c}$ 的时间内，由上游反射回来的减压波，还没有到达阀门处，因此阀门在 $(0\sim 2l/c)$ 时间内，所受的压力比静压高。而在 $t>\frac{2l}{c}$ 时，由上游反射回来的减压波已经到达了阀门处，一直到 $t=\frac{4l}{c}$ 为止，因此阀门在 $\left(t=\frac{2l}{c}\sim\frac{4l}{c}\right)$ 内所受的压力比静压低，并且在 $t=\frac{4l}{c}$ 这一瞬间，压强水头又增高了 Δp，回到了 $t=0$

的情形，以后即重复上述过程，呈周期性变化。由于这些原因，阀门处的压力增减幅度为 $2\Delta p$。

进口断面的压强如图 6-25(b) 所示，只是在 $t=\frac{l}{c}$、$t=\frac{3l}{c}$、$t=\frac{5l}{c}$、…… 的瞬间增大 Δp 或减小 Δp，其余时间均保持为 p_0，因此阀门处的水击最为严重。

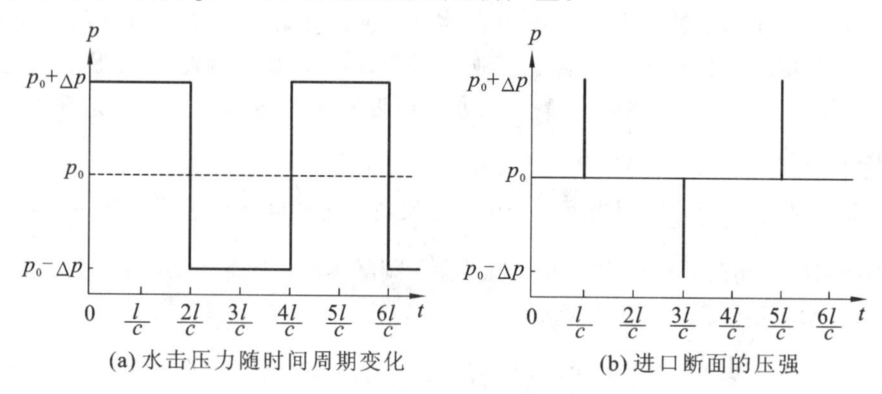

图 6-25　水击压力的变化及进口断面的压强

若不考虑水流摩擦及因管壁和液体的变形所产生的能量损失，这种水击现象将会反复继续下去。但实际上，由于在传播过程中伴随有水力阻力和管壁变形，发生能量消耗，使水击压力逐渐减少，延续一段时间后，会逐渐消失，如图 6-26 所示。

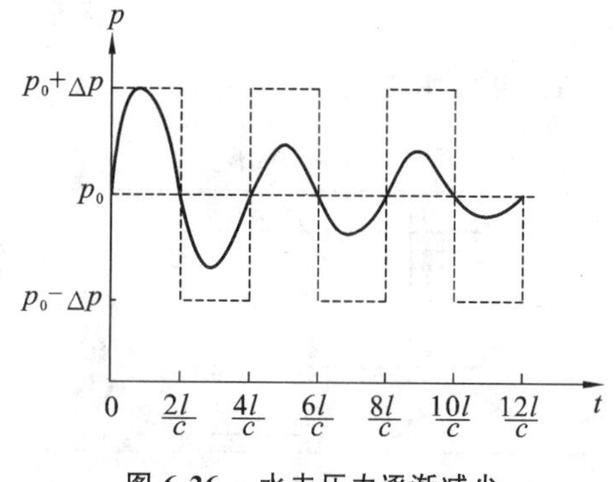

图 6-26　水击压力逐渐减少

6.5.2　水击波的传播速度

水击波的传播是水击现象的主要特征，水击波速是水击研究的重要参数，其大小主要与压力水管的直径 D、管壁厚度 δ、管壁（或衬砌）材料的弹性模量 E 和水的体积弹性模量 K 等因素有关。根据水流连续性原理和动量定律，并计及水体的压缩性与管壁的弹性，可推得水击波传播速度 c 为

$$c=\frac{c_0}{\sqrt{1+\frac{D}{\delta}\frac{K}{E}}} \tag{6-45}$$

式中：c_0 为声波在水中的传播速度，$c_0=\sqrt{\frac{K}{\rho}}$，$\rho$ 为液体密度，$\mathrm{kg/m^3}$；K 为液体的体积弹性模量，Pa；一般取 $c_0=1\,435$ m/s；D 为管道内径，m；δ 为管壁厚度，m；E 为管壁材料的弹性模量，Pa，见表 6-10。

表 6-10　常用管壁材料的弹性模量 E 及水的体积弹性模量与其之比 K/E

	管壁材料					
	钢　　管	铸　铁　管	石棉水泥管	钢筋混凝土管	木　　管	橡　皮　管
$E/(\mathrm{N/m^2})$	20.6×10^{10}	9.81×10^{10}	3.24×10^{10}	2.06×10^{10}	9.86×10^{9}	$2.0\times10^{6}\sim8.0\times10^{6}$
K/E	0.01	0.02	0.06	0.1	0.21	$257.7\sim1\,030$

式(6-45) 表明，水击波的传播速度 c 与管道长度 l、阀门关闭时间 T_s 无关。

6.5.3 直接水击与间接水击

实际上阀门不可能瞬时完全关闭，总存在一个时间过程。阀门每关小（或开启）一个微小开度，阀门处就产生一个水击波向上游传播，伴随水击压强会升高（或降低）。在阀门连续关闭（或开启）过程中，水击波连续不断地产生，水击压强不断升高（或降低）。因此，实际压力管道中水击波的传播将是众多水击波往复交错的传播过程，水击压强的升高（或降低）值也是升压波与降压波的叠加结果，情况很复杂。

若阀门关闭时间 $T_s \leqslant \dfrac{2l}{c}$，则当第一个由水池反射回来的降压顺波尚未到达阀门处时，阀门即已全部关闭，这样，阀门处的最大水击压强不会受到降压顺波的影响，这种水击称为直接水击，其数值很大，在水电站工程中应绝对避免。

若 $T_s > \dfrac{2l}{c}$，则当阀门尚未完全关闭时，从水池反射回来的第一个降压顺波已达到阀门处，从而使阀门处的水击压强在尚未达到最大值时就受到降压顺波的影响而减小。阀门处的这种水击称为间接水击，其值小于直接水击，是水电站经常发生的水击现象。

1. 直接水击压强的计算

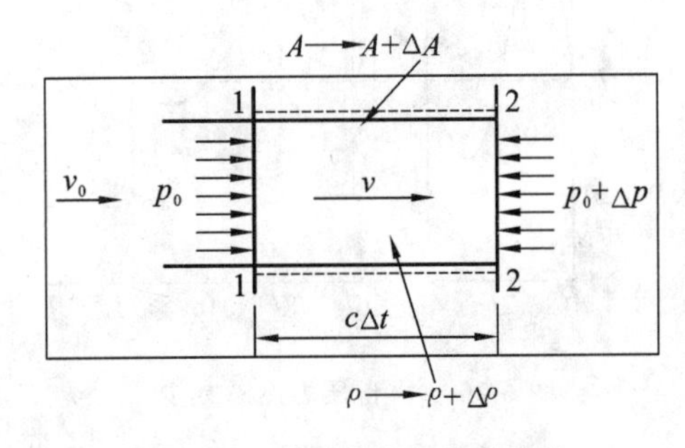

图 6-27　直接水击压强的计算

当阀门突然关闭时造成直接水击，水击压强为 Δp，停下来 $\Delta S = c\Delta t$ 段水体的质量为 $\rho A \Delta S$，这部分水体由于阀门的阻挡和后面液体的惯性作用而被压缩，速度由 v_0 变为 v，密度由 ρ 变为 $\rho+\Delta\rho$，过水断面面积由 A 增大为 $A+\Delta A$，压强由 p_0 增大为 $p_0+\Delta p$，如图 6-27 所示。

Δt 时段内外力在管轴方向的冲量为

$$\sum F\Delta t = [p_0(A+\Delta A) - (p_0+\Delta p)(A+\Delta A)]\Delta t$$
$$= -\Delta p(A+\Delta A)\Delta t$$

Δt 时段内水体动量的增量为

$$\sum E = (\rho+\Delta\rho)(A+\Delta A)c\Delta t(v-v_0)$$

由动量原理可以得出

$$-\Delta p(A+\Delta A)\Delta t = (\rho+\Delta\rho)(A+\Delta A)c\Delta t(v-v_0)$$
$$-\Delta p = (\rho+\Delta\rho)c\Delta t(v-v_0)$$

忽略高阶微小量，并认为水的密度和管道断面面积变化很小，即 $\Delta\rho \ll \rho$，$\Delta A \ll A$，简化上式，得出直接水击压强的计算公式

$$\Delta p = \rho c(v_0 - v) \tag{6-46}$$

当阀门突然完全关闭时，水击压强

$$\Delta p = \rho c v_0 \tag{6-47}$$

由式(6-45)可以看出，水击波的传播速度 c 随着管径 D 的增大而减小，随着管壁厚度 δ 的增大而增大；而由式(6-46)可知，直接水击压强 Δp 随着水击波速 c 的增大而增大，因此为了减小水击压强 Δp，可以在管壁材料强度允许的条件下，选择管径较大、管壁较薄的管道。

2. 间接水击压强的计算

间接水击是水电站压力引水系统中经常发生的水击现象。各相的最大水击压强值发生在管道末端 B 处，并发生于各相之末。因此只要求出 B 处各相末的水击压强值，则其中最大者即为间接水击压强的最大值。由水击波的传播过程可知，间接水击是初生水击波与反射波的相互作用，计算较为复杂，需要在建立合适水击计算的微分方程式的基础上，用解析法或其他方法进行计算。对于阀门逐渐完全关闭的情形，一般可近似由式(6-47)确定。

$$\Delta p = \rho v_0 \frac{2l}{T_s} \tag{6-48}$$

式中：v_0 为水击发生前管道平均流速；T_s 为阀门关闭时间。

例 6-8 一水电站的引水钢管，长 $l = 700$ m，直径 $D = 100$ cm，管壁厚 $\delta = 1$ cm，钢管的弹性模量 $E = 2.06 \times 10^7\ \mathrm{N/cm^2}$，水的弹性模量 $K = 2.06 \times 10^5\ \mathrm{N/cm^2}$。管中液体流速 $v_0 = 4$ m/s，若完全关闭阀门的时间为 1 s，试判断管中所产生的水击是直接水击还是间接水击？并求阀门前断面处的最大水击压强（水的密度 $\rho = 1\ 000\ \mathrm{kg/m^3}$）。

解 水击波在该管段中的传播速度

$$c = \frac{c_0}{\sqrt{1 + \dfrac{D}{\delta}\dfrac{K}{E}}} = \frac{\sqrt{\dfrac{2.06 \times 10^9}{1\ 000}}}{\sqrt{1 + \dfrac{100}{1} \times \dfrac{2.06 \times 10^5}{2.06 \times 10^7}}}\ \mathrm{m/s} = 1\ 015\ \mathrm{m/s}$$

判别水击类型：

相长：$$T_r = \frac{2l}{c} = \frac{2 \times 700}{1\ 015}\ \mathrm{s} = 1.38\ \mathrm{s} > 1\ \mathrm{s}$$

所以该水击属于直接水击。由式(6-47)可计算出最大水击压强为

$$\Delta p = \rho c v_0 = (1\ 000 \times 1\ 015 \times 4)\ \mathrm{Pa} = 4.06 \times 10^6\ \mathrm{Pa}$$

6.5.4 水击现象的预防

产生水击的内因是液体的惯性和压缩性，外因是外部扰动（如阀门的开闭、水泵的启停）。由于水击压强很大，会引起震动、噪声，甚至可使管壁破裂而造成损失，因此必须采取措施加以防范。工程中主要有以下防范措施。

(1) 增大管径、减小流速，可以部分地减小水击压强。这种措施适用于计算的水击压强稍微偏大的情况。

(2) 缩短管道长度。主要是在地形和地质条件允许的情况下，通过管线的合理布置来实现。

(3) 采取合理的阀门关闭规律，如延长阀门关闭时间 T_s，控制水击压强的上升速度，在水击压强上升不高时即与从上游反射回来的减压波叠加，从而减小水击压强。

(4) 设置调压室。调压室利用扩大断面和自由水面反射水击波，可减小水击压强、缩小水击的影响范围。这是减小水击压强最有效的措施，但是造价较高。

(5) 安装减压阀。当压强上升到某值时，减压阀能自动打开，将部分水从管中放出，管中流速变化减缓，降低压强升高值；压强降低后，减压阀又会自动关闭。这种措施对阀门快速开启时产生的水击效果较差。

思考题与习题

思 考 题

6-1 为什么淹没出流无“大”、“小”孔口之分？

6-2 图 6-28(a) 所示为自由出流，图 6-28(b) 所示为淹没出流，若在两种出流情况下作用水头 H、管长 l、管径 d 及沿程阻力系数均相同。试问：(1) 两管中的流量是否相同？为什么？(2) 两管中各相应点的压强是否相同？为什么？

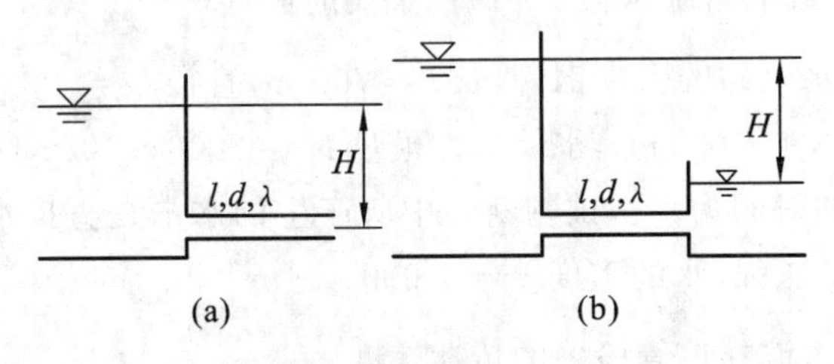

图 6-28 思考题 6-2 图

6-3 何谓短管和长管？这种分类有何实际意义？

6-4 当边界条件相同时，简单管路自由出流与淹没出流的流量计算式中，其流量系数值是否相等？为什么？

6-5 复杂管道是否一定是长管？请举例说明。

6-6 其他条件一样，但长度不等的并联管道，其沿程水头损失是否相等？为什么？

6-7 枝状管网和环状管网的特点及计算原则是什么？

6-8 在上游为水库、下游为阀门的边界条件下，阀门突然完全关闭引起的水击波是如何传播的？四个阶段的压强、速度、密度、管壁的变化特征各是怎样的？

6-9 什么是直接水击和间接水击？它们产生的最大水击压强有无区别？如何计算？

习 题

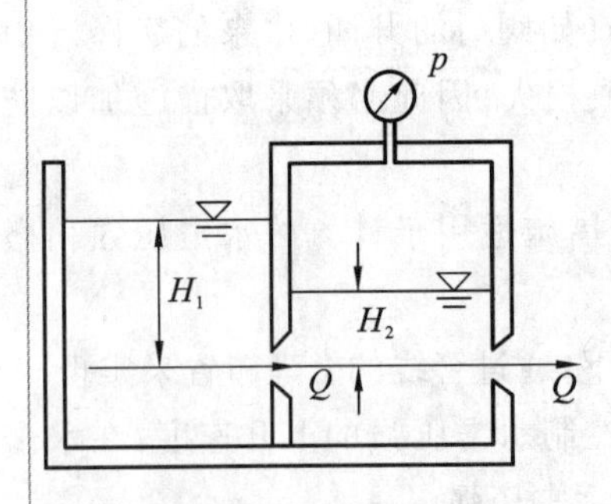

图 6-29 习题 6-1 图

6-1 如图 6-29 所示，水箱上有两个完全相同的孔口，$H_1 = 6$ m，$H_2 = 2$ m。试求密封容器上的表压强 p。

6-2 如图 6-30 所示，用虹吸管自钻井输水至集水池。虹吸管管长 $l = l_{AB} + l_{BC} = (30 + 40)$ m $= 70$ m，管径 $d = 200$ mm。钻井至集水池间的恒定水位高差 $H = 1.60$ m。已知 $\lambda = 0.03$，管路进口、120° 弯头、90° 弯头、出口处的局部阻力系数分别为 $\zeta_1 = 0.5$、$\zeta_2 = 0.2$、$\zeta_3 = 0.5$、$\zeta_4 = 1.0$。

试求：(1) 流经虹吸管的流量；

(2) 如虹吸管顶部 B 点的安装高度 $h_B = 4.5$ m，校核其真空度。

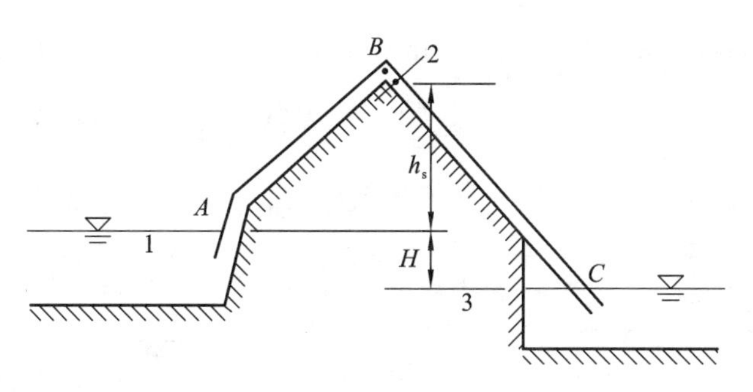

图 6-30 习题 6-2 图

6-3 如图 6-31 所示，路基上设置的钢筋混凝土倒虹吸管，管长 $l_{AB}=60$ m，$l_{BC}=80$ m，$l_{CD}=60$ m，$\alpha=20°$。试求：

(1) 如上、下游水位差为(27.4－19.4) m＝8 m，管径 $d=2$ m，计算其泄流能力 Q；

(2) 如泄流量 $Q=25.14\ \mathrm{m^3/s}$，若管径与下游水位维持不变，则上游水位怎样变化？

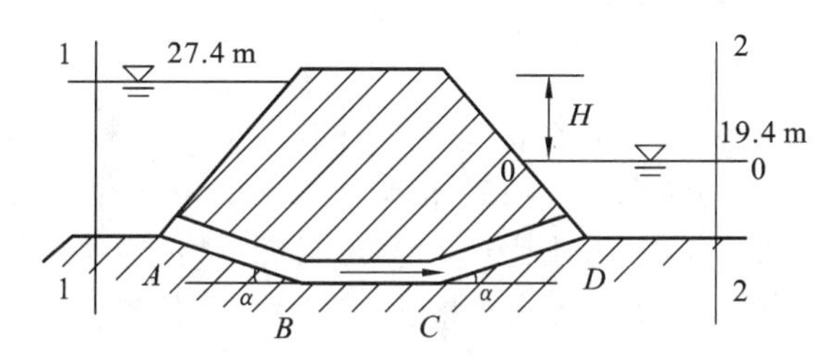

图 6-31 习题 6-3 图

6-4 如图 6-32 所示，一直径为 d 的水平直管从水箱引水。已知：管径 $d=0.1$ m，管长 $l=50$ m，$H=4$ m，进口局部水头损失系数为 0.5，阀门局部水头损失系数为 2.5，今在相距为 10 m 的 1-1 断面及 2-2 断面间设有一水银压差计，其液面差 $\Delta h=4$ cm，试求水管中通过的流量 Q。

6-5 有一水泵将水抽至水塔，如图 6-33 所示。已知水泵的扬程 $h_p=76.45$ m，抽水机的流量 $Q=100$ L/s，吸水管长 $l_1=30$ m，压水管长 $l_2=500$ m，管径 $d=300$ mm，管的沿程水头损失系数 $\lambda=0.03$，水泵允许的真空值为 6 $\mathrm{mH_2O}$，局部水头损失系数 $\zeta_{进口}=6.0$，$\zeta_{弯头}=0.8$。求：(1) 水泵的提水高度 z；(2) 水泵的最大安装高度 h_s。

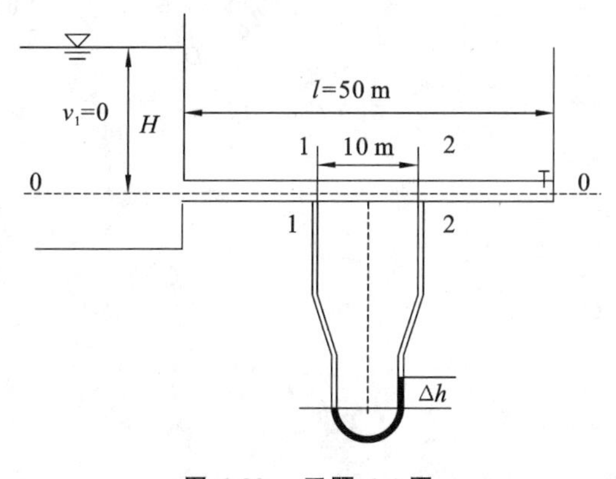

图 6-32 习题 6-4 图

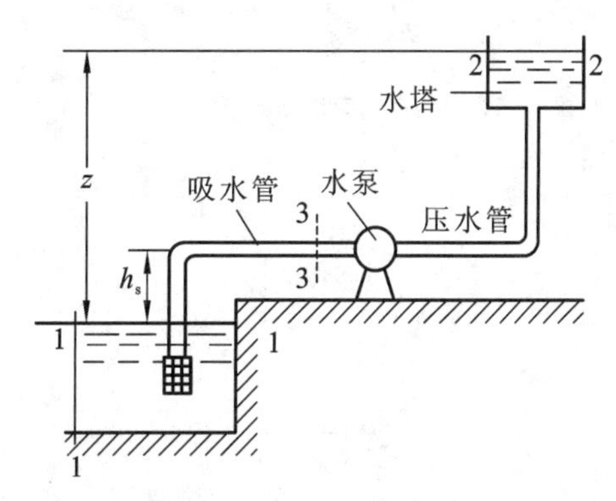

图 6-33 习题 6-5 图

6-6 如图 6-34 所示的具有并联、串联管路的虹吸管，已知 $H=40\ \mathrm{m}, l_1=200\ \mathrm{m}, l_2=100\ \mathrm{m}, l_3=500\ \mathrm{m}, d_1=0.2\ \mathrm{m}, d_2=0.1\ \mathrm{m}, d_3=0.25\ \mathrm{m}, \lambda_1=\lambda_2=0.02, \lambda_3=0.025$，求各管路的流量 Q。

6-7 如图 6-35 所示，用长度为 l 的三根平行管路由 A 水池向 B 水池引水，管径 $d_2=2d_1$，$d_3=3d_1$，管路的粗糙系数 n 均相等，局部水头损失不计，试分析三条管路的流量比。

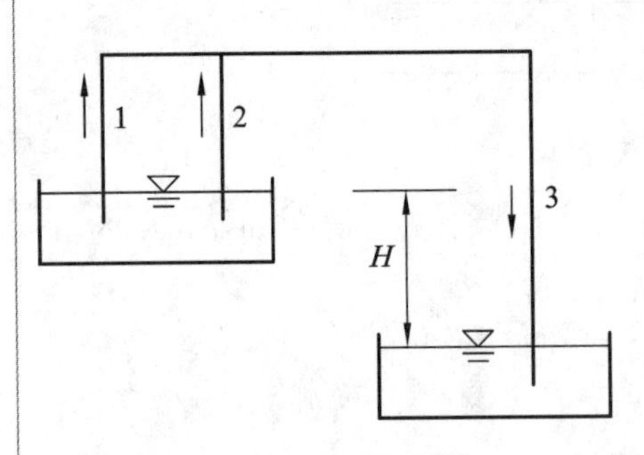

图 6-34　习题 6-6 图

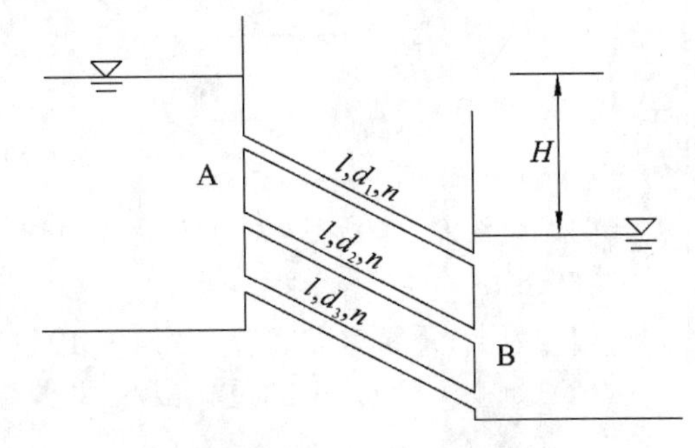

图 6-35　习题 6-7 图

6-8 由水塔供水的输水塔，由三段铸铁管组成，中段为均匀泄流管段，如图 6-36 所示。已知：$l_1=500\ \mathrm{m}, d_1=200\ \mathrm{mm}, l_2=150\ \mathrm{m}, d_2=150\ \mathrm{mm}, l_3=200\ \mathrm{m}, d_3=125\ \mathrm{mm}$，节点 B 分出流量 $q=0.01\mathrm{m^3/s}$，泄出流量 $Q_P=0.015\ \mathrm{m^3/s}$，通过流量 $Q_T=0.02\ \mathrm{m^3/s}$，求需要的水塔高度(作用水头)。

6-9 管道长度 l 和直径以及水面标高如图 6-37 所示，设粗糙系数 $n=0.012\ 5$，试求各管段的流量 Q。

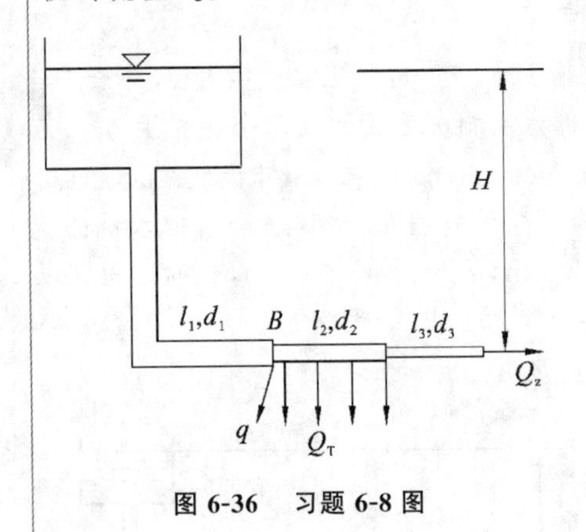

图 6-36　习题 6-8 图

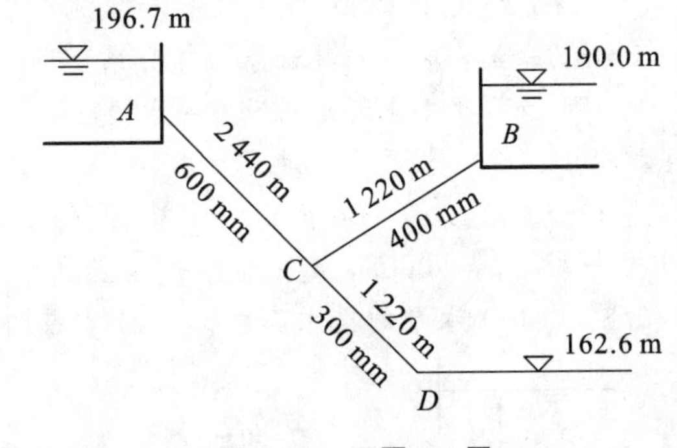

图 6-37　习题 6-9 图

Chapter 7

第 7 章　明渠恒定均匀流

7.1 明渠及其水流类型

明渠指人工修建的渠道或天然形成的河道。明渠水流具有敞露在大气中的自由表面的水流，水面上各点的压强都等于大气压强，故明渠水流又称为无压流。天然河道、人工渠道、无压隧洞、渡槽、涵洞和未充满水流的管道水流，统称为明渠流，如图 7-1 所示。

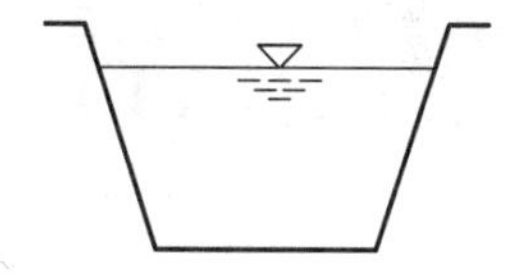
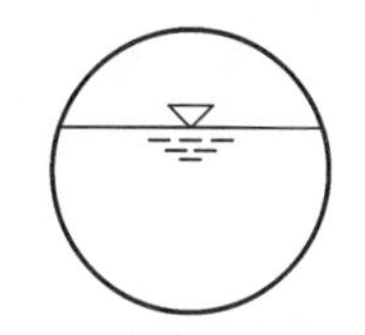
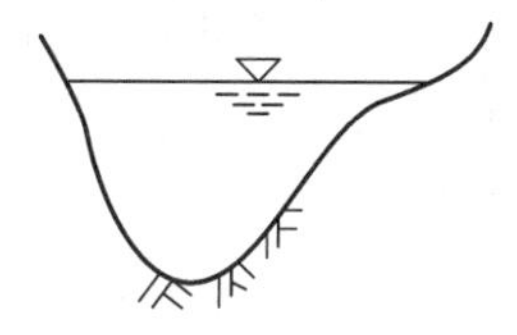

图 7-1　明渠流

明渠水流的运动是在重力作用下形成的。在流动过程中，自由水面不受固体边界的约束(这一点与管流不同)，因此，在明渠中如有干扰出现，例如底坡的改变、断面尺寸的改变、粗糙系数的变化等，都会引起自由水面的位置随之升降，即水面随时空变化，这就导致了运动要素发生变化，使得明渠水流呈现出比较多的变化。在一定流量下，由于上下游控制条件的不同，同一明渠中的水流可以形成各种不同形式的水面线。正因为明渠水流的上边界不固定，故解决明渠水流的流动问题远比解决有压流复杂得多。

明渠水流可以是恒定流或非恒定流，也可以是均匀流或非均匀流，非均匀流也有急变流和渐变流之分。当明渠中水流的运动要素不随时间变化时，称其为明渠恒定流，否则称为明渠非恒定流。在明渠恒定流中，如果水流运动要素不随流程变化，称为明渠恒定均匀流，否则称为明渠恒定非均匀流。在明渠非均匀流中，若流线接近于相互平行的直线，称为渐变流，否则称为急变流。值得注意的是，明渠水流不存在非恒定均匀流。

本章仅限于明渠恒定流，首先学习明渠恒定均匀流，然后学习明渠恒定非均匀流。明渠恒定均匀流是一种典型的水流，其有关的理论知识是分析和研究明渠水流各种现象的基础，也是渠道断面设计的重要依据。

对明渠水流而言，当然也有层流和紊流之分，但绝大多数水流(渗流除外) 为紊流，并且接近或属于紊流的阻力平方区。

7.1.1 明渠的底坡

沿渠道中心线作铅垂平面(即明渠的纵断面),与渠底相交,该交线称为底坡线(或称渠底线、河底线)。同时,该铅垂面与水面的交线称为水面线。

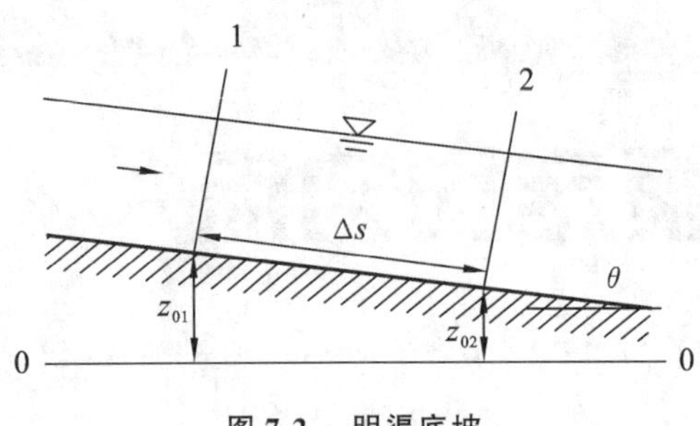

图 7-2 明渠底坡

对于水工渠道,渠底多为平面,故渠道纵断面图上的底坡线是一段或几段相互衔接的直线。对于天然河道,河底起伏不平,因此,纵断面图上的河底线是一条时有起伏但逐渐下降的波浪线。

为了表示底坡线沿水流方向降低的缓急程度,引入了底坡的概念。底坡指沿水流方向,单位长度的渠底高程降落值(见图 7-2),以符号 i 表示。底坡也称纵坡,可用下式计算。

$$i=\frac{z_{01}-z_{02}}{\Delta s}=\sin\theta \tag{7-1}$$

式中:z_{01}、z_{02} 分别为断面 1 和断面 2 的槽底高程;Δs 为断面 1 和断面 2 间的流程长度;θ 为底坡线与水平线之间的夹角。通常由于角很小,故常以两断面间的水平距离来代替流程长度,此时,$\sin\theta=\tan\theta$。

根据底坡的正负,可将明渠分为如下三类:$i>0$ 称为正坡或顺坡;$i=0$ 称为平坡;$i<0$ 称为负坡、逆坡或反坡。如图 7-3 所示。人工渠道三种底坡类型均可能出现,但在天然河道中,长期的水流运动形成的往往是正坡。

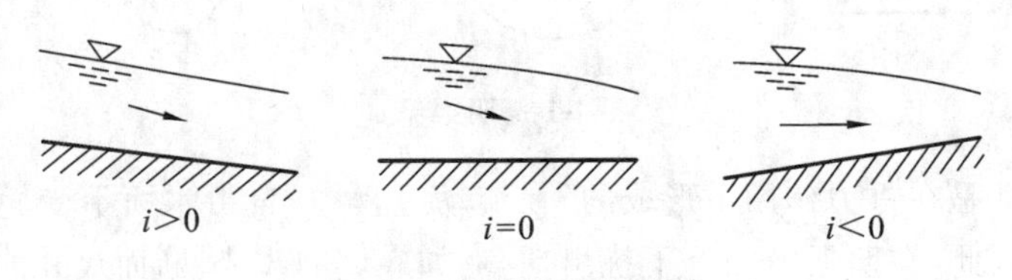

图 7-3 明渠底坡的类型

7.1.2 明渠的横断面

1. 渠道横断面的形状

渠道的横断面形状有很多种。人工修建的明渠,为便于施工和管理,一般为规则断面,常见的有梯形断面、矩形断面、U 形断面等,具体的断面形式还与当地地形及筑渠材料有关。天然河道一般为无规则断面,不对称,由主槽与滩地组成。

在今后的分析计算中,常用的是渠道的过水断面的几何要素,主要包括:过水断面面积 A、湿周 χ、水力半径 R、水面宽度 B。

2. 棱柱体明渠与非棱柱体明渠

凡断面形状、尺寸及底坡沿程不变的长直渠道,称为棱柱体明渠,否则为非棱柱体明渠,如图 7-4 所示。棱柱体明渠中,过水断面面积除了只随水深变化,即 $A=A(h)$。轴线顺直、断面规则的人工渠道、涵洞、渡槽等均属此类。

非棱柱体明渠指断面形状尺寸沿流程不断变化的明渠。在非棱柱体明渠中,过水断面面积除了随水深变化外，还随流程变化，即 A = A(h,s)。常见的非棱柱体明渠是渐变段(如扭面)，另外，断面不规则、主流弯曲多变的天然河道也是非棱柱体明渠的例子。

7.1.3 过水断面的几何要素

1. 梯形断面

梯形断面明渠，在工程中应用最广，其过水断面(见图 7-5)的水力要素的关系如下：

水面宽：$$B = b + 2mh = (\beta + 2m)h$$

过水断面的面积：$$A = (b + mh)h = (\beta + m)h^2$$

湿周：$$\chi = b + 2h\sqrt{1+m^2} = (\beta + 2\sqrt{1+m^2})h$$

水力半径：$$R = \frac{A}{\chi}$$

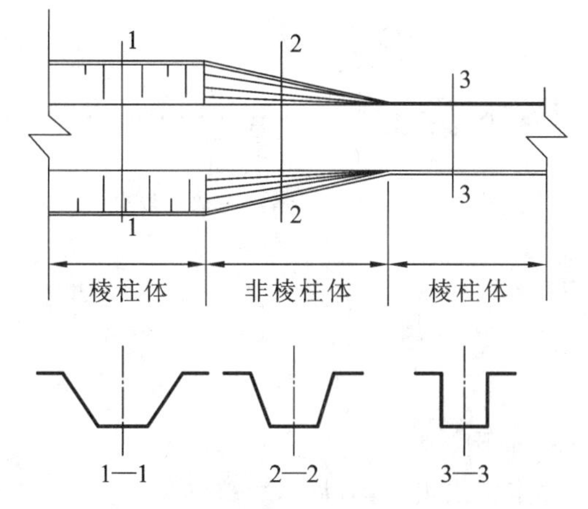

图 7-4 棱柱体明渠和非棱柱体明渠

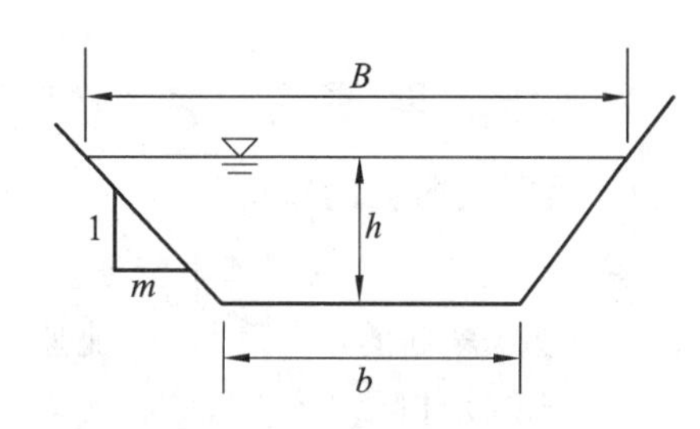

图 7-5 梯形断面明渠过水断面

式中：b 为底宽；m 为边坡系数，各种土壤的边坡系数见表 7-1；h 为水深；β 为宽深比，定义为

$$\beta = \frac{b}{h} \tag{7-2}$$

表 7-1 各种土壤的边坡系数

土壤种类	边坡系数 m
细　沙	3.0 ～ 5.3
砂壤土和松散壤土	2.0 ～ 2.5
密实壤土和轻砂壤土	1.5 ～ 2.0
黏土和密实黄土	1.0 ～ 1.5
风化的岩石	0.25 ～ 0.5
未风化的岩石	0.00 ～ 0.25

2. 矩形断面

在梯形断面几何要素计算公式中取 $m = 0$，可得矩形断面几何要素计算公式。

3. 圆形断面

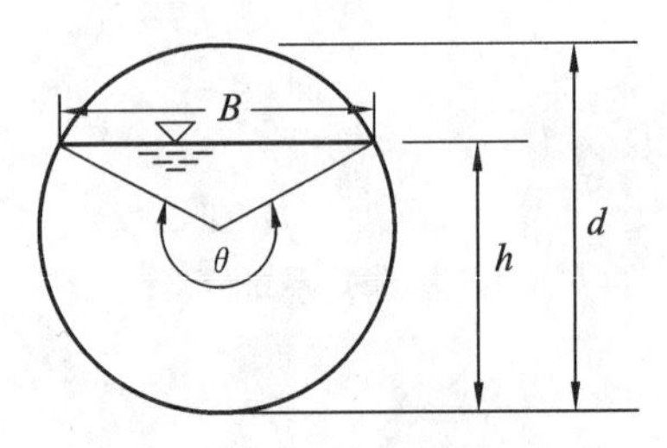

图 7-6　圆形断面明渠过水断面

圆形断面明渠过水断面如图 7-6 所示。

水深：
$$h=\frac{d}{2}\left(1-\cos\frac{\theta}{2}\right) \tag{7-3}$$

过水断面的面积：
$$A=\frac{d^2}{8}(\theta-\sin\theta) \tag{7-4}$$

水面宽：
$$B=d\sin\frac{\theta}{2} \tag{7-5}$$

湿周：
$$\chi=\frac{1}{2}\theta d \tag{7-6}$$

水力半径：
$$R=\frac{d}{4}\left(1-\frac{\sin\theta}{\theta}\right) \tag{7-7}$$

 7.2 明渠均匀流特性及其基本公式

7.2.1　明渠均匀流的特征和形成条件

1. 明渠均匀流的特征

明渠均匀流具有以下基本特征。

(1) 过水断面的形状和尺寸、流速、流量、水深沿程都不变。

(2) 流线是相互平行的直线，流动过程中只有沿程水头损失，没有局部水头损失。

(3) 由于水深沿程不变，故水面线与渠底线相互平行。

(4) 由于断面平均流速及流速水头沿程不变，故测压管水头线与总水头线相互平行。

(5) 由于明渠均匀流的水面线即为测压管水头线，故明渠均匀流的底坡线、水面线、总水头线三者相互平行，且渠底坡度、水面坡度、水力坡度三者相等，即 $J=J_p=i$，这是明渠均匀流的一个重要的特性，它表明在明渠均匀流中，水流的动能沿程不变，势能沿程减小，在某段距离上，因渠底高程降落而引起的单位势能减小值恰好用于克服水头损失，从而保证了单位动能沿程不变。

(6) 从力学角度分析，均匀流为等速直线运动，没有加速度，则作用在水体的力必然是平衡的，如图 7-7 所示，取断面 1-1 和 2-2 间的水体作为研究对象，作用于水体的力有：断面 1-1 上的动水压力 F_{p1}，断面 2-2 上的动水压力 F_{p2}，水体重力沿水流方向的分力 $G\sin\theta$ 以及摩阻力 T，根据力的平衡原理有

$$F_{p1}+G\sin\theta-F_{p2}-T=0$$

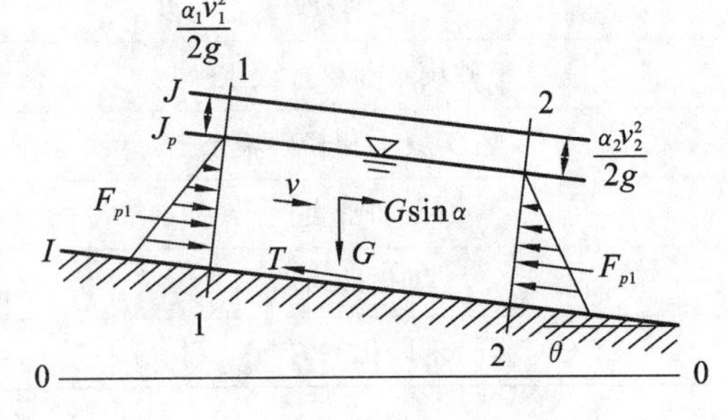

图 7-7　明渠均匀流的形成条件

因为明渠均匀流水深沿程不变，其过水断面上的动水压强又符合静水压强分布规律，所以 $F_{p1}=F_{p2}$，又因为二力方向相反，互相抵消，即 $G\sin\theta=T$。

该式表明，均匀流动是重力沿流动方向的分力和阻力相平衡时产生的流动，这是均匀流的力学本质。

2. 明渠均匀流产生条件

根据明渠均匀流的水力特性，不难得出其产生条件，具体如下。

(1) 明渠中水流必须是恒定流。若为非恒定流，水面波动，曲线不可能为平行直线，必然形成非恒定流。

(2) 渠道必须是长直棱柱体渠道，粗糙系数 n 沿程不变，且无闸、坝、桥和涵等水工建筑物。

(3) 明渠中的流量沿程不变，即无支流汇入或流出。

(4) 渠道必须是正坡，即 $i > 0$。否则，水体重力沿水流方向的分力无法与摩阻力相平衡。

在工程实际中，由于种种条件的限制，明渠均匀流往往难以完全实现，在明渠中大量存在的是非均匀流动。然而，对于顺直的正坡明渠，只要有足够的长度，总有形成均匀流的趋势。这一点在非均匀流水面曲线分析时往往被采用。一般来说，人工渠道都尽量使渠线顺直，底坡在较长距离内不变，并且采用同一材料衬砌成规则一致的断面，这样就基本保证了均匀流的产生条件。因此，按明渠均匀流理论来设计渠道是符合实际情况的。天然河道一般为非均匀流，个别较为顺直整齐、粗糙系数基本一致的断面，河床稳定的河段，也可视为均匀流段，这样的河段水位和流量具有的稳定关系，水文测验中称该河段为河渠的控制段。明渠均匀流理论是进一步研究明渠非均匀流的基础。

7.2.2 明渠均匀流的基本公式

工程上，明渠水流一般处于紊流的粗糙区，其水力计算可用谢才公式，将其与连续方程联立，可得到明渠均匀流水力计算的基本公式。

$$v = C\sqrt{RJ}, Q = Av$$

$$Q = CA\sqrt{RJ}$$

因为明渠均匀流 $J = i$，所以

$$Q = CA\sqrt{Ri} = K\sqrt{i} \tag{7-8}$$

式中：K 为流量模数；i 为渠道底坡。

因明渠均匀流水力坡度和渠道底坡相等，故式(7-8)中，以底坡 i 代替水力坡度 J。C 为谢才系数，可按曼宁公式或巴甫洛夫斯基公式计算。

曼宁公式：
$$C = \frac{1}{n}R^{\frac{1}{6}} \tag{7-9}$$

曼宁公式在明渠和管道中均可应用，在 $n < 0.020$ 及 $R < 0.5$ m 范围内较好，要求水流一定在紊流粗糙区。

巴甫洛夫斯基公式：
$$C = \frac{1}{n}R^{y} \tag{7-10}$$

式中，$y = 2.5\sqrt{n} - 0.13 - 0.75\sqrt{R}(\sqrt{n} - 0.1)$。

粗糙系数 n 可查表 7-2 得到，y 值依公式计算，因其计算烦琐，根据巴甫洛夫斯基公式计算的谢才系数 C 的数值表，应用时可查相关手册。指数 y 也可用近似公式确定，当 $R < 1$ m 时，$y = 1.5\sqrt{n}$；当 $R > 1$ m 时，$y = 1.3\sqrt{n}$。巴甫洛夫斯基公式的适用范围：$0.1\ \text{m} < R < 3.0\ \text{m}$，管道、明

渠中均可采用，要求水流一定在紊流粗糙区。

谢才系数 C 是反映断面形状尺寸和壁面粗糙程度的一个综合系数，$C=f(n,R)$。其中，粗糙系数 n 对谢才系数 C 的影响远比水力半径 R 大。明渠表面材料越光滑，粗糙系数 n 越小，相应的水流阻力也小，在其他条件不变的情况下，通过的流量就越大。在应用曼宁公式时，最困难之处在于确定粗糙系数 n 的数值，因为至今没有一个选择精确 n 值的方法，而实际计算中，确定粗糙系数 n 就意味着对渠道中的水流阻力做出估计，这一工作主要依靠经验。如果在设计中选定的 n 值较实际偏大，则势必要增大渠道断面尺寸，增加工程量，造成浪费，同时，渠道中的实际流速将大于设计流速，可能引起土质渠道的冲刷。反之，如果在设计中选定的 n 值较实际偏小，则设计的渠道断面尺寸必然偏小，影响渠道的过流能力，可能造成水流漫溢，另一方面，渠道中的实际流速将小于设计流速，可能引起渠道淤积。

严格来讲，粗糙系数 n 值除与渠道表面的粗糙程度有关外，还与水深、流量、水流是否挟带泥沙等因素有关。对人工渠道，多年来积累了较多的实际资料和工程经验。例如混凝土 $n=0.013\sim0.017$；浆砌石 $n=0.025$ 左右；土渠 $n=0.0225\sim0.0275$，更为详细的资料可参考其他资料。天然河道的情况比较复杂，通常要根据对实际河流的实际量测来确定。

表 7-2　各种材料明渠的粗糙系数

明渠壁面材料情况及描述	表面粗糙情况		
	较　好	中　等	较　差
1. 土渠			
清洁、形状正常	0.020	0.0225	0.025
不通畅并有杂草	0.027	0.030	0.035
渠线略有弯曲、有杂草	0.025	0.030	0.033
挖泥机挖成的土渠	0.0275	0.030	0.033
砂砾渠道	0.025	0.027	0.030
细砾石渠道	0.027	0.030	0.033
土底、石砌坡岸渠	0.030	0.033	0.035
不光滑的石底、有杂草的土坡渠	0.030	0.035	0.040
2. 石渠			
清洁的、形状正常的凿石渠	0.030	0.033	0.035
粗糙的断面不规则的凿石渠	0.040	0.045	
光滑而均匀的石渠	0.025	0.035	0.040
精细开凿的石渠		0.02 ～ 0.025	
3. 各种材料护面的渠道			
三合土(石灰、沙、煤灰)护面	0.014	0.16	
浆砌砖护面	0.012	0.015	0.017

续表

明渠壁面材料 情况及描述	表面粗糙情况		
	较　　好	中　　等	较　　差
条石砌面	0.013	0.015	0.017
浆砌块石护面	0.017	0.025	0.030
干砌块石护面	0.023	0.032	0.035
4. 混凝土渠			
抹灰的混凝土或钢筋混凝土护面	0.011	0.012	0.013
无抹灰的混凝土或钢筋混凝土护面	0.013	0.014 ～ 0.015	0.017
喷浆护面	0.016	0.018	0.021
5. 木质渠道			
刨光木板	0.012	0.013	0.014
未刨光的板	0.013	0.014	0.015

7.3 水力最佳断面及允许流速

1. 水力最佳断面

在流量、底坡、粗糙系数等已定的情况下，设计的渠道断面可以有许多形状。因此，要从渠道的设计、施工和运用等方面就设计的断面形式和尺寸进行方案比较。从水力学角度分析，由明渠均匀流水力计算公式 $Q = CA\sqrt{Ri}$ 可知：明渠的过水能力 Q 与渠道底坡 i、粗糙系数 n 及断面形状和尺寸有关。在进行渠道设计时，渠道底坡 i 一般根据地形条件或技术上的考虑选定（如输送的是清水还是浑水；渠道是干渠还是支渠）。粗糙系数 n 则主要取决于渠壁材料、土质及目前的运用情况。因此，当明渠的底坡 i 和粗糙系数 n 值一定时，明渠的过水能力就主要取决于断面形状和尺寸。

从经济观点考虑，在流量、底坡、粗糙系数等已知时，总是希望设计的过水断面形式具有最小面积，以减小工程量；或者说，在底坡、粗糙系数、过水断面面积一定的条件下，设计的断面能使渠道通过的流量达到最大，凡是符合这一条件的过水断面就称为水力最佳断面。

对明渠均匀流，渠道断面的形状、尺寸一定，由 $Q = CA\sqrt{Ri}$，其中，$C = \frac{1}{n}R^{\frac{1}{6}}$，$R = \frac{A}{\chi}$，则

$$Q = A\frac{1}{n}R^{\frac{2}{3}}i^{\frac{1}{2}} = \frac{i^{\frac{1}{2}}A^{\frac{5}{3}}}{n\chi^{\frac{2}{3}}} \tag{7-11}$$

上式表明，当 i、n、A 一定时，湿周 χ 越小，其过水能力越大。在各种几何形状中，面积 A 一定，圆形和半圆形断面的湿周最小，是水力最佳断面。实际工程中很多钢筋混凝土或钢丝网水泥槽就是采用底部为半圆形的 U 形断面。但在土方工程中，很难选用圆形和半圆形断面，常常采用矩形或梯形断面。下面讨论边坡系数一定时的梯形断面渠道的水力最佳断面。

由梯形断面的几何关系

$$A = (b + mh)h = (\beta + m)h^2$$

$$\chi = b + 2h\sqrt{1+m^2} = (\beta + 2\sqrt{1+m^2})h$$

则

$$\chi = \frac{A}{h} - mh + 2h\sqrt{1+m^2}$$

对上式求导，得

$$\frac{d\chi}{dh} = -\frac{A}{h^2} - m + 2\sqrt{1+m^2}$$

其二阶导数

$$\frac{d^2\chi}{dh^2} = 2\frac{A}{h^3} > 0$$

所以有 $\chi = f(h)$ 的极小值存在。令

$$\frac{d\chi}{dh} = 0$$

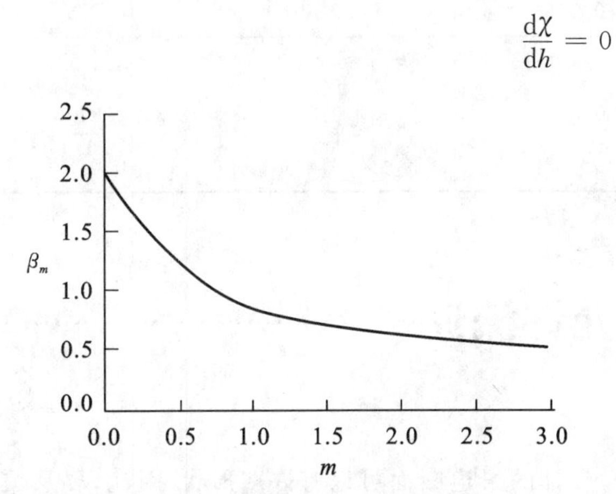

图 7-8　梯形和矩形断面明渠水力最佳断面 β_m 和 m 的关系

得 $-\frac{(b+mh)h}{h^2} - m + 2\sqrt{1+m^2} = 0$，化简得

$$-\frac{bh}{h^2} - 2m + 2\sqrt{1+m^2} = 0$$

水力最佳梯形断面的宽深比：

$$\frac{b}{h} = 2(\sqrt{1+m^2} - m) \tag{7-12}$$

即

$$\beta_m = 2(\sqrt{1+m^2} - m) \tag{7-13}$$

按上式将边坡系数 m 和宽深比 β_m 的关系绘制成图，如图 7-8 所示。

以上所得出的水力最佳断面的条件，只是从水力学角度考虑的。从图 7-8 可知，土渠边坡系数 m 通常大于 1，其对应的最佳断面是窄深明渠，造成施工、维护费用增加。从工程投资角度考虑，水力最佳断面不一定是工程最经济的断面。

所以，在设计渠道断面时，必须结合实际情况，从经济和技术两方面综合考虑。既考虑水力最佳断面，又不能完全受此约束。为此，工程实际中以水力最佳断面为基础，提出了“实用经济断面”的概念，工程中也常采用之。

将式(7-13)代入梯形断面水力半径公式

$$R_m = \frac{A}{\chi} = \frac{(b+mh)h}{b+2h\sqrt{1+m^2}} = \frac{(\beta_m + m)}{\beta_m + 2\sqrt{1+m^2}}h_m = \frac{h_m}{2} \tag{7-14}$$

可求得梯形水力最佳断面的水力半径等于水深的一半，即 $R_m = \frac{1}{2}h_m$。对矩形断面，同样有 $R_m = \frac{1}{2}h_m$ 的关系。

2. 允许流速

对于设计合理的渠道，除考虑过流能力和工程造价等因素外，还应保证渠道不被冲刷或淤积。由连续性方程可知，对于一定的流量，过水断面面积的大小与断面平均流速有关。为通过一定的流量，可采用不同大小的过水断面，此时，渠道中就有不同的流速。如果流速过大，可能引起渠

道冲刷，而流速过小，又可能引起渠道淤积，降低了渠道的过流能力。因此，在设计渠道时，必须考虑渠道的允许流速。

渠道的允许流速是根据渠道所担负的生产任务（如通航、水电站引水或灌溉），渠道表面材料的性质，水流含沙量的多少及运行管理上的要求而确定的技术上可靠、经济上合理的流速。

为了保证技术上可靠、经济上合理，在确定渠道的允许流速时，应该结合工程的具体条件，考虑以下几方面的因素。

(1) 流速应不致引起渠道冲刷，即流速应小于不冲允许流速 $[V]_{max}$。

(2) 流速应不使水流中的悬砂淤积，即流速应大于不淤允许流速 $[V]_{min}$。

即 $[V]_{max} > V > [V]_{min}$。

(3) 流速不宜太小，以免渠中杂草丛生。为此，流速一般应大于 0.5 m/s。

(4) 对于北方寒冷地区，为防止冬季结冰，流速也不宜太小。一般当渠道流速大于 0.6 m/s 时，结冰就比较困难，即使结冰，过程也比较缓慢。

(5) 渠道流速应保证技术经济要求和运行管理要求。

渠道的不冲允许流速 $[V]_{max}$ 的大小取决于土质情况、护面材料以及通过的流量等因素。其取值可参照表 7-3 确定。

为防止泥沙淤积或杂草丛生，不淤允许流速 $[V]_{min}$ 分别可取 0.4 m/s 和 0.6 m/s。

表 7-3　不冲允许流速 $[V]_{max}$

(a) 坚硬岩石和人工护面的渠道

$[V]_{max}$/(m/s)　Q 岩石或护面种类	流量/(m^3/s)		
	<1	1～10	>10
软质水成岩（泥灰岩、页岩、软砾岩）	2.5	3.0	3.5
中等硬度水成岩（致密砾岩、多孔石灰岩、层状石灰岩、白云石灰岩、灰质砾岩）	3.5	4.25	5.0
硬质水成岩（白云石砂岩、灰质砾岩）	5.0	6.0	7.0
结晶岩、火成岩	8.0	9.0	10.0
单层块石铺砌	2.5	3.5	4.0
双层块石铺砌	3.5	4.5	5.0
混凝土护面（水流中不含砂和卵石）	6.0	8.0	10.0

(b) 黏性土质渠道*

土质名称	$[V]_{max}$/(m/s)
轻壤土	0.60～0.80
中壤土	0.65～0.85
重壤土	0.70～1.00
黏土	0.75～0.95

* 表(b) 中土壤的干容重为 1.3～1.7 t/m^3；

表(b) 中所列不冲流速值是属于 $R=1$ m 的情况。当 $R\neq 1$ m 时，表中所列数值乘以 R^{α}，即得相应的不冲流速。α 为指数，对疏松的壤土和黏土：$\alpha=\frac{1}{4}\sim\frac{1}{3}$；对中等密实和密实的砂壤土、壤土和黏土：$\alpha=\frac{1}{5}\sim\frac{1}{4}$。

(c) 无黏性土质渠道

土壤名称	$[V]_{max}$/(m/s) 水深/m 粒径/mm	0.4	1.0	2.0	≥3.0
粉土、淤泥	0～0.05	0.12～0.17	0.15～0.21	0.17～0.24	0.19～0.26
细砂	0.05～0.25	0.17～0.27	0.21～0.32	0.24～0.37	0.26～0.40
中砂	0.25～1.00	0.27～0.47	0.32～0.57	0.37～0.65	0.40～0.70
粗砂	1.00～2.5	0.47～0.53	0.57～0.65	0.65～0.75	0.70～0.80
细砾石	2.5～5.0	0.53～0.65	0.65～0.80	0.75～0.90	0.80～0.95
中砾石	5～10	0.65～0.80	0.80～1.00	0.90～1.1	0.95～1.20
大砾石	10～15	0.80～0.95	1.0～1.2	1.1～1.3	1.2～1.4
小卵石	15～25	0.95～1.2	1.2～1.4	1.3～1.6	1.4～1.8
中卵石	25～40	1.2～1.5	1.4～1.8	1.6～2.1	1.8～2.2
大卵石	40～75	1.5～2.0	1.8～2.4	2.1～2.8	2.2～3.0
小漂石	75～100	2.0～2.3	2.4～2.8	2.8～3.2	3.0～3.4
中漂石	100～150	2.3～2.8	2.8～3.4	3.2～3.9	3.4～4.2
大漂石	150～200	2.8～3.2	3.4～3.9	3.9～4.5	4.2～4.9
顽石	＞200	＞3.2	＞3.9	＞4.5	＞4.9

7.4 明渠均匀流的水力计算

7.4.1 矩形或梯形断面明渠水力计算

明渠均匀流的水力计算主要包括两类问题。一类是对已建成的渠道，根据生产运行要求，进行某些必要的水力计算。如校核已成渠道的输水能力，即已知渠道的断面形状尺寸、水深、底坡、粗糙系数，求渠道能通过的流量；或者对某段渠道测定流量，计算粗糙系数。另一类是进行设计新渠道的水力计算。主要有下列情况：

① 已知流量、断面形状尺寸、水深以及粗糙系数，要求确定渠道的底坡；

② 已知流量、底坡、粗糙系数，要求确定渠道的断面尺寸。

上述两类明渠均匀流的水力计算问题都是如何运用明渠均匀流基本公式的问题。

输水工程中应用最广泛的是梯形断面渠道，现以梯形断面渠道为例，讨论明渠均匀流水力计算的基本问题。

对于梯形断面，各水力要素的关系可表述为$Q = CA\sqrt{Ri} = f(m,b,h,n,i)$，此式中有6个变量，一般情况下，边坡系数$m$、粗糙系数$n$可根据土质条件确定，其余4个变量再按工程条件预先确定3个变量，然后求解另一个变量。

1. 校核渠道过水能力

此类问题大多数是对已建工程进行校核性水力计算。已知渠道过水断面的尺寸、底坡、粗糙系数，求通过流量或断面平均流速。因为6个变量中有5个已知，即已知m、b、h_0、n、i，求Q。可用式(7-8)直接求解流量，在计算时，A以m^2计，χ以m计。

例 7-1 某梯形排水渠道，渠长$l = 1\ 000$ m，渠道底宽$b = 3$ m，边坡系数$m = 2.5$，底部落差为0.5 m。若设计流量$Q_d = 9\ m^3/s$，试算当实际水深$h = 1.5$ m，渠道能否满足Q_d的要求(已知粗糙系数$n = 0.025$)。

解 明渠的底坡

$$i = \frac{z_1 - z_2}{l} = \frac{0.5}{1\ 000} = 0.000\ 5$$

过水断面的面积：　$A = (b + mh)h = [(3 + 2.5 \times 1.5) \times 1.5]\ m^2 = 10.13\ m^2$

过水断面的湿周：　$\chi = b + 2h\sqrt{1 + m^2} = (3 + 2 \times 1.5 \times \sqrt{1 + 2.5^2})\ m = 11.08\ m$

过水断面的水力半径：　$R = \dfrac{A}{\chi} = \dfrac{10.13}{11.08}\ m = 0.91\ m$

谢才系数：　$C = \dfrac{1}{n}R^{\frac{1}{6}} = \left(\dfrac{1}{0.025} \times 0.91^{\frac{1}{6}}\right)\ m^{\frac{1}{2}}/s = 39.38\ m^{\frac{1}{2}}/s$

则流量$Q = CA\sqrt{Ri} = (39.38 \times 10.13 \times \sqrt{0.91 \times 0.000\ 5})\ m^3/s = 8.51\ m^3/s < Q_d = 9\ m^3/s$，不能满足要求。

只有当$Q \geqslant Q_d = 9\ m^3/s$时才满足要求。

例 7-2 某梯形断面浆砌石渠道，按水力最佳断面设计，底宽$b = 3$ m，$n = 0.025$，底坡$i = 0.001$，$m = 0.25$，求通过流量Q。

解

$$\frac{b}{h} = 2(\sqrt{1 + m^2} - m) = 2 \times (\sqrt{1 + 0.25^2} - 0.25) = 1.56$$

则

$$h = \frac{b}{1.56} = \frac{3}{1.56}\ m = 1.92\ m$$

$$A = (b + mh)h = [(3 + 0.25 \times 1.92) \times 1.92]\ m^2 = 6.68\ m^2$$

$$\chi = b + 2h\sqrt{1 + m^2} = (3 + 2 \times 1.92 \times \sqrt{1 + 0.25^2})\ m = 6.96\ m$$

$$R = \frac{A}{\chi} = \frac{6.68}{6.96}\ m = 0.96\ m$$

$$C = \frac{1}{n}R^{\frac{1}{6}} = \left(\frac{1}{0.025} \times 0.96^{\frac{1}{6}}\right)\ m^{\frac{1}{2}}/s = 39.73(m^{\frac{1}{2}}/s)$$

最后　$Q = AC\sqrt{Ri} = (39.73 \times 6.68 \times \sqrt{0.96 \times 0.001})\ m^3/s = 8.22\ m^3/s$

2. 确定渠道的底坡

此类问题相当于根据水文资料和地质条件确定了设计流量、渠道断面形状、尺寸、粗糙系数，6个变量中有5个已知，即已知m、b、h_0、n、Q，求i。

这类问题可由$i = \dfrac{Q^2}{K^2}$直接求解。

例 7-3 一矩形断面的渡槽。已知$b = 2.0$ m，槽长$l = 120$ m，进口处槽底高程

$z_1=50.0\ \text{m}$，槽身为预制混凝土，$n=0.013$，设计流量 $Q=10.0\ \text{m}^3/\text{s}$，槽中水深为 $h=1.8\ \text{m}$。

试求：① 求渡槽出口底部高程 z_2；② 当渡槽通过设计流量时，槽内均匀流水深随底坡的变化规律。

解 ① 求渡槽底坡 $i=\dfrac{Q^2}{C^2A^2R}$。

过水断面的面积：$A=bh=(2.0\times1.8)\ \text{m}^2=3.6\ \text{m}^2$

过水断面的湿周：$\chi=b+2h=(2+2\times1.8)\ \text{m}=5.6\ \text{m}$

过水断面的水力半径：$R=\dfrac{A}{\chi}=\dfrac{3.6}{5.6}\ \text{m}=0.64\ \text{m}$

谢才系数：$C=\dfrac{1}{n}R^{\frac{1}{6}}=\left(\dfrac{1}{0.013}\times0.64^{\frac{1}{6}}\right)\ \text{m}^{\frac{1}{2}}/\text{s}=71.41\ \text{m}^{\frac{1}{2}}/\text{s}$

则渡槽底坡：$i=\dfrac{Q^2}{C^2A^2R}=\dfrac{10.0^2}{71.41^2\times3.6^2\times0.64}=0.002\ 36$

出口槽底高程：$z_{02}=z_{01}-i\times l=(50-0.002\ 36\times120.0)\ \text{m}=49.72\ \text{m}$

② 当渡槽通过设计流量时，槽内均匀流水深随底坡的变化规律。

求 h_0 与 i 的关系曲线（流量一定），见图 7-9。

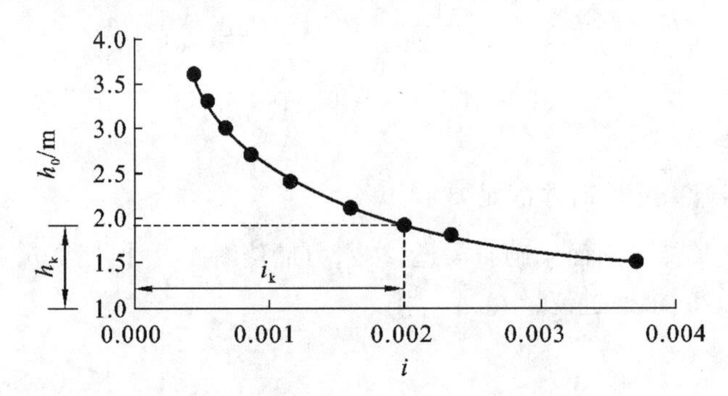

图 7-9 明渠均匀流水深-底坡关系曲线

3. 设计新渠道

若根据水文资料及地质条件已确定流量、底坡、边坡系数、粗糙系数，即已知 4 个变量，可能有多组解满足方程 $Q=f(m,h,b,i,n)$，一般要根据工程条件先确定 b 或 h，再求解 h 或 b。

1) 确定渠道过水断面水深

若已确定渠道的底宽 b，将 $A=(b+mh)h$，$\chi=b+2h\sqrt{1+m^2}$，$R=\dfrac{A}{\chi}$，$C=\dfrac{1}{n}R^{\frac{1}{6}}$ 代入 $Q=CA\sqrt{Ri}$，整理可得 $Q=\dfrac{1}{n}\cdot\dfrac{[(b+mh)h]^{\frac{5}{3}}\cdot i^{\frac{1}{2}}}{(b+2h\sqrt{1+m^2})^{\frac{2}{3}}}$，这是一个关于未知量 h 的高次方程，求解十分困难，一般采用试算法、查图法、电算解法。

(1) 试算法。

试算法的主要内容是：假设若干个 h 值，代入基本公式计算相应的流量 Q 值。若所得的 Q 值与已知流量相等，这个相应的 h 值即为所求，否则，继续试算，直到求出的 Q 与已知流量相等为止。在实际试算过程中，为了减少试算工作量，常常假设 3～5 个 h 值，求出 3～5 个相应的流量 Q 值，这些求出的流量 Q 值必须把已知流量值包含在中间。然后，绘出 $Q=f(h)$ 曲线，利用该曲线可确定出与已知流量相对应的 h 值，即在曲线上根据已知流量值对应地查出 h 值，该 h 值即为所求。

(2) 查图法。

由于试算法工作量大，比较烦琐。为了简化计算，工程中已制成了许多图，已备查用。图的形式较多，在我国最通用的是拉赫曼诺夫梯形断面渠道均匀流水深或底宽求解图。我国工程技术人员也研究了不少图解法。图解法的优点是不用内插；缺点是图幅小，图中曲线的某些部分精度差，甚至查不出。因此，为保证查图结果的可靠性，一般可将查图结果再回代检验。等腰梯形断面明渠均匀流的水深求解图见附图 B。

除查图法外，还有数表法，即将函数关系以表的形式给出。数表法的优点是查算方便，但仍需内插，精度也不是很高。

(3) 电算解法。

电算解法具有速度快、精度高、应用方便等优点，在实际工作中正在逐步普及。电算解法根据其计算方法常用的有二分法、牛顿法、迭代法。

2) 确定渠道的底宽

已知渠道的设计流量 Q、水深 h、底坡 i、粗糙系数 n，求解底宽 b。此类问题与水深的求解方法类似，也要用试算法。不同的是，假设底宽 b 的一系列值，求出各物理量，绘制 b 与 Q 的关系曲线图，根据已知流量在曲线上查找对应的底宽 b。也可用查图法求解。等腰梯形断面明渠均匀流的底宽求解图见附图 A。

例 7-4 某电站引水渠，通过沙壤土地段，决定采用梯形断面，并用浆砌块石衬砌，以减少渗漏损失和加强渠道耐冲能力；取边坡系数 $m=1$；根据天然地形，为使挖、填方量最少，选用底坡 $i=\dfrac{1}{800}$，底宽 $b=6\ \text{m}$，设计流量 $Q=70\ \text{m}^3/\text{s}$。试计算渠堤高(要求超高 $m=0.5\ \text{m}$)。

解 当求得水深 h 后，加上超高即得堤的高度。故本题主要是计算水深。

由表 7-2 查得浆砌块石衬砌 $n=0.025$。

根据式 $Q=AC\sqrt{Ri}$，其中，$A=(b+mh)h$，$\chi=b+2h\sqrt{1+m^2}$，$R=\dfrac{A}{\chi}$，$C=\dfrac{1}{n}R^{\frac{1}{6}}$，

则
$$Q=(b+mh)h\,\frac{1}{n}\left[\frac{(b+mh)h}{b+2h\sqrt{1+m^2}}\right]^{\frac{1}{6}+\frac{1}{2}}\sqrt{i}$$

显然，在上式中 Q、b、m、n、i 为已知，仅 h 为未知。但上式为一关于 h 的高次方程，直接求解 h 很困难，可采用试算法或查图法求解。

(1) 试算法。

可假设一系列 h 值，代入上式计算相应的 Q 值，并绘成 h 与 Q 的关系曲线图，然后根据已知流量，在曲线上即可查出要求的 h 值。

设 $h=2.5\ \text{m}$、$3.0\ \text{m}$、$3.5\ \text{m}$、$4.0\ \text{m}$，计算相应的 A、χ、R、C 及 Q 值，如表 7-4 所示。

表 7-4 计算表

h/m	A/m^2	χ/m	R/m	C/(m$^{1/2}$/s)	$Q=AC\sqrt{Ri}$/(m^3/s)
2.5	21.25	13.07	1.625	44.5	42.6
3.0	27.00	14.48	1.866	45.5	59.3
3.5	33.25	15.90	2.090	46.5	78.6
4.0	40.00	17.30	2.310	47.0	100.9

由上表绘出 h 与 Q 的关系曲线图，如图 7-10 所示。从曲线图查得：

当 $Q = 70\ \mathrm{m^3/s}$ 时，$h = 3.3\ \mathrm{m}$。

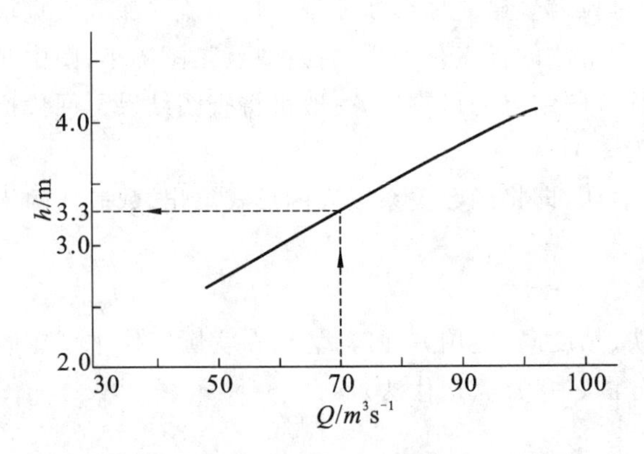

图 7-10　明渠均匀流过水断面水深试算-图解

(2) 已知宽深比，设计渠道断面。已知 m、n、Q、i，宽深比 β，确定 h_0 和 b。将 $b = \beta h$ 代入公式后只有一个未知量，可由公式直接求解。

(3) 按水力最佳断面设计梯形渠道。

这类问题求解可直接计算。

例 7-5　一梯形断面渠道，通过的设计流量 $Q = 4.0\ \mathrm{m^3/s}$，边坡系数 $m = 1.5$，壁面粗糙系数 $n = 0.025$，底坡 $i = 0.003$。若按水力最佳断面设计，求渠道的底宽 b 和水深 h。

解

$$\frac{b}{h} = 2(\sqrt{1+m^2} - m) = 2\times(\sqrt{1+1.5^2} - 1.5) = 0.61$$

$$Q = CW\sqrt{Ri} = \frac{1}{n}R^{\frac{2}{3}}Wi^{\frac{1}{2}} = \frac{1}{n}\frac{W^{\frac{5}{3}}}{\chi^{\frac{2}{3}}}i^{\frac{1}{2}} = \frac{1}{0.025}\times\frac{[(b+mh)h]^{\frac{5}{3}}}{(b+2h\sqrt{1+m^2})^{\frac{2}{3}}}\times 0.003^{\frac{1}{2}}$$

即

$$4.0 = 2.19\times\frac{[(b+1.5h)h]^{\frac{5}{3}}}{(b+3.61h)^{\frac{2}{3}}}$$

最后求得 $b = 0.69\ \mathrm{m}$，$h = 1.127\ \mathrm{m}$

(4) 限定渠道流速设计渠道断面。

这类问题求解可由公式直接计算。

例 7-6　某石砌梯形断面渠道，设计流量 $Q = 4.0\ \mathrm{m^3/s}$，边坡系数 $m = 1.5$，壁面粗糙系数 $n = 0.025$，底坡 $i = 0.003$，渠道的设计流速为 $1.4\ \mathrm{m/s}$。求渠道的底宽 b 和水深 h。

解

$$Q = AV$$

其中

$$A = (b+mh)h = (b+1.5h)h$$

则

$$4.0 = 1.4(b+1.5h)h$$

即

$$(b+1.5h)h = 2.857$$

由 $Q = CW\sqrt{Ri} = \frac{1}{n}R^{\frac{2}{3}}Wi^{\frac{1}{2}} = \frac{1}{n}\frac{W^{\frac{5}{3}}}{\chi^{\frac{2}{3}}}i^{\frac{1}{2}}$ 得

$$4.0 = \frac{1}{0.025}\frac{[(b+mh)h]^{\frac{5}{3}}}{(b+2h\sqrt{1+m^2})^{\frac{2}{3}}}i^{\frac{1}{2}}$$

即 $4.0=\frac{1}{0.025}\times\frac{[(b+1.5h)h]^{\frac{5}{3}}}{(b+2h\sqrt{1+1.5^2})^{\frac{2}{3}}}\times 0.003^{\frac{1}{2}}$

化简得 $1.826=\frac{[(b+1.5h)h]^{\frac{5}{3}}}{(b+3.61h)^{\frac{2}{3}}}$，将其与 $(b+1.5h)h=2.857$ 联立解得

$$b=3.099\ \text{m},h=0.69\ \text{m}$$

对于渠道断面形状、尺寸的确定，小型渠道或有衬砌的渠道，可按水力最佳断面设计，或是按技术要求先给定宽深比 β，补充这一条件后，求解底宽 b 或水深 h；对于大、中型渠道的设计，则通过经济比较，有通航条件的渠道按通航的要求设计。

7.4.2 无压圆管均匀流水力计算

如图 7-11 所示，排水管渠、涵管，在不满流时有自由液面，也属明渠水流。

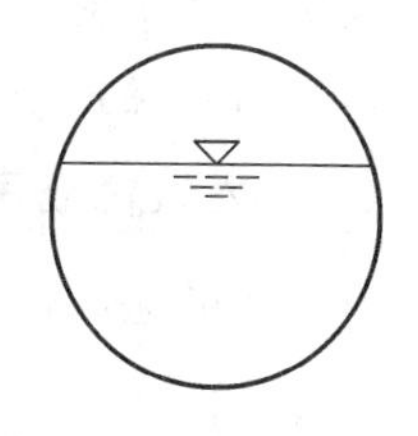

图 7-11 圆形断面明渠

无压圆管具有自由面，无压圆管均匀流属于明渠均匀流。城市排水管道、雨水管道及无压涵管中的流动均为无压圆管流动。优点是无压圆管过水断面是水力最佳断面，加工制作方便，受力性能好，能适应较大的流量变化，同时可保持管内空气流通，以防止污水、废水逸出的有毒、有害、可燃气体聚集。

1. 无压圆管均匀流水力计算问题

不同充满度的圆管过水断面的几何要素见表 7-5。

表 7-5 不同充满度的圆管过流断面的几何要素

充满度 α	过水断面面积 A/m^2	水力半径 R/m	充满度 α	过水断面面积 A/m^2	水力半径 R/m
0.05	$0.147d^2$	$0.0326d$	0.55	$0.4426d^2$	$0.2649d$
0.10	$0.0400d^2$	$0.0635d$	0.60	$0.4920d^2$	$0.2776d$
0.15	$0.0739d^2$	$0.0929d$	0.65	$0.5404d^2$	$0.2881d$
0.20	$0.1118d^2$	$0.1206d$	0.70	$0.5872d^2$	$0.2962d$
0.25	$0.1535d^2$	$0.1466d$	0.75	$0.6319d^2$	$0.3017d$
0.30	$0.1982d^2$	$0.1709d$	0.80	$0.6736d^2$	$0.3042d$
0.35	$0.2450d^2$	$0.1935d$	0.85	$0.7115d^2$	$0.3033d$
0.40	$0.2934d^2$	$0.2142d$	0.90	$0.7445d^2$	$0.2980d$
0.45	$0.3428d^2$	$0.2331d$	0.95	$0.7707d^2$	$0.2865d$
0.50	$0.3927d^2$	$0.2500d$	1.00	$0.7854d^2$	$0.2500d$

注：充满度 $\alpha=\frac{h}{d}$。

(1) 校核过水能力。如图 7-12 所示，已知管径 d、充满度 α、粗糙系数 n 和管线坡度 i，求流量 Q。

这类问题求解可按已知的 d、α，由表 7-5 查得相应的过水断面面积 A 和水力半径 R，并计算

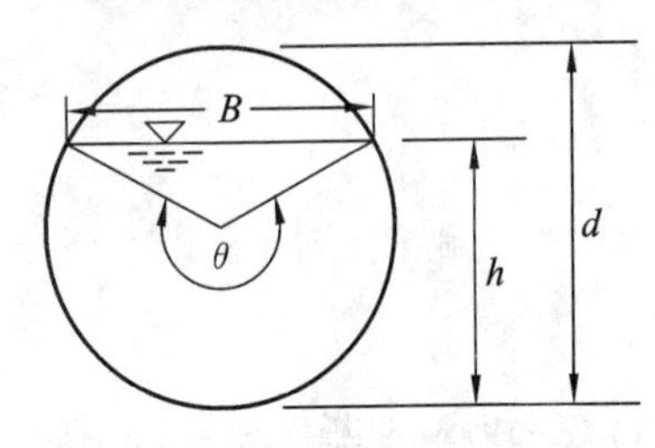

图 7-12 圆形断面明渠过水断面

出 $C=\frac{1}{n}R^{\frac{1}{6}}$，代入基本公式 $Q=CA\sqrt{Ri}$ 可算出管内通过的流量。

(2) 已知流量 Q、管径 d、充满度 α 和粗糙系数 n，求管线坡度 i。

这类问题求解可按已知的 d、α，由表 7-5 查得相应的过水断面面积 A 和水力半径 R，并计算出 $C=\frac{1}{n}R^{\frac{1}{6}}$ 以及流量模数 $K=CA\sqrt{R}$，代入基本公式 $i=\frac{Q^2}{K^2}$ 可算出管线坡度 i。

(3) 已知流量 Q、充满度 α 和粗糙系数 n、管线坡度 i，求管径 d。

这类问题求解可按已知的 α，由表 7-5 查得相应的过水断面面积 A 和水力半径 R 与管径 d 的关系，代入相应的公式可算出管径 d。

2. 水力最优充满度

对一定的无压管道（d、n、i 一定），流量随管中水深 h 变化，由基本公式 $Q=CA\sqrt{Ri}$，式中 $C=\frac{1}{n}R^{\frac{1}{6}}$，$R=\frac{A}{\chi}$，得 $Q=A\frac{1}{n}R^{\frac{2}{3}}i^{\frac{1}{2}}=\frac{i^{\frac{1}{2}}A^{\frac{5}{3}}}{n\chi^{\frac{2}{3}}}$。

分析过水断面面积 A 和湿周 χ 随 h 的变化。在水深很小时，水深增加，水面增宽，过水断面面积 A 增加很快，在满流前增加最慢。湿周 χ 随水深 h 的增加与过水断面面积 A 变化不同，在接近管轴处增加最慢，在满流前增加最快。由此可知，水深超过半径后随着水深的继续增加，过水断面面积 A 的增长程度逐渐减小，而湿周 χ 的增长程度逐渐加大，当水深增加到一定程度时所通过的流量反而会相对减小。说明无压圆管通过的流量 Q 在管道满流之前便可能达到最大值，相应的充满度是水力最优充满度，与水力最优充满度对应的充满角是水力最优充满角。

将几何关系 $A=\frac{d^2}{8}(\theta-\sin\theta)$，$\chi=\frac{d}{2}\theta$ 代入前式，得

$$Q=A\frac{1}{n}R^{\frac{2}{3}}i^{\frac{1}{2}}=\frac{i^{\frac{1}{2}}}{n}\frac{\left[\frac{d^2}{8}(\theta-\sin\theta)\right]^{\frac{5}{3}}}{\left[\frac{d}{2}\theta\right]^{\frac{2}{3}}} \tag{7-15}$$

对上式求导，并令 $\frac{dQ}{d\theta}=0$，解得水力最优充满角 $\theta_h=308°$。

相应的水力最优充满度： $\alpha_h=\sin n^2\frac{\theta_h}{4}=0.95$

用同样的方法有

$$v=\frac{1}{n}R^{\frac{2}{3}}i^{\frac{1}{2}}=\frac{i^{\frac{1}{2}}}{n}\left[\frac{d}{4}\left(1-\frac{\sin\theta}{\theta}\sin\theta\right)\right]^{\frac{2}{3}} \tag{7-16}$$

令 $\frac{dV}{d\theta}=0$，解得过流速度最优的充满角和充满度分别是257.5° 和 0.81。

由以上分析得出，无压圆管均匀流在水深 $h=0.95d$，即充满度 $\alpha=0.95$ 时，输水能力最大；在水深 $h=0.81d$，即充满度 $\alpha=0.81$ 时，过流速度最大。需要说明的是，水力最优充满度并不是设计充满度，实验采用的设计充满度，还需要根据管道的工作条件以及直径大小来确定。具体设

计还需参照水力计算手册。

3. 最大充满度、允许流速

在工程上进行无压管道水力计算时，还需符合有关的规范规定。对于污水管道，为避免因流量变化形成有压流，充满度不能过大。现行室外排水规范规定的污水管道最大充满度见表 7-6。

表 7-6　最大设计充满度

管径(d)或暗渠高(H)/mm	最大设计充满度$\left(\alpha=\frac{h}{d}\text{或}\frac{h}{H}\right)$
150 ～ 300	0.6
350 ～ 450	0.7
500 ～ 900	0.75
⩾1 000	0.80

为防止管道发生冲刷和淤积，无压管道内的水流速度也有限制。如金属管道最大设计流速为 10 m/s，非金属管为 5 m/s；设计充满度下最小设计流速在 $d \leqslant 500$ mm 时取 0.7 m/s，$d > 500$ mm 时取 0.8 m/s。

4. 管道无压流的水力计算类型

(1) 已知 α、d、i、n，求 Q。

(2) 已知 Q、α、d、n，求 i。

(3) 已知 α、h、i、n，求 d。

7.4.3　复式断面渠道的水力计算

1. 断面周界上粗糙程度不同的明渠均匀流的水力计算

在水利工程中，根据工程实际情况有时渠底和渠壁会采用不同的材料，即会遇到沿湿周各部分粗糙度不同的渠道(见图 7-13)，这种渠道称为非均质渠道。例如，沿山坡凿石筑墙而成的渠道，即靠山一侧边坡和渠底为岩石，另一侧边坡为块石砌筑的挡土墙；底部为浆砌石，边坡为混凝土衬砌的渠道。由于沿湿周各部分粗糙系数不同，因而它们对水流的阻力也不同，可以采用一个综合的粗糙系数来反映整个断面的情况。也就是说，对这样的渠道进行水力计算，首先应该解决的是怎样由各部分粗糙系数计算综合粗糙系数的问题。

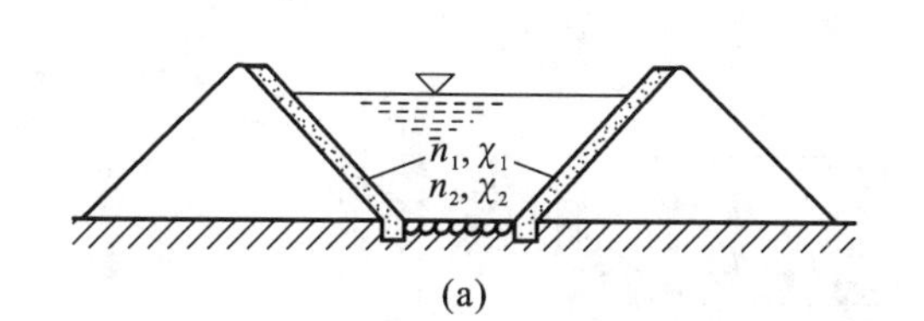

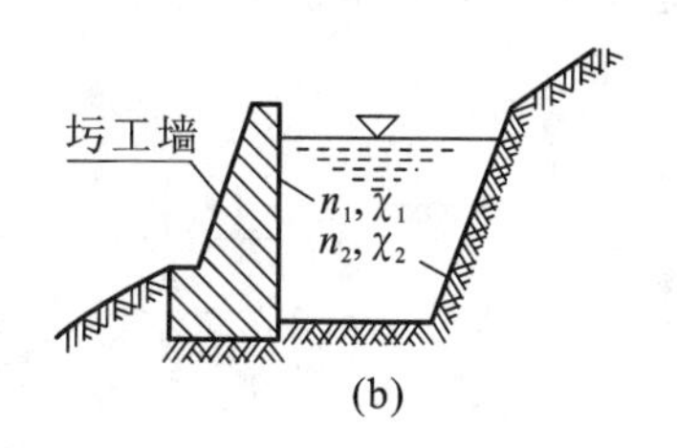

图 7-13　粗糙程度不同的渠道

根据巴甫洛夫斯基提出的方法得到的综合粗糙系数计算公式如下：

$$n=\sqrt{\frac{\chi_1 n_1^2+\chi n_2^2+\chi_3 n_3^2}{\chi_1+\chi_2+\chi_3}} \tag{7-17}$$

当渠道底部粗糙系数小于侧壁粗糙系数时，可用上式计算。

综合粗糙系数计算也可用以下公式计算：

$$n=\left(\frac{\chi_1 n_1^{3/2}+\chi_2 n_2^{3/2}+\chi_3 n_3^{3/2}}{\chi_1+\chi_2+\chi_3}\right)^{2/3} \tag{7-18}$$

一般情况下综合粗糙系数也可采用对各部分湿周的粗糙系数取加权平均值的方法进行计算，即

$$n=\frac{\chi_1 n_2+\chi_2 n_2+\chi_3 n_3}{\chi_1+\chi_2+\chi_3} \tag{7-19}$$

2. 复式断面明渠均匀流的水力计算

深挖、高填的大型渠道及流量变化范围比较大的渠道，常采用复式断面明渠(见图 7-14)，以利于边坡稳定。复式断面常常是不规则的，粗糙系数也可能沿湿周有变化。此外，由于断面上水深不一，各部分流速差别较大，如果把整个断面当作统一的总流来计算，直接用均匀流公式，将会得出不符合实际情况的结果。主要问题是当水深从主槽刚漫上滩地时，过水断面面积虽有增大，但湿周突然增大许多，使水力半径骤然减小，以致出现水深增大而流量减小的错误结果。因此，复式断面明渠的水力计算不可按一个断面统一计算。

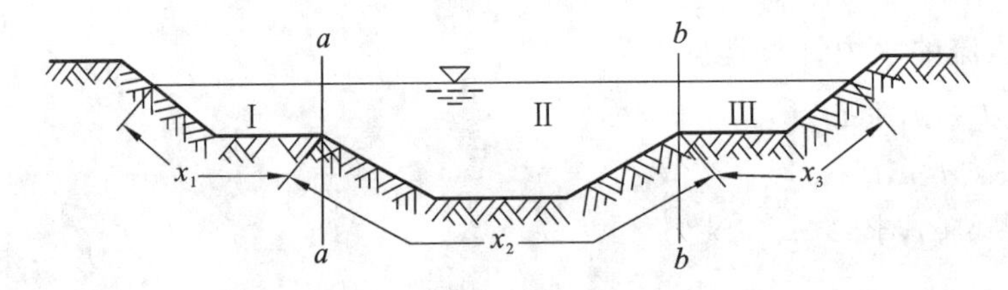

图 7-14　复式断面明渠

对图 7-14 所示的复式断面，其流量计算过程如下。

$$Q_1=K_1\sqrt{i}$$

$$Q_2=K_2\sqrt{i}$$

$$Q_3=K_3\sqrt{i}$$

$$Q=Q_1+Q_2+Q_3=(K_1+K_2+K_3)\sqrt{i} \tag{7-20}$$

例 7-7　一复式断面渠道如图 7-15 所示。已知 $b_1=b_3=6\ \text{m}$，$b_2=10\ \text{m}$，$h_1=h_3=1.8\ \text{m}$，$h_2=4\ \text{m}$，$m_1=m_3=1.5$，$m_2=2.0$，$n=0.02$，$i=0.000\ 2$。求渠道中通过的流量 Q 及断面平均流速 v。

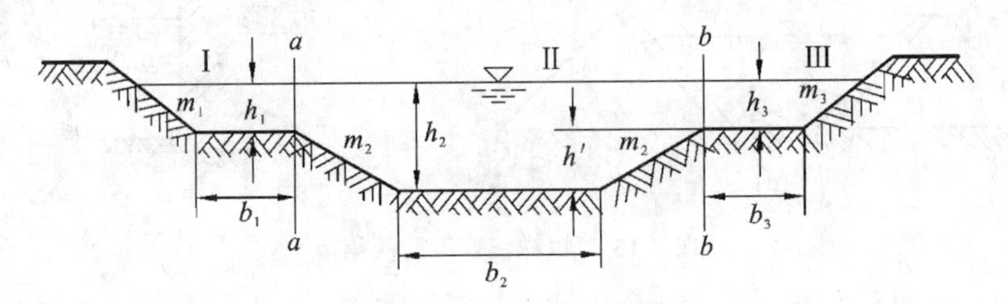

图 7-15　某一复式断面明渠

解　用 a-a 及 b-b 铅垂线将复式断面分为 Ⅰ、Ⅱ、Ⅲ 三个部分。

三部分断面面积为

$$A_1 = A_3 = \left(b_1 + \frac{m_1 h_1}{2}\right)h_1 = \left[\left(6 + \frac{1.5 \times 1.8}{2}\right) \times 1.8\right] \text{ m}^2 = 13.2 \text{ m}^2$$

$$\begin{aligned} A_2 &= (b_2 + m_2 h')h' + (b_2 + 2m_2 h')h_1 \\ &= \{[10 + 2 \times (4 - 1.8)] \times (4 - 1.8) + [10 + 2 \times 2 \times (4 - 1.8)] \times 1.8\} \text{ m}^2 \\ &= (31.7 + 33.8) \text{ m}^2 = 65.5 \text{ m}^2 \end{aligned}$$

三部分的湿周为

$$\chi_1 = \chi_3 = b_1 + h_1 \sqrt{1 + m_1^2} = (6 + 1.8 \times \sqrt{1 + 1.5^2}) \text{ m} = 9.245 \text{ m}$$

$$\chi_2 = b_2 + 2h' \sqrt{1 + m_2^2} = [10 + 2 \times (4 - 1.8) \times \sqrt{1 + 2^2}] \text{ m} = 19.8 \text{ m}$$

三部分的水力半径为

$$R_1 = R_3 = \frac{A_1}{\chi_1} = \frac{13.2}{9.245} \text{ m} = 1.428 \text{ m}$$

$$R_2 = \frac{A_2}{\chi_2} = \frac{65.5}{19.8} \text{ m} = 3.308 \text{ m}$$

三部分的流量模数为

$$K_1 = K_3 = A_1 C_1 \sqrt{R_1} = \frac{1}{n} A_1 R_1^{\frac{2}{3}} = 837 \text{ m}^3/\text{s}$$

$$K_2 = A_2 C_2 \sqrt{R_2} = \frac{1}{n} A_2 R_2^{\frac{2}{3}} = 7\ 270 \text{ m}^3/\text{s}$$

复式断面的流量为

$$Q = (K_1 + K_2 + K_3)\sqrt{i} = 126.5 \text{ m}^3/\text{s}$$

复式过水断面的平均流速为

$$v = \frac{Q}{A_1 + A_2 + A_3} = 1.38 \text{ m/s}$$

思考题与习题

思　考　题

7-1 与有压管流相比，明渠水流的主要特征是什么？

7-2 明渠均匀流的运动规律及水力特性是什么？

7-3 均匀流水深与渠道底坡、糙率和流量之间有何关系？

7-4 有两条正坡棱柱体渠道，其中一条渠道的糙率沿流程变化，另一条渠道中建一座水闸，试分析在这两条渠道（指整个渠道）中是否能发生均匀流？

7-5 两条渠道的断面形状及尺寸完全相同，通过的流量也相等。试问在下列情况下，两条渠道的正常水深是否相等？如不等，哪条渠道水深大？

(1) 若糙率 n 相等，但底坡 i 不等（即 $i_1 > i_2$）；

(2) 若底坡 i 相等，但糙率 n 不等（即 $n_1 > n_2$）。

7-6 有一长渠道中水流作均匀流动，若要使渠中水流流速减小而流量不变（但仍作均匀流），问有哪些措施可达到此目的？

习　题

7-1 一梯形土渠，按均匀流设计。已知水深 $h=1.2$ m，底宽 $b=2.4$ m，边坡系数 $m=1.5$，粗糙系数 $n=0.025$，底坡 $i=0.0016$。求流速 v 和流量 Q。

7-2 红旗渠某段长而顺直，渠道用浆砌条石筑成（$n=0.028$），断面为矩形，渠道按水力最佳断面设计，底宽 $b=8$ m，底坡 $i=\frac{1}{8\,000}$，试求通过流量。

7-3 某水库泄洪隧道，断面为圆形，直径 $d=8$ m，底坡 $i=0.002$，粗糙系数 n 为 0.014，水流为无压均匀流，当洞内水深 $h=6.2$ m 时，求泄洪流量 Q。

7-4 一梯形混凝土渠道，按均匀流设计。已知 $Q=35\ \mathrm{m^3/s}$，$b=8.2$ m，$m=1.5$，$n=0.012$ 及 $i=0.000\,12$，求 h（用试算法和查图法分别计算）。

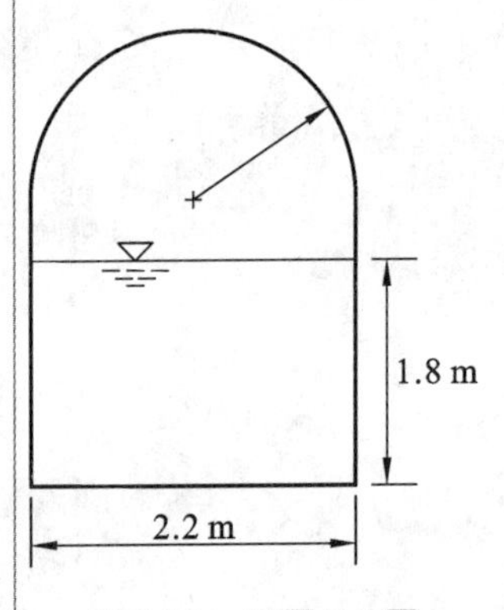

图 7-16　习题 7-5 图

7-5 某电站进水口后接一方圆形无压引水隧洞，断面尺寸如图 7-16 所示，$n=0.018$，$i=0.002\,2$，试求当引水流量 $Q=5\ \mathrm{m^3/s}$，洞内为均匀流时的水深 h。

7-6 一梯形灌溉土质渠道，按均匀流设计。根据渠道等级、土质情况，选定底坡 $i=0.001$，$m=1.5$，$n=0.025$，渠道设计流量 $Q=4.2\ \mathrm{m^3/s}$，并选定水深 $h=0.95$ m，试设计渠道的底宽 b。

7-7 某排水干渠，修建在密实的黏土地段，按均匀流设计。底坡 $i=\frac{1}{6\,000}$，$m=3$，$n=0.025$，$h=6$ m，要求排泄流量 $Q=800\ \mathrm{m^3/s}$，试确定底宽 b（用试算法和查图法计算），并校核渠道流速是否满足不冲流速的要求。

7-8 一引水渡槽，断面为矩形，槽宽 $b=1.5$ m，槽长 $l=116.5$ m，进口处槽底高程为 52.06 m，槽身壁面为净水泥抹面，水流在渠中作均匀流动。当通过设计流量 Q 为 $7.65\ \mathrm{m^3/s}$ 时，槽中水深 $h=1.7$ m，求渡槽底坡 i 及出口处槽底高程。

7-9 今欲开挖一梯形断面土渠。已知：流量 $Q=10\ \mathrm{m^3/s}$。边坡系数 $m=1.5$，粗糙系数 $n=0.02$，为防止冲刷的最大允许流速 $v=1.0$ m/s，试求：

(1) 按水力最佳断面条件设计断面尺寸；

(2) 渠道的底坡 i 为多少？

7-10 韶山灌区，某渡槽全长 588 m，矩形断面，钢筋混凝土槽身，$n=0.014$，通过设计流量 $Q=25.6\ \mathrm{m^3/s}$ 时，水面宽 $B=5.1$ m，水深 $h=3.08$ m，问此时渡槽底坡应为多少？并校核此时槽内流速是否满足通航要求（渡槽内允许通航流速 $Q\leqslant 1.8$ m/s）。

7-11 一梯形渠道，按均匀流设计。已知 $Q=23\ \mathrm{m^3/s}$，$h=1.5$ m，$b=10$ m，$m=1.5$ 及 $i=0.000\,5$，求 n 及均匀流的流速 v。

7-12 一梯形渠道，流量 $Q=10\ \mathrm{m^3/s}$，底坡 $i=\frac{1}{3\,000}$，边坡系数 $m=1$，表面用浆砌块，水泥砂浆勾缝，已拟定宽深比 $\frac{b}{h}=5$。求渠道的断面尺寸。

7-13 一矩形混凝土渠（表面磨光，底部有卵石），长 200 m，按均匀流设计，底宽 $b=2$ m，当水深 $h=1$ m 时，通过的流量 $Q=5.25\ \mathrm{m^3/s}$，问渠道上下端水面落差是多少？

7-14 有一环山渠道的断面如图7-17所示，水流近似为均匀流，靠山一边按1∶0.5的边坡开挖（岩石较好，$n_1=0.0275$），另一边为直立的浆砌块石边墙，$n_2=0.025$，底宽$b=2$ m，底坡$i=0.002$，求$h=1.5$ m时的过流能力Q。

7-15 某天然河道的河床断面形状及尺寸如图7-18所示，边滩部分水深$h=1.2$ m，若水流近似为均匀流，河底坡度$i=0.0004$，试确定所通过的流量Q。

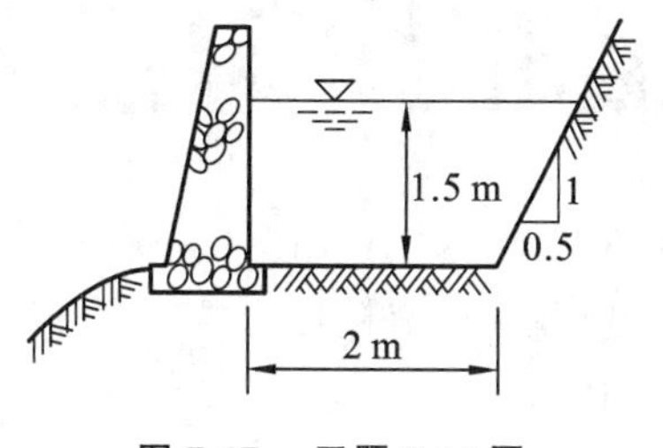

图7-17　习题7-14图

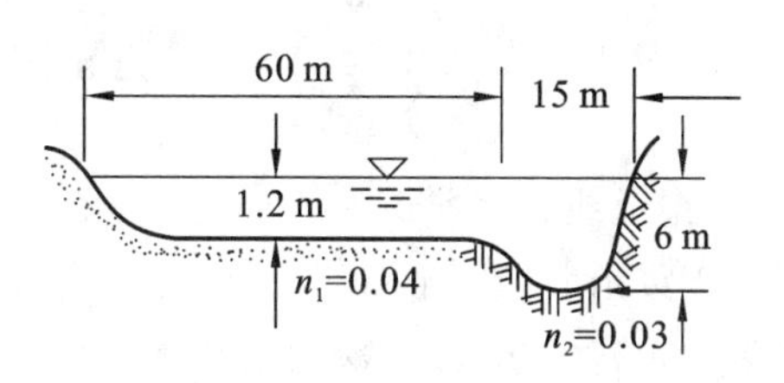

图7-18　习题7-15图

7-16 今欲开挖一梯形断面土渠。已知：流量$Q=10$ m^3/s。边坡系数$m=1.5$，粗糙系数$n=0.02$，为防止冲刷的最大允许流速$v=1.0$ m/s，试求：

(1) 按水力最佳断面条件设计断面尺寸；

(2) 渠道的底坡i为多少？

Chapter 8

第 8 章 明渠恒定非均匀流

人工渠道或天然河道中的水流，绝大多数为非均匀流，这是因为天然河道中不存在棱柱体渠道，即人工渠道其断面形状、尺寸可能改变，底坡也可能改变，就是长直棱柱体渠道上也往往建有闸、涵等水工建筑物，故一般明渠很难满足均匀流的形成条件。

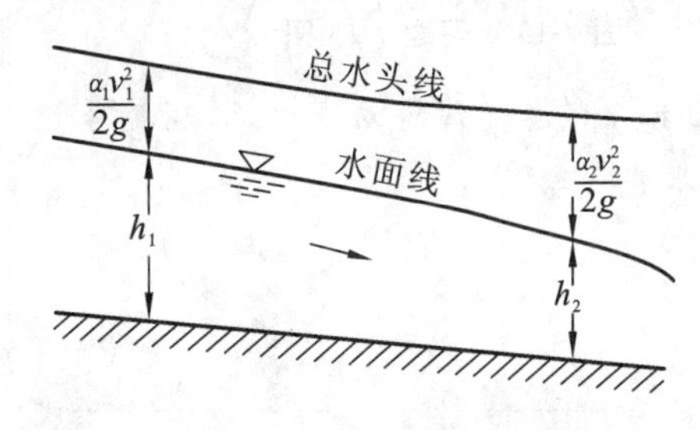

图 8-1 明渠非均匀流动

明渠非均匀流动是断面水深和流速均沿程改变的流动。非均匀流的底坡线、水面线、总水头线三者互不平行（见图 8-1）。明渠非均匀流的水面曲线有壅水和降水之分，即渠道的水深沿程可升可降。

明渠非均匀流的重点研究内容是：明渠恒定非均匀流的水力要素（主要是水深）的变化规律及其水力计算，确定水面线形式及其位置，以便确定明渠的边墙高度和建筑物（闸、坝、桥、涵）前的壅水深度及回水淹没的范围，这在工程中具有十分重要的意义。

根据流线不平行的程度，同样可将水流分为渐变流和急变流。

本章主要讨论明渠急变流的水跃和水跌现象及明渠渐变流的水面曲线的定性分析和定量计算。

8.1 明渠水流的三种流态

明渠水流有和大气相接触的自由表面，它与有压流不同，具有独特的水流流态。一般明渠有三种流态，即缓流、临界流和急流。为了了解三种流态的实质，可以观察一个简单的实验。

若在静水中沿铅垂方向丢下一块石子，水面将产生一个微小波动，这个波动以石子着落点为中心，以一定的速度 v_w 向四周传播，平面上的波形将是一连串的同心圆，如图 8-2 所示。这种在静水中传播的微波速度 v_w 称为相对波速。若把石子投入流动的明渠均匀流中，则波传播速度应是水流的速度与相对波速的向量和。当水流断面平均流速 v 小于相对波速 v_w 时，微波将以绝对速度 $v-v_w$ 向上游传播，同时又以 $v+v_w$ 向下游传播，这种水流称为缓流。当水流断面平均流速 v 等于相对波速 v_w 时，微波向上游传播的绝对速度为 0，而向下游传播的绝对速度为 $2v_w$，这种水流称为临界流。当水流断面平均流速 v 大于相对波速 v_w 时，微波不能向上游传播，向下游传播的绝对速度为 $v+v_w$，这种水流称为急流。

由此可见，只要比较水流的断面平均流速 v 和微波相对波速 v_w 的大小，就可以判断水流属于哪一种流态。

$v < v_w$，水流为缓流，干扰波能向上游传播；

$v = v_w$，水流为临界流，干扰波刚好不能向上游传播；

$v > v_w$，水流为急流，干扰波不能向上游传播。

上述分析说明了外界对水流的扰动（如投石水中、闸门的启闭等）有时能传至上游，而有时则不能向上游传播的原因。实际上，设置于水流中的各种建筑物可以看作是对水流连续不断的扰动，如闸门、水坝、桥墩等，上述分析结论仍然是适用的。

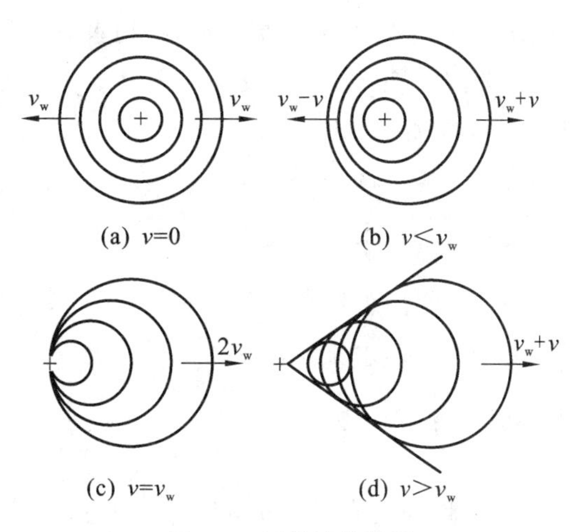

图 8-2　干扰波的传播

要判别流态，必须首先确定微波传播的相对波速，现在来推导相对波速的计算公式。

如图 8-3 所示，在平底矩形棱柱体明渠中，假设渠中水深为 h，设开始时，渠中水流处于静止状态，用一竖直平板以一定的速度向左拨动一下，则在平板的左侧将激起一个干扰的微波。微波波高为 Δh，以波速 v_w 向左移动。建立移动坐标系以速度 v_w 随波向左前进。

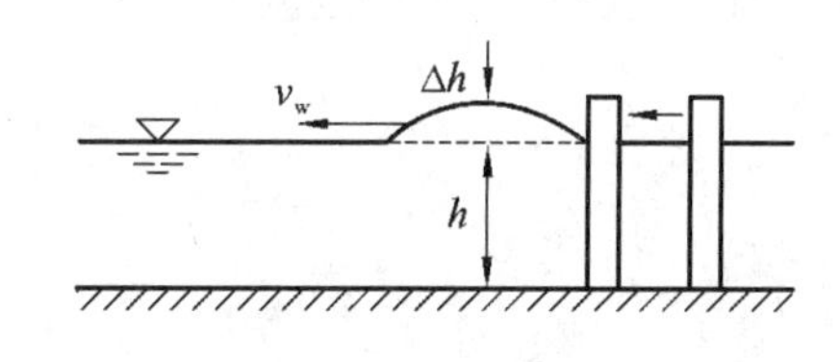

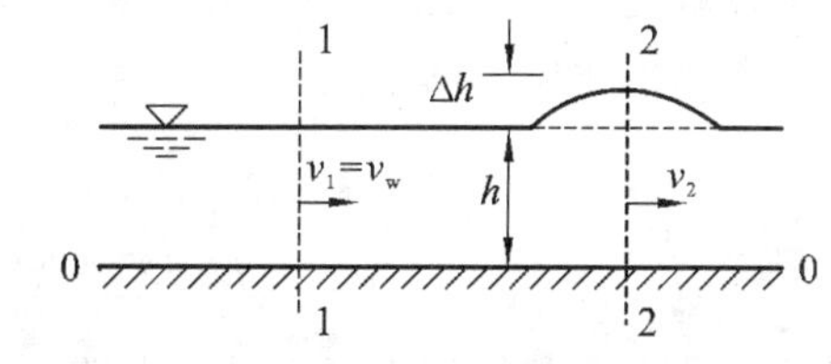

图 8-3　干扰波的波速

在动坐标系内，水流作恒定非均匀流动。忽略摩擦阻力，以渠底所在水平面为基准面，对断面 1-1 和 2-2 建立能量方程和连续性方程，有

$$hv_w = (h + \Delta h)v_2$$

$$h + \frac{\alpha_1 v_w^2}{2g} = h + \Delta h + \frac{\alpha_2 v_2^2}{2g}$$

联立连续方程和能量方程，并令 $\alpha_1 \approx \alpha_2 \approx 1$，得

$$v_w = \sqrt{gh \frac{\left(1 + \frac{\Delta h}{h}\right)^2}{1 + \frac{\Delta h}{2h}}} \tag{8-1}$$

对波高较小的微波，令 $\frac{\Delta h}{h} \approx 0$ 可推导出干扰波波速公式：

$$v_w = \sqrt{gh} \tag{8-2}$$

如果明渠断面为任意形状，则可得

$$v_w = \pm \sqrt{g\bar{h}} \tag{8-3}$$

式中，$\bar{h}$ 为平均水深。对矩形平面，平均水深就等于渠道水深 h。对静水而言，上式中的 $\pm$ 只有数学上的意义。对于运动水流，设其流速为 v，则干扰波波速的绝对速度可表示为 $v'_w = v \pm v_w$，顺流方向取“+”，逆流方向取“−”。

这样一来，流态的判别为：

$v_w < \sqrt{g\bar{h}}$，水流为缓流；

$v_w = \sqrt{g\bar{h}}$，水流为临界流；

$v_w > \sqrt{g\bar{h}}$，水流为急流。

对临界流：

$$\frac{v}{\sqrt{g\bar{h}}} = \frac{v_w}{\sqrt{g\bar{h}}} = 1$$

$\dfrac{v}{\sqrt{g\bar{h}}}$ 称为弗劳德数，用符号 Fr 表示。

$$Fr = \frac{v}{v_w} = \frac{v}{\sqrt{g\bar{h}}} \tag{8-4}$$

显然有：

$Fr < 1$，水流为缓流；

$Fr > 1$，水流为急流；

$Fr = 1$，水流为临界流。

从上式可以看到弗劳德数 Fr 的运动学意义是断面平均流速与干扰波波速的比值。如果将弗劳德数的表达式稍作变形，可以得到

$$Fr = \sqrt{2\frac{\frac{v^2}{2g}}{\bar{h}}} \tag{8-5}$$

该式表达的弗劳德数的物理意义是过水断面上单位重量液体平均动能与平均势能之比的2倍开平方。

从液体质点的受力情况分析，可以得到弗劳德数的力学意义是惯性力与重力的比值。也可用量纲关系来分析。

惯性力的量纲为

$$[F] = [M][a] = [\rho L^3] \cdot [LT^{-2}] = [\rho L^2 v^2]$$

重力的量纲为

$$[G] = [g][M] = [\rho L^3][g] = [\rho L^3 g]$$

而惯性力与重力之比开平方的量纲式为

$$\frac{[F]^{\frac{1}{2}}}{[G]^{\frac{1}{2}}} = \left[\frac{\rho L^2 v^2}{\rho L^3 g}\right]^{\frac{1}{2}} = \left[\frac{v}{\sqrt{gL}}\right] = [Fr]$$

8.2 断面比能与临界水深

明渠中水流的流态也可以从能量的角度来分析。

8.2.1 断面比能

1. 断面比能(断面单位能量)的定义

如图 8-4 所示，以过渠道最低点的水平面 $0'$—$0'$ 为基准面，计算得到的该断面上单位重量液体所具有的机械能，称为断面比能，可表示为

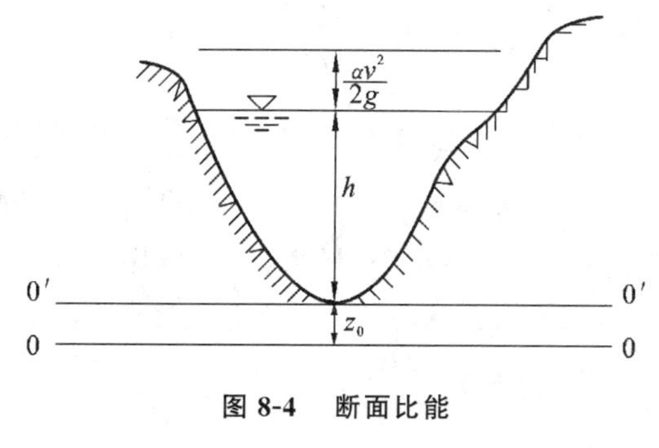

图 8-4 断面比能

$$\begin{cases} E = z_0 + h + \dfrac{\alpha v^2}{2g} = z_0 + E_s \\ E_s = h + \dfrac{\alpha v^2}{2g} \end{cases} \tag{8-6}$$

式中，E_s 称为断面单位能量或断面比能。

2. 断面总能量 E 与断面比能 E_s 的区别与联系

断面总能量 E 与断面比能 E_s 的区别如下。

(1) E 在整个流程上为同一基准面，所以 E 沿程总是减小；E_s 在整个流程上，针对不同的过水断面其计算比能的基准面不同，即断面比能 E_s 沿程可升、可降、可不变。

(2) E 的基准面任意选；E_s 的基准面是渠道横断面的最低点所在水平面。

(3) 两者之间差一个基准面高差 z_0。

断面总能量 E 与断面比能 E_s 的联系如下。

断面比能 E_s 是断面单位重量的液体具有的总机械能中反映水流运动状态的那一部分，断面比能计算公式中的水深 h 及流速水头 $\frac{\alpha v^2}{2g}$ 都是水流运动状态的直接反映。

3. 比能曲线

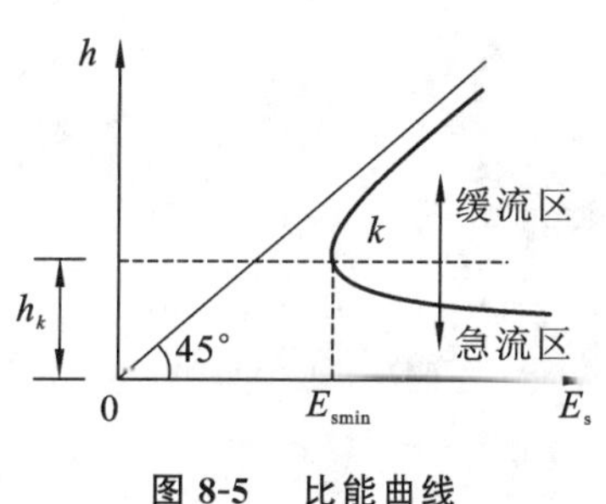

图 8-5 比能曲线

在断面形状尺寸及流量一定的条件下，断面比能 E_s 只是水深 h 的函数。如果以纵坐标表示水深 h，以横坐标表示断面比能 E_s，则一定流量下所讨论断面的断面比能 E_s 随水深 h 的变化规律可以用 h-E_s 曲线来表示，这个曲线称为比能曲线，见图 8-5。

可以证明

$$\frac{\mathrm{d}E_s}{\mathrm{d}h} = 1 - \frac{\alpha Q^2}{gA^3}B = 1 - Fr^2 \tag{8-7}$$

对于极值点，$\frac{\mathrm{d}E_s}{\mathrm{d}h} = 0$，$Fr = 1$，即断面比能最小时对应的水流为临界流，相应的水深称为临界水深，以符号 h_k 表示。

比能曲线的特点如下。

(1) 比能曲线是一条二次抛物线，曲线下端以 E_s 轴为渐进线，上端以 45° 直线为渐进线，曲线两端向右方无限延伸，中间存在极小点。

(2) 断面比能 E_s 最小时对应的水深为临界水深。

(3) 曲线上支，随着水深 h 的增大，断面比能 E_s 值增大，为增函数，$\frac{\mathrm{d}E_s}{\mathrm{d}h} > 0$，则有 $Fr < 1$，表示水流为缓流，即比能曲线的上支代表的水流为缓流。在曲线下支，随着水深 h 的增大，断面比能

E_s 值减小，为减函数，$\frac{dE_s}{dh} < 0$，则有 $Fr > 1$，表示水流为急流，即比能曲线的下支代表的水流为急流。而极值点，$\frac{dE_s}{dh} = 0$，对应的水流就为临界流。

(4) 比能曲线的上支和下支分别代表不同的水流流态，而比能曲线上支和下支的分界点处的水深又为临界水深，显然，也可以用临界水深来判别水流流态。$h > h_k$，相当于比能曲线的上支，水流为缓流；$h < h_k$，相当于比能曲线的下支，水流为急流；$h = h_k$，相当于比能曲线的极值点，水流为临界流。

8.2.2 临界水深

流量及断面形状尺寸一定的条件下，断面比能最小时的相应水深称为临界水深 h_k。

断面比能最小时，$\frac{dE_s}{dh} = 0$，由此条件即可求得临界水深计算公式。

$$\frac{\alpha Q^2}{g} = \frac{A_k^3}{B_k} \tag{8-8}$$

在临界水深计算公式中，下标 k 表示相应于临界水深时的水力要素。在流量及断面形状尺寸一定的条件下，可由此时的$\frac{A_k^3}{B_k}$求解临界水深。由于$\frac{A_k^3}{B_k}$是水深h 的隐函数，对一般形状的断面需要试算求解。

临界水深与流量、断面形状尺寸有关，与渠道的底坡和粗糙系数无关。

1. 矩形断面临界水深的计算

对矩形断面而言，$B_k = b$，$A_k = bh_k$，将其代入临界水深计算的一般公式，化简整理可得矩形断面临界水深的直接计算公式。

$$h_k = \sqrt[3]{\frac{\alpha Q^2}{gb^2}} = \sqrt[3]{\frac{\alpha q^2}{g}} \tag{8-9}$$

式中，q 为单宽流量，$q = \frac{Q}{b}$。对矩形断面，$q = \frac{Q}{b} = hv$，则由式(8-9)有

$$h_k^3 = \frac{\alpha q^2}{g} = \frac{\alpha\ (h_k v_k)^2}{g}$$

由上式求出 h_k：

$$h_k = 2\ \frac{\alpha v_k^2}{2g}$$

上式说明，在临界流时，矩形断面的临界水深等于其流速水头的 2 倍，此时相应的断面比能

$$E_s = E_{smin} = h_k + \frac{\alpha v_k^2}{2g} = h_k + \frac{h_k}{2} = \frac{3}{2}h_k \tag{8-10}$$

2. 任意断面临界水深的计算

任意断面临界水深的计算可采取试算法。当流量 Q 给定之后，$\frac{\alpha Q^2}{g}$ 为一常数。于是可假定不同的水深，求得相应的$\frac{A^3}{B}$，当求得的某一水深对应的$\frac{A^3}{B}$ 值恰好等于$\frac{\alpha Q^2}{g}$ 时，该水深即为所求的临界水深。

任意断面临界水深的计算也可用试算-图解法。假定 3 ～ 5 个不同的水深，求得相应的$\frac{A^3}{B}$，当求得的$\frac{A^3}{B}$把$\frac{\alpha Q^2}{g}$包含在中间时，可作出 h-$\frac{A^3}{B}$ 的关系曲线，由已知的$\frac{\alpha Q^2}{g}$值可从曲线上查得相应的水深值，该水深即为所求的临界水深。

3. 等腰梯形断面临界水深的计算

若明渠的过水断面为等腰梯形断面，则临界水深的计算除了可用试算法和试算-图解法外，还可采用查图法。等腰梯形断面明渠临界水深的求解图见附录 C。

例 8-1 一矩形断面明渠，流量 $Q = 30\ \mathrm{m^3/s}$，底宽 $b = 8\ \mathrm{m}$。试求：

(1) 求渠中临界水深；

(2) 计算渠中实际水深 $h = 3\ \mathrm{m}$ 时，水流的弗劳德数、微波波速，并从不同的角度来判别水流的流态。

解 (1) 求临界水深

$$q = \frac{Q}{b} = \frac{30}{8}\ \mathrm{m^3/(s \cdot m)} = 3.75\ \mathrm{m^3/(s \cdot m)}$$

$$h_k = \sqrt[3]{\frac{\alpha q^2}{g}} = \sqrt[3]{\frac{1.0 \times 3.75^2}{9.8}}\ \mathrm{m} = 1.13\ \mathrm{m}$$

(2) 当渠中水深 $h = 3\ \mathrm{m}$ 时

渠中流速 $$v = \frac{Q}{bh} = \frac{30}{8 \times 3}\ \mathrm{m/s} = 1.25\ \mathrm{m/s}$$

弗劳德数 $$Fr = \frac{v}{\sqrt{gh}} = \frac{1.25}{\sqrt{9.8 \times 3}} = 0.231$$

微波波速 $$v_w = \sqrt{gh} = \sqrt{9.8 \times 3}\ \mathrm{m/s} = 5.42\ \mathrm{m/s}$$

临界流速 $$v_k = \sqrt{gh_k} = \sqrt{9.8 \times 1.13}\ \mathrm{m/s} = 3.33\ \mathrm{m/s}$$

从水深看，因 $h > h_k$，故渠中水流为缓流。

以 Fr 为标准，因 $Fr < 1$，故水流为缓流。

以微波波速与实际流速相比较，因 $v_w > v$，微波可以向上游传播，故渠中水流为缓流。

以临界波速与实际流速相比较，因 $v < v_k$，故渠中水流为缓流。

8.3 临界底坡

在流量、断面形状及尺寸一定的棱柱体正坡明渠中，当水流作均匀流动时，如果改变渠道的底坡，则相应的均匀流正常水深 h_0 也会相应地改变。当变至某一底坡 i_k 时，其均匀流的正常水深 h_0 恰好等于临界水深 h_k，此时的底坡 i_k 就称为临界底坡。

在临界底坡上作均匀流时，一方面它要满足临界流的条件：

$$\frac{\alpha Q^2}{g} = \frac{A_k^3}{B_k}$$

另一方面又要同时满足均匀流的基本方程：

$$Q = A_k C_k \sqrt{R_k i_k}$$

因此，联立上列两式可得临界底坡的计算公式为

$$i_k = \frac{g\chi_k}{\alpha C_k^2 B_k} \tag{8-11}$$

式中，B_k、χ_k、R_k、C_k 为渠中水深为临界水深时所对应的水面宽度、湿周、水力半径、谢才系数。

从式(8-10)中不难看出，临界底坡只取决于流量、断面形状及尺寸，并与粗糙系数有关，而与渠道的实际底坡无关。它并不是实际存在的渠道底坡，只是与某一流量、断面形状尺寸及粗糙系数相对应的某一特定坡度，它只是为便于分析非均匀流动而引入的一个概念。事实上，实际渠道的底坡只可能在某一流量下为临界底坡，而在其他流量下则不是。引入临界底坡之后，可将正坡明渠再分为缓坡、陡坡、临界坡三种类型。如果渠道的实际底坡 $i < i_k$，我们称它为缓坡，$i > i_k$ 称为陡坡，$i = i_k$ 称为临界坡。

对明渠均匀流而言，当底坡 $i < i_k$ 时，$h_0 > h_k$；$i > i_k$ 时，$h_0 < h_k$；$i = i_k$ 时，$h_0 = h_k$。这就是说可以利用临界底坡判断明渠均匀流的水流流态，即缓坡上的均匀流是缓流，陡坡上的均匀流是急流，临界坡上的均匀流是临界流。但对非均匀流，没有上述对应关系。

例 8-2 某一梯形断面渠道，已知流量 $Q = 45\ \text{m}^3/\text{s}$，底宽 $b = 10$ m，边坡系数 $m = 1.5$，壁面粗糙系数 $n = 0.022$，底坡 $i = 0.0009$。试计算临界底坡 i_k，并判断渠道底坡属缓坡还是陡坡。

解 $i_k = \dfrac{g\chi_k}{\alpha C_k^2 B_k}$

运用图解法，可求出 $h_k = 1.2$ m。

$$\chi_k = b + 2\sqrt{1+m^2}h_k = (10 + 2\times\sqrt{1+1.5^2}\times 1.2)\ \text{m} = 14.33\ \text{m}$$

$$A_k = (b + mh_k)h_k = [(10 + 1.5\times 1.2)\times 1.2]\ \text{m}^2 = 14.16\ \text{m}^2$$

$$B_k = b + 2mh_k = (10 + 2\times 1.5\times 1.2)\ \text{m} = 13.6\ \text{m}$$

$$R_k = \frac{A_k}{\chi_k} = \frac{14.16}{14.33}\ \text{m} = 0.988\ \text{m}$$

$$C_k = \frac{1}{n}R_k^{\frac{1}{6}} = \left(\frac{1}{0.022}\times 0.988^{\frac{1}{6}}\right)\ \text{m}^{\frac{1}{2}}/\text{s} = 45.36\ \text{m}^{\frac{1}{2}}/\text{s}$$

$$i_k = \frac{9.8\times 14.33}{1\times 45.36^2\times 13.6} = 0.00502$$

因 $i_k > i$，所以渠道属于缓坡渠道。

8.4 水跌与水跃

当明渠水流的流线间夹角很大，或弯曲的曲率半径很小时，此时的水流状态为明渠非均匀急变流，明渠非均匀急变流水深的变化很大，超出同一流区。

明渠急变流具有以下特点：① 水深、流速均变化急剧；② 水面曲线弯曲程度大；③ 过水断面的压强分布不符合静水压强分布规律。

这里我们重点讨论两种特殊的明渠急变流现象：水跌和水跃，如图 8-6 所示。

1. 水跌(缓流向急流的过渡)

水跌是明渠非均匀急变流由缓流突变为急流时，水深从大于临界水深变为小于临界水深，水

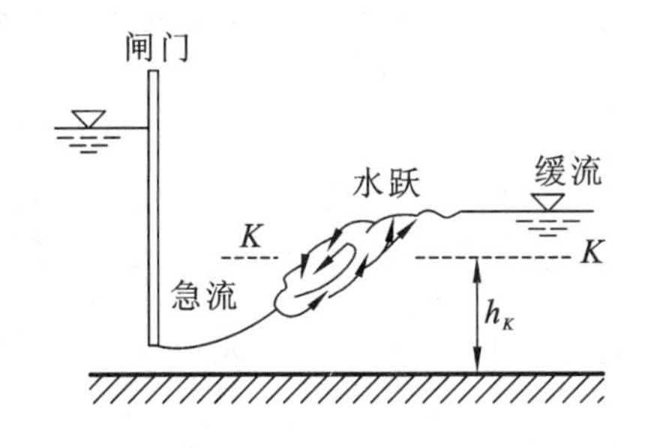

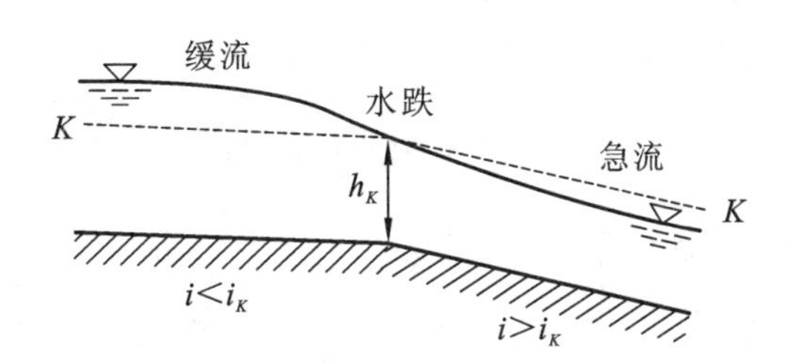

图 8-6　水跃和水跌

面急剧跌落的局部水力现象（见图 8-7）。这种现象常见于渠道底坡由缓坡突然变为陡坡，或下游渠宽突然增加，或缓坡渠道末端有跌坎，或水流自水库进入陡坡渠道及坝顶溢流处。

在缓流状态下，断面比能随水深减小而减小，如图 8-7(b) 所示曲线的上半支。当跌坎处水面降落时，水流的断面比能将沿曲线自 O 点向 K 点逐渐减小。在重力作用下，坎上水流最低只能降至 K 点，即水流断面比能为最小的临界情况。如果降至 K 点以下，则为急流状态，渠中水流的能量反而有个增大的过程，显然这是不可能的。这样，跌坎上水流的总水头此时达到最小值，即达到了该流量从跌坎下泄时具备最小能量的状态。所以水流通过跌坎发生水跌时，跌坎断面处的水深为该流量下的临界水深。

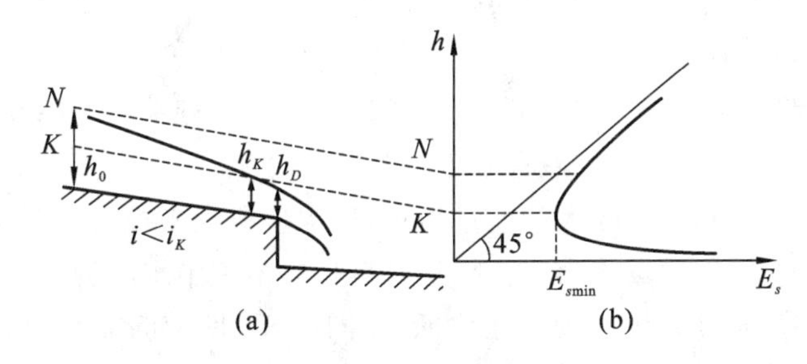

图 8-7　水跌

需要指出的是，以上是根据渐变流条件分析得到的结果。跌坎附近，水面急剧下降，流线显著弯曲，水流已不是渐变流。实验表明，实际跌坎处水深 h_D 略小于按渐变流计算的水深 h_K，$h_D \approx 0.7h_K$。h_K 值发生在上游距坎端 $(3 \sim 4)h_K$ 的位置，但一般的水面分析和计算，仍取坎端断面水深为临界水深作为控制水深。

2. 水跃（急流向缓流的过渡）

1) 水跃现象

水流由急流变为缓流产生水跃，水面局部骤然跃起，在较短的渠段内水深从小于临界水深急剧地跃为大于临界水深。在闸、坝、陡槽等泄水建筑物的下游一般常有水跃产生。

水跃区如图 8-8 所示，上部是一个作剧烈回旋运动的旋滚，掺有大量气泡，旋滚下面是向前急剧扩散的主流。

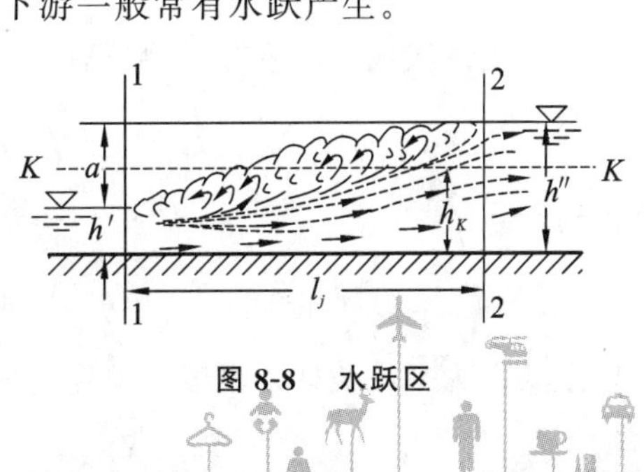

图 8-8　水跃区

由于水跃表面旋滚大量掺气、旋转，内部水流紊动、混掺强烈，以及主流流速分布不断调整，集中消耗大量机械能，可达跃前断面能量的 60% ～ 70%。因此，工程中水跃的作用有:① 水跃是重要的消能手段。实际工程中利用它防止对下游河床的冲刷。② 用于搅拌使其中的液体充分混合。

水跃的两种类型如下:

完整水跃:$\frac{h''}{h'} > 2$,水跃表面产生旋滚,空气大量掺入;

波状水跃:$\frac{h''}{h'} \leqslant 2$,跃前水深接近于临界水深,水跃起的高度($h''-h'$)不大,水跃呈现一系列起伏的波浪。

本教材仅讨论棱柱体平坡渠道中的完整水跃,从以下四个方面讨论:

① 跃前水深和跃后水深的关系;

② 水跃段长度;

③ 水跃发生时的能量损失;

④ 水跃发生的位置。

完整水跃其水跃区的几何要素有如下:

跃前水深 h':跃前断面(表面旋滚起点所在过水断面)的水深;

跃后水深 h'':跃后断面(表面旋滚终点所在过水断面)的水深;

水跃高度:$a = h''-h'$,简称跃高;

水跃长度 l_j:跃前断面与跃后断面之间的距离。

2) 水跃的基本方程

水跃基本方程是表征水跃运动规律的方程,通过它可以进行水跃的基本运算,包括水跃共轭水深的计算、水跃能量损失的计算、水跃段长度的计算等。

水跃属于明渠急变流,其中有较大的能量损失,用动量方程来推求水跃基本方程可以不涉及水跃段中的能量损失,下面用动量方程来推导平底棱柱体渠道中水跃的基本方程。

设平底棱柱体渠道,通过流量 Q 时发生水跃(见图 8-8)。跃前断面水深为 h',平均流速为 v_1;跃后断面水深为 h'',平均流速为 v_2。

根据实际情况,作三点假设:

① 距离 l 很小,渠底摩擦阻力忽略不计;

② 跃前、跃后断面水流为渐变流,压强按静水压强分布计算;

③ 跃前、跃后断面动量修正系数相等,即 $\beta_1 = \beta_2 = \beta$。

取渐变流过水断面 1—1 和 2—2、渠与大气接触面及渠底所包围的水体为控制体,沿液体流动方向列写动量方程:

$$P_1 - P_2 = \beta\rho Q(v_2 - v_1)$$

其中,$P_1 = \gamma h_{c1} A_1$,$P_2 = \gamma h_{c2} A_2$(h_{c1}、h_{c2} 分别为断面 A_1、A_2 形心点处的水深),$v_1 = \frac{Q}{A_1}$,$v_2 = \frac{Q}{A_2}$。

将上述各式代入动量方程,整理得

$$\gamma h_{c1} A_1 - \gamma h_c A_2 = \beta\rho Q\left(\frac{Q}{A_2} - \frac{Q}{A_1}\right)$$

化简得

$$h_{c1} A_1 + \frac{Q^2}{gA_1} = h_c A_2 + \frac{Q^2}{gA_2} \tag{8-12}$$

上式即为平底棱柱体渠道中恒定流的水跃方程。

令水跃函数 $J(h)=h_cA+\frac{Q^2}{gA}$，则水跃方程可表示为 $J(h')=J(h'')$，其中 h' 和 h'' 互为共轭水深。根据式(8-12)，已知跃前水深 h' 或跃后水深 h''，可求其共轭水深。

$J(h)$ 为 h 的连续函数，当流量一定时，棱柱体明渠中水跃函数 $J(h)=h_cA+\frac{Q^2}{gA}$ 随水深的变化而变化。其间的关系为：当 $h\rightarrow 0$，$A\rightarrow 0$，则 $J(h)\rightarrow\infty$；当 $h\rightarrow\infty$，$A\rightarrow\infty$，则 $J(h)\rightarrow\infty$。对应的关系曲线如图 8-9 所示。

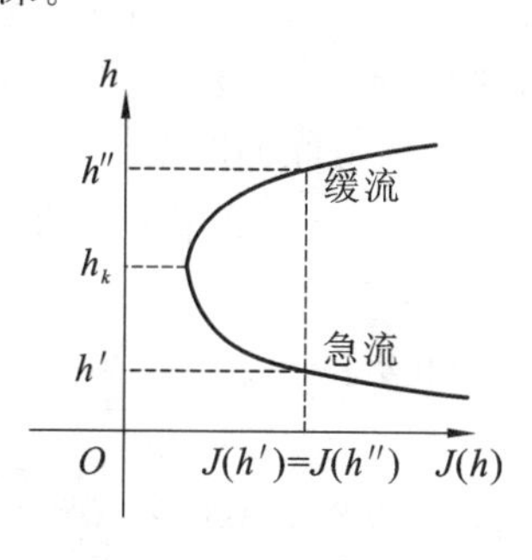

图 8-9　水跃函数曲线

可以证明，曲线上对应水跃函数最小值的水深正是明渠在该流量下的临界水深 h_k，也即 $J(h_k)=J(h)_{\min}$。由图 8-9 可以看出：

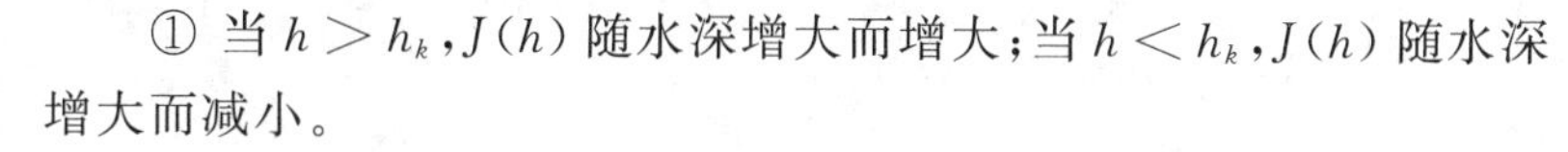

① 当 $h>h_k$，$J(h)$ 随水深增大而增大；当 $h<h_k$，$J(h)$ 随水深增大而减小。

② 跃前水深越小，对应的跃后水深越大；反之，跃前水深越大，对应的跃后水深越小。

以上导出的水跃方程在棱柱体明渠底坡不大($i<0.05$)的情况下也可以近似使用。

3) 水跃的水力计算

(1) 共轭水深的计算。

若已知共轭水深中的一个(跃前水深 h' 或跃后水深 h'')，根据水跃基本方程可以计算出一对共轭水深中的另一个。

对任意形状断面的渠道，水跃函数 $J(h)$ 是水深的复杂函数，所以共轭水深不易由水跃方程直接解出，可用试算法或图解法进行求解。

对于等腰梯形断面的渠道，还可以应用特制的计算曲线来求共轭水深，计算曲线见附图 D。

对于矩形断面的棱柱体渠道，过水断面面积 $A=bh$，断面形心水深 $h_c=\frac{h}{2}$，单宽流量 $q=\frac{Q}{b}$，代入式(8-12)，消去 b 得

$$\frac{q^2}{gh'}+\frac{h'^2}{2}=\frac{q^2}{gh''}+\frac{h''^2}{2} \tag{8-13}$$

经过整理，得

$$h'h''(h'+h'')=\frac{2q^2}{g} \tag{8-14}$$

求解得

$$\begin{cases} h'=\frac{h''}{2}\left[\sqrt{1+\frac{8q^2}{gh''^3}}-1\right] \\ h''=\frac{h'}{2}\left[\sqrt{1+\frac{8q^2}{gh'^3}}-1\right] \end{cases} \tag{8-15}$$

由于 $\frac{q^2}{gh_1^3}=\frac{v^2}{gh_1}=Fr_1^2$，$\frac{q^2}{gh_2^3}=\frac{v^2}{gh_2}=Fr_2^2$，将其代入(8-15)式得

$$h'=\frac{h''}{2}(\sqrt{1+8Fr_2}-1) \tag{8-16}$$

$$h''=\frac{h'}{2}(\sqrt{1+8Fr_1}-1) \tag{8-17}$$

(2) 水跃长度。

在完整水跃的水跃段中，水流紊动强烈，底部流速很大。因此，除河渠的底部为十分坚固的岩

石外，一般均需设置护坦加以保护。此外，在跃后段的一部分范围内也需铺设海漫以免底部被冲刷破坏。由于护坦和海漫的长度都与完整水跃的长度有关，故水跃长度的确定具有重要的实际意义。但水跃运动非常复杂，至今还没有一个比较完善的、可供实际应用的理论跃长公式。在工程设计中，一般多采用经验公式来确定跃长。在此介绍平底明渠水跃长度的经验公式。

对矩形断面明渠：

① 以跃后水深表示的美国垦务局公式

$$l_j = 6.1h'' \tag{8-18}$$

② 以跃高表示的欧勒佛托斯基公式

$$l_j = 6.9(h'' - h') \tag{8-19}$$

③ 弗劳德数的陈椿庭公式

$$l_j = 9.4(Fr_1 - 1)h' \tag{8-20}$$

对梯形断面明渠：

梯形断面明渠中水跃的跃长可近似按下列经验公式计算

$$l_j = 5h''\left[1 + 4\sqrt{\frac{B_2 - B_1}{B_1}}\right] \tag{8-21}$$

式中，B_1、B_2 分别表示水跃前后断面的水面宽度。

最后指出以下几点。

① 由于水跃段中水流的强烈紊动，因此水跃长度也是脉动的。以上各跃长公式所给出的完整水跃的跃长都是时均值。

② 跃长随着槽壁粗糙程度的增加而缩短。以上各公式可以用来确定一般混凝土护坦上的跃长。

③ 当棱柱体明渠的底坡较小时，以上诸公式也可近似使用。

4) 水跃的能量损失

水跃产生能量损失的原因：在水跃段，时均流速、时均压强变得很大，在旋滚区与主流交界处，流速梯度大，液体质点迅速混掺，流速分布在水跃段和水跃后的液体的能量不断变为维持主流表面旋涡的耗能。

能量损失发生在水跃的水跃段及跃后段。

能量损失的计算(按完全发生在水跃段来计算)：

$$\Delta E_j = E_1 - E_2 = \left(h' + \frac{\alpha_1 v_1^2}{2g}\right) - \left(h'' + \frac{\alpha_2 v_2^2}{2g}\right) \tag{8-22}$$

式中近似取 $\alpha_1 = \alpha_2 = 1$，由式(8-12)知：$h'h''(h' + h'') = \frac{2q^2}{g}$。

$$\frac{\alpha_1 v_1^2}{2g} = \frac{q^2}{2gh'^2} = \frac{h''}{4h'}(h' + h'')$$

$$\frac{\alpha_2 v_2^2}{2g} = \frac{q^2}{2gh''^2} = \frac{h'}{4h''}(h' + h'')$$

将以上两式代入式(8-22)，经化简得

$$\Delta E_j = \frac{(h'' - h')^3}{4h'h''} \tag{8-23}$$

可见，在给定流量下，跃前与跃后的水深相差越大，水跃消除的能量值越大。

例 8-3 某泄流建筑物单宽流量 $q = 15\ \mathrm{m^3/s}$，下游渠道产生水跃，跃前水深 $h' =$

0.8 m,试求:(1) 跃后水深 h'';(2) 水跃长度 l_j;(3) 水跃的能量损失 ΔE_j。

解

(1)
$$Fr_1^2 = \frac{q^2}{gh'^3} = \frac{15^2}{9.8\times 0.8^3} = 44.84$$

$$h'' = \frac{h'}{2}\left(-1+\sqrt{1+8Fr_1^2}\right) = \left[\frac{0.8}{2}\left(-1+\sqrt{1+8\times 44.84}\right)\right]\ \text{m} = 7.19\ \text{m}$$

(2) 按 $l_j = 6.1h''$ 计算:

$$l_j = 6.1h'' = 6.1\times 7.19\ \text{m} = 43.86\ \text{m}$$

按 $l_j = 6.9(h''-h')$ 计算:

$$l_j = 6.9(h''-h') = [6.9\times(7.19-0.8)]\ \text{m} = 44.09\ \text{m}$$

按 $l_j = 9.4(Fr_1-1)h'$ 计算:

$$l_j = 9.4(Fr_1-1)h' = [9.4\times(6.696-1)\times 0.8]\ \text{m} = 42.83\ \text{m}$$

(3) $\Delta E_j = \dfrac{(h''-h')^3}{4h'h''} = \dfrac{(7.19-0.8)^3}{4\times 0.8\times 7.19}\ \text{m} = 11.34\ \text{m}$

8.5 明渠恒定非均匀渐变流的微分方程

在底坡为 i 的明渠(见图 8-10)渐变流中,沿水流方向任取一微分流段 dl,设上游断面水深为 h,断面平均流速为 v,河底高程为 z_0。由于非均匀流中各水力要素沿流程变化,故微分流段下游断面水深为 $h+\mathrm{d}h$,断面平均流速为 $v+\mathrm{d}v$,河底高程为 $z_0+\mathrm{d}z_0$。

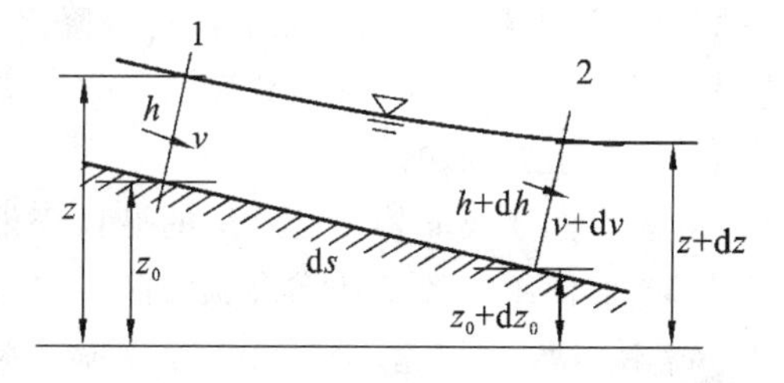

图 8-10　明渠非均匀流 ds

因水流为渐变流,可对微分流段的上、下游断面建立能量方程,如下:

$$z_0 + h\cos\theta + \frac{\alpha_1 v^2}{2g} = (z_0 - i\mathrm{d}s) + (h+\mathrm{d}h)\cos\theta + \frac{\alpha_1 (v+\mathrm{d}v)^2}{2g} + \mathrm{d}h_f + \mathrm{d}h_j \tag{8-24}$$

令
$$\alpha_1 \approx \alpha_2 = \alpha$$

又因
$$\frac{\alpha (v+\mathrm{d}v)^2}{2g} = \frac{\alpha}{2g}[v^2+2v\mathrm{d}v+(\mathrm{d}v)^2] \approx \frac{\alpha}{2g}[v^2+2v\mathrm{d}v] = \frac{\alpha v^2}{2g} + \mathrm{d}\left(\frac{\alpha v^2}{2g}\right)$$

所以
$$i\mathrm{d}s = \mathrm{d}h\cos\theta + \mathrm{d}\left(\frac{\alpha v^2}{2g}\right) + \mathrm{d}h_f + \mathrm{d}h_j \tag{8-25}$$

若明渠底坡 i 值小于 $\frac{1}{10}$,实际情况一般都采用 $\cos\theta = 1$。对渐变流,局部水头损失可忽略不计,即 $\mathrm{d}h_j = 0$,以 ds 除上式得

$$i = \frac{\mathrm{d}h}{\mathrm{d}s} + \frac{\mathrm{d}}{\mathrm{d}s}\left(\frac{\alpha v^2}{2g}\right) + \frac{\mathrm{d}h_f}{\mathrm{d}s}$$

其中,
$$\frac{\mathrm{d}}{\mathrm{d}s}\left(\frac{\alpha v^2}{2g}\right) = \frac{\mathrm{d}}{\mathrm{d}s}\left(\frac{\alpha Q^2}{2gA^2}\right) = -\frac{\alpha Q^2}{gA^3}\frac{\mathrm{d}A}{\mathrm{d}s}$$

$$\frac{\mathrm{d}A}{\mathrm{d}s} = \frac{\mathrm{d}A}{\mathrm{d}h}\frac{\mathrm{d}h}{\mathrm{d}s} = B\frac{\mathrm{d}h}{\mathrm{d}s}$$

所以
$$\frac{\mathrm{d}}{\mathrm{d}s}\left(\frac{\alpha v^2}{2g}\right) = -\frac{\alpha Q^2}{gA^3}B\frac{\mathrm{d}h}{\mathrm{d}s}$$

又因为

$$\frac{dh_f}{ds}=J=\frac{Q^2}{K^2}$$

所以，有

$$i=\frac{dh}{ds}-\frac{\alpha Q^2}{gA^3}B\frac{dh}{ds}+J \tag{8-26}$$

$$\frac{dh}{ds}=\frac{i-J}{1-\frac{\alpha Q^2}{gA^3}B}=\frac{i-J}{1-Fr^2} \tag{8-27}$$

8.6 明渠恒定非均匀渐变流水面曲线的分析

8.6.1 水面线分析的理论依据

明渠恒定非均匀流是一种流速沿程变化的流动，伴随着流速变化，水位（或水深）、过水断面面积等水力要素也将沿程变化。许多明渠非均匀流问题都可归结为探求水位或水深的沿程变化规律。

明渠非均匀渐变流的纵剖面的自由水面线称为水面曲线。水深沿程增加时的水面线称为壅水曲线，水深沿程减小时的水面线称为降水曲线。由于水深沿程变化的情况，直接关系到河渠的淹没范围、堤防的高度、渠内冲淤的变化等诸多工程问题。因此，水深沿程变化的规律是明渠非均匀流研究的主要问题。

这里讲的明渠非均匀流水深的沿程变化规律包括两方面的含义：一是水面曲线的定性分析，即探求水面曲线大致是什么形状的曲线；二是水面曲线的定量计算，即需要知道沿程的水深或水位。为解决这两个问题，必须首先建立描述水深沿程变化规律的微分方程。

定性分析水面线的理论依据：

$$\frac{dh}{ds}=\frac{i-\frac{Q^2}{K^2}}{1-Fr^2} \tag{8-28}$$

从上式可以看出，水面曲线的形状$\frac{dh}{ds}$一方面取决于渠道的底坡i，另一方面与水深h的相对大小有关（在流量和断面形状尺寸一定的条件下，$\frac{Q^2}{K^2}$、Fr^2都与水深有关）。引入临界底坡概念之后，可将正坡明渠分为缓坡、陡坡、临界坡三类，另外再加上平坡和负坡，渠道可能出现的底坡类型共有五种。再对水深沿程变化的微分方程进行分析可以知道：该方程式中，分子反映水流的均匀程度，分母反映水流的缓急程度。如果从水深考虑，反映水流均匀程度的水深是正常水深h_0，反映水流缓急程度的水深是临界水深h_k。底坡类型不同，底坡的正常水深h_0与临界水深h_k的大小关系不同，即参考线$N—N$（正常水深线）和$K—K$（临界水深线）的相对位置不同。对平坡和负坡渠道，由于不可能出现均匀流，故没有正常水深线$N—N$，可以理解为正常水深h_0无限大，即非均匀流水深h不可能大于h_0。这样一来，非均匀流水深可能出现的区间共有12个，即可能发生的非均匀流水面曲线共有12条。非均匀流水深h所处位置不同，正好表示了不同的水面曲线。要区别这些水面曲线，其命名就应该采用两个符号，以一个符号说明水面曲线发生在哪种类型的底坡上，以另一个符号反映水面曲线所处的空间位置，即非均匀流水深h相对于正常水深h_0和临界水深h_k的位置。

不难看到，非均匀流水深h出现的位置共有三种可能情况：①h大于h_0和h_k；②h在h_0和h_k之间；③h小于h_0和h_k。非均匀流水深所处的区间简称分区。以缓坡(mild slope)、陡坡(steep slope)、临界坡(critical slope)、平坡(horizontal slope)、负坡(adverse slope)英文名称的第一个字母(大写)代表该底坡，以"1、2、3"表示上述三种分区，水面曲线的命名规则将是底坡符号再加上分区符号。例如，发生在缓坡上大于正常水深和临界水深区间的非均匀流水面曲线就是M_1型水面曲线。

$\frac{dh}{ds}$表示水深沿程的变化率，其变化共有以下几种情况。

(1) $\frac{dh}{ds}>0$，表示水深沿程增大，流速沿程减小，这种水面曲线称为壅水曲线。

(2) $\frac{dh}{ds}<0$，表示水深沿程减小，流速沿程增大，这种水面曲线称为降水曲线。

(3) $\frac{dh}{ds}\to 0$，表示水深沿程不变，水流趋近于均匀流，水面曲线趋于N-N线。

(4) $\frac{dh}{ds}=i$，表示水面线是水平线。

(5) $\frac{dh}{ds}\to\infty$，相当于水深沿程变化微分方程中的分母趋于零，即水流趋于临界流，非均匀流水深趋于临界水深h_k，预示着水流的流态将要发生转变。此时，水面曲线很陡，与K-K线呈正交趋势，水流不再属于渐变流。

8.6.2 棱柱体渠道中水面曲线的定性分析

水面曲线定性分析时主要抓住以下两点：① 根据非均匀流水深h与正常水深h_0和临界水深h_k的大小关系，判定的$\frac{dh}{ds}$的正负，即确定水面曲线是壅水还是降水；② 根据水面曲线是壅水还是降水，讨论两端极限情况。

对于正坡明渠而言，发生均匀流时，$Q=K_0\sqrt{i}$，则$\frac{dh}{ds}=i\frac{1-\left(\frac{K_0}{K}\right)}{1-Fr^2}$。

1. 缓坡 M 区

缓坡渠道中，正常水深h_0大于临界水深h_k，N-N线与K-K线的相对位置如图8-11所示，这两条辅助线仍将流动空间分为1、2、3三个区(见图8-11)。

1) M_1型水面线($\infty>h>h_0>h_k$)

(1) 判断是壅水还是降水。

$$h>h_k\Rightarrow Fr<1\Rightarrow 1-Fr^2<0$$

$$h>h_0\Rightarrow K>K_0\Rightarrow 1-\left(\frac{K_0}{K}\right)>0$$

因$i>0$，故$\frac{dh}{ds}>0$，水面线为壅水曲线。

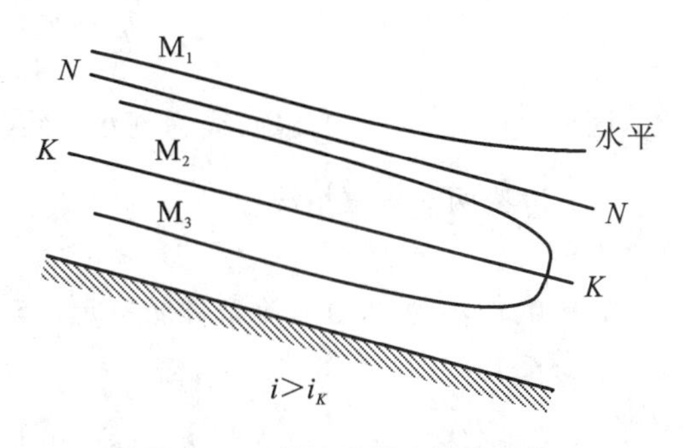

图 8-11　缓坡明渠上的水面线

(2) 讨论两端极限情况。

上游端：

$$h \to h_0 \Rightarrow K \to K_0 \Rightarrow 1 - \left(\frac{K_0}{K}\right)^2 \to 0 \Rightarrow \frac{dh}{ds} \to 0$$

水流趋于均匀流，即水面线以 $N\text{-}N$ 线为渐进线。

下游端：

$$h \to \infty \Rightarrow K \to \infty \Rightarrow 1 - \left(\frac{K_0}{K}\right)^2 \to 1$$

$$h \to \infty \Rightarrow Fr \to 0 \Rightarrow 1 - Fr^2 \to 1$$

此时，必然有$\frac{dh}{ds} \to i$，说明水面线趋于水平线(单位长度上的水深增加量恰好等于渠底高程降低量)。

综上所述，M_1 型水面线是一条壅水曲线，上游端以 $N\text{-}N$ 线为渐进线，下游端趋于水平线。

2) M_2 型水面线($h_0 > h > h_k$)

(1) 判断是壅水还是降水。

$$h > h_k \Rightarrow Fr < 1 \Rightarrow 1 - Fr^2 < 0$$

$$h < h_0 \Rightarrow K < K_0 \Rightarrow 1 - \left(\frac{K_0}{K}\right) < 0$$

因 $i > 0$，故$\frac{dh}{ds} < 0$，水面线为降水曲线。

(2) 讨论两端极限情况。

上游端：

$$h \to h_0 \Rightarrow K \to K_0 \Rightarrow 1 - \left(\frac{K_0}{K}\right)^2 \to 0 \Rightarrow \frac{dh}{ds} \to 0$$

水流趋于均匀流，即水面线以 $N\text{-}N$ 线为渐进线。

下游端：

$$h \to h_k \Rightarrow Fr \to 1 \Rightarrow 1 - Fr^2 \to 0 \Rightarrow \frac{dh}{ds} \to -0$$

3) M_3 型水面线($0 < h < h_c$)

(1) 判断是壅水还是降水。

$$h < h_k \Rightarrow Fr > 1 \Rightarrow 1 - Fr^2 < 0$$

$$h < h_0 \Rightarrow K < K_0 \Rightarrow 1 - \left(\frac{K_0}{K}\right) < 0$$

因 $i > 0$，故$\frac{dh}{ds} > 0$，水面线为壅水曲线。

(2) 讨论两端极限情况。

上游端：

$h \to 0$，但不为 0，由来流条件所决定。

下游端：

$$h \to h_k \Rightarrow Fr \to 1 \Rightarrow 1 - Fr^2 \to 0 \Rightarrow \frac{dh}{ds} \to 0$$

水面线与 $K\text{-}K$ 线呈正交趋势。

综上所述，M_3 型水面线是一条壅水曲线，上游端由来流条件决定水深，下游端与 $K\text{-}K$ 线呈正交趋势。

缓坡渠道中各水面线的工程实例如图 8-12、图 8-13、图 8-14 所示。

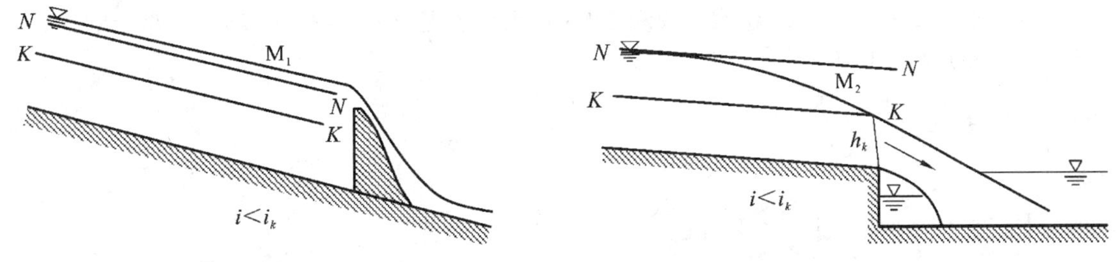

图 8-12　缓坡明渠 M_1 水面曲线工程实例

图 8-13　缓坡明渠 M_2 水面曲线工程实例

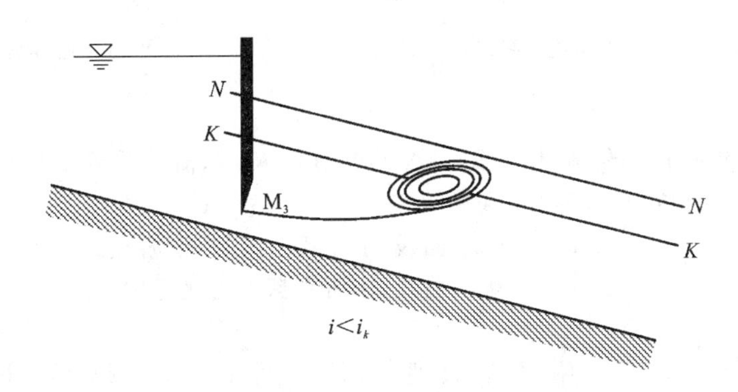

图 8-14　缓坡明渠 M_3 水面曲线工程实例

2. 陡坡 S 区

陡坡渠道中，正常水深 h_0 小于临界水深 h_k，N-N 线与 K-K 线的相对位置与缓坡渠道的有所不同，这两条辅助线仍将流动空间分为 1、2、3 三个区(见图 8-15)。

类似前面的分析，可以得出陡坡渠道各区水面线的变化规律，具体如下。

S_1 型水面线($h>h_k>h_0$)：水面线是壅水曲线，上游以很大角度趋近临界水深，下游以水平线为渐近线。例如在陡坡渠道中修建挡水建筑物，上游形成 S_1 型水面线(见图 8-16)。

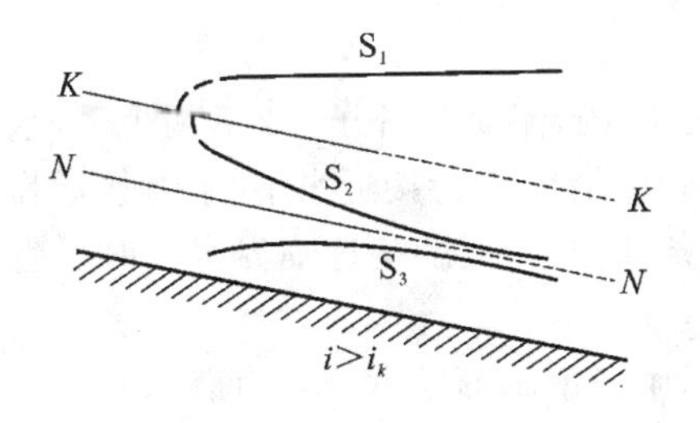

图 8-15　陡坡明渠上的水面线

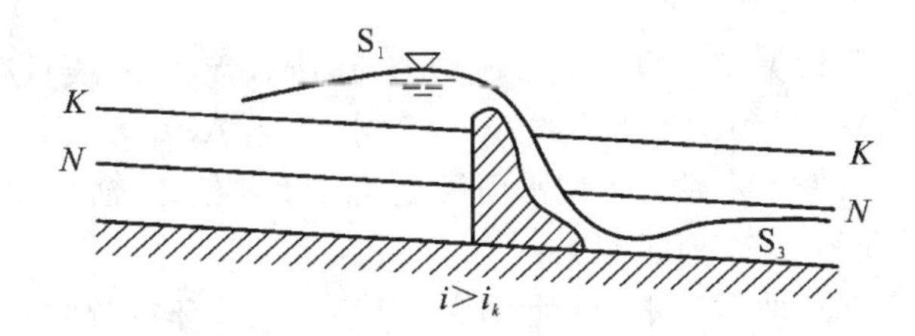

图 8-16　陡坡明渠 S_1 型水面曲线工程实例

S_2 型水面线($h_k>h>h_0$)：水面线是降水曲线，上游以很大角度趋近临界水深，下游以 N-N 线为渐近线。水流由缓坡渠道流入陡坡渠道，在缓坡渠道中形成 M_2 型水面线，在陡坡渠道中形成 S_2 型水面线，边坡断面通过临界水深，形成水跌(见图 8-17)。

S_3 型水面线($h_k>h_0>h$)：水面线是壅水曲线，上游水深由出流条件控制，下游以 N-N 线为渐近线。例如在陡坡渠道中修建挡水建筑物，下泄水流的收缩水深小于正常水深，下游形成 S_3 型水面线(见图 8-15)。

3. 临界坡 C 区

临界坡渠道中，正常水深 h_0 等于临界水深 h_k，N-N 线与 K-K 线重合，流动空间分为 1、3 两个区，无 2 区。水面线分别称为 C_1 型水面线和 C_3 型水面线，都是壅水曲线，在接近 N-N 线或 K-K 线时都接近水平(见图 8-18)。

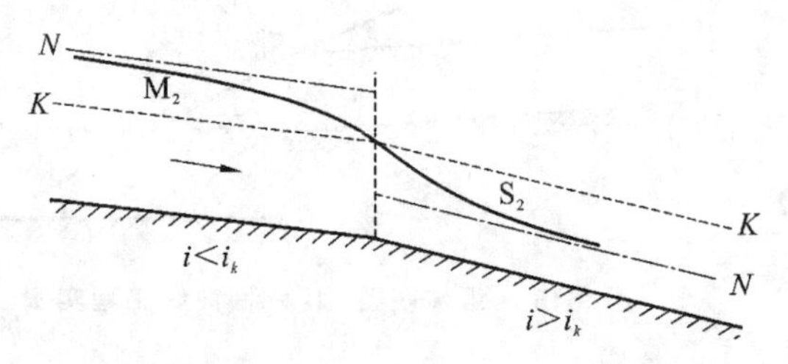

图 8-17 陡坡明渠 S_2 型水面曲线工程实例

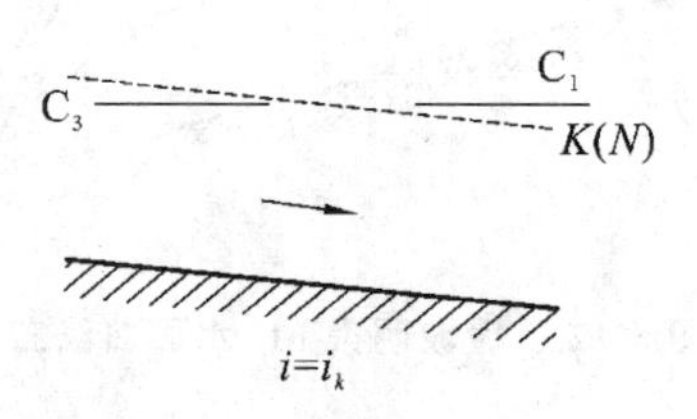

图 8-18 临界坡明渠水面曲线

4. 平坡 H 区

平坡渠道中不能形成均匀流，所以无 N-N 线只有 K-K 线，流动空间分为 2、3 两个区，水面线分别称为 H_2 型水面线和 H_3 型水面线(见图 8-19)。

H_2 型水面线($h > h_k$)：水面线是降水曲线，上游接近水平，下游接近临界水深时发生水跌。

H_3 型水面线($h < h_k$)：水面线是壅水曲线，上游水深由出流条件控制，下游接近临界水深时发生水跃。

例如在平坡渠道中，当泄水闸门开启高度小于临界水深时，闸门下游形成 H_3 型水面线；如渠段较长，末端有跌坎，则跌坎上游形成 H_2 型水面线(见图 8-20)。

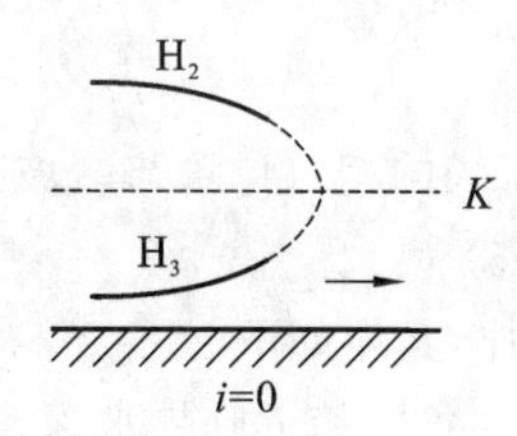

图 8-19 平坡明渠水面曲线

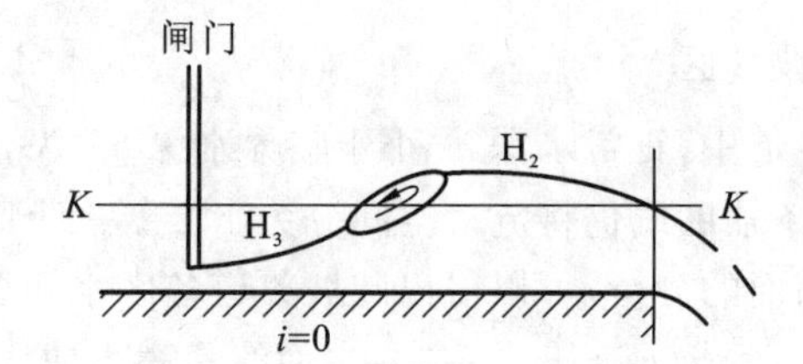

图 8-20 平坡明渠水面曲线实例

5. 负坡 A 区

负坡渠道中也不能形成均匀流，所以无 N-N 线只有 K-K 线，流动空间分为 2、3 两个区，水面线分别称为 A_2 型水面线和 A_3 型水面线。A_2 型水面线是降水曲线，上游接近水平，下游接近临界水深时发生水跌；A_3 型水面线是用壅水曲线，上游由出流条件控制，下游接近临界水深时发生水跃。如图 8-21 所示。

在负坡渠道中，当泄水闸门开启高度小于临界水深时，闸门下游形成 A_3 型水面线；如渠段较长，末端有跌坎，则跌坎上游形成 A_2 型水面线(见图 8-22)。

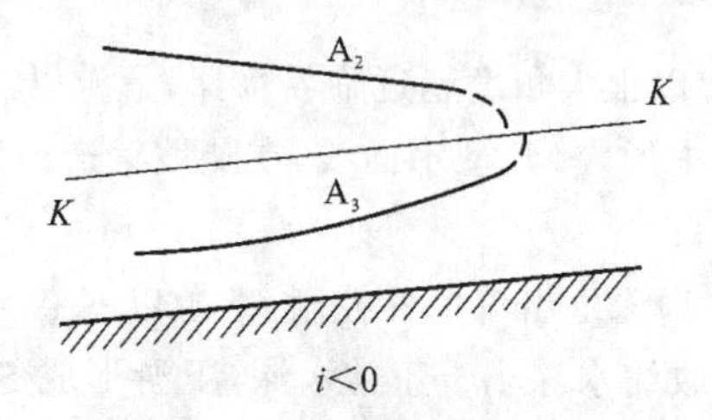

图 8-21 负坡明渠水面曲线

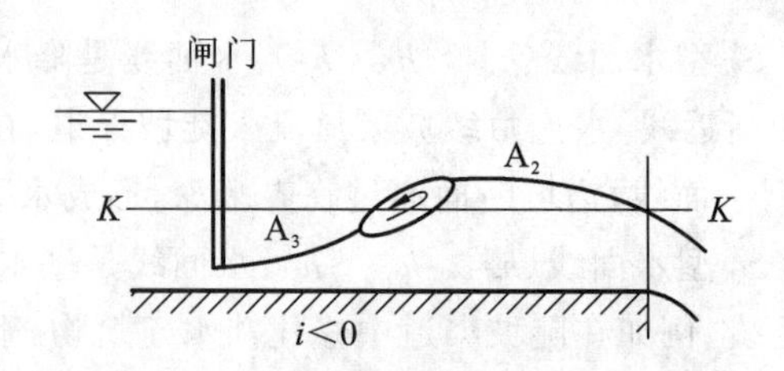

图 8-22 负坡明渠水面曲线实例

8.6.3 水面曲线变化的一般规律

以上分析了棱柱体渠道可能出现的12种渐变流水面曲线。其水面曲线汇总见表8-1。

表8-1 水面曲线汇总表

	水面曲线简图	工程实例	类型	水深	流态	$\frac{dh}{ds}$
$i<i_k$			M_1	$h>h_0>h_k$	缓流	+
			M_2	$h_0>h>h_k$	缓流	−
			M_3	$h_0>h_k>h$	急流	+
$i>i_k$			S_1	$h>h_k>h_0$	缓流	+
			S_2	$h_k>h>h_0$	急流	−
			S_3	$h_k>h_0>h$	急流	+
$i=i_k$			C_1	$h>h_k>h_0$	缓流	+
			C_2	$h<h_k=h_0$	急流	+
$i=0$	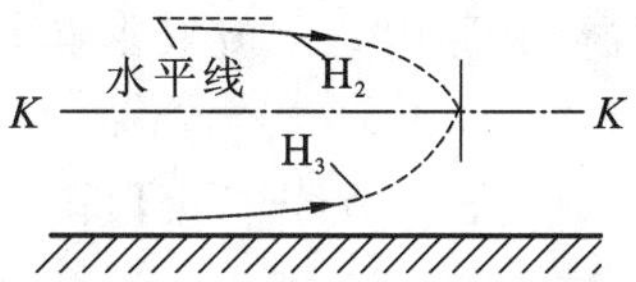	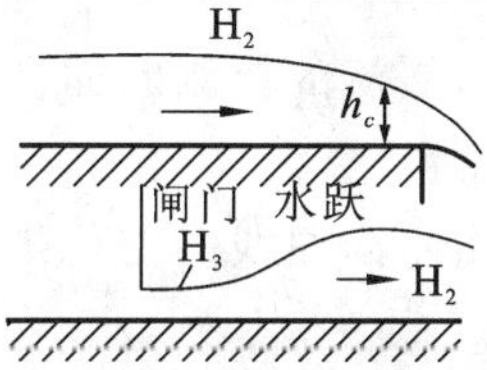	H_2	$h>h_k$	缓流	−
			H_3	$h<h_k$	急流	+
$i<0$			A_2	$h>h_k$	缓流	−
			A_3	$h<h_k$	急流	+

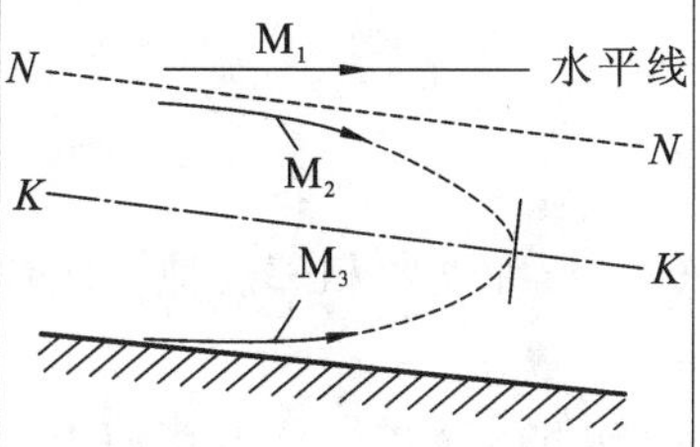

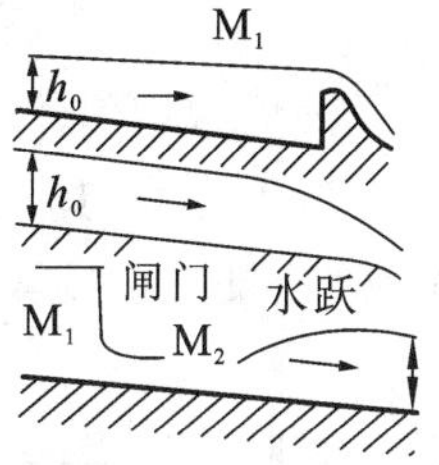

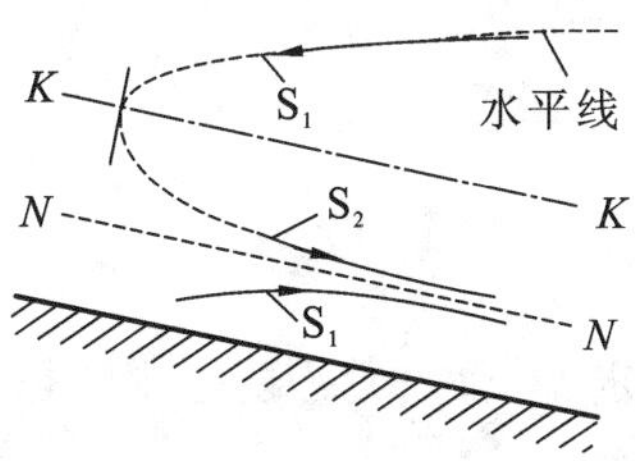

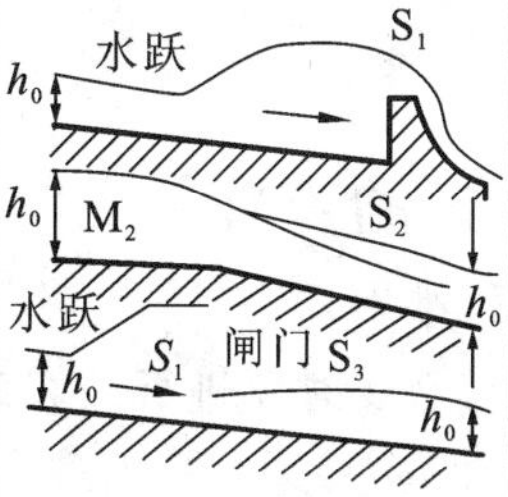

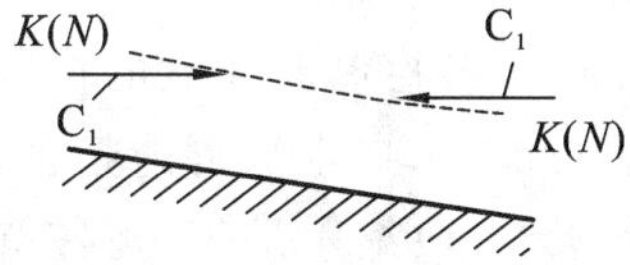

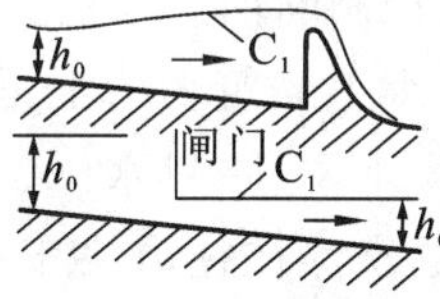

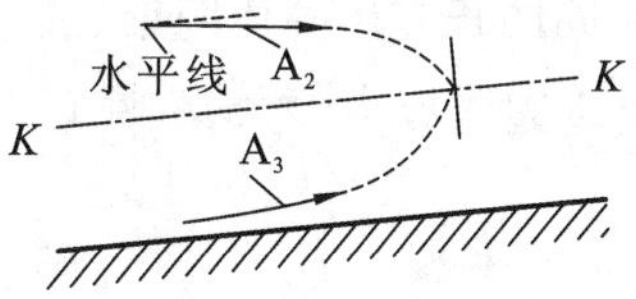

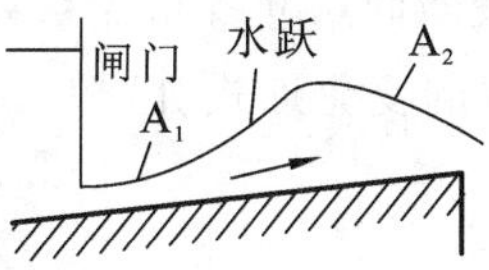

总结对水面曲线的分析，有以下几点。

(1) 所有的1型和3型水面线都为壅水曲线，2型水面线为降水曲线。

(2) 除C_1、C_3型水面线外，其他类型的水面线当$h\rightarrow h_0$时，均以N-N线为渐近线；当$h\rightarrow h_k$时，均与K-K线呈正交趋势。需要说明的是，与K-K线呈正交趋势只是数学分析的结果，实际上是不可能的。它只是说明水面线在接近K-K线时相当陡峻，以至于C-C线附近的水流不再属于渐变流。伴随着流态的转变，要产生水跃或水跌，即借助水跃或水跌这一局部水力现象实现水面线的衔接过渡。

(3) 上述12条水面曲线只表示了棱柱体明渠恒定非均匀渐变流中可能发生的情况。至于具体发生何种类型的水面曲线，则应根据底坡的性质及外界控制条件确定。但必须明确，发生在某一底坡某一区域的水面曲线，其形状是唯一的，不能随意改变。

(4) 正坡明渠远离干扰端水流应为均匀流。

(5) 两段底坡不同渠道中的水面线衔接时，可能有下列情况产生。

① 由缓流向急流过渡，产生水跌。

② 由急流向缓流过渡，产生水跃。

③ 由缓流向缓流过渡，只影响上游，下游仍为均匀流。

④ 由急流向急流过渡，只影响下游，上游仍为均匀流。

⑤ 临界坡中的流动形态，视其相邻底坡的陡缓而定其急缓流。如上游相邻底坡为缓坡，则视为由缓流过渡到缓流，只影响上游。

(6) 急流干扰波不能向上游传递，其控制断面在上游，向下推算。缓流干扰波可向上游传播，控制断面在下游，向上推算。

8.6.4 水面曲线定性分析的步骤

第一步，绘制出底坡线(题目往往已给出)。

第二步，根据底坡类型绘出参考线(必要时要进行计算确定 h_0 和 h_k)。需要注意的是，平坡和负坡情况下没有正常水深线。

第三步，确定控制断面和控制水深。控制断面是指位置确定、水深已知的断面。常见的控制断面有进出口断面、底坡变化的转折断面、水工建筑物的上下游断面，各控制断面处的控制水深依具体条件确定。例如进口水深可以是水库水位、临界水深、正常水深；出口水深可能是正常水深、某一已知的水深；水工建筑物上下游处的水深往往取决于堰上水头、收缩水深等，可按有关公式计算确定。

一般来讲，急流的控制断面在上游，缓流的控制断面在下游，其原因是急流只影响下游而不影响上游，缓流则既影响下游，又影响上游。

第四步，根据控制水深所处区域，由水面曲线的变化规律，确定出整个分析渠段内的水面曲线变化趋势。

例 8-4 图8-23所示两段断面尺寸及粗糙系数相同的长直棱柱体明渠。试分析由于底坡变化，引起渠中非均匀流水面曲线的变化形式。已知上、下游的底坡均为缓坡，且 $i_1 < i_2$。

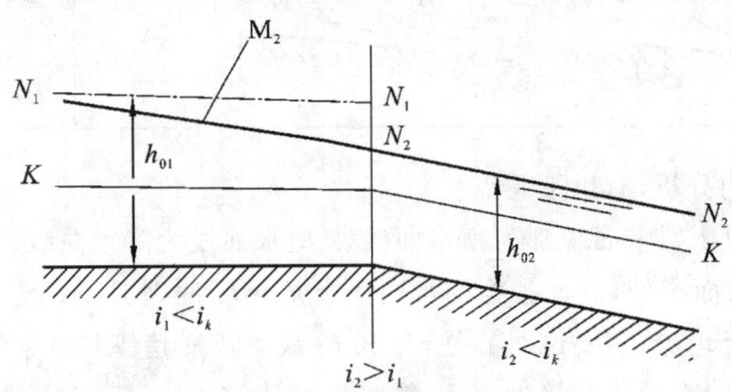

图 8-23　变坡渠道水面曲线

解 根据题意，上、下游渠道均为断面尺寸和粗糙系数相同的长直棱柱体明渠，由于有坡度的变化，将在底坡转变断面上游或下游(或者上、下游断面同时)相当长范围内引起非均匀流动。

首先分别画出上、下游渠道的 N-N 线和 K-K 线，由于上下游渠道断面尺寸相同，故两段渠道的临界水深均相同。而上下游渠道底坡不等，故正常水深不等，因 $i_1 < i_2$，故 $h_{01} > h_{02}$，下游渠道的 N-N 线低于上游渠道的 N-N 线。

因渠道很长，在上游无限远处应为均匀流，其正常水深为 h_{01}；下游无限远处也为均匀流，其水深为正常水深 h_{02}。

由上游较大的水深 h_{01} 要转变为下游较小的水深 h_{02}，中间必经过一段降落的过程。水面降落有三种可能：

(1) 上游渠中不降落，全在下游渠中降落；

(2) 完全在上游渠中降落，下游渠中不降落；

(3) 在上、下游渠中都降落一部分。

在上述三种可能情况中，若按(1)或(3)方式降落，那么必然会出现下游渠道中 M_1 区发生降水曲线的情况。前面已论证，缓坡1区只能存在壅水曲线，所以(1)、(3)两种降落方式不能成立，唯一合理的方式是(2)，即降水曲线完全发生在上游渠道中，由上游很远处趋近 h_{01} 的地方，逐渐下降到分界断面处断面水深达到 h_{02}，而下游渠道保持水深为 h_{02} 的均匀流，所以上游渠道水面曲线为 M_2 型降水曲线(见图8-22)

8.7 明渠恒定非均匀渐变流水面曲线的计算

在水利工程中，仅对水面曲线作定性分析是不够的。还需要明确知道非均匀流断面上水深、流速等水力要素的具体数值，这就必须对水面曲线进行具体计算。明渠水面曲线计算的目的在于确定水面的位置坐标，即求得断面位置 l 与水深 h 的关系。从理论上讲，最好是能求出 h-l 的函数关系式，但实际上很难实现。一般来讲，只能求出一系列水深 h 及流程坐标 l 的对应数值。有了水面曲线的计算结果，就可以预测水位的变化以及对堤岸的影响，平均流速的计算结果是判断渠道是否冲淤的主要依据。

8.7.1 水面曲线的计算方法

明渠水面曲线的计算方法有：分段求和法、数值积分法、二分法等。其中，数值积分法、二分法等多用于计算机求解。这里只介绍水面曲线计算的基本方法——分段求和法。

分段求和法既适用于棱柱体明渠，又适用于非棱柱体明渠。计算的理论依据是明渠恒定非均匀渐变流微分方程。对渠道，一般采用比能沿程变化的微分方程；对河道，一般采用水位沿程变化的微分方程。下面只介绍渠道水面曲线的计算方法。

1. 分段求和法的基本内容

分段求和法的基本内容：将整个流动划分为若干个有限长的流段，在每个流段内，认为断面比能或水位呈线性变化，并且以差商代替微商，从而将微分方程变为差分方程。对流段上的水头损失仍然按均匀流沿程水头损失公式计算，并取流段上下游断面的平均值作为计算值。这样一来,以控制断面的控制水深为初始已知值,逐段推求出其他各断面的水深值,从而得到整条水面曲线。

2. 分段求和法的计算公式

如果以下标 u 代表上游断面,以下标 d 代表下游断面,则有限长流段上断面比能沿程变化的微分方程的差分形式为

式(8-28)可变成

$$i=\frac{\mathrm{d}}{\mathrm{d}s}\left(h+\frac{\alpha v^2}{2g}\right)+J\Rightarrow\frac{\mathrm{d}}{\mathrm{d}s}\left(h+\frac{\alpha v^2}{2g}\right)=i-J\Rightarrow\frac{\mathrm{d}E_s}{\mathrm{d}s}=i-J \tag{8-29}$$

针对一较短流段 Δs,取差分,并考虑各断面水力坡度不同,用流段内平均水力坡度 $\overline{J}$ 代替实际水力坡度 J,得

$$\frac{\Delta E_s}{\Delta s}=i-\overline{J} \tag{8-30}$$

$$\Delta s=\frac{\Delta E_s}{i-\overline{J}}=\frac{E_{sd}-E_{su}}{i-\overline{J}} \tag{8-31}$$

上式即为分段求和法计算水面曲线的基本公式,对棱柱体和非棱柱体渠道都适用。式中 E_{su}、E_{sd} 分别为流段上游断面和下游断面的断面比能。

其中,

$$\overline{J}=\frac{\overline{v}^2}{\overline{C}^2\overline{R}} \tag{8-32}$$

或

$$\overline{J}=\frac{1}{2}(J_u+J_d) \tag{8-33}$$

3. 水面曲线的计算类型

根据不同情况,水面曲线的计算类型有如下两类:(1) 已知两端水深,求流段距离。此种情况仅棱柱体明渠会遇到。(2) 已知一端水深和流段距离,求另一端水深。棱柱体明渠和非棱柱体明渠都有这种情况,只是棱柱体明渠只需试算最后一段,非棱柱体明渠需要逐段试算。

8.7.2 棱柱体明渠水面曲线的计算方法

由于棱柱体明渠和非棱柱体明渠的断面面积变化规律不同,因此其水面曲线的计算步骤也不尽相同。棱柱体明渠水面曲线的计算步骤如下。

第一步,根据流量、断面形状尺寸、底坡、粗糙系数求出正常水深 h_0(如果有的话)、临界水深 h_c,判定底坡类型。

第二步,由控制断面的已知水深 h 与正常水深及临界水深的关系确定出水面曲线的类型。

第三步,根据水面曲线的变化趋势(壅水还是降水),假定流段另一断面的水深,由公式求出流段长度 Δs,具体可分下面两种情况分别讨论。

① 若已知两端水深,要求流段距离 s。对此,只需从控制断面开始,假定不同的水深,求出相应的流段长度,总的流段长度 $s=\sum\Delta s$。

② 已知一端水深和流段距离 s,求另一端水深。对此,可从控制断面开始,假定一系列水深 h,求出相应的流段长度 Δs,取 $s'=\sum\Delta s$。当 l' 接近 l 时,取最后一段 $\Delta s=s-s'$,假定末端水深,求

出相应的流段长度$\Delta l'$，若$\Delta s' = \Delta s$，计算完成；如果$\Delta s' \neq \Delta s$，需要重新假定末端水深，重新计算流段长度$\Delta l'$，直到两者相等为止。

例 8-5 一长直棱柱体明渠，底宽$b = 10$ m，边坡$m = 1.5$，粗糙系数$n = 0.022$，底坡$i = 0.0009$。当通过流量$Q = 45$ m³/s时，渠道末端水深$h = 3.4$ m。试分析并计算渠道中的水面曲线。

解 第一步，确定水面曲线所属的类型。

由于渠道底坡大于零，应首先判别渠道是缓坡或是陡坡，水面曲线属于哪种类型。

本题条件与例 8-2 相同，由例 8-2 计算知$h_k = 1.2$ m。

再计算均匀流水深h_0：

因$\dfrac{b^{2.67}}{nK} = \dfrac{10^{2.67}}{0.022 \times \dfrac{45}{\sqrt{0.0009}}} = 14.17$，由附图 B 查得$\dfrac{h_0}{b} = 0.196$，则

$$h_0 = (0.196 \times 10)\ \text{m} = 1.96\ \text{m}$$

因$h_0 > h_k$，故渠道属于缓坡。又因下游渠道末端水深大于正常水深，所以水面线一定在M_1区，水面线为M_1型壅水曲线。M_1型水面曲线上游端以正常水深线为渐近线，取曲线上游端水深比正常水深稍大一点，即

$$h = h_0(1 + 1\%) = [1.96 \times (1 + 0.01)]\ \text{m} = 1.98\ \text{m}$$

第二步，计算水面曲线。

计算公式

$$\Delta s = \frac{E_{sd} - E_{su}}{i - \dfrac{\overline{v}^2}{\overline{C}^2\overline{R}}} = \frac{\Delta E_s}{i - \overline{J}}$$

式中，$E_s = h + \dfrac{\alpha v^2}{2g} = h + \dfrac{\alpha}{2g}\left(\dfrac{Q}{A}\right)^2$；$A = (b + mh)h$；$\chi = b + 2\sqrt{1 + m^2}h$；$R = \dfrac{A}{\chi}$；$CR^{\frac{1}{2}} = \dfrac{1}{n}R^{\frac{1}{6}}R^{\frac{1}{2}} = \dfrac{1}{n}R^{\frac{2}{3}}$。

今已知$h_1 = 3.4$ m，$h_2 = 3.2$ m，求两断面间的距离Δs。将有关已知数值代入上列公式中，求得：

$A_1 = [(10 + 1.5 \times 3.4) \times 3.4]\ \text{m}^2 = 51.34\ \text{m}^2$，$A_2 = [(10 + 1.5 \times 3.2) \times 3.2]\ \text{m}^2 = 47.36\ \text{m}^2$

$\chi_1 = (10 + 2 \times \sqrt{1 + 1.5^2} \times 3.4)\ \text{m} = 22.26\ \text{m}$，$\chi_2 = (10 + 2 \times \sqrt{1 + 1.5^2} \times 3.2)\ \text{m} = 21.54\ \text{m}$

$$R_1 = \frac{51.34}{22.26}\ \text{m} = 2.306\ \text{m},\ R_2 = \frac{47.36}{21.54}\ \text{m} = 2.199\ \text{m}$$

$C_1R_1^{\frac{1}{2}} = \dfrac{1}{n}R_1^{\frac{2}{3}} = \left(\dfrac{1}{0.022} \times 2.306^{\frac{2}{3}}\right)\ \text{m/s} = 79.34\ \text{m/s}$，$C_2R_2^{\frac{2}{3}} = \left(\dfrac{1}{0.022} \times 2.199^{\frac{2}{3}}\right)\ \text{m/s} = 76.9\ \text{m/s}$

$$v_1 = \frac{45.0}{51.34}\ \text{m/s} = 0.8765\ \text{m/s},\ v_2 = \frac{45.0}{47.36}\ \text{m/s} = 0.9502\ \text{m/s}$$

$$\frac{v_1^2}{C_1^2R_2} = \left(\frac{0.8765}{79.34}\right)^2 = 1.220 \times 10^{-4},\ \frac{v_2^2}{C_2^2R_2} = \left(\frac{0.9502}{76.9}\right)^2 = 1.527 \times 10^{-4}$$

$$\overline{J} = \frac{1}{2}\left(\frac{v_1^2}{C_1^2R_1} + \frac{v_2^2}{C_2^2R_2}\right) = \frac{1}{2} \times (1.220 + 1.527) \times 10^{-4} = 1.374 \times 10^{-4}$$

$$\frac{\alpha_1 v_1^2}{2g} = \frac{1 \times 0.8765^2}{2 \times 9.8}\ \text{m} = 0.0392\ \text{m},\ \frac{\alpha_2 v_2^2}{2g} = \frac{1 \times 0.9502^2}{2 \times 9.8}\ \text{m} = 0.0461\ \text{m}$$

$$\Delta s=\frac{(3.4+0.0392)-(3.2+0.0461)}{(9-1.374)\times 10^{-4}}\ \mathrm{m}=253.3\ \mathrm{m}$$

其余各流段的计算方法与此完全相同，为清晰起见，采用列表法进行，计算结果见表 8-2。

表 8-2　水面线线计算表

h/m	A/m^2	χ/m	R/m	$\frac{1}{n}R^{2/3}$	v/(m/s)	$J=\frac{v^2}{C^2R}$ /10^{-4}	$\overline{J}$/ 10^{-4}	$i-\overline{J}$/ 10^{-4}	$\frac{\alpha v^2}{2g}$/ m	E_s/ m	ΔE_s/ m	Δs/ m	$\sum\Delta s$/ m
3.4	51.34	22.26	2.306	79.34	0.876 5	1.220			0.039 2	3.439 2			0
							1.374	7.626			0.193 1	253.3	
3.2	47.36	21.54	2.199	76.90	0.950 2	1.528			0.046 1	3.246 1			253.2
							1.733	7.627			0.1916	251.2	
3.0	43.50	20.82	2.089	74.28	1.034	1.938			0.054 5	3.054 5			504.4
							2.218	6.782			0.189 1	278.8	
2.8	39.76	20.10	1.978	71.62	1.132	2.498			0.065 4	2.865 4			783.2
							2.883	6.117			0.186 3	304.6	
2.6	36.14	19.38	1.865	68.87	1.245	3.268			0.079 1	2.679 1			1 087.8
							3.816	5.184			0.182 1	351.3	
2.4	32.64	18.65	1.750	66.01	1.379	4.364			0.097 0	2.497 0			1 439.1
							5.161	3.839			0.176 9	460.8	
2.2	29.26	17.93	1.632	63.01	1.538	5.958			0.120 1	2.320 1			1 899.9
							6.493	2.507			0.084 7	337.9	
2.1	27.62	17.57	1.572	61.45	1.629	7.027			0.135 4	2.235 4			2 237.8
							7.847	1.153			0.098 8	856.9	
1.98	25.68	17.14	1.498	59.51	1.752	8.667			0.156 6	2.136 6			3 094.7

第三步，根据表 8-2 的计算结果，绘制水面曲线，见图 8-24。

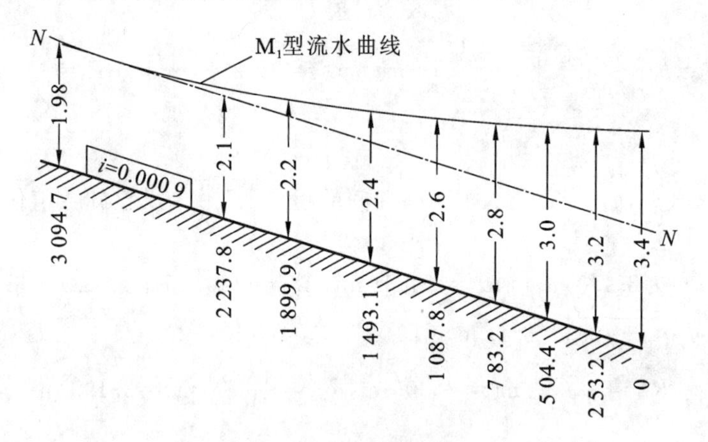

图 8-24　绘制水面曲线

8.7.3　非棱柱体明渠水面曲线的计算方法

非棱柱体明渠的断面形状和尺寸是沿程变化的，过水断面面积 A 不仅取决于水深 h，而且与距离 s 有关，即 $A=A(h,s)$。

非棱柱体明渠水面曲线计算仍应用式(8-30)。计算时，因 A 是 h 和 s 的函数，所以仅假设 h_2（或 h_1）不能求得过水断面面积 A_2（或 A_1）及其相应的 v_2（或 v_1），因此，无法计算 Δs。为此，必须同时假没 Δs 和 h_2（或 h_1），用试算法求解。

非棱柱体明渠水面曲线的计算一般是已知一端水深和流段距离，求另一端水深。由于非棱柱体明渠水面曲线没有固定的变化趋势，因此，假定水深具有很强的任意性。计算时只能将整个流段 s 分为 n 等份，即取 $\Delta s=\frac{s}{n}$，n 为分段数目。从已知断面开始，假定另一断面水深，由公式求出流段长度 $\Delta s'$，若 $\Delta s'=\Delta s$，则假定的水深值即为所求，以此为已知断面水深，可计算出另一断面的水深值，依次类推，直至整个流段计算完成。若 $\Delta s'\neq\Delta s$，则需要重新假定水深，继续计算流段长度 $\Delta s'$，直至 $\Delta s'=\Delta s$ 为止。

计算步骤如下：

(1) 先将明渠分成若干计算小段，段长为 Δs。

(2) 由已知的控制断面水深 h_1（或 h_2）求出该断面的 $\frac{\alpha v_1^2}{2g}\left(\text{或}\frac{\alpha v_2^2}{2g}\right)$ 及水力坡度 $J_1=\frac{v_1^2}{C_1^2R_1}\left(\text{或 }J_2=\frac{v_2^2}{C_2^2R_2}\right)$。

(3) 由控制断面向下游（或上游）取给定的 Δs，便可定出断面 2（或断面 1）的形状和尺寸。再假设 h_2（或 h_1），由 h_2（或 h_1）值便可算得 A_2 和 v_2（或 A_1 和 v_1），因而可求得 $\frac{\alpha v_2^2}{2g}\left(\text{或}\frac{\alpha v_1^2}{2g}\right)$ 及 J_2（或 J_1），再由 J_2 和 J_1 求 $\overline{J}\left(\text{也可用 }v\text{、}C\text{、}R\text{ 求得，即 }\overline{J}=\frac{\overline{v}^2}{\overline{C}^2\overline{R}}\right)$。将 $E_{s1}=h_1+\frac{\alpha v_1^2}{2g}$，$E_{s2}=h_2+\frac{\alpha v_2^2}{2g}$ 各值代入式(8-31)，算出 Δs，如算出的 Δs 值与给定的 Δs 值相等（或很接近），则所设的 h_2（或 h_1）即为所求。否则重新假设 $h_2(h_1)$，再算 Δs，直至计算值与给定值相等（或很接近）为止。这样，便算好了一个断面。

(4) 将上面算好的断面作为已知断面，再向下游（或上游）取 Δs 得另一断面，并设水深 h_2（或 h_1）重复以上试算过程，直到所有断面的水深均求出为止。为了保证计算精度，所取的 Δs 不能太长。

由上述计算步骤不难看出，分段求和法的计算精度和流段长度有关，分段越多，即流段长度越小，计算精度越高。一般来说，降水曲线变化较大，分段宜短；壅水曲线变化较小，分段可适当长一些。在分段时应注意使每一段的断面形状、粗糙系数、底坡尽可能一致。断面、粗糙系数、底坡变化处应作为分段位置。此外，水面曲线在渐近 N-N 线时变化缓慢，如果要计算到水深等于正常水深 h_0，必然使流段长度增加许多，一般来讲，计算到 $h=(1\pm1\%)h_0$ 就已经满足工程要求了。

8.8 天然河道水面曲线的计算

天然河道蜿蜒曲折，其过水断面形状极不规则，同时底坡和粗糙系数往往沿程变化，河道粗糙系数还常随水位变化，这些因素使得天然河道中水力要素变化复杂，一般情况下水流都是非均匀流。

在河道中修建桥梁、闸、坝等建筑物时，必然会遇到建筑物建成后所引起的有关水面曲线的一些问题，如护岸的设计高度、壅水的淹没范围等。

在天然河道中，估算建筑物建成后新的水面曲线最大的困难在于天然河道中水利要素变化急剧，因而不得不采用某种平均值作为计算的依据。大众对水情的观察，首先关注的是水位，因此研究河道水面曲线时，主要研究水位的变化，这样天然河道水面曲线的计算便自成系统。

天然河道水面曲线的计算方法有很多，第一种是前面介绍的分段求和法，第二种是将不规则的天然河道，人为地简化为具有平均底坡的棱柱体渠道，以此代替天然河道水面曲线的计算。第一种方法在工程上比较常用，本节仅介绍天然河道水面曲线计算中的分段求和法。

8.8.1 天然河道分段的原则

由于天然河道的上述特点，所以在其水面曲线计算时需根据水文及地形的实测资料，预先把河道分成若干河段。分段时应尽可能使各段的断面形状、底坡及粗糙系数大致相同，同时保证计算段内流量不变。当然，计算河段分得越多，计算结果也就越精确，但计算的工作量及所需资料也大大增加。分段的多少视具体情况而定。有人建议计算河段长度可取 2 ～ 4 km，在天然状态下每一段内的水面落差不应大于 0.75 m，此外，支流汇入处应作为上、下游河段的分界。

为了正确反映河道的实际情况，提高计算精度，对天然河道分段应遵循以下原则。

(1) 每个计算流段内，过水断面形状、尺寸、粗糙系数及底坡变化不要太大。

(2) 在每一个计算流段内，上、下游水位差不要太大，平原河流一般 Δz 取 0.2 ～ 1.0 m，山区河流一般 Δz 取 1.0 ～ 3.0 m。

(3) 计算流段内不要有支流汇入或流出。若有支流存在，必须把支流放在计算流段的起始段或末端，对汇入的支流放在流段的起始段，对流出的支流放在流段的末端。由于支流的汇入或流出，对流量要进行修正，正确估计流入量或流出量。

(4) 平原河道流段要划分得长一些，山区河道流段要划分得短一些。

关于河道的局部水头，逐渐收缩的河段局部水头损失很小，一般忽略不计；对扩散的河段，水头损失系数 ζ 可取 $-0.3 \sim 1.0$，视扩散角的大小而定。因为河道非均匀流的局部水头损失表达式为 $\mathrm{d}h_\mathrm{f} = \zeta \mathrm{d}\left(\frac{v^2}{2g}\right)$，对于扩散河段，因为 $\mathrm{d}\left(\frac{v^2}{2g}\right)$ 为负值，必须使水头损失系数 ζ 为负值，才能保证局部水头损失是正值。

因为天然河道断面极不规则，河床又极不平整，难以用水深表示水面曲线，所以天然河道水面曲线讨论水位 z 的沿流程变化。而前述棱柱体和非棱柱体明渠，因断面规则，讨论的是水深 h 沿流程的变化。

8.8.2 天然河道水面曲线水力计算公式

在进行天然河道水面的水力计算之前，应把河道划分成若干计算流段，同时把微分方程式改写成差分方程式，即认为在有限长的计算河段内，一切可变水流要素均呈线性变化。用水位变化代替水深变化进行计算。如图 8-25 所示。

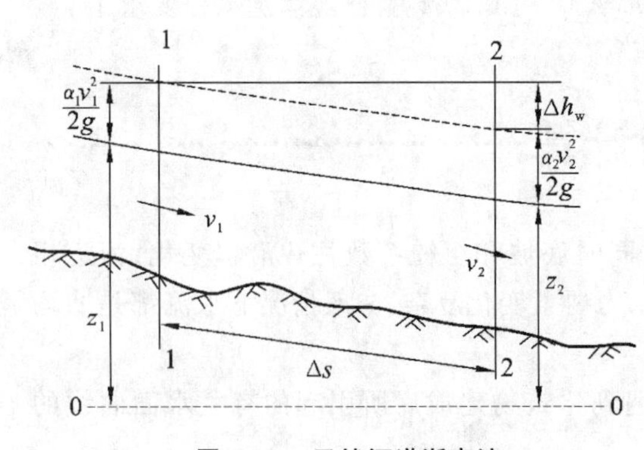

图 8-25 天然河道渐变流

$$i\mathrm{d}s = \mathrm{d}h\cos\theta + \mathrm{d}\left(\frac{\alpha v^2}{2g}\right) + \mathrm{d}h_\mathrm{f} + \mathrm{d}h_j$$

$$z_0 + h\cos\theta + \frac{\alpha_1 v^2}{2g} = (z_0 - i\mathrm{d}l) + (h + \mathrm{d}h)\cos\theta + \frac{\alpha_1 (v + \mathrm{d}v)^2}{2g} + \mathrm{d}h_\mathrm{f} + \mathrm{d}h_j$$

$$z = z_0 + \cos\theta \mathrm{d}h$$

又
$$z_0 - i\mathrm{d}s = z_0 + \mathrm{d}z_0, \mathrm{d}z_0 = -i\mathrm{d}s$$

则
$$\mathrm{d}z = -i\mathrm{d}s + \cos\theta \mathrm{d}h$$

故
$$\cos\theta \mathrm{d}h = \mathrm{d}z + i\mathrm{d}s$$
最后，非均匀渐变流水位沿流程变化的微分方程为
$$-\frac{\mathrm{d}z}{\mathrm{d}s} = (\alpha + \zeta)\frac{\mathrm{d}}{\mathrm{d}s}\left(\frac{v^2}{2g}\right) + \frac{Q^2}{K^2} \tag{8-34}$$
式(8-34)为天然河道恒定非均匀渐变流的微分方程。式(8-33)的有限差分形式为
$$-\frac{\Delta z}{\Delta s} = (\alpha + \bar{\zeta})\frac{\Delta}{\Delta s}\left(\frac{v^2}{2g}\right) + \frac{\Delta h_{\mathrm{f}}}{\Delta s} \tag{8-35}$$
或
$$-\Delta z = (\alpha + \bar{\zeta})\Delta\left(\frac{v^2}{2g}\right) + \Delta h_{\mathrm{f}} \tag{8-36}$$
式中，$-\Delta z = z_u - z_d$，z_u 为上游断面水位，z_d 为下游断面水位，则式(8-36)可以写为
$$z_u - z_d = (\alpha + \bar{\zeta})\left(\frac{v_d^2 - v_u^2}{2g}\right) + \bar{J}\Delta s \tag{8-37}$$
将式(8-37)写成上、下游两个断面的函数式，得
$$z_u + (\alpha + \bar{\zeta})\frac{v_u^2}{2g} = z_d + (\alpha + \bar{\zeta})\frac{v_d^2}{2g} + \frac{Q^2}{\bar{K}^2}\Delta s \tag{8-38}$$
或写成
$$z_u + (\alpha + \bar{\zeta})\frac{Q^2}{2gA_u^2} - \frac{\Delta s}{2}\frac{Q^2}{\bar{K}^2} = z_d + (\alpha + \bar{\zeta})\frac{Q^2}{2gA_d^2} + \frac{\Delta s}{2}\frac{Q^2}{\bar{K}^2} \tag{8-39}$$
即
$$f(z_u) = \varphi(z_d) \tag{8-40}$$
其中，$\bar{J}$ 为计算流段内平均水力坡度，$\bar{J} = \dfrac{Q^2}{\bar{K}^2}$；$\bar{K}$ 为计算流段内平均流量模数，$\bar{K} = \bar{C}\bar{A}\sqrt{\bar{R}}$；$\bar{\zeta}$ 为计算流段内局部水头损失系数的平均值。加注脚 u、d 分别表示流段上、下游断面。

式(8-38)和式(8-39)即天然河道水面曲线分段计算的基本公式。

8.8.3 天然河道的水面曲线的水力计算步骤

第一步，划分流段。若下游断面的水位 z_d 已知，按式(8-40)计算出函数 $\varphi(z_d)$ 的值(若上游断面水位 z_u 已知，其方法相同)。

第二步，假定几个上游断面水位 z_u，按式(8-40)计算出一系列 $f(z_u)$ 函数值，绘出 z_u-$f(z_u)$ 的关系曲线，如图8-26所示，在图中的横坐标上找出 $f(z_u) = \varphi(z_d)$ 点，向上作垂线交曲线于 A 点，A 点的纵坐标值即所求的上游断面水位 z_u。

第三步，以求得的此上游断面水位 z_u 作为下一个计算流段下游水位 z_d。重复第二步，依次计算上游断面水位，得出河道的水面曲线。

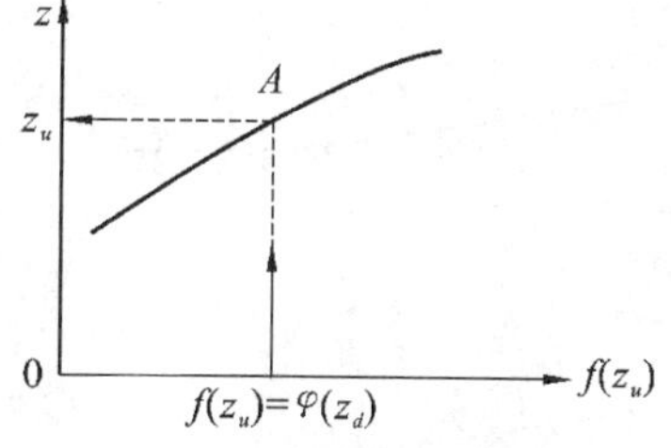

图 8-26 天然河道水力计算图

思考题与习题

思 考 题

8-1 明渠水流的流态是如何定义的？判别标准是什么？

8-2 急流、缓流和临界流各有什么特点？

8-3 弗劳德数的物理意义是什么？为什么可以用它来判别明渠水流的流态？

8-4 何谓断面比能曲线？该曲线有哪些特征？它与断面单位重量液体的总能量 E 有何区别？

8-5 陡坡、缓坡和临界坡是怎样定义的？如何判别渠道坡度的陡缓？

8-6 水面曲线的类型有哪些？

8-7 在平坡和逆坡上为什么只有临界水深，而没有正常水深？

8-8 试证明：在临界流状态下矩形断面渠道的水流断面单位能量是临界水深的 1.5 倍。

8-9 两条明渠的断面形状和尺寸均相同，而底坡和糙率不等，当通过的流量相等时，两明渠的临界水深是否相等？

8-10 陡坡明渠中的水流只能是急流。这种说法是否正确？试说明理由。

8-11 什么叫水跃、波状水跃和完全水跃？

8-12 为什么可以利用水跃来消除能量？什么形式的水跃效能效率最高？

习　题

8-1 一矩形断面渠道 $b = 3$ m，$Q = 4.8$ m^3/s，$n = 0.022$，$i = 0.0005$。试求：

(1) 水流作均匀流时的微波波速；

(2) 水流作均匀流时的弗劳德数；

(3) 从不同角度判别明渠水流流态。

8-2 一梯形断面渠道，$b = 8$ m，$m = 1$，$n = 0.014$，$i = 0.0015$。当流量分别为 $Q_1 = 8$ m^3/s 和 $Q_2 = 16$ m^3/s 时：

(1) 用试算法计算流量为 Q_1 时临界水深；

(2) 用图解法计算流量为 Q_2 时临界水深；

(3) 流量为 Q_1 及 Q_2 时，判别明渠水流作均匀流的流态。

8-3 一矩形渠道 $b = 5$ m，$n = 0.015$，$i = 0.003$。试计算该明渠在通过流量 $Q = 10$ m^3/s 时的临界底坡，并判别渠道是缓坡或陡坡。

8-4 试分析并定性绘出图 8-27 所示三种底坡情况时，上下游渠道水面线的形式。已知上下游渠道断面形状、尺寸及粗糙系数均相同，并为长直棱柱体明渠。

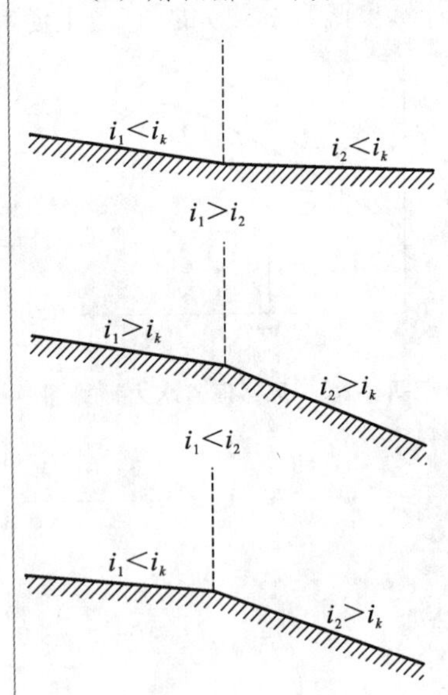

图 8-27　习题 8-4 图

8-5 证明：当断面比能 E_s 以及渠道断面形式、尺寸(b、m)一定时，最大流量相应的水深是临界水深。

8-6 一水跃产生于一棱柱体梯形水平渠道中。已知 $Q = 25$ m^3/s，$b = 5.0$ m，$m = 1.25$ 及 $h_2 = 3.14$ m。求 h_1。

8-7 一水跃产生于一棱柱体矩形水平渠段中。已知 $b = 5.0$ m，$Q = 50$ m^3/s 及 $h_1 = 0.5$ m。试判别水跃的形式并确定 h_2。

8-8 试分析并定性绘出图 8-27 所示三种底坡变化情况时，上下游渠道水面线的形式。已知上下游渠道断面形状、尺寸及粗糙系数均相同并为长直棱柱体明渠。

8-9 上、下游断面形状尺寸与粗糙系数均相同的直线渠道，上游为平底，下游为陡坡，如图 8-28 所示。在平底渠段设有平板闸门，已知闸孔开度 e 小于临界水深，闸门至底坡转折处的距离为 L，试问当 L 的大小变化时，闸门下游渠中水面线可能会出现哪些形式？

8-10 如图 8-29 所示三段底坡不等的直线明渠，各段渠道断面形状、尺寸及粗糙系数均相同，上、下渠道可视为无限长，中间段渠道长度为 l，试分析当中段渠道长度 l 变化时渠中水面线可能出现哪些形式？

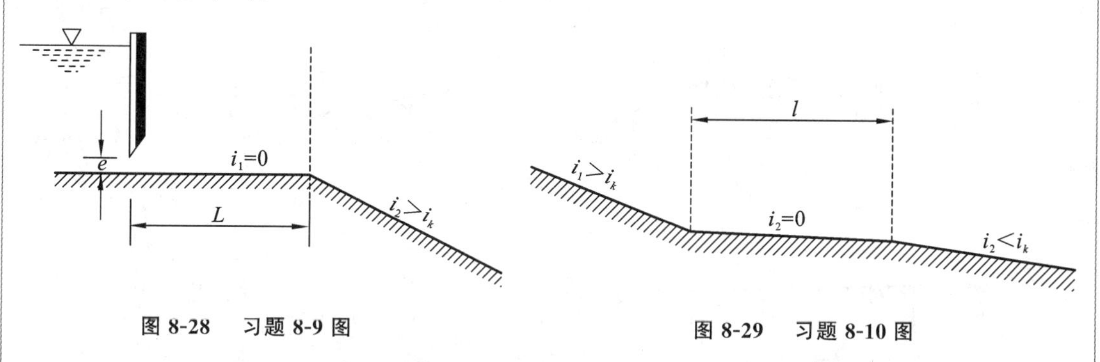

图 8-28　习题 8-9 图　　图 8-29　习题 8-10 图

8-11 有一梯形断面渠道，底宽 $b=6$ m，边坡系数 $m=2$，底坡 $i=0.0016$，$n=0.025$，当通过流量 $Q=10\ \mathrm{m^3/s}$ 时，渠道末端水深 $h=1.5$ m。计算并绘制水面曲线。

8-12 一矩形断面明渠，$b=8$ m，$n=0.025$，$i=0.00075$，当通过流量 $Q=50\ \mathrm{m^3/s}$ 时，已知渠末断面水深 $h_2=5.5$ m。试求上游水深 $h_1=4.2$ m 的断面距渠末断面的距离为多少？

8-13 平底矩形渠道后，紧接一直线收缩的变宽陡槽，断面仍为矩形，进口宽度 b_1 与上游渠道相等，$b_1=8$ m，出口宽度 $b_2=4$ m，陡槽底坡 $i=0.06$，$n=0.016$，槽长 $l=100$ m。试绘出陡槽中通过设计流量 $Q_d=40\ \mathrm{m^3/s}$ 时的水面曲线。

8-14 如图 8-30 所示矩形渠道设置一潜坎，试证明缓流通过潜坎时，水面要下降，而急流通过潜坎时，水面要上升（不计水头损失）。

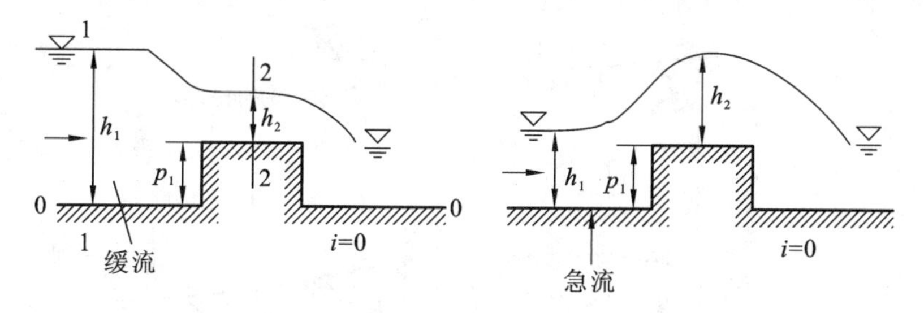

图 8-30　习题 8-14 图

8-15 流量 Q 和糙率 n 一定，试定性分析图 8-31 所示长直棱柱体渠道中可能产生的水面曲线形式。

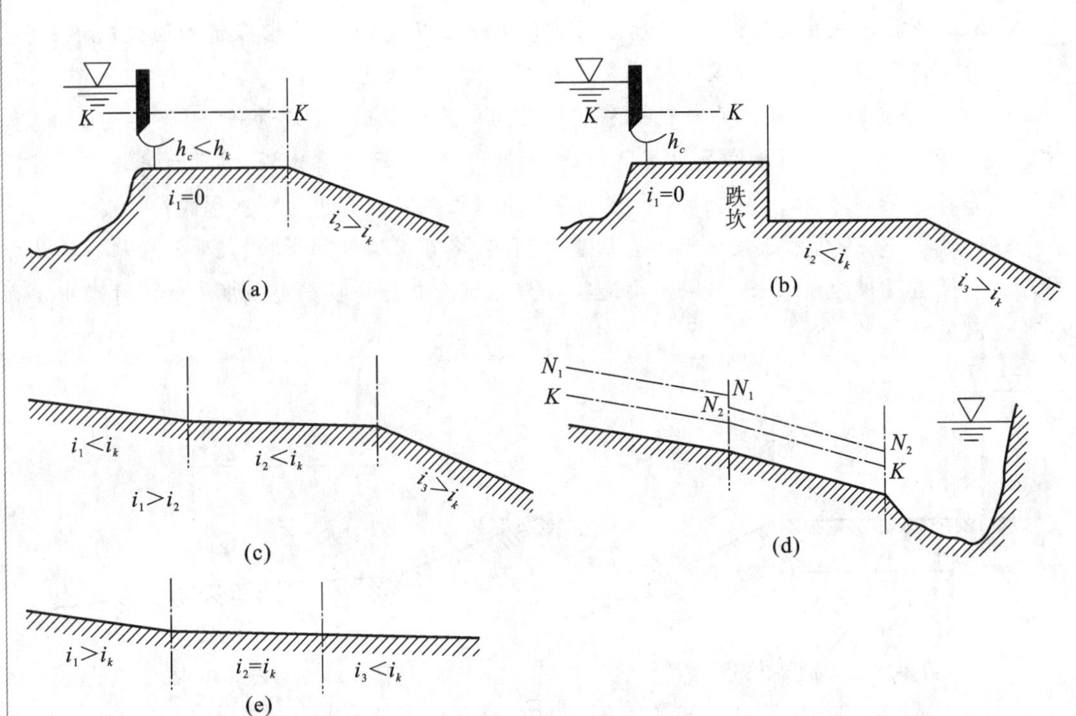

图 8-31　习题 8-15 图

8-16 在各段都为长而直的棱柱体渠道中，已知流量 Q、糙率 n 均不变。试定性绘出图 8-32 所示各渠道中的各种可能出现的水面曲线。

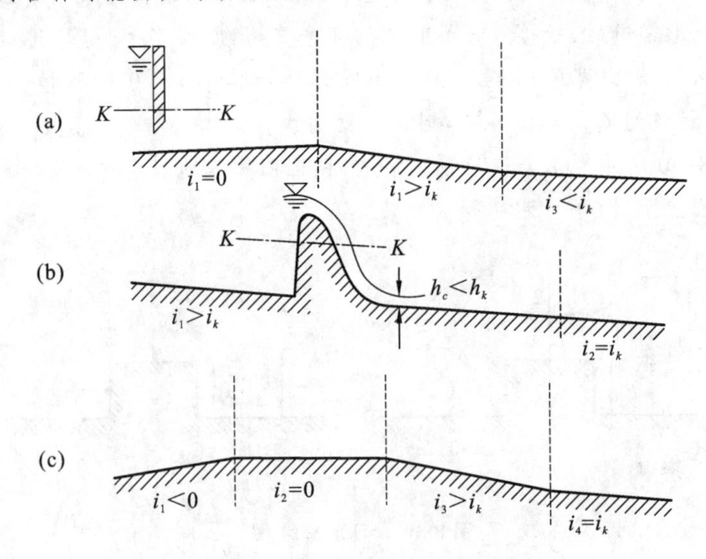

图 8-32　习题 8-16 图

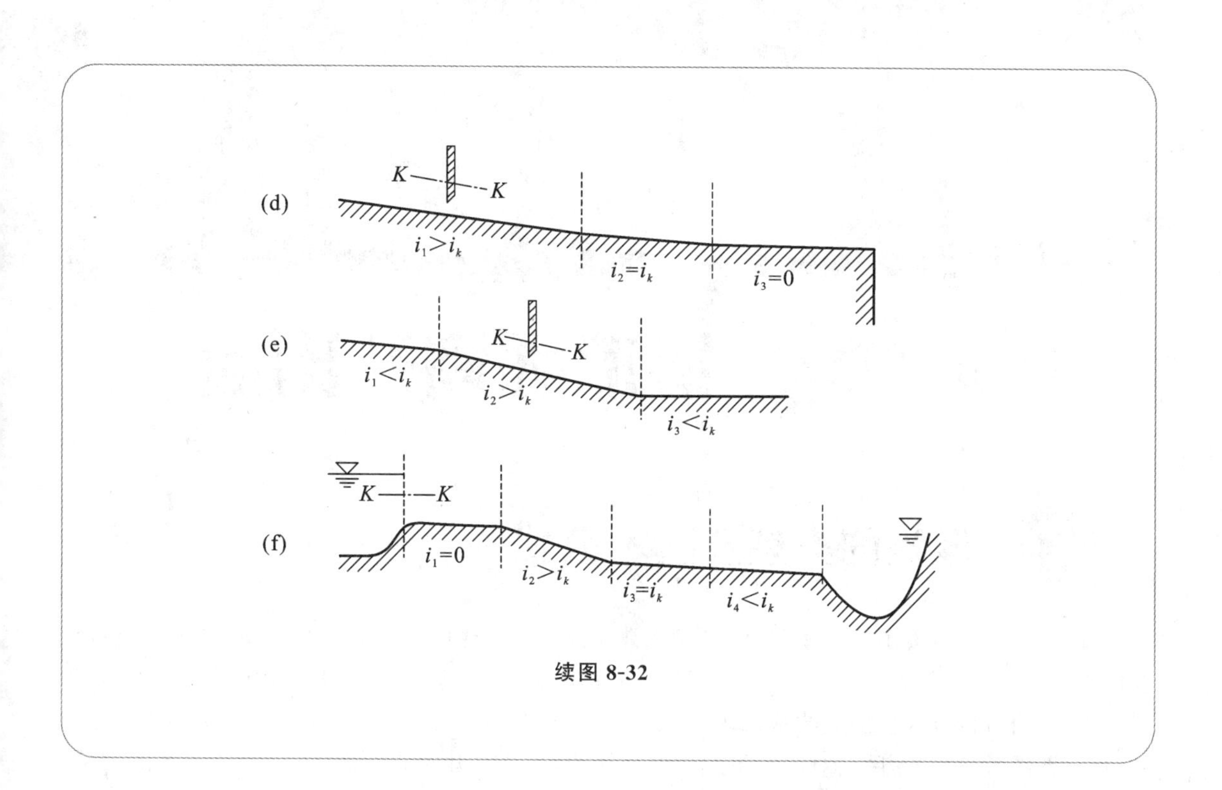

续图 8-32

Chapter 9

第9章 堰流和闸孔出流

9.1 堰流的类型及基本公式

在水利工程中，为了泄水或引水等目的，常在河道或渠道中修建溢流坝、水闸等水工建筑物，以控制水流的水位及流量。这类建筑物当顶部闸门部分开启，水流受闸门控制从建筑物顶部与闸门下缘间的孔口流出时，形成的水流现象叫作闸孔出流[见图9-1(a)、(b)]。当顶部闸门完全开启，闸门下缘脱离水面，闸门对水流不起控制作用时，水流从建筑物顶部下泄，形成的水流现象称为堰流[见图9-1(c)、(d)]。

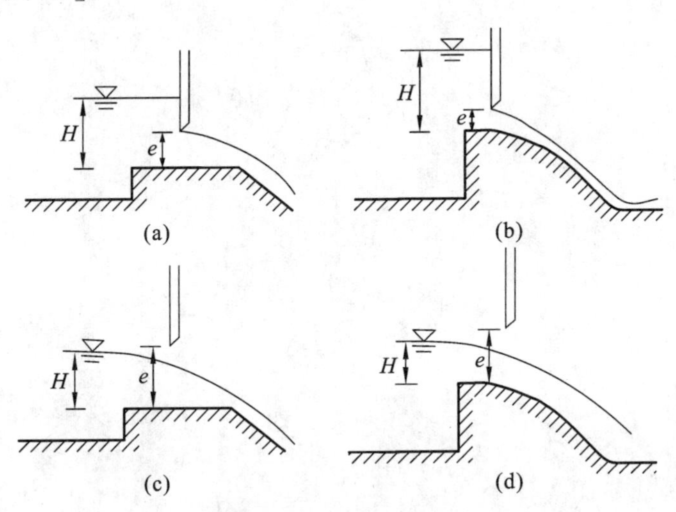

图9-1 堰流与闸孔出流

堰流和闸孔出流属于两种不同的水流现象：堰流经过溢流堰顶下泄；水流受堰墙束窄的阻碍，过水断面减小；泄流水面上缘不受任何约束而为连续的自由降落水面。而闸孔出流从闸下孔口流出；水流受闸门下缘约束，过流断面取决于闸门开度；自由水面不是连续降落的曲线。正是由于堰流和闸孔出流边界条件的差异，它们的水流特征和过水能力是不同的。

堰流与闸孔出流又有许多共同点：① 堰流及闸孔出流都是由于堰或闸壅高了上游水位，形成了一定的作用水头，即水流具有了一定的势能。泄水过程中，都是在重力作用下将势能转化为动能的过程；② 堰和闸都是局部控制性建筑物，起控制水位和流量的作用；③ 堰流及闸孔出流都属于明渠急变流，在较短距离内流线发生急剧弯曲，离心惯性力对建筑物表面的动水压强分布及过流能力均有一定的影响；④ 流动过程中的水头损失主要是局部水头损失。

实际上，对明渠中具有闸门控制的同一过流建筑物而言，在一定边界条件下，堰流与闸孔出流是可以相互转化的：在某一条件下为堰流，而在另一条件下是闸孔出流。水流的转化条件与闸孔的相对开度$\frac{e}{H}$有关，还与闸底坎及闸门（或胸墙）的形式有关，另外，上游来水是涨水或落水也影响流态转换的界限值。经过大量的试验研究，一般可采用如下关系式来判别堰流及闸孔出流。

闸底坎为图 9-1(a)、(c) 所示的平顶堰时：

$$\frac{e}{H} \leqslant 0.65 \text{ 为闸孔出流；} \frac{e}{H} > 0.65 \text{ 为堰流}$$

闸底坎为图 9-1(b)、(d) 所示的曲线型堰时：

$$\frac{e}{H} \leqslant 0.75 \text{ 为闸孔出流；} \frac{e}{H} > 0.75 \text{ 为堰流}$$

式中：e 为闸孔开度；H 为从堰顶或闸底坎算起的闸前水深。

9.1.1　堰流的类型

水利工程中，常根据不同的建筑条件及使用要求，将堰做成不同的类型，常见的堰有薄壁堰、曲线形实用堰、折线形实用堰、宽顶堰等。堰的形式不同，其水流特征也不相同。堰流的类型如图 9-2 所示。

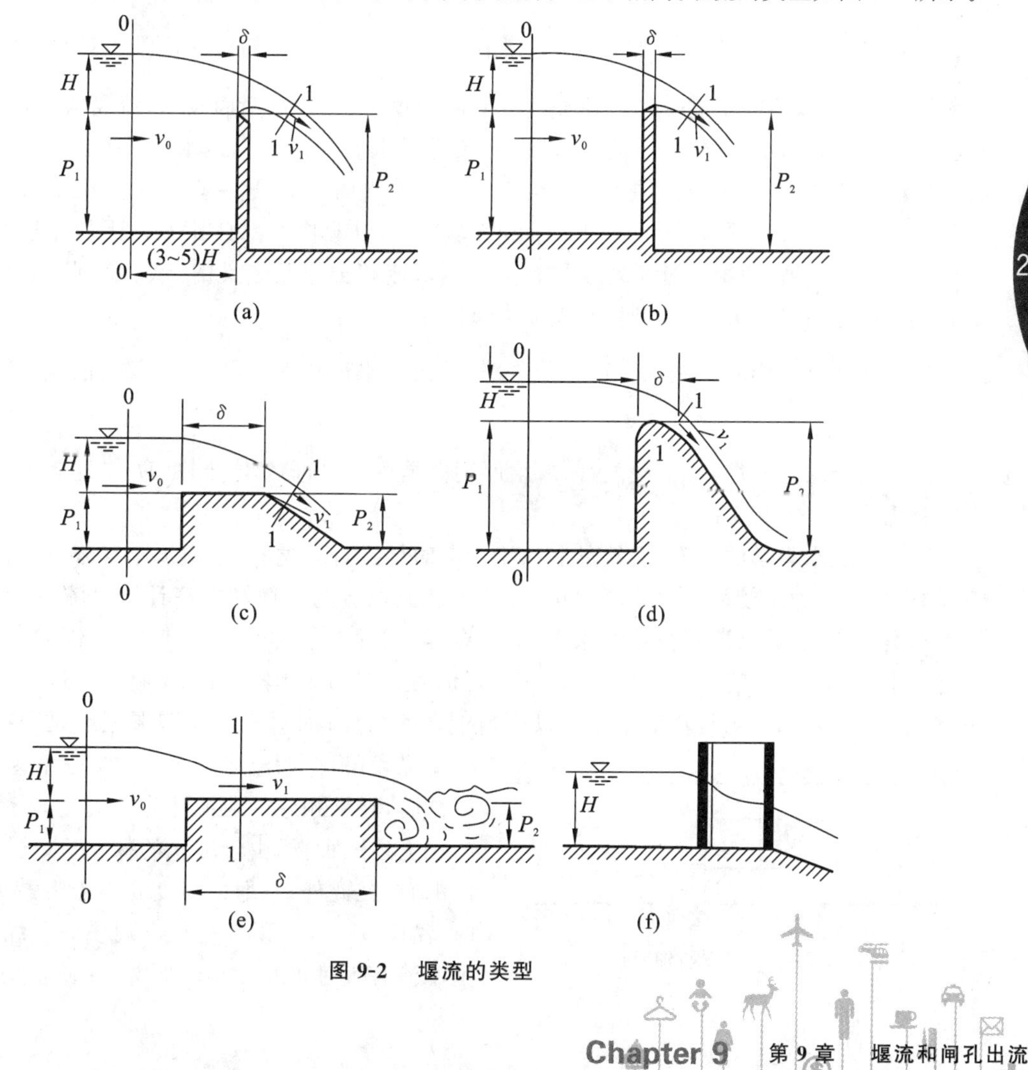

图 9-2　堰流的类型

在水力计算时，并不按堰的用途分类，而是按堰顶厚度δ与堰上水头H的比值大小来划分堰的类型，即按堰的相对厚度对堰进行分类。

1. 薄壁堰

$\frac{\delta}{H}<0.67$的堰称为薄壁堰。当水流流过薄壁堰时，堰顶下泄的水流形如舌状，越过堰顶的水舌形状不受堰顶厚度的影响，水舌下缘与堰顶只呈线的接触，水面为单一的降落曲线。由于薄壁堰常将堰顶做成锐缘，故薄壁堰也称为锐缘堰，如图9-2(a)、(b)所示。

2. 实用堰

$0.67<\frac{\delta}{H}<2.5$的堰称为实用堰。堰顶水流沿着堰面流动，堰顶厚度和堰顶形状都会影响到水舌的形状，水舌受到堰顶的约束和顶托，但这种影响还不大，越过堰顶的水流主要还是在重力作用下自由跌落。为了减小堰顶对水流的阻力，增大堰的过流能力，一些大型的溢流坝，其剖面形状通常做成曲线形，使堰面形状尽量与水舌相吻合，称为曲线形实用堰，如图9-2(d)所示。某些小型的水利工程，为了施工方便，常采用折线形实用堰，如图9-2(c)。折线形实用堰的堰面不是光滑平顺的曲面，对过堰水流产生较大的阻力，与曲线形实用堰相比，其过流能力较低。

3. 宽顶堰

$2.5<\frac{\delta}{H}<10$的堰称为宽顶堰。宽顶堰的堰顶一般为水平面，堰顶厚度对水流的顶托作用非常明显，进入堰顶的水流受到堰顶垂直方向的约束，使得过水断面减小，流速增大，加之水流进入堰顶时存在局部水头损失，因此，在进口处形成了水面跌落。此后，水面几乎与堰顶保持平行。当下游水位较低时，流出堰顶的水流又会产生第二次水面跌落，这种堰流称为宽顶堰流。据此，宽顶堰又可分为有坎宽顶堰[见图9-2(e)]和无坎宽顶堰[见图9-2(f)]两种。无坎宽顶堰完全是由于断面的侧向收缩，使得其过流现象与有坎宽顶堰流相类似而定义的。试验表明，宽顶堰流的水头损失主要是局部水头损失，沿程水头损失可以略去不计。

当$\frac{\delta}{H}>10$时，沿程水头损失已不能忽略，此时的水流特性不再属于堰流，而应该按明渠水流来处理。

需要注意的是，对同一个堰而言，堰坎厚度δ是一定的，但堰上水头H却是随水流状况的改变而变化的。

以上是从水力学的角度，根据过堰水流特点对堰进行分类的。按堰顶厚度分类是古老而经典的分类方法，是为了使堰流的计算细化，有利于掌握堰流的规律和提高计算过流流量的精度。三种不同类型的堰，其水流特征共性相同，个性有异，因此它们的过流规律、影响因素、各种系数的确定及水力计算方法有相同之处，也有具体区别，这在以后的学习中，我们会更进一步地得到理解。对于标准堰型，水力计算的结果可以达到很好的精度；而对于非典型堰型或是一些特殊堰型的情况，可根据堰流计算的基本方法和基本公式，通过试验，建立相应的堰流计算公式。

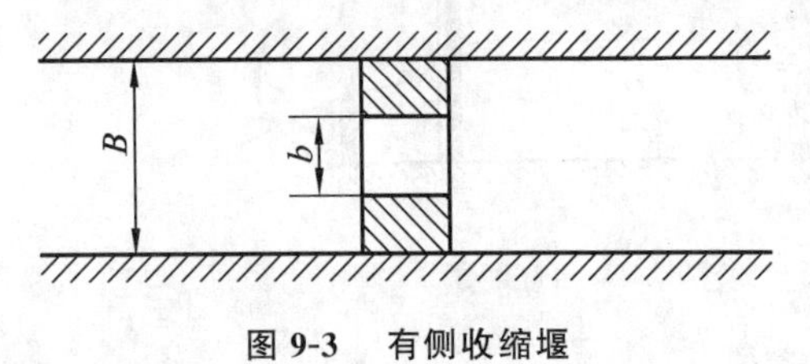

图9-3　有侧收缩堰

上述三种堰，由于堰坎的存在，水流产生竖直方向的收缩。此外，当堰口宽度b小于上游渠道宽度B时（见图9-3），堰顶水流将出现横向收缩，因而堰顶上水流有效过水宽度小于堰宽，并使水头损失增大，堰的过流能力有所降低，这种堰称为有侧收缩堰；反之为无侧收缩堰。当下游水位较低，不影响过堰流量时，称为自由出流；否则为淹没出流。

研究堰流的目的在于探讨过堰水流的流量与堰上水头、堰顶形状及过水宽度等因素的关系，从而解决工程中有关的水力学问题。

9.1.2 堰流的基本公式

堰流的基本公式是指矩形薄壁堰、实用堰和宽顶堰均可使用的公式，对无侧收缩、自由出流堰流，基本公式可以应用能量方程来推导出。如图 9-2 所示，两个过水断面的选择如下：水流行近堰顶时，由于流线收缩，流速加大，水面逐渐下降，因此第一个过水断面应该取在堰前水面无明显下降的 0-0 断面，该断面堰顶以上的水深 H 称为堰上水头，其断面平均流速 v_0 称为行近流速。试验表明，该断面距堰上游壁面的距离 $L=(3\sim5)H$。对于薄壁堰和实用堰，第二个过水断面取在基准面与水舌中线的交点所在的 1-1 过水断面；对于宽顶堰，第二个过水断面取在距进口约 $2H$ 处的堰顶 1-1 收缩断面。

以图 9-2(a) 所示的矩形薄壁堰堰流为例，推导堰流的基本公式。取通过堰顶的水平面为基准面，0-0 断面可视为渐变流断面，而 1-1 断面实为程度不同的急变流，其上 $z+\dfrac{p}{\rho g}$ 不是常数，故采用平均值 $\left(z+\dfrac{p}{\rho g}\right)_{\mathrm{m}}$。列 0-0 断面与 1-1 断面的能量方程

$$z_0+\frac{p_0}{\rho g}+\frac{\alpha_0 v_0^2}{2g}=\left(z+\frac{p}{\rho g}\right)_m+\frac{\alpha v_1^2}{2g}+h_w$$

令 $z_0+\dfrac{p_0}{\rho g}+\dfrac{\alpha_0\ v_0^2}{2g}=H+\dfrac{\alpha_0\ v_0^2}{2g}=H_0$ 为堰顶全水头；令 $\left(z+\dfrac{p}{\rho g}\right)_m=K_1H_0$，$K_1$ 为修正系数，也称为压强系数；取 $h_{\mathrm{w}}=\zeta\dfrac{v_1^2}{2g}$，$\zeta$ 为堰的局部水头损失系数。将上述各式代入能量方程，有

$$H_0-K_1H_0=\frac{\alpha v_1^2}{2g}+\zeta\frac{v_1^2}{2g}$$

整理得

$$v_1=\frac{1}{\sqrt{\alpha+\zeta}}\sqrt{2gH_0(1-K_1)}=\varphi\sqrt{2gH_0(1-K_1)}$$

式中，$\varphi=\dfrac{1}{\sqrt{\alpha+\zeta}}$，称为流速系数，由于动能校正系数 α 和局部水头损失系数 ζ 之和大于1，故流速系数 $\varphi<1$。

因为堰顶过水断面面积一般为矩形，设其断面宽度为 b，1-1 断面水舌的厚度用 K_2H_0 表示，K_2 为反映水舌垂向收缩系数，则 1-1 断面的面积为 $A_1=K_2H_0b$，通过的流量为

$$Q=A_1v_1=\varphi K_2b\sqrt{2g(1-K_1)}H_0^{\frac{3}{2}}$$

令 $m=\varphi K_2\sqrt{(1-K_1)}$，称为堰流的流量系数，则

$$Q=mb\sqrt{2g}H_0^{\frac{3}{2}} \tag{9-1}$$

式(9-1) 为矩形堰口、无侧收缩、自由出流的堰流水力计算的基本公式。由式(9-1) 可知，过堰的流量与堰顶全水头 H_0 的 3/2 次方成比例，即 $Q\propto H_0^{\frac{3}{2}}$，与堰口的过水宽度成正比。从上述推导过程可以看出，流量系数 m 的影响因素主要是 φ、K_1、K_2，其中，φ 主要是反映局部水头损失的影响，K_1 表示堰顶 1-1 断面的平均测压管水头与堰上总水头的比值，K_2 反映了堰顶水舌的收缩

程度。显然，这些系数均与堰上水头 H、上游堰高 P_1 及堰顶轮廓形状、尺寸等因素有关。因此，不同水头、不同类型、不同尺寸的堰流，其流量系数 m 值均不相同。

流量系数 m 的确定，目前还没有理论方法，主要是通过试验测量 Q、H，再根据式(9-1) 反推得到 m。根据试验结果，堰的流量系数不是常数，随着堰上水头 H 等因素变化，因此要在一定的流量变化范围进行大量试验，分析 m 的变化规律，拟合出可供计算的流量系数的经验公式。对于一些标准的堰型，人们已经建立了一些流量系数的经验公式，这些公式可从有关专著或手册中查阅到。由于建立各个经验公式的条件不同，对同一种堰型，采用不同的经验公式得到的流量系数值往往不完全一致，可作为设计时的参考，再根据经验和分析，选择合适的数值。对于重要工程，应进行模型试验实测其流量系数。

如果下游水位较高，影响到 1-1 断面的水流条件时，则在相同水头 H_0 的作用下，其过流流量 Q 将小于式(9-1) 的计算值，形成淹没出流，这需要在式(9-1) 右端乘以一个小于 1 的淹没系数 σ_s，以反映其影响。当堰顶存在边墩或闸墩，即堰顶宽度小于上游河渠宽度时，过堰水流在水平方面受到横向约束，过堰流量将有所减小，形成有侧收缩，这需要在式(9-1) 右端乘以一个小于 1 的侧收缩系数 ε，以反映其影响。

淹没系数 σ_s 和侧收缩系数 ε 均需要通过试验研究来归纳确定。综上所述，堰流的基本公式经改写后成为

$$Q = \sigma_s \varepsilon m b \sqrt{2g} H_0^{\frac{3}{2}} \tag{9-2}$$

若堰流为自由出流时，取 $\sigma_s = 1.0$，若堰流为无侧收缩时，取 $\varepsilon = 1.0$。

9.2 薄壁堰流的水力计算

当堰顶厚度 $\frac{\delta}{H} < 0.67$ 时，属于薄壁堰。薄壁堰特别是锐缘薄壁堰，由于过堰水流与堰接触面很小，有稳定的水头和流量关系，具有测流精度较高的优点。又由于堰壁较薄，难以承受过大的水压力，因此常作为水力模型试验或野外测量中一种有效的量水工具。

常用的薄壁堰，根据其堰口形状，分为矩形薄壁堰、三角形薄壁堰、梯形薄壁堰和比例薄壁堰，如图 9-4 所示。矩形薄壁堰和三角形薄壁堰最常用，下面介绍这两种薄壁堰的水力计算。

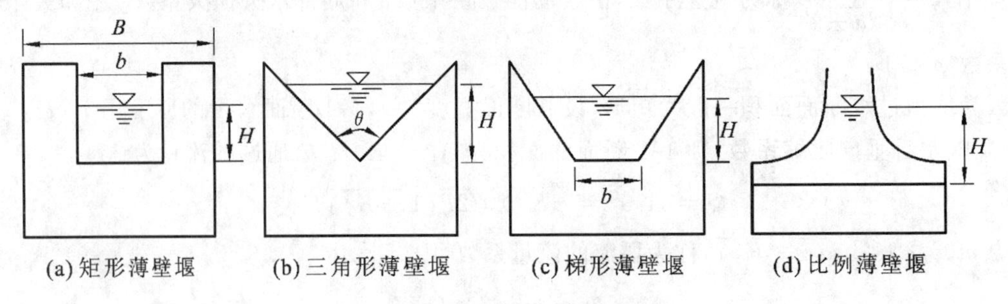

图 9-4 不同类型的薄壁堰

9.2.1 矩形薄壁堰

为便于使用直接测得的堰上水头 H 来计算流量，可将式(9-1) 中行近流速水头的影响归到

流量系数m中一并考虑，即将堰流水力计算的基本公式改写成

$$Q = mb\sqrt{2g}\left(H+\frac{\alpha_0 v_0^2}{2g}\right)^{\frac{3}{2}} = m\left(1+\frac{\alpha_0 v_0^2}{2gH}\right)^{\frac{3}{2}} b\sqrt{2g}H^{\frac{3}{2}}$$

简记为

$$Q = m_0 b\sqrt{2g}H^{\frac{3}{2}} \tag{9-3}$$

式中，$m_0 = m\left(1+\frac{\alpha_0 v_0^2}{2gH}\right)^{\frac{3}{2}}$，称为包含行近流速水头影响在内的流量系数。要注意，式(9-3)中使用的是堰上水头 H，而不是堰上总水头 H_0。

1. 流量系数

矩形薄壁堰的流量系数 m_0 在自由出流和无侧收缩的情况下，可按以下经验公式计算。

巴辛(Bazin)公式：

$$m_0 = \left(0.405+\frac{0.0027}{H}\right)\left[1+0.55\left(\frac{H}{H+P_1}\right)^2\right] \tag{9-4}$$

雷保克(T. Rehbock)公式：

$$m_0 = 0.403+0.053\frac{H}{P_1}+\frac{0.0007}{H} \tag{9-5}$$

式中：H 为堰上水头；P_1 为上游堰高，单位为 m。巴辛(Bazin)公式中，$\frac{0.0027}{H}$ 反映表面张力的作用，方括号项反映行近流速水头的影响，此式适用条件为 $H=0.1\sim0.6$ m，堰宽 $b=0.2\sim2.0$ m，$H\leqslant 2P_1$。雷保克(T. Rehbock)公式的适用范围为 $H=0.025\sim0.6$ m，$P_1=0.1\sim1.0$ m，$H/P_1<2$。

当堰口宽度b小于上游河渠宽度B时，有侧收缩影响。包含侧收缩影响的流量系数m_0可用下面的巴辛公式计算

$$m_0 = \left(0.405+\frac{0.0027}{H}-0.03\frac{B-b}{B}\right)\left[1+0.55\left(\frac{H}{H+P_1}\right)^2\left(\frac{b}{B}\right)^2\right] \tag{9-6}$$

式中：B 为渠宽；b 为堰顶宽(垂直于流向)，B 和 b 的单位为 m。

2. 淹没系数

当堰下游水位高于堰顶时，因下游水体对溢流水舌的顶托、阻挡作用，使下泄水流不通畅，因而下游水位会影响过堰流量，形成淹没出流，如图 9-5 所示。

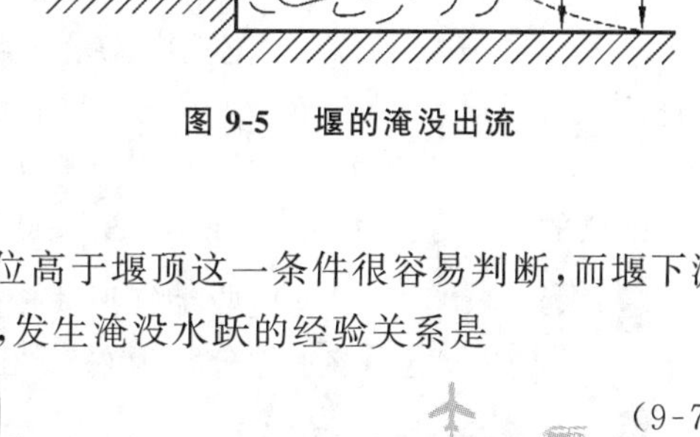

图 9-5　堰的淹没出流

下游水位高于堰顶是形成淹没出流的必要条件，但不是充分条件。因为，即使 $h_t>P_2$，如果上、下游水位高差z很大，则水舌具有很大的动能，容易把下游水体推开一段距离，发生远离水跃，临近堰壁的下游处，水深仍小于堰顶，则发生自由出流。

试验表明，薄壁堰发生淹没出流的条件是：① 下游水位高于堰顶；② 堰的下游发生淹没水跃。下游水位高于堰顶这一条件很容易判断，而堰下游发生淹没水跃的条件则需要用经验来判断。根据试验，发生淹没水跃的经验关系是

$$\frac{z}{P_1} \ll \left(\frac{z}{P_1}\right)_C \tag{9-7}$$

式中：z 为堰上、下游水位差；$(z/P_1)_C$ 与 (H/P_1) 的经验关系如图 9-6 所示，当计算得到的 (H/P_1) 值位于图中 $(z/P_1)_C$ 曲线下方时，下游将发生淹没水跃。

淹没出流时，下游水位波动很大，使过堰流量不稳定，因此用来测量流量的薄壁堰不宜在淹没情况下工作。

试验表明：无侧收缩、自由出流时，矩形薄壁堰水流最为稳定，测量精度较高。所以用来量水的矩形薄壁堰，应使上游渠宽与堰宽相同，下游水位低于堰顶。此外，为保证堰流为自由出流，还应满足下列条件。

(1) 堰上水头不宜过小，一般应使 $H > 2.5$ cm。否则，水舌在表面张力的作用下将挑射不出，易发生贴壁溢流。

(2) 堰后水舌下面的空间应与大气相通。否则，空气逐渐被水舌带走，压强降低，水舌下面形成局部真空，影响出流稳定性。在堰后侧壁上设置通气管是一个有效的措施。

图 9-7 所示为试验中测得的无侧收缩、自由出流的矩形薄壁堰流的水舌形状。

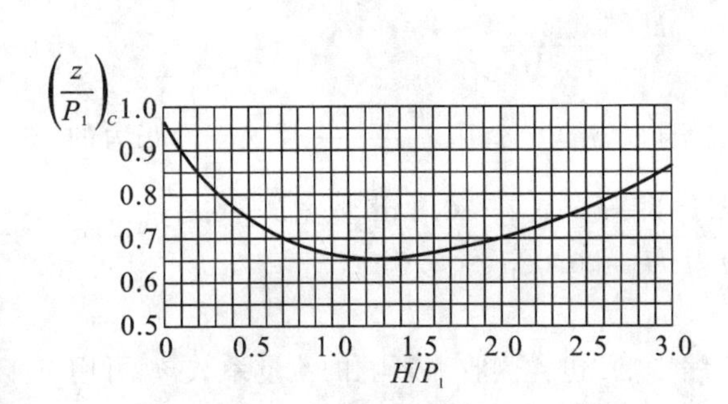

图 9-6　$(z/P_1)_C$ 与 (H/P_1) 的经验关系

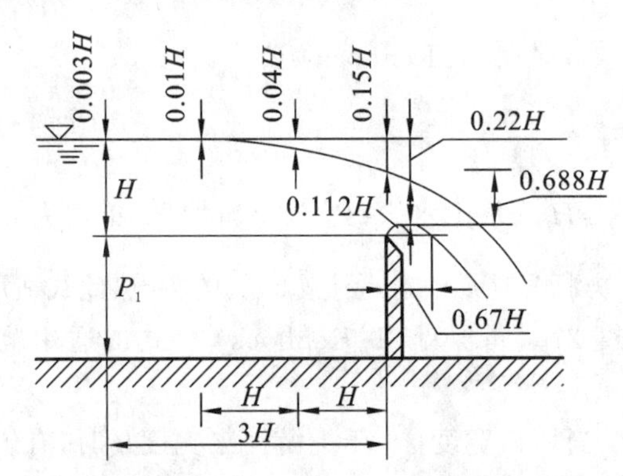

图 9-7　无侧收缩、自由出流的矩形薄壁堰流的水舌形状

9.2.2　三角形薄壁堰

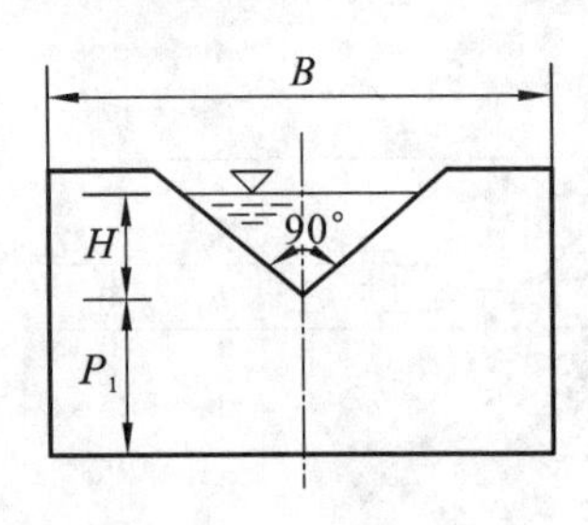

图 9-8　三角形薄壁堰

当所测流量较小时(例如 $Q < 0.1\ \mathrm{m^3/s}$)，若用矩形薄壁堰测量，则水头过小，测量的相对误差变大。改为三角形薄壁堰(如图 9-8 所示)后，小水头时水面宽度小，流量的微小变化将引起相对较大的水头变化，故可提高小流量的测量精度。因此，三角形薄壁堰是量测较小流量理想的堰型。

根据需要，其堰口可设计成不同的夹角 θ，其流量计算公式为

$$Q = CH^{5/2} \tag{9-8}$$

其中，H 以 m 计，Q 以 $\mathrm{m^3/s}$ 计。国际标准手册给出了 θ 在 $20° \sim 120°$ 范围内流量系数 C 相应的图、表和经验公式。常用的三角形薄壁堰多为直角三角形薄壁堰，当 $\theta = 90°$ 时，C 的近似值为 1.4，即

$$Q = 1.4H^{5/2} \tag{9-9}$$

上式的适用条件为：$0.05\ \mathrm{m} < H < 0.25\ \mathrm{m}$，$P_1 \geqslant 2H$，渠宽 $B \geqslant (3 \sim 4)H$。

例 9-1　一无侧收缩矩形薄壁堰，堰宽 $b = 0.50$ m，堰高 $P_1 = P_2 = 0.35$ m，堰上水头 $H = 0.40$ m，当下游水深分别为 0.15 m、0.40 m 和 0.55 m 时，求通过的流量各为多少？

解　(1) 当下游水深为 0.15 m时，小于堰顶，所以为自由式堰流，本题中 $0.1\ \mathrm{m} <$

$H<0.6$ m,$H/P \leqslant 2$ 及 0.2 m $<b<2.0$ m,现采用巴辛公式计算流量系数及流量。

$$m_0 = \left(0.405 + \frac{0.0027}{H}\right)\left[1 + 0.55\left(\frac{H}{H + P_1}\right)^2\right]$$

$$= \left(0.405 + \frac{0.0027}{0.4}\right) \times \left[1 + 0.55\left(\frac{0.4}{0.4 + 0.35}\right)^2\right] = 0.4762$$

$$Q = m_0 b\sqrt{2g}H^{1.5} = (0.4762 \times 0.50 \times \sqrt{2 \times 9.8} \times 0.4^{1.5})\ \text{m}^3/\text{s} = 0.267\ \text{m}^3/\text{s}$$

(2) 当下游水深为0.40 m时,堰下游水位高于堰顶,$H/P_1 = 0.40/0.35 = 1.14$,由图9-6查得 $(z/P_1)_C = 0.65$,$z/P_1 = (0.40+0.35-0.40)/0.35 = 1$,故为自由出流,所以流量仍为0.267 m³/s。

(3) 当下游水深为0.55 m时,堰下游水位高于堰顶 $H/P_2 = 0.40/0.35 = 1.14$,由图9-6查得 $(z/P_1)_C = 0.65$,$z/P_1 = (0.40 + 0.35 - 0.55)/0.35 = 0.571$,所以为淹没出流。

$$\sigma_s = 1.05\left(1 + 0.2\frac{h_s}{P_2}\right)\sqrt[3]{\frac{z}{H}}$$

$$= 1.05 \times \left(1 + 0.2 \times \frac{0.55 - 0.35}{0.35}\right) \times \sqrt[3]{\frac{0.4 + 0.35 - 0.55}{0.40}} = 0.9286$$

$$Q = Q \cdot \sigma_s = (0.267 \times 0.9286)\ \text{m}^3/\text{s} = 0.248\ \text{m}^3/\text{s}$$

9.3 实用堰流的水力计算

当 $0.67 < \frac{\sigma}{H} < 2.5$ 时,称为实用堰。实用堰是水利工程中用来挡水同时又能泄水的建筑物。它的剖面形式是随着生产的发展而不断改进的,大体分为曲线形和折线形两大类,如图9-2(c)、(d)所示。曲线形实用堰常用于混凝土修筑的中、高水头溢流坝,堰顶的曲线形状适合水流情况,可提高过流能力。折线形实用堰常用于中、小型溢流坝,具有取材方便和施工简单的优点。

实用堰的流量公式为堰流基本公式(9-2),即

$$Q = \sigma\varepsilon mb\sqrt{2g}H_0^{\frac{3}{2}}$$

9.3.1 曲线形实用堰的剖面形状

曲线形实用堰比较合理的剖面形状应当具有如下优点:过水能力大,堰面不出现过大的负压,经济、稳定。一般情况下,曲线形实用堰的剖面形状如图9-9所示。其中,AB 段常做成垂直直线,也可做成倾斜直线或倒悬式。直线 AB 和 CD 的坡度取决于坝体的稳定性和强度方面的要求。DE 为下游的反弧段,使直线段 CD 与下游河底平滑连接,以避免水流直冲河床。反弧半径 r 可取 3 ~ 6 倍反弧最低点的最大水深,一般结合消能形式统一考虑。堰顶 BC 曲线段是曲线形实用堰最重要的部分,它对过流特性影响最大。曲线形实用堰剖面形状的具体设计,主要就是确定堰顶 BC 曲线段,使其过流能力最强。国内外设计堰的剖面形状有许多方法,但都是按矩形薄壁堰流自由水舌的下缘曲线加以修正而成,如克里格-奥菲采洛夫(简称克-奥剖面)、渥奇剖面、WES剖面等。

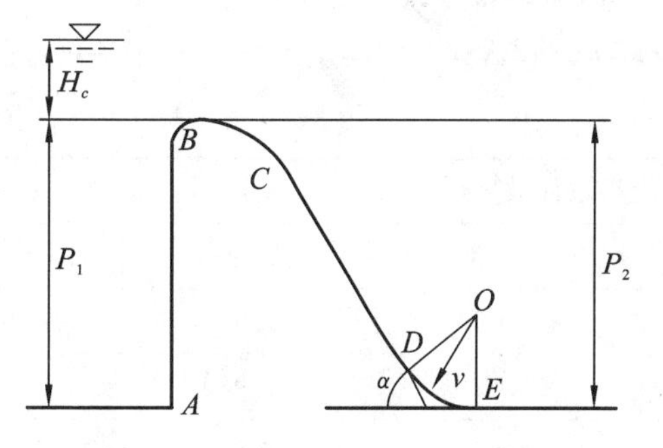

图 9-9 曲线形实用堰的剖面形状

我国以前常用克里格-奥菲采洛夫剖面(克-奥剖面)，该剖面略嫌肥大，曲线坐标可用表的形式给出，坐标点少，施工不便控制。其剖面设计方法可参考有关书籍。

渥奇剖面是美国内务部垦务局在系统研究基础上推荐的剖面。该剖面参数均与行进流速水头、设计全水头有关，并考虑坝高对堰顶剖面曲线的影响，适应不同坝高的堰剖面设计。渥奇剖面的设计方法可参考有关书籍。

WES 剖面是美国陆军工程兵团水道试验站提出的标准剖面，该剖面用曲线方程表示，便于施工控制，且剖面较瘦，可节省工程量，堰面压强较理想，负压不大，对安全有利。我国近来采用 WES 型剖面较多。下面我们着重介绍 WES 剖面实用堰的水力设计及计算问题。

(1) WES 剖面堰顶 O 点前段可采用下列三种曲线。

① 三段复合圆弧形曲线，如图 9-10 所示；

② 两段复合圆弧形曲线，如图 9-11 所示，图中 R_1、R_2、k、n、a、b 等参数取值见表 9-1。

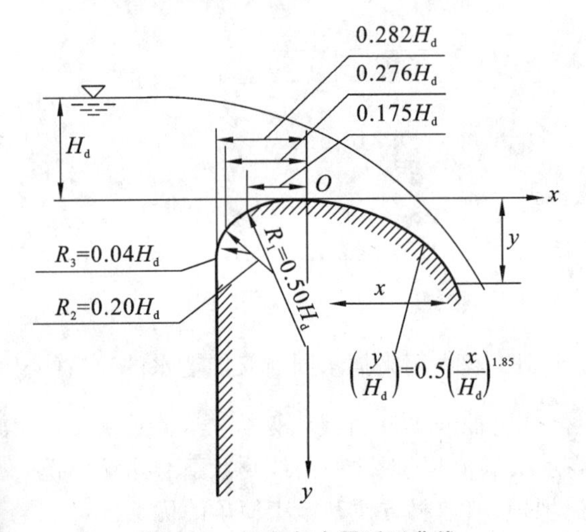

图 9-10 三段复合圆弧形曲线

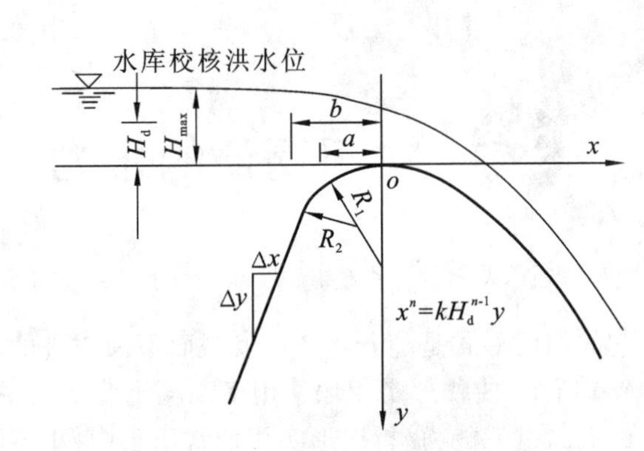

图 9-11 两段复合圆弧形曲线

(2) WES 剖面堰顶 O 点后段采用幂曲线，按如下方程控制

$$x^n = kH_d^{n-1}y \tag{9-10}$$

式中：H_d 为堰剖面的定型设计水头；x、y 为 O 点后段堰面曲线横、纵坐标；n 为与上游堰坡有关的指数，见表 9-1；k 为系数，当 $P_1/H_d > 1.0$ 时，k 值由表 9-1 查得；当 $P_1/H_d \leqslant 1.0$ 时，取 $k = 2.0 \sim 2.2$。

表 9-1 WES 剖面堰面曲线参数

上游堰面坡度($\Delta y/\Delta x$)	k	n	R_1	a	R_2	b
3∶0	2.000	1.850	0.50H_d	0.175H_d	0.20H_d	0.282H_d
3∶1	1.936	1.836	0.68H_d	0.139H_d	0.21H_d	0.237H_d
3∶2	1.939	1.810	0.48H_d	0.115H_d	0.22H_d	0.214H_d
3∶3	1.873	1.776	0.45H_d	0.119H_d	—	—

(3) 堰剖面定型设计水头 H_d 的确定。

由上述可知，WES 剖面曲线的坐标值(即剖面的尺寸大小)与堰剖面设计水头 H_d 有关。当堰建成投入使用后，实际的堰上水头 H 是随流量 Q 的改变而在某一范围($H_{min} \sim H_{max}$)内变化的。当 $H < H_d$ 时，按 H_d 设计的剖面对这时的 H 来说显得肥大，堰面对水流的顶托作用显著，堰面上

的压能将增大，动能减小，过流能力降低，即 $m < m_d$；当 $H > H_d$ 时，按 H_d 设计的剖面对这时的 H 来说又显得瘦小，水舌抛射距离增大，过堰水流可能脱离堰面，堰面出现负压。与管嘴出流类似，相当于增大了堰上水头，过流能力将增大，即 $m > m_d$。因此，在设计 WES 剖面之前，在水头变化范围（$H_{min} \sim H_{max}$）内选择堰剖面定型设计水头 H_d 要十分慎重，既要使低水头泄流时有较大的流量系数，又不会使高水头泄流时堰面产生过大的负压。一般情况下，对于上游堰高 $P_1 \geqslant 1.33H_d$ 的高堰，取 $H_d = (0.75 \sim 0.95)H_{max}$；对于 $P_1 < 1.33H_d$ 的低堰，取 $H_d = (0.65 \sim 0.85)H_{max}$。$H_{max}$ 为校核流量下的堰上水头。

9.3.2 各项系数的确定

1. 流量系数

试验研究表明，WES 曲线形实用堰的流量系数 m 主要取决于上游堰高与设计水头之比 $\frac{P_1}{H}$（称为相对堰高）、堰上全水头和设计水头之比 $\frac{H_0}{H_d}$（称为相对水头）以及堰上游面的坡度。当上游堰面为铅直时，其流量系数 m 由表 9-2 确定；当上游堰面为斜坡时，要对流量系数进行修正，修正系数为 c，见表 9-3，当上游堰面为铅直时，c 值取 1.0。那么考虑上游堰面坡度影响的流量计算公式为

$$Q = cm\varepsilon\sigma b\sqrt{2g}H_0^{3/2} \tag{9-11}$$

表 9-2 WES 曲线形实用堰的流量系数 m 值

H_0/H_d \ P_1/H_d	0.2	0.4	0.6	1.0	≥1.33
0.4	0.425	0.430	0.431	0.433	0.436
0.5	0.438	0.442	0.445	0.448	0.451
0.6	0.450	0.455	0.458	0.460	0.464
0.7	0.458	0.463	0.468	0.472	0.476
0.8	0.467	0.474	0.477	0.482	0.486
0.9	0.473	0.480	0.485	0.491	0.494
1.0	0.479	0.486	0.491	0.496	0.501
1.1	0.482	0.491	0.496	0.502	0.507
1.2	0.485	0.495	0.499	0.506	0.510
1.3	0.496	0.498	0.500	0.508	0.513

表 9-3 上游堰面坡度影响系数 c 值

上游堰面坡度（$\Delta y:\Delta x$） \ P_1/H_d	0.3	0.4	0.6	0.8	1.0	1.2	1.3
3∶1	1.009	1.007	1.004	1.002	1.000	0.998	0.997
3∶2	1.015	1.011	1.005	1.002	0.999	0.996	0.993
3∶3	1.021	1.014	1.007	1.002	0.998	0.993	0.988

2. 侧收缩系数 ε

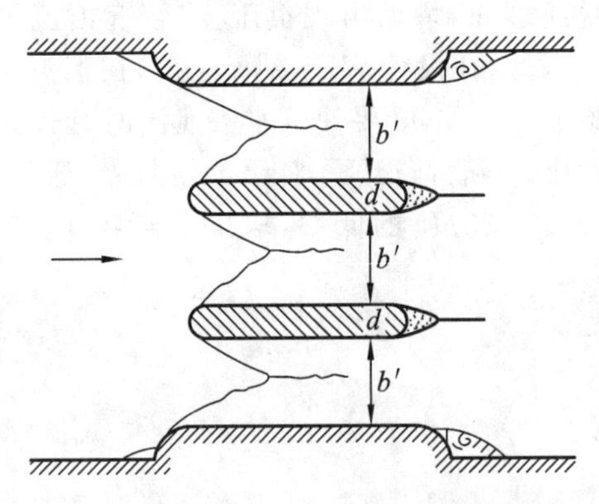

图 9-12　边墩和闸墩对过水能力的影响

一般溢流坝都有边墩，多孔溢流坝还设有闸墩，边墩和闸墩将使水流在平面上发生收缩，减小了有效过水宽度，增加了局部水头损失(见图 9-12)，因而降低了过水能力。侧收缩系数就是用来考虑边墩和闸墩对过水能力的影响的。

试验证明：侧收缩系数 ε 与边墩及闸墩头部的形式、堰上水头、溢流的孔数、溢流宽度等因素有关。常用的经验公式如下：

$$\varepsilon = 1 - 0.2[(n-1)\zeta_0 + \zeta_k]\frac{H_0}{nb} \qquad (9\text{-}12)$$

式中：n 为堰顶溢流孔数；b 为每孔宽度；ζ_0 为闸墩系数；ζ_k 为边墩系数。

ζ_k 值取决于边墩头部形状及进水方向，对于正向进水情况，可按图 9-13 选取。

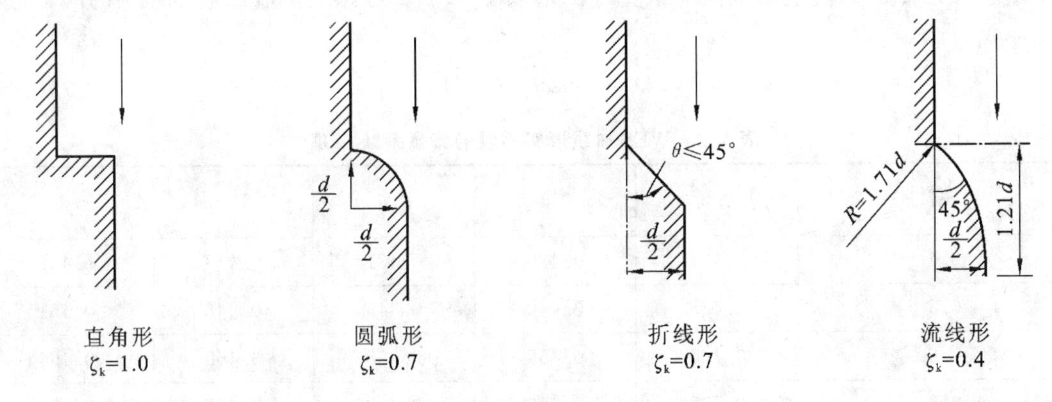

图 9-13　边墩形状及形状影响系数

ζ_0 取决于闸墩头部的平面形状、闸墩头伸向上游堰面的距离 L_u 及淹没程度 h_s/H_0，可由表 9-4 查得。闸墩头部形状见图 9-14。在应用式(9-12)时，如果$\dfrac{H_0}{b}>1$，按$\dfrac{H_0}{b}=1$代入式中计算。

表 9-4　闸墩形状影响系数 ζ_0 值

ζ_0 \ L_u 墩头形状	$L_u = H_0$	$L_u = 0.5H_0$	$L_u = 0$			
			$h_s/H_0 \leqslant 0.75$	$h_s/H_0 = 0.80$	$h_s/H_0 = 0.85$	$h_s/H_0 = 0.90$
矩形	0.20	0.40	0.80	0.86	0.92	0.98
楔形或半圆形	0.15	0.30	0.45	0.51	0.57	0.63
尖圆形	0.15	0.15	0.25	0.32	0.39	0.46

注：表中数据适用于墩尾形状与墩头形状相同情况；h_s 为超过堰顶的下游水深。

3. 淹没系数 $\boldsymbol{\sigma_s}$

试验表明，实用堰发生淹没出流的条件与薄壁堰相同，即：① 下游水位高于堰顶；② 堰下游

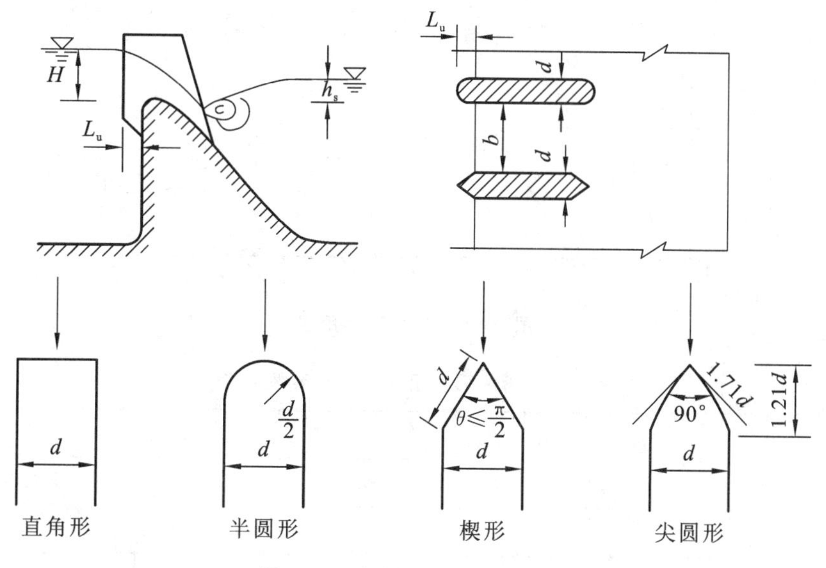

图 9-14　闸墩头部的不同形状

发生淹没水跃。计算中，可用淹没系数 σ_s 反映其对过堰流量的影响。

对于曲线形实用堰，可用 WES 实用堰的试验结果计算淹没系数。据 WES 实用堰的试验，淹没系数 σ_s 与下游堰高的相对值 $\frac{P_1}{H_0}$ 和反映淹没程度的 $\frac{h_s}{H_0}$ 有关，其值可由图 9-15 查得。图中虚线为淹没系数 σ_s 的等值线，$\sigma_s=1$ 等值线右下方的区域为自由出流区。因此，该图即可用于判断是否发生淹没出流，又可查出发生淹没出流时相应的淹没系数。

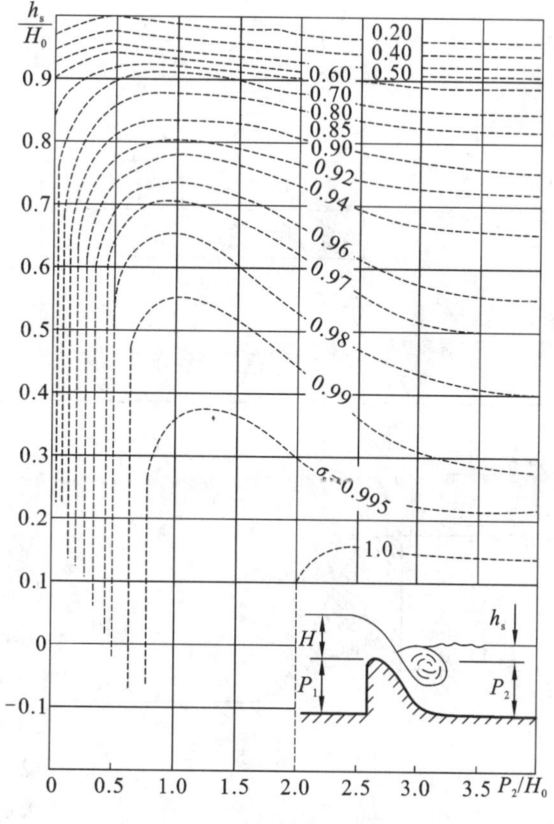

图 9-15　WES 实用堰的淹没系数

9.3.3　折线形实用堰

折线形实用堰多用于中小型工程，具有可以就地取材、施工简单和节省工程造价等优点。折线形剖面形状大多为梯形，如图 9-16 所示。试验表明，折线形实用堰的流量系数 m 与相对堰高 $\frac{P_1}{H_0}$、堰顶相对厚度 $\frac{\delta}{H_0}$ 及上、下游坡度（$\cot\theta$）有关，可按表 9-5 选用。流量系数的范围大致为 $m=0.33\sim0.43$，较曲线形实用堰小。折线形实用堰的侧收缩系数 ε 和淹没系数 σ_s 可近似按曲线形实用堰计算。

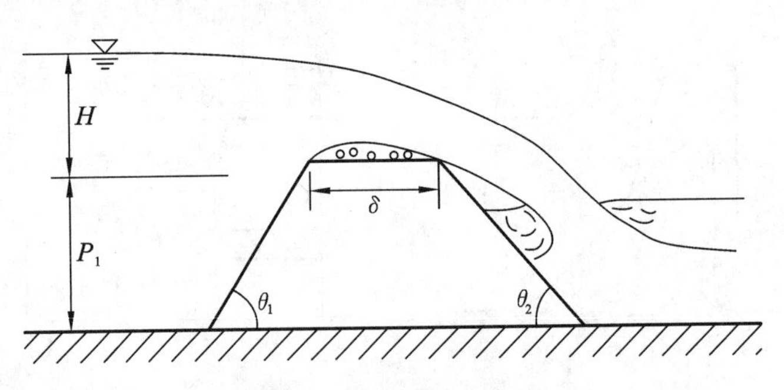

图 9-16　折线形实用堰

表 9-5　折线形实用堰的流量系数 m 值

P_1/H	堰上游坡 $\cot\theta_1$	堰下游坡 $\cot\theta_2$	流量系数 m	
			$\delta/H=0.5\sim1.0$	$\delta/H=1\sim2$
$3\sim5$	0.5	0.5	0.40 ~ 0.38	0.36 ~ 0.35
	1.0	0	0.42	0.40
	2.0	0	0.41	0.39
$2\sim3$	0	1	0.40	0.38
	0	2	0.38	0.36
	3	0	0.40	0.38
	4	0	0.39	0.37
	5	0	0.38	0.36
$1\sim2$	10	0	0.36	0.35
	0	3	0.37	0.35
	0	5	0.35	0.34
	0	10	0.34	0.33

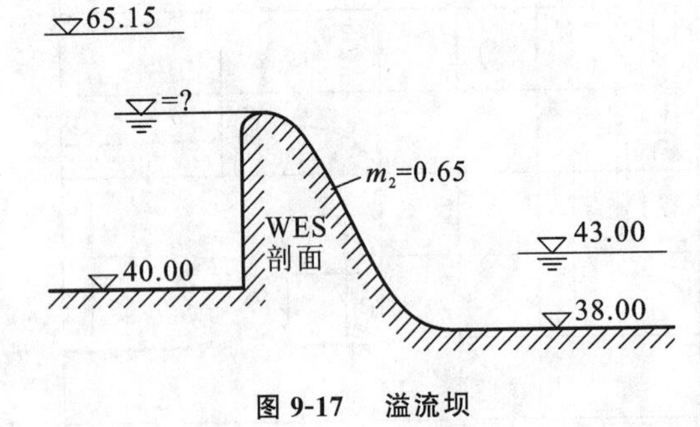

图 9-17　溢流坝

例 9-2　在某河上修建溢流坝一座，坝顶采用堰顶上游三圆弧段的 WES 型实用堰剖面，如图 9-17 所示。溢流坝设计为 10 孔，每孔宽度 $b=8.0$ m，闸墩头部形状为半圆形，边墩为圆弧形，上游河道宽度为 500 m，上、下游河床高程分别为 40.00 m 和 38.00 m。当上、下游设计水位分别为 65.15 m 和 43.00 m 时，通过溢流坝的下泄流量 $Q_d=2\,000\ m^3/s$，溢流坝下游直线部分的斜率 $m_2=0.65$，试确定坝顶高程及设计 WES 剖面。

解　(1) 计算坝顶高程。坝顶高程取决于上游设计水位和设计水头，因此先计算设计水头。

坝的实际溢流宽度

$$B = nb = (8 \times 10)\ \text{m} = 80\ \text{m}$$

堰上总水头

$$H_0 = \left(\frac{Q}{\sigma_s \varepsilon m B \sqrt{2g}}\right)^{2/3}$$

H_0 的第一次近似：

已知 $Q_d = 2\ 000\ \text{m}^3/\text{s}$ 及 $B = 80\ \text{m}$，当 $H = H_d$ 时，流量系数 $m = m_d = 0.502$。侧收缩系数 ε 用式(9-12)计算时与 H_0 有关，因此假设 $\varepsilon = 0.9$。又因坝顶高程未知，无法判别出流情况，先假设为自由出流（$\sigma_s = 1.0$）。将以上各值代入堰上总水头计算式，得

$$H_0 = \left(\frac{2\ 000}{1.0 \times 0.9 \times 0.502 \times 80 \times \sqrt{2 \times 9.8}}\right)^{2/3}\ \text{m} = 5.386\ \text{m}$$

H_0 的第二次近似：

将 H_0 的第一次近似值以及溢流孔数 $n = 10$，按半圆形墩头和自由出流 $\left(\frac{h_s}{H_0} \leqslant 0.75\right)$，查表 9-4 可得闸墩系数 $\zeta_0 = 0.45$，按圆弧形边墩，查图 9-13 可得边墩系数 $\zeta_k = 0.70$，则有

$$\varepsilon = 1 - 0.2 \times [(n-1)\zeta_0 + \zeta_k]\frac{H_0}{nb}$$
$$= 1 - 0.2 \times [(10-1) \times 0.45 + 0.7] \times \frac{5.386}{10 \times 8} = 0.936$$

$$H_0 = \left(\frac{2\ 000}{1.0 \times 0.936 \times 0.502 \times 80 \times \sqrt{2 \times 9.8}}\right)^{2/3}\ \text{m} = 5.247\ \text{m}$$

H_0 的第三次近似：

$$\varepsilon = 1 - 0.2 \times [(n-1)\zeta_0 + \zeta_k]\frac{H_0}{nb}$$
$$= 1 - 0.2 \times [(10-1) \times 0.45 + 0.7] \times \frac{5.247}{10 \times 8} = 0.938$$

$$H_0 = \left(\frac{2\ 000}{1.0 \times 0.938 \times 0.502 \times 80 \times \sqrt{2 \times 9.8}}\right)^{2/3}\ \text{m} = 5.24\ \text{m}$$

至此，ε 和 H_0 不再变化，可作为最终值。

已知上游河道宽度为 160 m，上游设计水位为 65.15 m，上游河床高程为 40 m，则上游过水断面面积（近似按矩形断面计算）为

$$A_0 = [500 \times (65.15 - 40)]\ \text{m}^2 = 12\ 575\ \text{m}^2$$

行近流速

$$v_0 = \frac{Q}{A_0} = \frac{2\ 000}{12\ 575}\ \text{m/s} = 0.16\ \text{m/s}$$

行进流速水头

$$\frac{\alpha v_0^2}{2g} = \frac{1.0 \times (0.16)^2}{2 \times 9.8}\ \text{m} = 0.001\ 3\ \text{m}$$

堰上设计水头

$$H_d = H_0 - \frac{\alpha v_0^2}{2g} = (5.24 - 0.001\ 3)\ \text{m} \approx 5.24\ \text{m}$$

堰顶高程

$$堰顶高程 = 上游水位 - H_d = (65.15 - 5.24)\ \text{m} = 59.91\ \text{m}$$

下游设计水位 43.00 m，低于坝顶高程 59.91 m，满足自由出流条件，因此按以上自由出流计算得结果是正确的，即计算得到的坝顶高程为 59.91 m。

(2) WES 剖面设计。

上游圆弧段曲线：

$$R_1 = 0.5H_d = (0.5 \times 5.24)\ \text{m} = 2.62\ \text{m}$$
$$R_2 = 0.2H_d = (0.2 \times 5.24)\ \text{m} = 1.05\ \text{m}$$
$$R_3 = 0.04H_d = (0.04 \times 5.24)\ \text{m} = 0.21\ \text{m}$$
$$b_1 = 0.175H_d = (0.175 \times 5.24)\ \text{m} = 0.92\ \text{m}$$
$$b_2 = 0.276H_d = (0.276 \times 5.24)\ \text{m} = 1.45\ \text{m}$$
$$b_3 = 0.2818\ H_d = (0.2818 \times 5.24)\ \text{m} = 1.48\ \text{m}$$

下游曲线坐标方程：

$$y = \frac{x^{1.85}}{2H_d^{0.85}} = \frac{x^{1.85}}{2 \times 5.24^{0.85}} = 0.122x^{1.85}$$

列表计算如表 9-6 所示。

表 9-6　计算值

x/m	1	2	3	4	5	6	7	8	9	10
y/m	0.122	0.440	0.931	1.586	2.396	3.357	4.465	5.716	7.107	8.637

下游直线段斜率已知，$m_2 = 0.65$。

下游反弧段半径：

当 $H_d > 4.5$ m 时：

$R = H_d + \dfrac{P_1}{4} = \left(5.24 + \dfrac{59.91 - 38}{4}\right)\ \text{m} = 10.72\ \text{m}$，$P_1$ 为上游堰高。

9.4 宽顶堰流的水力计算

当堰顶水平，且满足 $2.5 < \dfrac{\delta}{H} < 10$ 时，在进口处形成水面跌落，堰顶范围内产生一段流线近乎平行堰顶的渐变流，这种堰流称为宽顶堰流，宽顶堰流的水力计算公式仍为式(9-2)，即

$$Q = \sigma_s \varepsilon m b\ \sqrt{2g}H_0^{\frac{3}{2}}$$

宽顶堰流是实际工程中极为常见的水流现象，底坎引起的水流在垂直方向产生收缩，会形成宽顶堰水流[见图 9-18(a)]；当水流流经桥墩之间、隧洞或涵洞进口[见图 9-18(b)、(c)]，以及流经有施工围堰束窄了的河床时，水流由于侧向收缩的影响，也会形成进口水面跌落，产生宽项堰的水流状态，称作无坎宽项堰流。

9.4.1　流量系数

宽顶堰流的流量系数 m 取决于堰顶头部形式和上游相对堰高 P_1/H。

对于堰顶头部为圆角形的宽顶堰[见图 9-19(a)]，其流量系数 m 值可按式(9-13)计算，也可

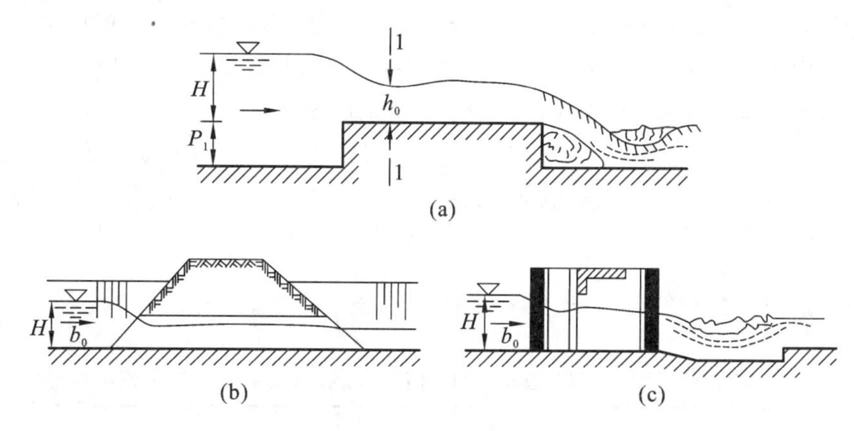

图 9-18　宽顶堰流

按表 9-7 选用。由表 9-7 可知，堰顶头部为圆角形的宽顶堰的最小流量系数为 0.34。

$$m = 0.34 + 0.01 \frac{3 - \frac{P_1}{H}}{1.2 + 1.5 \frac{P_1}{H}} \tag{9-13}$$

上式适用于进口圆弧半径 $r \geqslant 0.2H_0$ 的情况。

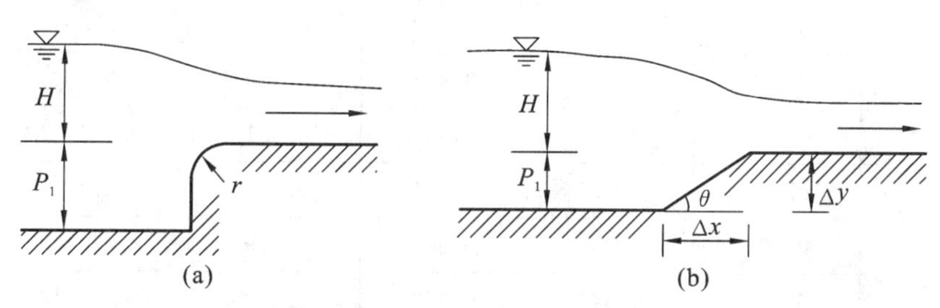

图 9-19　宽顶堰流的流量系数

表 9-7　堰顶头部为圆角形的宽顶堰流量系数 m 值

P_1/H \ r/H	0.025	0.050	0.100	0.200	0.400	0.600	0.800	≥1.0
≈0	0.385	0.385	0.385	0.385	0.385	0.385	0.385	0.385
0.2	0.372	0.374	0.375	0.377	0.379	0.380	0.381	0.382
0.4	0.365	0.368	0.370	0.374	0.376	0.377	0.379	0.381
0.6	0.361	0.364	0.367	0.370	0.374	0.376	0.378	0.380
0.8	0.357	0.361	0.364	0.368	0.372	0.375	0.377	0.379
1.0	0.355	0.359	0.362	0.366	0.371	0.374	0.376	0.378
2.0	0.349	0.354	0.358	0.363	0.368	0.371	0.375	0.377
4.0	0.345	0.350	0.355	0.360	0.366	0.370	0.373	0.376
6.0	0.344	0.349	0.354	0.359	0.366	0.369	0.373	0.376
≈∞	0.340	0.346	0.351	0.357	0.364	0.368	0.372	0.375

对于堰顶头部为直角形($\theta = 90°$)的宽顶堰,其流量系数可按式(9-14)计算,也可查表9-8选用;堰顶部为斜面形($0 < \theta < 90°$)的宽顶堰[见图9-18(b)],其流量系数m值可按表9-8选用。由表9-8可知,堰顶头部为直角形的宽顶堰的最小流量系数为0.32。

$$m = 0.32 + 0.01 \frac{3 - \frac{P_1}{H}}{0.46 + 0.75 \frac{P_1}{H}} \tag{9-14}$$

式(9-13)和式(9-14)适用于$0 < \frac{P_1}{H} < 3$的情况;当$\frac{P_1}{H} > 3$时,按$\frac{P_1}{H} = 3$代入公式计算m值。

表9-8　堰顶头部为直角形和斜面形的宽顶堰的流量系数m值

P_1/H	$\cot\theta(\Delta x : \Delta y)$					
	0	0.5	1.0	1.5	2.0	≥2.5
≈0	0.385	0.385	0.385	0.385	0.385	0.385
0.2	0.366	0.372	0.377	0.380	0.382	0.382
0.4	0.356	0.365	0.373	0.377	0.380	0.381
0.6	0.350	0.361	0.370	0.376	0.379	0.380
0.8	0.345	0.357	0.368	0.375	0.378	0.379
1.0	0.342	0.355	0.367	0.374	0.377	0.378
2.0	0.333	0.349	0.363	0.371	0.375	0.377
4.0	0.327	0.345	0.361	0.370	0.374	0.376
6.0	0.325	0.344	0.360	0.369	0.374	0.376
8.0	0.324	0.343	0.360	0.369	0.374	0.376
≈∞	0.320	0.340	0.358	0.368	0.373	0.375

由表9-7和表9-8可知,当堰高$P_1 \approx 0$时,宽顶堰的流量系数m值最大,最大值为0.385。对于堰高$P_1 > 0$的宽顶堰,如果忽略水头损失,通过最大流量时,可证明流量系数也为0.385。因此,宽顶堰理论上的最大流量系数为0.385。

9.4.2　侧收缩系数

反映闸墩及边墩对宽顶堰流影响的侧收缩系数ε,用下面的经验公式计算:

$$\varepsilon = 1 - \frac{\alpha}{\sqrt[3]{0.2 + \frac{P_1}{H}}} \cdot \sqrt[4]{\frac{b}{B}}\left(1 - \frac{b}{B}\right) \tag{9-15}$$

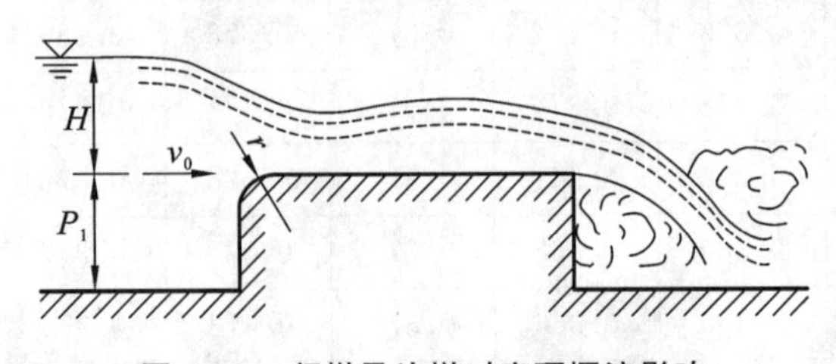

图9-20　闸墩及边墩对宽顶堰流影响

式中:α为考虑墩头及堰顶入口形状的系数。当闸墩(或边墩)头部为矩形、堰顶入口边缘为直角时,$\alpha = 0.19$;当闸墩(或边墩)头部为圆弧形、堰顶入口边缘为直角或圆弧形时,$\alpha = 0.10$;b为溢流孔净宽;B为上游引渠宽;其余符号如图9-20所示。式(9-15)的适用范围为:

$b/B \geqslant 0.2$ 及 $P_1/H \leqslant 3$。当 $b/B < 0.2$ 时，取 $b/B = 0.2$；当 $P_1/H > 3$ 时，取 $P_1/H = 3$。

1. 对于单孔宽顶堰(无闸墩)

式(9-15)中 b 采用两边闸墩间的宽度；B 可采用堰上游的水面宽度。

2. 对于多孔宽顶堰(有边墩及闸墩)

侧收缩系数应取边孔及中孔的加权平均值：

$$\bar{\varepsilon} = \frac{(n-1)\varepsilon' + \varepsilon''}{n} \tag{9-16}$$

式中：n 为孔数；ε' 为中孔侧收缩系数，按式(9-15)计算，可取 $b = b'$，b' 为单孔净宽；$B = b' + d$，d 为闸墩厚度；ε'' 为边孔侧收缩系数，用式(9-15)计算，可取 $b = b'$，b' 为单孔净宽；$B = b' + 2\Delta$，Δ 为边墩计算厚度，是边墩边缘与堰上游同侧水边线间的距离。

9.4.3 淹没系数

当下游水位较低时，由于进口附近水面发生垂向收缩，堰顶收缩断面的水深小于临界水深，即 $h_c < h_k$，此时，堰顶水流为急流[见图 9-21(a)]，收缩断面之后，如果宽顶堰足够长，堰顶水面将近似于水平，堰顶水深 $h \approx h_k$。

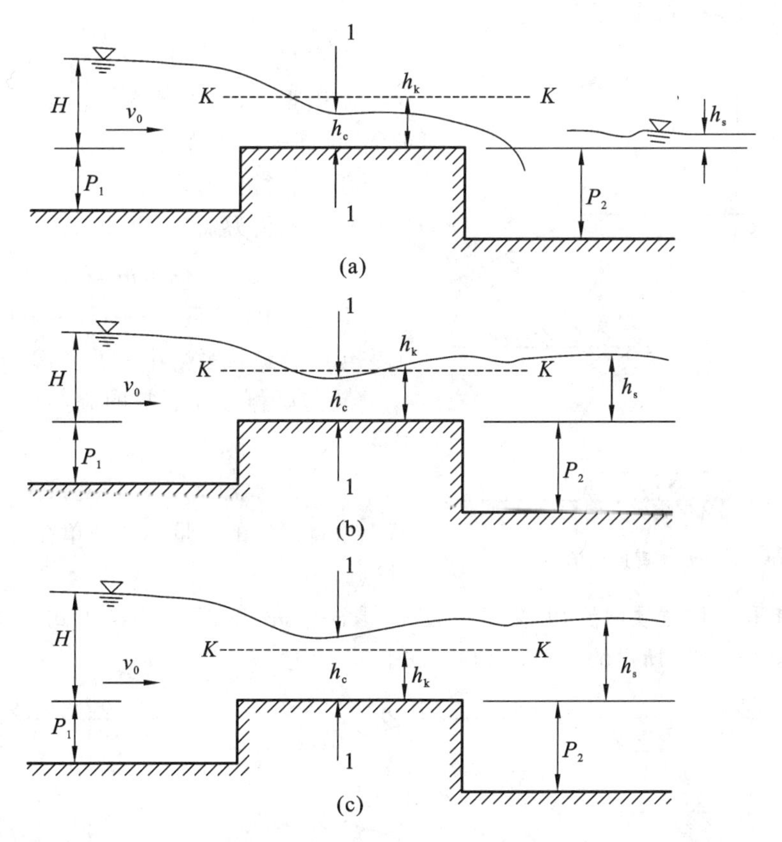

图 9-21 宽顶堰流的淹没出流

当下游水位稍高于 K-K 线(临界水深线)时，堰顶出现波状水跃[见图 9-21(b)]，波状水跃在收缩断面之后的水深略大于 h_k，堰顶水流为缓流，但收缩断面仍为急流，下游水位不会影响堰的泄流量。以上两种情况下，下游水位均不影响过堰流量，为自由出流。

当下游水位继续上涨至收缩断面被淹没以后，整个堰顶水流为缓流，成为淹没出流[见图 9-21(c)]，这时堰顶水面与堰顶基本平行。之后，当水位进入下游明渠时，断面扩大，有一部分动能消耗于出口损失，另一部分将转为动能。

根据试验，宽顶堰流的淹没条件近似为

$$\frac{h_s}{H_0} > 0.8 \tag{9-17}$$

宽顶堰流的淹没系数 σ_s 随着 $\frac{h_s}{H_0}$ 的增大而减小，可按表 9-9 选用。

表 9-9　宽顶堰流的淹没系数 σ_s 值

h_s/H_0	0.80	0.81	0.82	0.83	0.84	0.85	0.86	0.87	0.88	0.89
σ_s	1.00	0.995	0.99	0.98	0.97	0.96	0.95	0.93	0.90	0.87
h_s/H_0	0.90	0.91	0.92	0.93	0.94	0.05	0.96	0.97	0.98	
σ_s	0.84	0.82	0.78	0.74	0.70	0.65	0.59	0.50	0.40	

9.4.4　无坎宽顶堰流

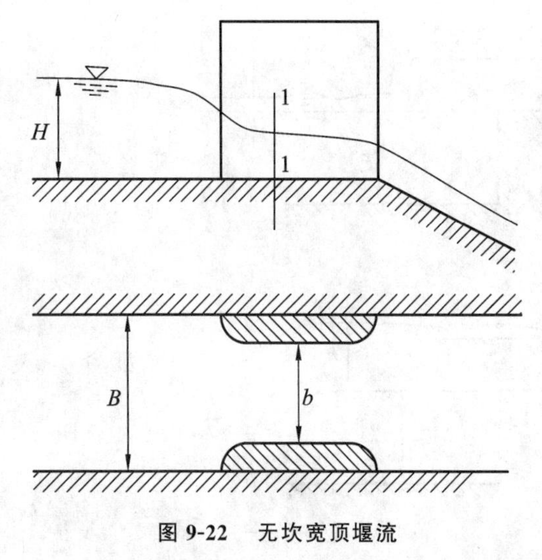

图 9-22　无坎宽顶堰流

无坎宽顶堰流($P_1=0$)，是由于堰孔宽度小于上游引渠宽度，水流受平面上的束窄产生侧向收缩，引起水面跌落而形成。但其与有坎($P_1 \neq 0$)宽顶堰流有类似的水流现象，如图 9-22 所示，所以计算公式仍为式(9-2)，即

$$Q = \sigma_s \varepsilon m b\ \sqrt{2g} H_0^{\frac{3}{2}}$$

但是，侧收缩系数 ε 一般不再单独考虑，而是把它包含到流量系数中一并考虑，即令 $m' = m \cdot \varepsilon$，m' 为包括侧收缩影响的流量系数。故对无坎宽顶堰，式(9-2) 变为

$$Q = \sigma_s m' b\ \sqrt{2g} H_0^{\frac{3}{2}} \tag{9-18}$$

而无坎宽顶堰的流量系数分单孔和多孔两种情况讨论。

(1) 对于单孔无坎宽顶堰流，其流量系数 m' 取决于进口两侧翼墙的形式和尺寸。一般常见的翼墙形式有如图 9-23 所示的三种，m' 值可按表 9-10 选用。

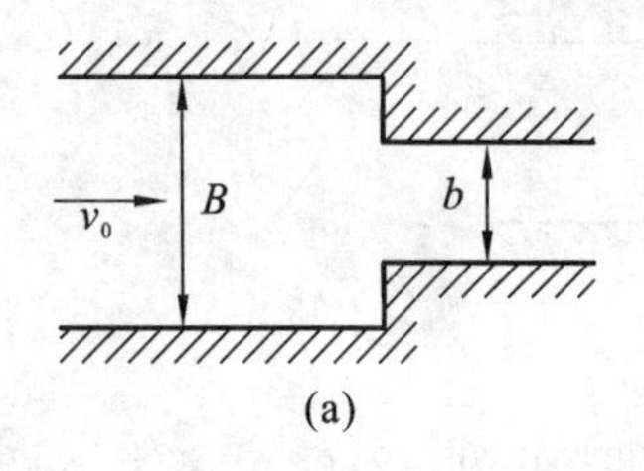

(a)

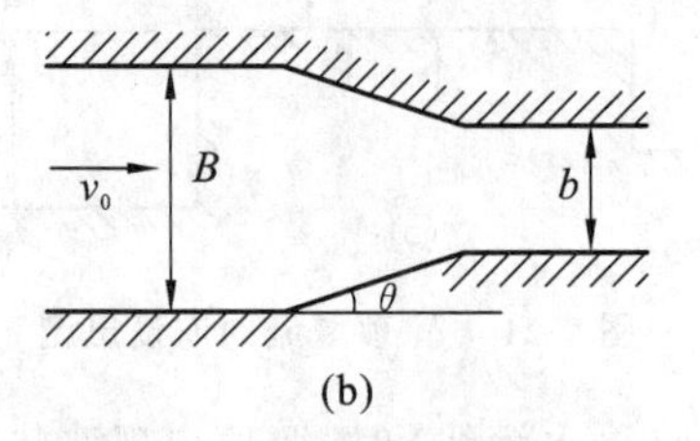

(b)

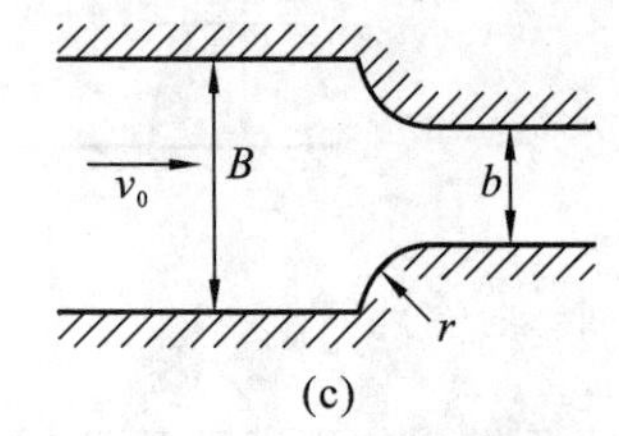

(c)

图 9-23　常见的翼墙形式

表 9-10　无坎宽顶堰流的流量系数 m' 值

翼墙形式 / b/B	直角形翼墙	八字形翼墙 $\cot\theta$			圆角形翼墙 r/b			
		0.5	1.0	2.0	0.2	0.3	0.4	≥0.5
0.1	0.322	0.344	0.351	0.354	0.350	0.355	0.358	0.361
0.2	0.324	0.346	0.352	0.355	0.351	0.356	0.359	0.362
0.3	0.327	0.348	0.354	0.357	0.353	0.357	0.360	0.363
0.4	0.330	0.350	0.356	0.358	0.355	0.359	0.362	0.364
0.5	0.334	0.352	0.358	0.360	0.357	0.361	0.363	0.366
0.6	0.340	0.356	0.361	0.363	0.360	0.363	0.365	0.368
0.7	0.346	0.360	0.364	0.366	0.363	0.366	0.368	0.370
0.8	0.355	0.365	0.369	0.370	0.368	0.371	0.372	0.373
0.9	0.367	0.373	0.375	0.376	0.375	0.376	0.377	0.378
1.0	0.385	0.385	0.385	0.385	0.385	0.385	0.385	0.385

在表 9-10 中，当 $b/B=1$ 时，相当于无坎、无侧收缩情况。因此，流量系数等于最大值 0.385，与表 9-7 和表 9-8 一致。

(2) 对于多孔无坎宽顶堰的流量系数，应取边孔及中孔的加权平均值。

无坎宽顶堰的淹没系数 σ_s 可由表 9-11 近似地查得。

表 9-11　宽顶堰的淹没系数 σ_s

h_s/H_0	0.80	0.81	0.82	0.83	0.84	0.85	0.86	0.87	0.88	0.89
σ_s	1.00	0.995	0.99	0.98	0.97	0.96	0.95	0.93	0.90	0.87
h_s/H_0	0.90	0.91	0.92	0.93	0.94	0.95	0.96	0.97	0.98	
σ_s	0.84	0.82	0.78	0.74	0.70	0.65	0.59	0.50	0.40	

例 9-3　一具有水平顶的堰，共 3 孔，每孔溢流宽度 $b'=3$ m，边墩和闸墩头部均为半圆形，闸墩厚度 $d=1.0$ m，边墩计算厚度 $\Delta=1.5$ m，堰顶头部为直角形，堰高 $P_1=2$ m，堰的剖面如图 9-24 所示。堰顶厚度 $\delta=13.5$ m，上游渠道断面近似为矩形。当堰顶水头 $H=5$ m，下游 $h_s=4.5$ m 时，试确定：(1) 堰流的类型；(2) 通过堰的流量。

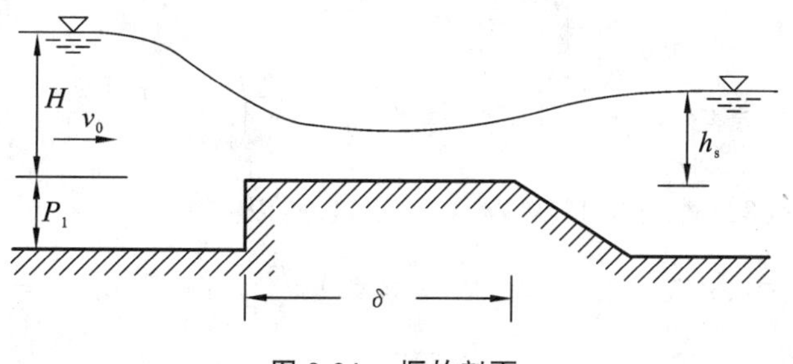

图 9-24　堰的剖面

解　(1) 堰流的类型。

$$\frac{\delta}{H}=\frac{13.5}{5}=2.7$$

因为 $2.5<\delta/H<10$，所以此堰流为宽顶堰流。

(2) 通过堰的流量。

由 $P_1/H=2/5=0.4$，查表 9-8 得流量系数 m 为 0.356。

由式(9-16) 计算侧收缩系数。

对于边孔，$b=b'=3m$，$B=b'+2\Delta=(3+2\times1.5)\ \mathrm{m}=6\ \mathrm{m}$，代入式(9-15) 得边孔的侧收缩系数为

$$\varepsilon'=1-\frac{\alpha}{\sqrt[3]{0.2+\frac{P_1}{H}}}\cdot\sqrt[4]{\frac{b}{B}}\left(1-\frac{b}{B}\right)=1-\frac{0.1}{\sqrt[3]{0.2+\frac{2}{5}}}\cdot\sqrt[4]{\frac{3}{6}}\left(1-\frac{3}{6}\right)=0.950$$

对于中孔，$b=b'=3\ \mathrm{m}$，$B=b'+d=(3+1.0)\ \mathrm{m}=4\ \mathrm{m}$，代入式(9-15) 得边孔的侧收缩系数为

$$\varepsilon''=1-\frac{\alpha}{\sqrt[3]{0.2+\frac{P_1}{H}}}\cdot\sqrt[4]{\frac{b}{B}}\left(1-\frac{b}{B}\right)=1-\frac{0.1}{\sqrt[3]{0.2+\frac{2}{5}}}\cdot\sqrt[4]{\frac{3}{4}}\left(1-\frac{3}{4}\right)=0.972$$

则

$$\bar{\varepsilon}=\frac{(n-1)\varepsilon'+\varepsilon''}{n}=\frac{(3-1)\times0.950+0.972}{3}=0.965$$

因为流量未知，所以行近流速水头未知，可采用“逐步逼近法”进行计算。

第一次近似计算，设 $v_{01}\approx0$，$H_{01}\approx H=5\ \mathrm{m}$，$h_s/H_{01}\approx4.5/5=0.9$，查表 9-11 得淹没系数 $\sigma_s=0.84$，则

$$Q_1=\sigma\varepsilon mnb'\sqrt{2g}H_0^{3/2}=(0.84\times0.965\times0.365\times3\times3\times4.43\times5^{3/2})\ \mathrm{m^3/s}=128.55\ \mathrm{m^3/s}$$

第二次近似计算：由已求得的流量，计算行近流速的近似值。上游渠道断面面积为

$$A_0=(H+P_1)\times(3b'+2d+2\Delta)$$
$$=[(5+2)\times(3\times3+2\times1+2\times1.5)]\ \mathrm{m^2}=98\ \mathrm{m^2}$$

$$v_{02}=\frac{Q_1}{A_0}=\frac{128.55}{98}\ \mathrm{m/s}=1.31\ \mathrm{m/s},H_{02}=H+\frac{\alpha_0v_{02}^2}{2g}=\left(5+\frac{1.31^2}{2\times9.8}\right)\ \mathrm{m}=5.09\ \mathrm{m}$$

$\dfrac{h_s}{H_{02}}=\dfrac{4.5}{5.09}=0.884$，查表 9-11 得：$\sigma_s=0.888$，所以

$$Q_2=(0.888\times0.965\times0.356\times3\times3\times4.43\times5.09^{3/2})\ \mathrm{m^3/s}=139.58\ \mathrm{m^3/s}$$

第三次近似计算：

$$v_{03}=\frac{139.58}{98}\ \mathrm{m/s}=1.42\ \mathrm{m/s},H_{03}=H+\frac{\alpha_0v_{03}^2}{2g}=\left(5+\frac{1.42^2}{2\times9.8}\right)\ \mathrm{m}=5.10\ \mathrm{m}$$

$\dfrac{h_s}{H_{03}}=\dfrac{4.5}{5.10}=0.882$，查表 9-11 得：$\sigma_s=0.894$，所以

$$Q_3=(0.894\times0.965\times0.356\times3\times3\times4.43\times5.10^{3/2})\ \mathrm{m^3/s}=140.94\ \mathrm{m^3/s}$$

第四次近似计算：

$v_{04}=1.43\ \mathrm{m/s}$，$H_{04}=5.104\ \mathrm{m}$，$\dfrac{h_s}{H_{04}}=0.881$，查表 9-11 得：$\sigma_s=0.895$，所以

$$Q_4=(0.895\times0.965\times0.356\times3\times3\times4.43\times5.104^{3/2})\ \mathrm{m^3/s}=141.26\ \mathrm{m^3/s}$$

因为 Q_3 与 Q_4 已经很接近$\left(\dfrac{Q_4 - Q_3}{Q_4} = 0.23\%\right)$，所以可认为所求流量为 $Q = 141.26\ \text{m}^3/\text{s}$。

9.5 闸孔出流的水力计算

实际工程中的水闸，其闸底坎一般为宽顶堰（包括无坎宽顶堰及平底闸底板）或曲线形实用堰，而闸门形式可以是平板闸门也可以是弧形闸门等，不同形式的堰和闸门的组合所形成的闸孔出流的水流形态有很大的不同，即不同的闸门类型、不同的底坎形式，水流收缩程度及能量损失的大小均不同，泄流能力也会有所差异。下面分别进行讨论。

9.5.1 宽顶堰上的闸孔出流

宽顶堰上的闸孔出流，当水流行近闸孔时，在闸门的约束下流线发生急剧弯曲；出闸后，流线继续收缩，并在闸门下游（0.5 ～ 1）e 处出现水深最小的收缩断面。收缩断面水流为急流，闸后渠道中的水流为缓流，故要发生水跃，水跃位置随下游水深 h_t 而变。闸孔出流受水跃位置的影响可分为自由出流和淹没出流两种。图 9-25(a)、(b) 所示为宽顶堰上的自由出流。

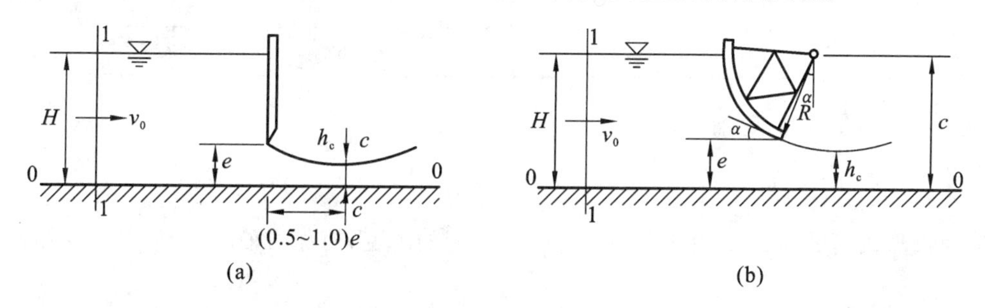

图 9-25　宽顶堰上的自由出流

取渐变流断面 1-1 和收缩断面 c-c 列能量方程：

$$H + \frac{\alpha_0 v_0^2}{2g} = h_c + \frac{\alpha_c v_c^2}{2g} + h_w$$

令 $H + \dfrac{\alpha_0 v_0^2}{2g} = H_0, h_w = \zeta \dfrac{v_0^2}{2g}$，则

$$H_0 = h_c + (\alpha_c + \zeta)\frac{v_0^2}{2g}$$

即

$$v_c = \frac{1}{\sqrt{\alpha_c + \zeta}}\sqrt{2g(H_0 - h_c)}$$

令 $\varphi = \dfrac{1}{\sqrt{\alpha_c + \zeta}}$，称为闸孔流速系数，于是

$$v_c = \varphi\sqrt{2g(H_0 - h_c)}$$

又流量 $Q = A_c v_c$，当断面为矩形断面时，$Q = h_c B = \varepsilon' e B$，其中

$$h_c = \varepsilon' e \tag{9-19}$$

式中，ε' 称为垂向收缩系数，它是收缩断面水深 h_c 与开度 e 的比值。ε' 值的大小取决于闸门形式、

闸门相对开度$\frac{e}{H}$以及闸底坎形式。平板闸门的垂向收缩系数ε'可由理论分析求得,并已经经试验验证过,可按表 9-12 选用。

表 9-12 平板闸门垂向收缩系数 ε' 值

e/H	0.10	0.15	0.20	0.25	0.30	0.35	0.40
ε'	0.615	0.618	0.620	0.622	0.625	0.628	0.630
e/H	0.45	0.50	0.55	0.60	0.65	0.70	0.75
ε'	0.638	0.645	0.650	0.660	0.675	0.690	0.705

平底上弧形闸门的垂向收缩系数ε'主要取决于闸门底缘切线与水平线的夹角α,ε'与α之间的对应关系可按表 9-13 选用。

表 9-13 弧形闸门垂向收缩系数 ε' 值

α	35°	40°	45°	50°	55°	60°
ε'	0.789	0.766	0.742	0.720	0.698	0.678
α	65°	70°	75°	80°	85°	90°
ε'	0.662	0.646	0.635	0.627	0.622	0.620

表 9-13 中的α可按下式计算:

$$\cos\alpha = \frac{c-e}{R} \tag{9-20}$$

式中:R为弧形闸门的半径;c为弧形闸门转轴至底板的高度,简称门轴高度。R和c如图 9-25(b)所示。

于是

$$Q = \varepsilon'\varphi eB\sqrt{2g(H_0-h_c)} = \mu eB\sqrt{2g(H_0-\varepsilon' e)} \tag{9-21}$$

式中:$\mu=\varepsilon'\varphi$,称为闸孔流量系数。它与过闸水流的收缩程度、收缩断面的流速分布和闸孔水头损失等有关。

为方便实际应用,式(9-21)还可简化为更简单的形式:

$$Q = \varepsilon'\varphi eB\sqrt{2gH_0\left(1-\frac{h_c}{H_0}\right)} = \varepsilon'\varphi eB\sqrt{2gH_0\left(1-\frac{\varepsilon'}{H_0}e\right)} \tag{9-22}$$

若令$\mu_1=\varepsilon'\varphi\sqrt{1-\frac{\varepsilon'}{H_0}e}$,则上式可写为

$$Q = \mu_1 eB\sqrt{2gH_0} \tag{9-23}$$

式中:μ_1也称为闸孔流量系数。

从式(9-23)可以看出,闸孔自由出流的流量与闸前水头的二分之一次方成正比,即$Q\propto H_0^{1/2}$。式(9-21)或式(9-23)都是宽顶堰型闸孔自由出流的计算公式。由于式(9-23)较为简单,便于计算,故常使用此式。

1. 宽顶堰闸孔出流的流量系数

由上述推导过程可知,水平底坎上的闸孔出流流量系数的表达式为

$$\mu_1 = \varepsilon'\varphi\sqrt{1-\frac{\varepsilon'}{H_0}e}$$

其中，流速系数 $\varphi = \frac{1}{\alpha_c + \zeta}$ 反映断面0-0至断面 c-c 间的局部水头损失和收缩断面 c-c 流速分布不均匀的影响。φ 值主要取决于闸孔入口的边界条件(如闸底坎的形式、闸门的类型等。对坎高为零的宽顶堰型闸孔，可取 $\varphi = 0.95 \sim 1.0$；对有底坎的宽顶堰型闸孔，可取 $\varphi = 0.85 \sim 0.90$)。垂向收缩系数 ε' 是反映水流流经闸孔时流线的收缩程度，与闸孔入口的边界条件及闸孔的相对开度 e/H 有关，所以综合反映水流能量损失和收缩程度的流量系数 μ_1 值，取决于闸底坎形式、闸门形式及闸孔相对开度 e/H 的大小等。

对于平板闸门的闸孔出流，流量系数 μ_1 可按下面的经验公式计算

$$\mu_1 = 0.60 - 0.176\frac{e}{H} \tag{9-24}$$

对于弧形闸门的闸孔出流，流量系数 μ_1 可按下面的经验公式计算

$$\mu_1 = \left(0.97 - 0.81\frac{\alpha}{180^\circ}\right) - \left(0.56 - 0.81\frac{\alpha}{180^\circ}\right)\frac{e}{H} \tag{9-25}$$

上式的适用范围是：$25^\circ < \alpha \leqslant 90^\circ$，$0 < \frac{e}{H} < 0.65$。$\alpha$ 值按式(9-20)确定。

比较式(9-24)和式(9-25)可以看出，当 α 角不是很大($\alpha < 80^\circ$)时，e/H 相同，弧形闸门的流量系数大于平板闸门的流量系数，这是因为弧形闸门的面板更接近于流线的形状，因而它对水流的干扰比平板闸门小。

2. 宽顶堰闸孔出流的淹没系数

如果闸孔出流为淹没出流(图9-26所示)，则作用水头由($H_0 - h_c$)减小为($H_0 - h$)，h 为收缩断面被淹没后的实际水深。

图9-26中，$h > h_c$。淹没出流的流量小于自由出流的流量，但由于 h 位于漩滚区，不易确定，故实际计算中，是对自由出流的计算公式(9-23)右端乘以一个小于1的修正系数 σ_s，得出淹没出流的流量计算公式，具体如下：

$$Q = \sigma_s \mu_1 eB\sqrt{2gH_0} \tag{9-26}$$

式中：σ_s 为闸孔出流的淹没系数，它反映了下游水深对过闸水流淹没影响程度；μ_1 为闸孔自由出流的流量系数。对于有边墩或有闸墩的闸孔出流，其侧向收缩相对于垂向收缩程度来说，影响较小，一般情况下不必考虑。

对于如图9-27所示的有坎宽顶堰上的闸孔出流，式(9-23)、式(9-26)均适用。

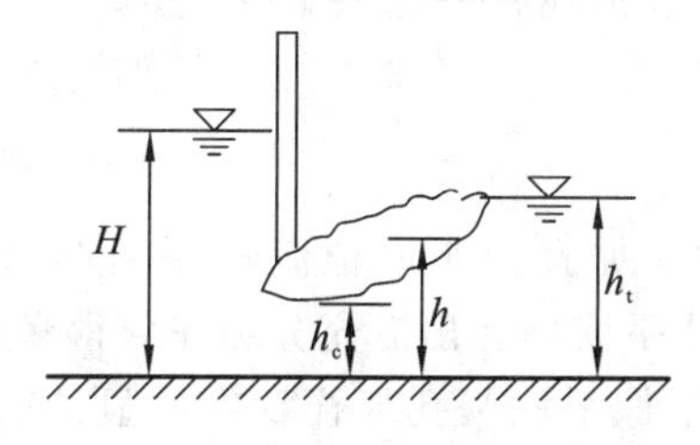

图 9-26　宽顶堰上的淹没出流

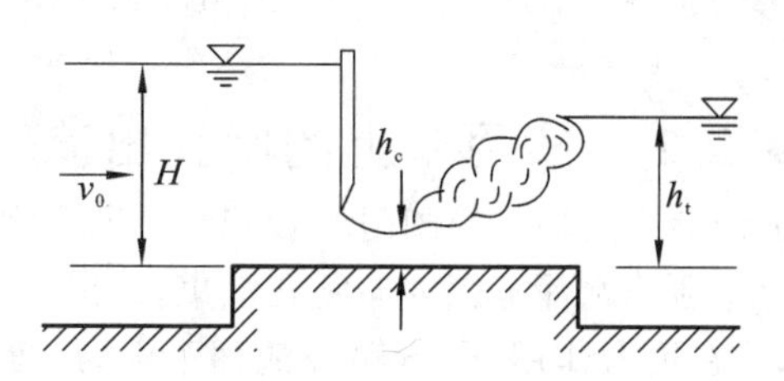

图 9-27　有坎宽顶堰上的闸孔出流

当闸前水头 H 较大或上游闸底坎高度 P_1 较大，而开度 e 较小时，行近流速水头可忽略不计，即取 $H_0 \approx H$ 代入公式进行计算。

对于水平底坎上的闸孔出流，当闸孔后水跃位置向上越过收缩断面时，闸孔为淹没出流。定量判别采用下述方法。

设收缩断面的水深为 h_{c0}，当恰好发生临界水跃时，即以 h_{c0} 为第一共轭水深 h_{c01} 计算相应的第二共轭水深为 h_{c02}。若下游水深 $h_t > h_{c02}$ 则发生淹没出流。水力计算应按淹没出流计算。

根据南京水利科学研究院的试验研究结果，淹没系数 σ_s 与潜流比 $\frac{h_t - h_{c02}}{H - h_{c02}}$ 有关，可由图 9-28 查得。当 $h_t \leqslant h_{c02}$ 时，σ_s 取 1。

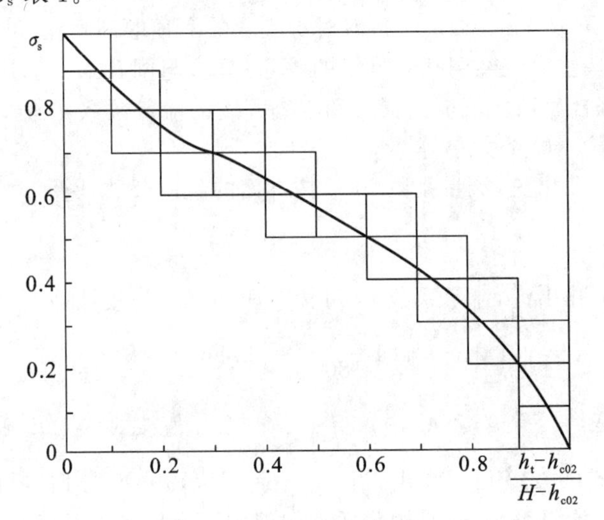

图 9-28　淹没系数 σ_s 与潜流比 $\frac{h_t - h_{c02}}{H - h_{c02}}$ 的关系

对于有坎宽顶堰上的闸孔出流，其淹没系数的确定可参看其他资料。

例 9-4　某泄洪闸无底坎，孔宽 b 为 14 m，采用弧形闸门，弧门半径 R 为 22 m，门轴高 C 为 14 m，试计算上游水头 H 为 16 m，闸门开度 e 为 4 m 时，通过闸孔的流量 Q(闸孔为自由出流，不计行近流速影响)。

解　因为 $e/H = 4/16 = 0.25 < 0.65$，故为闸孔出流。

$\cos\alpha = \frac{C-e}{R} = \frac{14-4}{22} = 0.45$，$\alpha = 63°$，以此代入式(9-25)求流量系数

$$\mu_1 = \left(0.97 - 0.81 \times \frac{63°}{180°}\right) - \left(0.56 - 0.81 \times \frac{63°}{180°}\right) \times \frac{4}{16} = 0.617$$

则通过闸孔的流量(不计行近流速水头)为

$$Q = \mu_1 eB\sqrt{2gH} = (0.617 \times 4 \times 14 \times \sqrt{2 \times 9.8 \times 16})\ \mathrm{m^3/s} = 612\ \mathrm{m^3/s}$$

9.5.2　实用堰上的闸孔出流

曲线形实用堰上的闸门一般安装在堰顶之上，如图 9-29 所示。当闸孔泄流时，由于闸前水流是在整个堰前水深范围内向闸孔汇集，故出孔水流的收缩比平底闸孔出流充分和完善得多。出闸后，水舌在重力作用下，紧贴溢流面下泄，厚度逐渐变薄，不像平底闸孔那样存在明显的收缩断面。所以，曲线形实用堰闸孔出流的流量系数也不同于平底闸孔的流量系数。

曲线形实用堰上的闸孔出流也分为自由出流[见图 9-29(a)]和淹没出流[见图 9-29(b)]两种。而在实际工程中，由于下游水位过高而使曲线形实用堰堰顶闸孔形成淹没出流的情况十分少见，只有一些低堰上的闸孔出流才可能为淹没出流。所以对曲线形实用堰，我们只讨论自由出流。

对于实用堰上的闸孔出流，其流量计算可采用下述公式

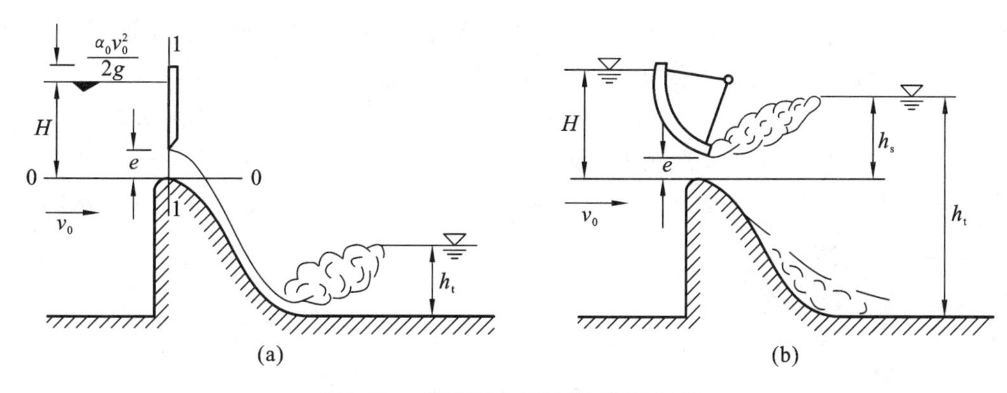

图 9-29　曲线形实用堰上的闸孔出流

$$Q = \mu_1 eB\sqrt{2gH_0} \tag{9-27}$$

式中：μ_1 为实用堰上闸孔的流量系数；e 为闸门开度；B 为溢流宽度。

实用堰上的闸孔，水流在闸孔前具有上下两个方向的垂向收缩，因此，影响流量系数的因素更为复杂。试验表明，其流量系数与闸门形式、闸门相对开度、闸门位置、堰剖面曲线的形状等有关。对于平板闸门，还与闸门底缘的外形有关；对于弧形闸门，与门轴高度 C、弧门半径 R 有关。目前，尚未有一个统一的公式来计算流量系数，在上述影响因素中，闸门形式和闸门相对开度的影响是主要的。

1. 对于平板闸门

流量系数可按下列经验公式计算

$$\mu_1 = 0.65 - 0.186\frac{e}{H} + \left(0.25 - 0.357\frac{e}{H}\right)\cos\theta \tag{9-28}$$

式中：θ 值如图 9-30 所示。该式适用于 $e/H = 0.05 \sim 0.75$，$\theta = 0^\circ \sim 90^\circ$，以及平板闸门位于堰顶最高点的情况。

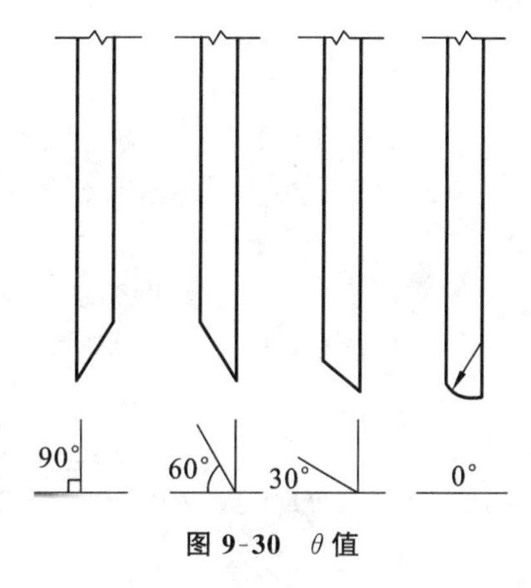

图 9-30　θ 值

2. 对于弧形闸门

弧形闸门在不同开度时，沿闸门出流的角度是变化的。沿水流方向向上，闸门下缘与堰顶的相对位置是变化的，这一位置的变化影响到向上和向下垂向收缩水流的相互作用，使过流能力产生变化。所以实用堰上弧形闸门的闸孔出流情况最为复杂，计算难度也大，由于目前系统研究不足，在初步计算时，流量系数 μ_1 按表 9-14 参考选用。重要的工程应通过试验确定。

表 9-14　曲线形实用堰顶弧形闸门的流量系数 μ_1 值

e/H	0.05	0.10	0.15	0.20	0.25	0.30	0.35	0.40	0.50	0.60	0.70
μ_1	0.721	0.700	0.683	0.667	0.652	0.638	0.625	0.610	0.584	0.559	0.535

例 9-5　某水库为实用堰式溢流坝，共 7 孔，每孔宽 10.0 m。坝顶高程为 43.36 m，坝顶设平面闸门控制流量，闸门上游面底缘切线与水平线夹角 $\theta = 0^\circ$。水库水位为 50.0 m，闸门开度 $e = 2.5$ m，下游水位低于坝顶，不计行近流速，求通过溢流坝的流量。

解 闸门开度 $e = 2.5\ \text{m}$，闸上水头 $H = (50 - 43.36)\ \text{m} = 6.64\ \text{m}$，$e/H = 2.5/6.64 = 0.377 < 0.75$，故为闸孔自由出流。流量系数用式(9-28)计算：

$$\mu_1 = 0.65 - 0.186 \times 0.377 + (0.25 - 0.357 \times 0.377) \times \cos 0° = 0.695$$

则不计行近流速，通过溢流坝的流量为

$$Q = \mu_1 eB\sqrt{2gH} = (0.695 \times 2.5 \times 70 \times \sqrt{2 \times 9.8 \times 6.64})\ \text{m}^3/\text{s} = 1\ 388\ \text{m}^3/\text{s}$$

思考题与习题

思　考　题

9-1 何谓堰流，堰流的类型有哪些，它们有哪些特点？如何判别？

9-2 堰流计算的基本公式及适用条件是什么？影响流量系数的主要因素有哪些？

9-3 图 9-31 中的溢流坝只是作用水头不同，其他条件完全相同，试问：流量系数哪个大？哪个小？为什么？

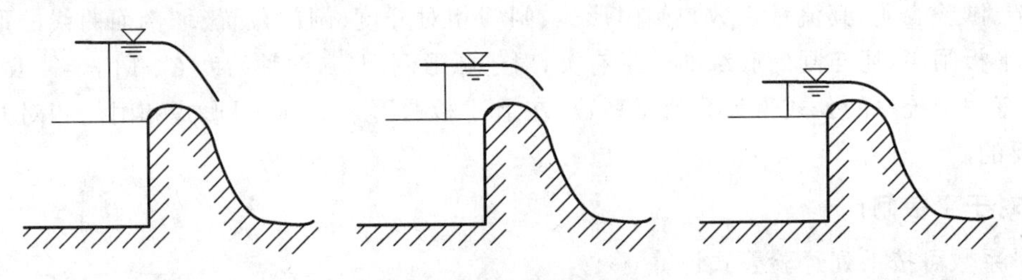

图 9-31　思考题 9-3 图

9-4 薄壁堰、实用堰及宽顶堰的淹没条件各是什么？影响淹没系数的因素有哪些？

9-5 试分析在同样水头作用下，为什么实用剖面堰的过水能力比宽顶堰的过水能力大？

习　题

9-1 当堰口断面水面宽度为 50 cm，堰高 $P_1 = 40\ \text{cm}$，水头 $H = 20\ \text{cm}$，分别计算无侧收缩矩形薄壁堰、直角三角形薄壁堰的通过流量。

9-2 某水库的溢洪道采用堰顶上游为三圆弧段的 WES 型实用堰剖面，如图 9-32 所示，堰顶高程为 340.0 m，上下游河床高程均为 315.0 m，设计水头 $H_d = 10.0\ \text{m}$，溢洪道共 5 孔，每孔宽度 $b = 10.0\ \text{m}$，闸墩墩头形状为半圆形，边墩为圆弧形。求当水库水位为 347.3 m，下游水位为 342.5 m 时，通过溢洪道的流量。设上游水库断面面积很大，行近流速忽略不计。

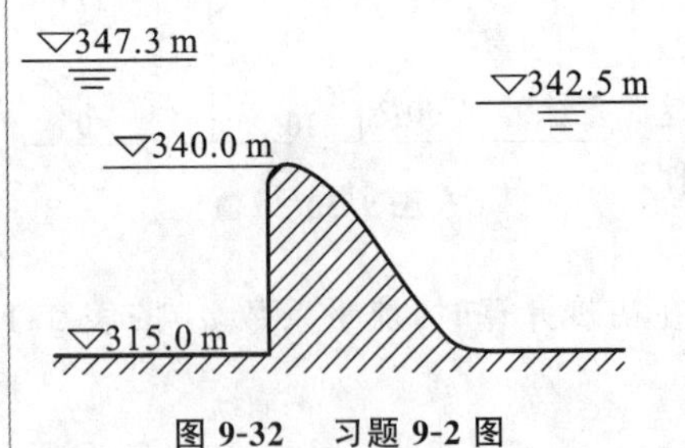

图 9-32　习题 9-2 图

9-3 一直角进口无侧收缩宽顶堰，堰宽 $b = 3.0\ \text{m}$，堰坎高 $P_1 = P_2 = 0.38\ \text{m}$，堰顶水头 $H = 0.6\ \text{m}$。求当下游水深分别为 0.6 m 及 0.9 m 时，通过堰的流量。

9-4 矩形渠道中修建一水闸，闸底板与渠底齐平，闸孔宽 b 等于渠道宽度，$b = 3\ \text{m}$，闸门为平板门。已知闸前水深 $H = 5\ \text{m}$，闸孔开度 $e = 1\ \text{m}$。求下游水深 h_t 为 3.5 m 时，通过闸孔的流量。

9-5 从河道引水灌溉的某干渠引水闸，具有半圆形闸墩墩头和八字形翼墙。为了防止河中泥沙进入渠道，水闸进口(宽顶堰)设直角形闸坎，坎顶高程为31.0 m，并高于河床1.8 m。已知水闸设计流量$Q=61.8\ m^3/s$。相应的上游河道水位和下游渠道水位分别为34.25 m和33.88 m。忽略上游行近流速，并限制水闸每孔宽度不大于4.0 m。求水闸宽度和闸孔数。

9-6 某单孔曲线形实用堰，在实用堰堰顶最高点设置平板闸门，闸门底缘斜面朝向下游，闸孔宽度为$b=4\ m$。当闸门开度$e=1\ m$时，其泄流量$Q=24.3\ m^3/s$，下游水位如图9-33所示，不计行近流速，试求堰上水头H。

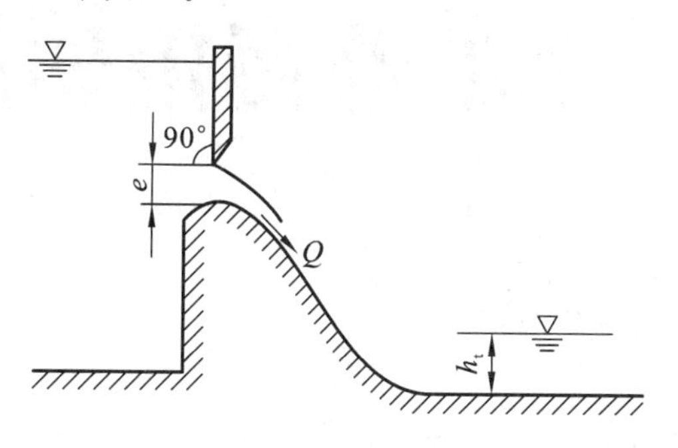

图9-33　习题9-6图

Chapter 10

第 10 章　泄水建筑物下游的水流衔接与消能

10.1 概述

10.1.1　泄水建筑物下游的水流特性

由于修建水工建筑物，使其上游水位抬高，水流具有较大的势能。当水流通过泄水建筑物（如溢流坝、溢洪道、隧洞及水闸等）宣泄到下游时，所具有的势能大部分转化为动能，因而在泄水建筑物下游的水流必然是水深小、流速大（如图 10-1 中断面 1-1 处）。在水利枢纽布置时，泄水建筑物的宽度总比河道窄，使宣泄水流的单宽流量较河道天然水流的单宽流量要大得多，动能大是宣泄水流的一个基本特点。而下游河道单宽流量较小、流速小、水深较大（如图 10-1 中断面 2-2 处），于是就存在着一个以动能为主的宣泄水流如何与以势能为主的下游天然水流相衔接的问题。

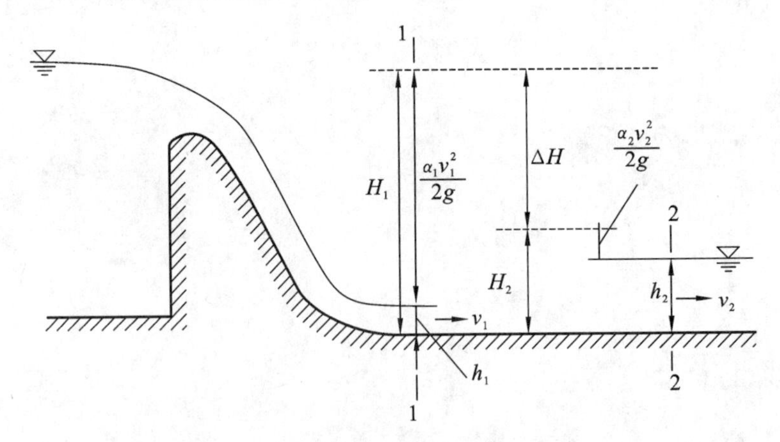

图 10-1　泄水建筑物的水流衔接

设在溢流坝坝趾收缩断面 1-1 处水流单位能量为 H_1，在下游河道水流断面 2-2 处水流单位能量为 H_2，$\Delta H = H_1 - H_2$ 叫作余能。例如余能 $\Delta H = 50$ m，下泄流量 $Q = 1\ 000\ \mathrm{m^3/s}$，则余能功率为

$$N = \gamma Q \Delta H = (9.8 \times 1\ 000 \times 50)\ \mathrm{kW} = 4.9 \times 10^5\ \mathrm{kW}$$

如此巨大的余能功率，若听任水流自然衔接，宣泄水流就将在相当长的下游河段上对河床进行冲刷，也将威胁建筑物本身的安全。所以采取工程措施，控制泄水建筑物下游的水流衔接与消能，以确保主体建筑物的安全，就成为泄水建筑物水力设计中的一个重要内容。

10.1.2 泄水建筑物下游水流衔接与消能的主要类型

衔接消能的工程措施类型很多，常见的有以下四种情况。

1. 底流式消能

在紧接泄水建筑物的下游修建消能池，使水跃在池内形成，借水跃实现急流向下游河道中缓流的衔接过渡，并利用水跃消除余能。由于衔接段的主流在底部，故称为底流式消能。如图 10-2 所示。

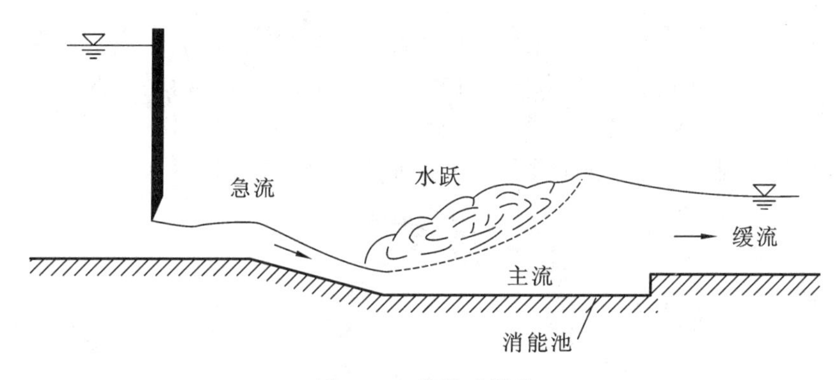

图 10-2 底流式消能

2. 面流式消能

在泄水建筑物尾端修建低于下游水位的跌坎，将宣泄的高速急流导入下游水流的表层，并受其顶托而扩散。坎后形成的底部漩滚，既可隔开主流以免其直接冲刷河床，又可消除余能。由于衔接段高流速主流在表层，故称为面流式消能，如图 10-3 所示。

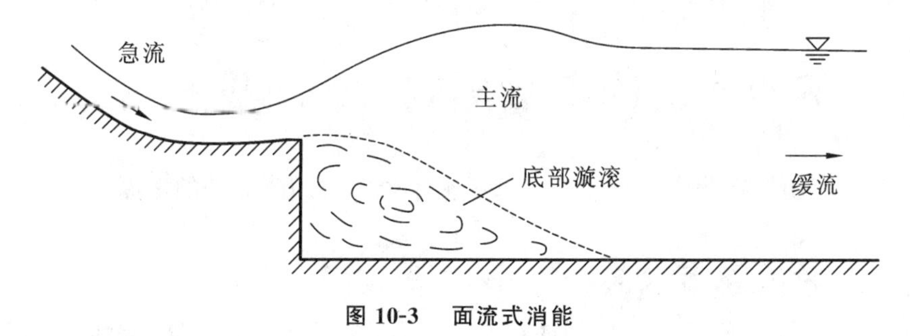

图 10-3 面流式消能

3. 戽流式消能

在泄水建筑物尾端处设置具有一定反弧半径和较大挑角的挑坎，称为消能戽斗。此种消能方式称为戽流式消能，如图 10-4 所示。

低于下游水位的消能戽斗，将宣泄的急流挑向下游水面形成涌浪，在涌浪上游形成戽漩滚，下游形成表面漩滚，主流之下形成底部漩滚。

戽流式消能兼有底流式和面流式相结合的消能特点。从鼻坎的形式看，其主要区别是：面流挑坎高，挑角小；戽流挑坎低，挑角大。

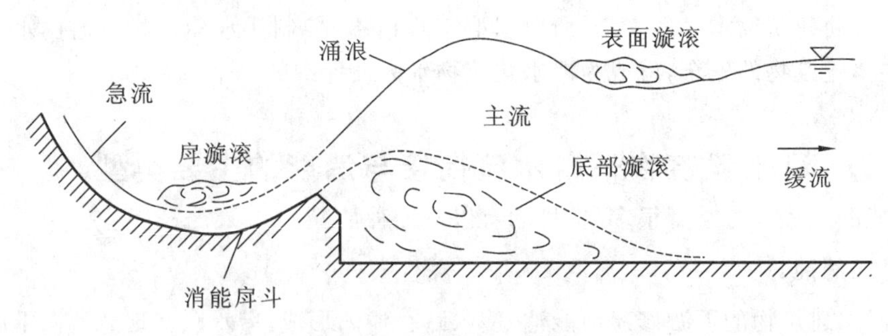

图 10-4　戽流式消能

4. 挑流式消能

在泄水建筑物尾端修建高于下游水位的挑流鼻坎，将宣泄水流向空中抛射再跌落到远离建筑物的下游。形成的冲刷坑不致影响建筑物的安全。挑流水舌潜入冲刷坑水垫中所形成的两个漩滚可消除大部分余能。这种方式称为挑流式消能，如图 10-5 所示。

本章主要阐述底流式消能和挑流式消能水力计算的原理和方法。

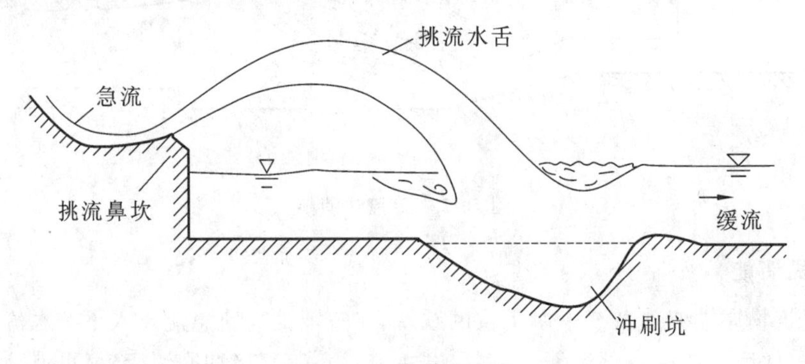

图 10-5　挑流式消能

10.2 下泄水流的衔接形式

要判别下泄水流的衔接形式，必须先计算下泄水流在收缩断面处的水深。

10.2.1　收缩断面水深计算

如图 10-6 所示的溢流坝，水流沿坝面宣泄至下游，在坝趾处形成收缩断面 c-c，其水深以 h_c 表示。以通过收缩断面最低点的水平面为基准面，建立断面 0-0 与断面 c-c 的能量方程，可求出收缩水深 h_c。

$$T_0 = h_c + \frac{\alpha_c v_c^2}{2g} + h_w \tag{10-1}$$

式中：$T_0 = P_1 + H + \frac{\alpha_c v_0^2}{2g}$ 为上游总水头；h_c 和 v_c 分别为收缩断面水深与流速；α_c 为收缩断面水流的动能修正系数；$h_w = \zeta \frac{v_c^2}{2g}$ 为下泄水流在断面 0-0 与断面 c-c 之间的水头损失，式(10-1) 可写为

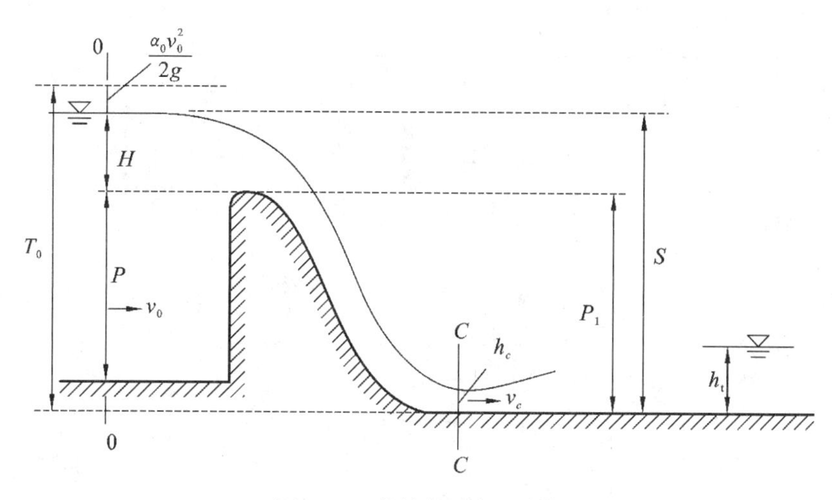

图 10-6　收缩断面水深计算

$$T_0 = h_c + (\alpha_c + \zeta)\frac{v_c^2}{2g}$$

式中:ζ 为溢流坝进口段的局部水头损失系数。令 $\varphi = \frac{1}{\sqrt{\alpha_c + \zeta}}$,称为溢流坝的流速系数,则

$$T_0 = h_c + \frac{v_c^2}{2g\varphi^2} \tag{10-2}$$

当收缩断面为矩形断面时,断面平均流速可用单宽流量 q 计算出:$v_c = q/h_c$,则式(10-2)可改写为

$$T_0 = h_c + \frac{q^2}{2g\varphi^2 h_c^2} \tag{10-3}$$

式(10-3)就是溢流坝收缩断面水深的计算式。它也适用于其他类型的泄水建筑物,只是收缩断面的位置和流速系数 φ 要视具体情况来确定,可参考表 10-1。

表 10-1　泄水建筑物的流速系数 φ 值

建筑物泄流方式	图　　示	φ
堰顶有闸门的曲线形实用堰	c c	0.95
无闸门的曲线形实用堰 溢流面长度较短 溢流面长度中等 溢流面长度较长	c c	 1.00 0.95 0.90

续表

建筑物泄流方式	图　　示	φ
平板闸门底孔出流	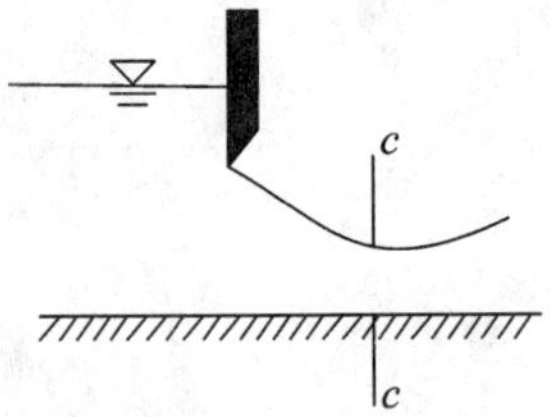 c c	0.95～0.97
折线形实用堰自由出流	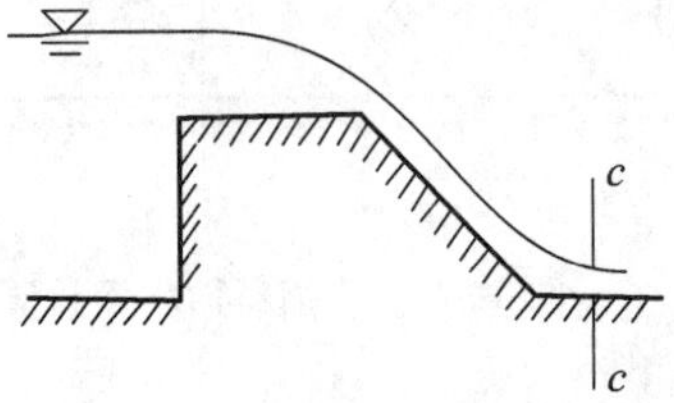 c c	0.80～0.90
宽顶堰自由出流	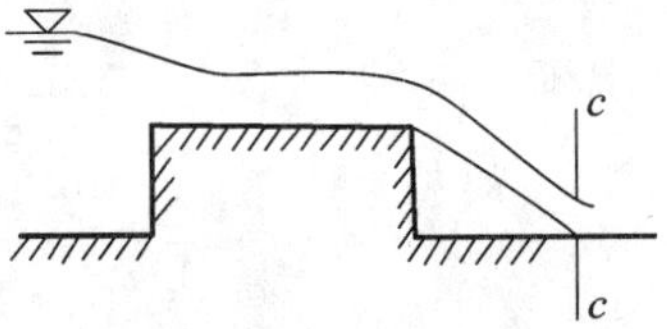 c c	0.85～0.95
跌水	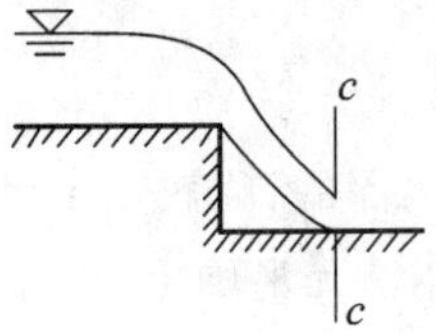 c c	1.00
末端设置闸门的跌水	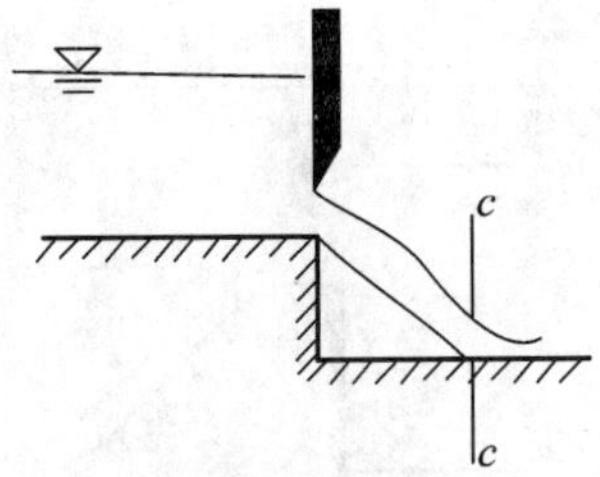 c c	0.97

流速系数 φ 的影响因素比较复杂，它与坝顶的形状、尺寸、坝面糙率、坝高、坝上水头、单宽流量等有关。目前尚无理论分析计算公式，仍以统计试验和原型观测资料得出的经验数据（如表 10-1 所示）或用以下的经验公式来确定流速系数 φ。

$$\varphi = 1 - 0.0155\frac{P_1}{H} \tag{10-4}$$

式中：P_1 为下游堰高；H 为堰上水头。

式(10-4) 适用于 $P_1/H < 30$ 的实用堰。另外，我国水利专家陈椿庭根据国内外一些实测资

料给出的经验公式为

$$\varphi = \left(\frac{q^{2/3}}{s}\right)^{0.2} \tag{10-5}$$

式中：s 为坝前库水位与下游收缩断面处底部的高程差（参见图 10-6），单位为 m；q 为单宽流量，单位为 $m^3/(s \cdot m)$。

例 10-1 在矩形断面的平底河道上有一溢流坝，如图 10-6 所示。已知堰顶水头 $H = 2.6$ m，上、下游堰高 $P = P_1 = 7.4$ m。坝顶设置闸门控制下泄流量，使单宽流量 $q = 3.0\ m^3/(s \cdot m)$。溢流坝的流速系数 $\varphi = 0.9$。试求下泄水流在收缩断面处的水深 h_c。

解 坝高 $P = 7.4\ m > 1.33H = 1.33 \times 2.6 = 3.458$ m，属于高坝，因此可忽略行近流速水头，则

$$T_0 = P_1 + H + \frac{\alpha_0 v_0^2}{2g} = P_1 + H = (7.4 + 2.6)\ m = 10.0\ m$$

由式(10-3) 得

$$10.0 = h_c + \frac{3.0^2}{2 \times 9.8 \times 0.9^2 h_c^2}$$

上式是关于 h_c 的一个高次方程，不便直接求解，可用试算法或图解法求解 h_c。关于该方程，还可采用更为高效的迭代法求解：

式(10-3) 的迭代格式为 $h_c = \dfrac{q}{\varphi \sqrt{2g(T_0 - h_c)}}$，代入数据得

$$h_c = \frac{3}{0.9\sqrt{2 \times 9.8(10 - h_c)}}$$

假设 $h_c = 0.1$ m，代入上式右侧，得 $h_c = 0.239$ m；将 $h_c = 0.239$ m 再次代入上式右侧，得 $h_c = 0.241$ m。此时，相邻两次迭代结果已十分接近，迭代结束，最后取 $h_c = 0.241$ m。

10.2.2 下泄水流衔接形式

由式(10-3) 求得收缩水深 h_c 后，再由共轭水深方程 $J(h_c) = J(h_c'')$ 求出相应的跃后水深 h_c''。特别指出，对平底矩形明渠，$J(h_c) = J(h_c'')$ 简化为

$$h_c'' = \frac{h_c}{2}\left(\sqrt{1 + \frac{8q^2}{gh_c^3}} - 1\right) \tag{10-6}$$

下游河道天然水深以 h_t 表示，根据 h_c'' 与 h_t 相对大小关系，有三种水跃衔接形式，如图 10-7 所示。

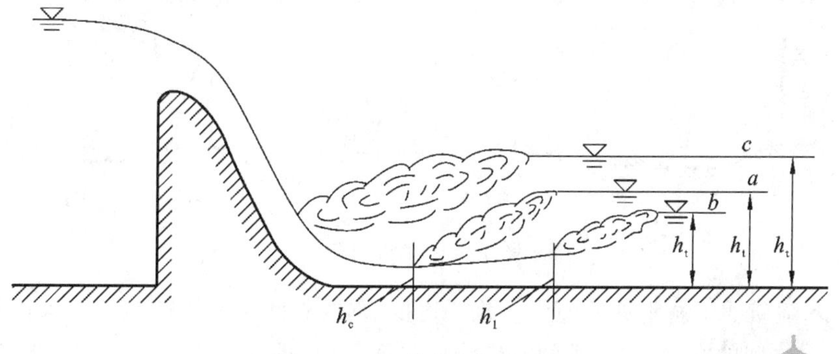

图 10-7 下游水流衔接形式

(1) $h''_c = h_t$ 时，为临界水跃，如图 10-7(a) 所示。此时收缩断面就是跃前断面，跃后水深等于下游河道天然水深。

(2) $h''_c > h_t$ 时，为远离水跃，如图 10-7(b) 所示。此时跃前断面在收缩断面之后，因跃前水深 h_1 大于收缩断面水深 h_c，故 h_1 相应的跃后水深(等于下游河道天然水深 h_t) 小于 h_c 相应的跃后水深 h''_c，即 $h_t < h''_c$。可见，当下游河道水深较小时，易出现远离水跃。

(3) $h''_c < h_t$ 时，为淹没水跃，如图 10-7(c) 所示。分析可知，当下游河道水深较大时，易出现淹没水跃。

这三种底流式衔接都能通过水跃消能，但它们的消能效率和工程保护的范围却不相同。远离水跃衔接因急流段需要保护而不经济；淹没水跃衔接，若淹没程度大则消能效率降低，水跃段长度也比较大；临界水跃衔接消能效率较高，需要保护的范围也最短，但要避免水跃位置不够稳定的缺点。因此，工程中采用稍有淹没的水跃衔接和消能。

例 10-2 条件同例 10-1。当单宽流量 $q = 3.0\ \text{m}^3/(\text{s}\cdot\text{m})$ 时，相应的下游河道水深为 $h_t = 2.0\ \text{m}$。试判别此时下泄水流与下游河道水流的衔接形式。

解 在例 10-1 中，已计算出收缩断面水深 $h_c \approx 0.241\ \text{m}$。

计算收缩水深 h_c 相应的跃后水深 h''_c：

对平底矩形明渠，由式(10-6) 得

$$h''_c = \left[\frac{0.241}{2} \times \left(\sqrt{1 + \frac{8 \times 3^2}{9.8 \times 0.241^3}} - 1\right)\right]\ \text{m} = 2.64\ \text{m}$$

因 $h''_c > h_t = 2.0\ \text{m}$，说明发生远离水跃。

10.3 底流式消能与衔接

如果得知泄水建筑物下游发生远离水跃或临界水跃，则应采取工程措施，以保证建筑物下游能发生淹没程度较小的淹没水跃。

使远离水跃或临界水跃转变为淹没水跃的关键是增加下游水深 h_t。对于一定的河床，当通过的流量一定时，下游水深 h_t 也就确定了。因此，增加下游水深只能是增加靠近建筑物下游的局部水深，对此，可采取下列措施。

(1) 降低紧邻泄水建筑物后的一段下游护坦的高程，形成一个水池，使池中水深增大，并保证在池中发生淹没水跃。这种降低下游护坦高程形成的水池称为消能池，见图 10-8(a)。

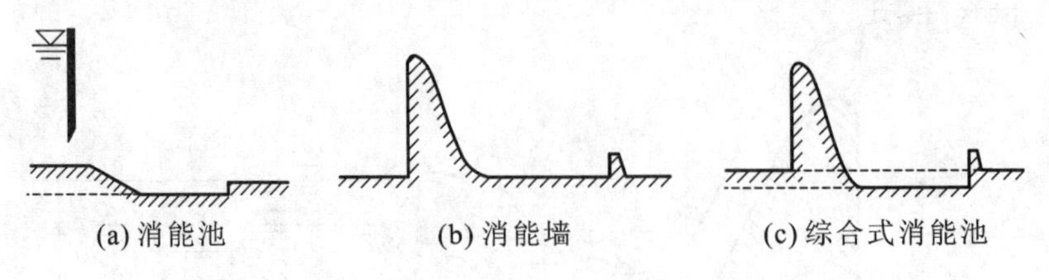

图 10-8 消能设施

(2) 在泄水建筑物下游附近的河床中筑一道低堰(或称低坎)，使低堰前的水位壅高，增大泄水建筑物到低堰之间的水深，并在其间发生淹没水跃。这种低堰称为消能墙，见图 10-8(b)。如在墙后还发生远离水跃，可考虑建第二道、第三道消能墙，或采用以下第三种办法，以保证在池中发生淹没水跃。

(3) 若单独采用消力池或消能墙在技术经济上均不适宜时，可两者兼用，这种消能设施称为综合式消能池，见图 10-8(c)。

上述各种消能设施统称为消能工。消能工水力计算的主要内容是计算消能池的深度或消能墙的高度以及消能池的长度。

10.3.1 消能池的水力计算

消能池的水力计算的任务是确定池深 d 和池长 L，如图 10-9 所示。图中 0-0 虚线为原下游河床底面线，0′-0′ 虚线为降低护坦高程后新的底面线。

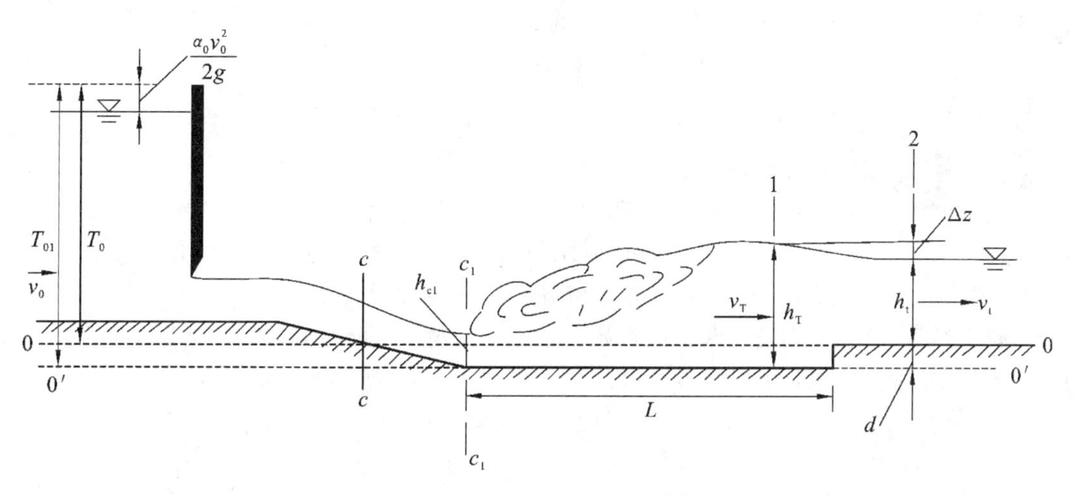

图 10-9 消能池的水力计算

1. 池深 d 的计算

为了使消能池内发生稍有淹没的水跃，就要求池末水深 h_T 稍大于与收缩断面 c_1-c_1 的水深 h_{c1} 相应的临界水跃的跃后水深 h''_{c1}，即

$$h_T = \sigma h''_{c1} \tag{10-7}$$

式中：σ 称为水跃淹没系数，或称安全系数，一般取 $\sigma = 1.05 \sim 1.10$。

又 $h_T = h_t + d + \Delta z$，代入式(10-7)，可求得池深 d。

$$d = \sigma h''_{c1} - h_t - \Delta z \tag{10-8}$$

式中：Δz 为出池水流由于受到消能池末端升坎的阻挡而形成的一个水面降落值。

h_{c1} 为降低护坦高程后，收缩断面的水深，h''_{c1} 为与 h_{c1} 相应的跃后水深。

h_{c1} 可由闸门前渐变流断面与收缩断面 c_1-c_1 的能量方程求出。仿照式(10-3) 有

$$T_{01} = h_{c1} + \frac{q^2}{2g\varphi^2 h_{c1}^2} \tag{10-9}$$

式中：q 为单宽流量；T_{01} 为降低护坦高程后上游总水头；流速系数 φ 可根据表 10-1 选取。

再列写消能池出口断面 1-1 与下游河道断面 2-2 的能量方程

$$\Delta z + \frac{\alpha_1 v_T^2}{2g} = \frac{\alpha_2 v_t^2}{2g} + \zeta \frac{v_t^2}{2g}$$

取 $\alpha_1 \approx \alpha_2 = 1$，令 $\varphi' = \dfrac{1}{\sqrt{1+\zeta}}$，称为消能池出口流流速系数(一般取 $\varphi' = 0.95$)，并用单宽

流量 q 表示 v_T 与 v_t，则上式可改写成

$$\Delta z = \frac{q^2}{2g\varphi'^2 h_t^2} - \frac{q^2}{2gh_T^2} \tag{10-10}$$

由式(10-7)、式(10-8)、式(10-9) 和式(10-10) 可算出池深 d。

2. 池长 L 的计算

合理的池长应从平底完全水跃的长度角度来考虑。消能池中的水跃因受升坎阻挡形成强制水跃，试验表明它的长度比无坎阻挡的完全水跃缩短 20%～30%，故从收缩断面 c_1-c_1 起算的消能池长为

$$L = (0.7 \sim 0.8)L_j \tag{10-11}$$

式中：L_j 为平底完全水跃的长度，可用以下经验公式计算

$$L_j = 6.9(h''_{c1} - h_{c1}) \tag{10-12}$$

例 10-3 条件同例 10-2。计算消能池的池深 d 和池长 L。

解 (1) 计算池深 d。

在式(10-8) 中，h''_{c1} 根据共轭水深方程由 h_{c1} 求出。而 h_{c1} 由式(10-9) 求解，但 $T_{01} = T_0 + d$。此外，对式(10-7) 和式(10-8) 分析可知，要求解 Δz 也必须先知道 d。可见，依据式(10-7)、式(10-8)、式(10-9) 和式(10-10) 难以直接求解 d。通常采用试算法求解 d。

为减少试算的次数，假设池深 d 的初始值是一个关键。根据例 10-2 计算结果，先不考虑 Δz，初始值 $d = \sigma h''_c - h_t = (1.05 \times 2.64 - 2.0)\ \text{m} = 0.772\ \text{m}$，则上游总水头为

$$T_{01} = T_0 + d = (10.0 + 0.772)\ \text{m} = 10.772\ \text{m}$$

由式(10-9) 得

$$10.772 = h_{c1} + \frac{3.0^2}{2 \times 9.8 \times 0.9^2 h_{c1}^2}$$

采用迭代法，求得 $h_{c1} = 0.232\ \text{m}$。

再由平底明渠水跃方程 $h''_{c1} = \frac{h_{c1}}{2}\left(\sqrt{1 + \frac{8q^2}{gh_{c1}^3}} - 1\right)$ 得

$$h''_c = \left[\frac{0.232}{2} \times \left(\sqrt{1 + \frac{8 \times 3.0^2}{9.8 \times 0.232^3}} - 1\right)\right]\ \text{m} = 2.70\ \text{m}$$

由式(10-10) 及式(10-7) 得

$$\Delta z = \frac{q^2}{2g\varphi'^2 h_t^2} - \frac{q^2}{2g(\sigma h''_{c1})^2}$$

代入数据得

$$\Delta z = \left(\frac{3.0^2}{2 \times 9.8 \times 0.95^2 \times 2.0^2} - \frac{3.0^2}{2 \times 9.8 \times (1.05 \times 2.70)^2}\right)\ \text{m} = 0.07\ \text{m}$$

由式(10-8) 得

$$d = \sigma h''_{c1} - h_t - \Delta z = (1.05 \times 2.7 - 2.0 - 0.07)\ \text{m} = 0.765\ \text{m}$$

与先前假设 $d = 0.772\ \text{m}$ 较接近，故 $d = 0.77\ \text{m}$。

(2) 求池长 L。

由式(10-12) 得

$$L_j = [6.9 \times (2.70 - 0.232)]\ \text{m} = 17.03\ \text{m}$$

取 $L = 0.75\ L_j = (0.75 \times 17.03)\ \text{m} = 12.77\ \text{m}$。

10.3.2 消能墙的水力计算

当判明建筑物下游水流自然衔接为远离水跃或临界水跃时，也可采用消能墙(或称消能坎)使坎前水位壅高以期在池内能发生稍有淹没的水跃。其水流现象与降低护坦的消能池相比，主要区别在于不是淹没宽顶堰流而是折线形实用堰流。消能墙的水力计算任务是确定墙高(或称坎高)c 及池长 L，如图 10-10 所示。

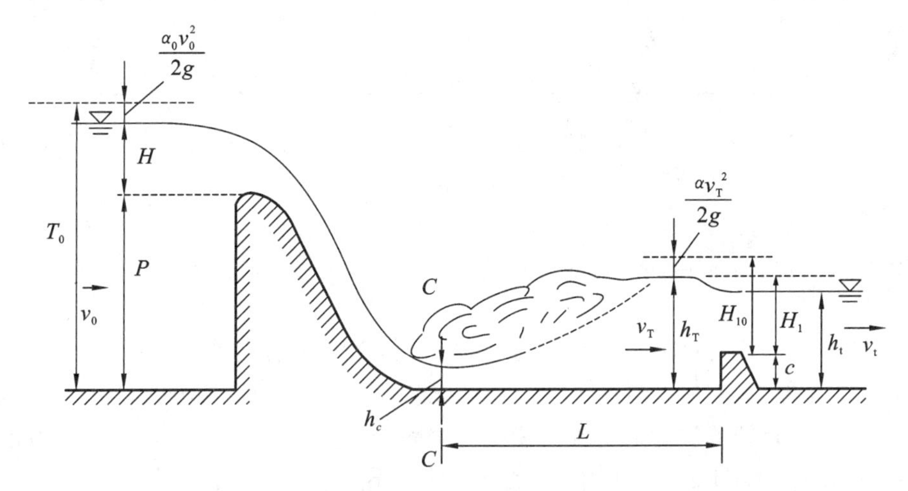

图 10-10 消能墙的水力计算

为保证消能坎前发生稍有淹没的水跃，池中的水深 h_T 应满足

$$h_T = \sigma h''_c \tag{10-13}$$

又

$$c = h_t - H_1 \tag{10-14}$$

式(10-14)中，H_1 的计算如下

$$H_1 = H_{10} - \frac{\alpha v_T^2}{2g}$$

对于矩形渠道，$v_T = \frac{q}{h_T}$，则上式改写为

$$H_l = H_{10} - \frac{\alpha q^2}{2g h_T^2} \tag{10-15}$$

将式(10-13)、式(10-15)代入到(10-14)中，有

$$c = \sigma h''_c + \frac{\alpha q^2}{2g(\sigma h''_c)^2} - H_{10} \tag{10-16}$$

再以堰流公式 $H_{10} = \left(\frac{q}{\sigma_s m\sqrt{2g}}\right)^{2/3}$ 代入式(10-16)，得

$$c = \sigma h''_c + \frac{\sigma q^2}{2g(\sigma h''_c)^2} - \left(\frac{q}{\sigma_s m\sqrt{2g}}\right)^{2/3} \tag{10-17}$$

式中：水跃的淹没系数 $\sigma = 1.05 \sim 1.10$；消能坎的流量系数 $m = 0.42 \sim 0.44$；σ_s 为消能坎的淹没系数，可查表 10-2 取用。从表 10-2 中可见，消能坎淹没的条件是 $h_s/H_{10} > 0.45$；若 $h_s/H_{10} < 0.45$，则为自由出流，$\sigma_s = 1$($h_s = h_t - c$，为下游河道水面高出消能坎坎顶的高度)。

表 10-2　消能坎淹没系数 σ_s 值

h_s/H_{10}	<0.45	0.50	0.55	0.60	0.65	0.70	0.72
σ_s	1.00	0.990	0.985	0.975	0.960	0.940	0.930
h_s/H_{10}	0.74	0.76	0.78	0.80	0.82	0.84	0.86
σ_s	0.915	0.900	0.885	0.865	0.845	0.815	0.785
h_s/H_{10}	0.88	0.90	0.92	0.95	1.00		
σ_s	0.750	0.710	0.651	0.535	0.000		

分析式(10-17)可知，要计算坎高 c，必须先知道消能坎的淹没系数 σ_s，而 σ_s 与 $h_s(=h_t-c)$ 有关，并由表 10-2 查出，可见，不能由式(10-17)直接计算出坎高 c。

坎高 c 的计算方法：先假设坎顶为自由出流，即 $\sigma_s=1$，由式(10-17)求得坎高 c，然后再验算流态。如果为自由出流，此 c 值即为所求。如果属淹没出流，再考虑淹没系数 σ_s 的影响，重新计算 c 值大小。

必须指出，当消能坎为自由出流时，一定要校核此时下游水流的衔接形式。若为淹没水跃，则无须修建第二级消能池。若为远离水跃，又不准备改用其他底流型消能方式，则必须修建第二级消能池，并校核第二道消能坎后的水流衔接形式，…… 直到坎后产生淹没水跃衔接为止。实际上一般不超过三级消能池。在校核计算中，消能坎的流速系数 $\varphi'=0.9$。

对消能坎，池长 L 的计算方法与消能池池长的计算方法相同。

例 10-4　条件同例 10-2。当 $q=3\ \text{m}^3/\text{s}\cdot\text{m}$ 时，$h_t=2$ m；当 $q=12\ \text{m}^3/\text{s}\cdot\text{m}$ 时，$h_t=4.58$ m。试分别进行上述两种情况下消能墙的水力计算。

解　(1) $q=3\ \text{m}^3/\text{s}\cdot\text{m}$ 时，计算消能墙的墙高 c 及池长 L。

在例 10-2 中，已经算出 $h_c=0.241$ m，$h''_c=2.64$ m。

因不明确消能墙的出流状态，先假设为自由出流($\sigma_s=1$)，取消能坎的流量系数 $m=0.42$，水跃的淹没系数 $\sigma=1.05$，由式(10-17)得

$$c=\left[1.05\times2.64+\frac{1\times3.0^2}{2\times9.8\times(1.05\times2.64)^2}-\left(\frac{3.0}{1\times0.42\times\sqrt{2\times9.8}}\right)^{2/3}\right]\text{m}$$
$$=(2.772+0.060-1.375)\ \text{m}=1.457\ \text{m}$$

验算出流状态：$\dfrac{h_s}{H_{10}}=\dfrac{h_t-c}{H_{10}}=\dfrac{2-1.457}{1.375}=0.395<0.45$，确为自由出流，最后取墙高 $c=1.46$ m。

因为消能坎上为自由出流，故还需要进行消能坎下游水流的衔接计算。

先计算消能坎后收缩断面水深 h_{c1}。

列写消能坎前渐变流断面与坎后收缩断面的能量方程

$$H_{10}+c=h_{c1}+\frac{q^2}{2g\varphi'^2h_{c1}^2}$$

代入数据得：$1.736+1.46=h_{c1}+\dfrac{3.0^2}{2\times9.8\times0.9^2\times h_{c1}^2}$，用迭代法求解该式得 $h_{c1}=0.595$ m。

再由 $h''_{c1}=\dfrac{h_{c1}}{2}\left(\sqrt{1+\dfrac{8q^2}{gh_{c1}^3}}-1\right)$ 计算 h_{c1} 相应的跃后水深 h''_{c1}：

$$h''_{c1}=\left[\frac{0.595}{2}\times\left(\sqrt{1+\frac{8\times 3.0^2}{9.8\times 0.595^3}}-1\right)\right]\text{ m}=1.484\text{ m}$$

因 $h''_{c1}<h_t=2.0$ m，消能坎后出现淹没水跃，故不需要修建二级消能池。

由式(10-12)得 $L_j=6.9(h''_c-h_c)$，即

$$L_j=[6.9\times(2.64-0.241)]\text{ m}=16.55\text{ m}$$

取 $L=0.75L_j=(0.75\times 16.55)\text{ m}=12.41$ m。

(2) $q=12.0\ \text{m}^3/\text{s}\cdot\text{m}$ 时，计算消能墙的墙高 c 及池长 L。

同例 10-2 的计算方法，此时，$h_c=1.00$ m，$h''_c=4.94$ m。

同上述(1)计算方法，由式(10-17)得

$$c=\left[1.05\times 4.94+\frac{1\times 12.0^2}{2\times 9.8\times(1.05\times 4.94)^2}-\left(\frac{12.0}{1\times 0.42\times\sqrt{2\times 9.8}}\right)^{2/3}\right]\text{ m}$$
$$=(5.198+0.272-3.466)\text{ m}=2.00\text{ m}$$

验算出流状态：$\dfrac{h_s}{H_{10}}=\dfrac{h_t-c}{H_{10}}=\dfrac{4.58-2.00}{3.466}=0.744>0.45$，表明消能坎上水流为淹没出流。由 $\dfrac{h_s}{H_{10}}=0.744$，查表 10-2 得淹没系数 $\sigma_s=0.915$。重新由式(10-17)计算墙高 c：

$$c=\left[1.05\times 4.95+\frac{1\times 12.0^2}{2\times 9.8\times(1.05\times 4.95)^2}-\left(\frac{12.0}{0.915\times 0.42\times\sqrt{2\times 9.8}}\right)^{2/3}\right]\text{ m}$$
$$=(5.198+0.272-3.678)\text{ m}=1.792\text{ m}$$

$$\frac{h_s}{H_{10}}=\frac{h_t-c}{H_{10}}=\frac{4.58-1.792}{3.678}=0.758$$

由 $\dfrac{h_s}{H_{10}}=0.758$，查表 10-2 得淹没系数 $\sigma_s=0.900$。

重新由式(10-17)计算墙高 c：

$$c=\left[1.05\times 4.95+\frac{1\times 12.0^2}{2\times 9.8\times(1.05\times 4.95)^2}-\left(\frac{12.0}{0.900\times 0.42\times\sqrt{2\times 9.8}}\right)^{2/3}\right]\text{ m}$$
$$=(5.198+0.272-3.719)\text{ m}=1.751\text{ m}$$

经过上述三次重复计算，后两次的墙高 c 已经十分接近，故最后墙高 $c=1.75$ m。

因为已经明确消能坎上水流为淹没出流，故不需要再进行消能坎下游水流的衔接计算。

由式(10-12)得

$$L_j=6.9(h''_c-h_c)$$

即 $L_j=[6.9\times(4.95-1.00)]\text{ m}=27.26$ m，取 $L=0.75L_j=(0.75\times 27.26)\text{ m}=20.44$ m。

10.3.3 消能池的设计流量

前面讨论消能池尺寸(包括池深和池长)的水力计算，是在某个给定流量及其相应的下游水深条件下进行的。但建成的消能池却要在不同的流量下工作，而它们所要求的消能池尺寸又是各不相同的。因此，为了保证消能池在不同流量时都能起到控制水跃的作用，必须选定消能池尺寸的设计流量。

所谓消能池池深的设计流量，是指要求池深为最大值的那个流量。用这个流量计算出的消能池的池深，可以满足在一定范围内的流量时，池中都出现淹没水跃。由式(10-8)，当忽略 Δz 时，$s=\sigma h''_c-h_t$，可以看出，d 随着 h''_c-h_t 的增大而加深。所以，当 h''_c-h_t 为最大值时所对应的流量就

是池深的设计流量。计算表明，最大流量不一定是消能池池深的设计流量。

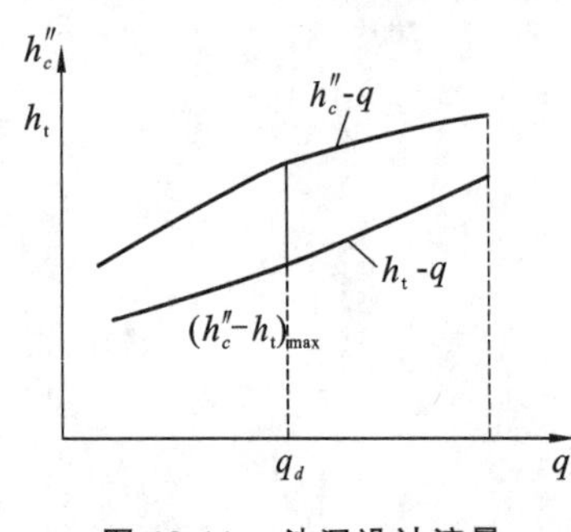

图 10-11　池深设计流量

下面以作图法说明如何确定池深的设计流量。先将所取得的下游水深与流量关系的资料点绘 h_t-q 曲线，再对各级流量计算相应的临界水跃跃后水深 h''_c，将 h''_c-q 曲线点绘在同一张图纸上，如图 10-11 所示。从图上即可找到 h''_c-h_t 为最大时所对应的池深设计流量 q_d。

所谓消能池池长的设计流量，是指要求池长为最大值的那个流量。根据式(10-11)，池长与完全水跃长度 L_j 成正比，又根据式(10-12)，L_j 与临界水跃的跃前水深 h_c、跃后水深 h''_c 有关，又因为跃前水深 h_c 越小时，跃后水深 h''_c 越大，综上所述，满足跃后水深 h''_c 为最大值的那个流量，就是消能池池长的设计流量。一般说来，流量越大，h''_c 也越大，所以应以最大流量作为消能池池长的设计流量。

消能池的池深与池长的设计流量一般不可能是同一个值，这是消能池水力设计中需要注意的问题。

例 10-5　条件同例 10-1。控制闸门开度，当单宽流量 $q = 3.0\ m^3/(s \cdot m)$、$6.0\ m^3/(s \cdot m)$、$9.0\ m^3/(s \cdot m)$、$12.0\ m^3/(s \cdot m)$ 时，下游相应水深分别为 2.00 m、3.05 m、3.88 m、4.58 m。试求：(1) 在给定的流量变化范围内，确定下游水流的衔接形式；(2) 设计消能池的池深和池长。

解　(1) 先判别下游水流衔接形式。

在例 10-1 中，已算出 $q = 3.0\ m^3/(s \cdot m)$ 时，收缩断面水深 $h_c = 0.241$ m，与 h_c 相应的跃后水深 $h''_c = 2.64$ m。例 10-4 中，已算出 $q = 12.0\ m^3/(s \cdot m)$ 时，收缩断面水深 $h_c = 1.00$ m，与 h_c 相应的跃后水深 $h''_c = 4.94$ m。

同理，可计算出单宽流量 $q = 6.0\ m^3/(s \cdot m)$、$9.0\ m^3/(s \cdot m)$ 时的收缩断面水深 h_c 以及与 h_c 相应的跃后水深 h''_c，其结果一并列入表 10-3 中。

表 10-3　各种单宽流量下计算结果

$q/[m^3/(s \cdot m)]$	h_c/m	h''_c/m	h_t/m	(h''_c-h_t)/m
3.0	0.241	2.64	2.00	0.64
6.0	0.488	3.64	3.05	0.59
9.0	0.741	4.37	3.88	0.49
12.0	1.000	4.94	4.58	0.36

从表 10-3 可以看出，在给定的流量范围内，$h''_c > h_t$，说明发生远离式水跃，需要修建消能池。当单宽流量 $q = 3.0\ m^3/(s \cdot m)$ 时，$h''_c - h_t$ 最大，因此，按此流量作为消能池池深的设计流量。

(2) 计算消能池池深 d。

在例 10-3 中，已计算出 $d = 0.77$ m。

(3) 求消能池池长 L。

消能池池长的设计流量应为最大流量，即 $q = 12.0\ m^3/(s \cdot m)$，其相应的 $h_c = 1.00$ m，$h''_c = 4.94$ m。

由式(10-12) 得

$$L_j = [6.9 \times (4.94 - 1.00)]\ \text{m} = 27.19\ \text{m}$$

取 $L = 0.75L_j = (0.75 \times 27.19)\ \text{m} = 20.39\ \text{m}$。

10.3.4 综合式消能池的水力计算

若单纯采取降低护坦高程的方式，开挖量太大；单纯采取消能坎方式，坎又太高，难以保证墙后出现淹没水跃，此时，可采用既降低护坦高程又加筑消能坎的综合式消能池，如图 10-12 所示。

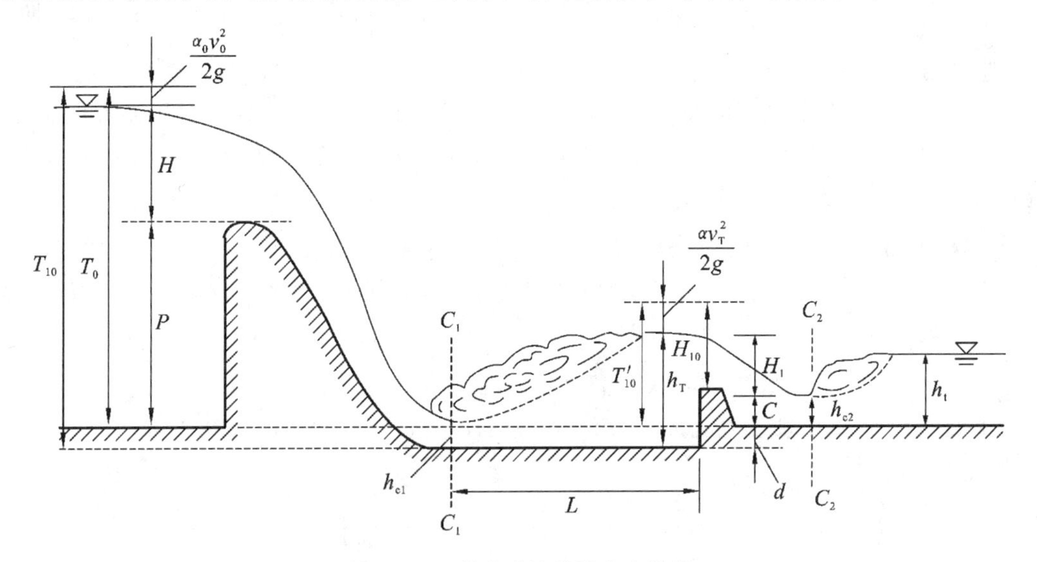

图 10-12 综合式消能池水力计算

为了便于计算，先求出保证消能池中及墙后均产生临界水跃时的墙高 c 和池深 d。具体计算步骤如下。

(1) 计算墙高 c。

墙后产生临界水跃意味着墙后收缩断面 C_2-C_2 即为水跃的跃前断面，而相应的跃后水深 h''_{c2} 等于下游河道水深，即 $h''_{c2} = h_t$。用水跃方程计算出与 h''_{c2} 相应的跃前水深 h_{c2}，则墙前总水头 $T'_{10} = h_{c2} + \dfrac{q^2}{2g\varphi'^2 h_{c2}^2}$。

根据折线形实用堰自由出流流量公式计算 H_{10}：

$$H_{10} = \left(\frac{q}{m\sqrt{2g}}\right)^{2/3}$$

则墙高 c 为

$$c = T'_{10} - H_{10} \tag{10-18}$$

(2) 计算池深 d。

消能池中发生临界水跃时，有

$$h''_{c1} = d + c + H_1 \tag{10-19}$$

又墙顶水头为

$$H_1 = H_{10} - \frac{\alpha v_T^2}{2g} = H_{10} - \frac{\alpha q^2}{2gh''^2_{c1}} \tag{10-20}$$

由式(10-19) 和式(10-20) 得

$$d = h''_{c1} - c - \left(H_{10} - \frac{\alpha q^2}{2gh''^2_{c1}}\right) \tag{10-21}$$

式(10-21)中,因 h''_{c1} 与池深 d 有关,因此,不能由该式直接计算 d。一般用试算法求解式(10-21)得池深 d。具体计算方法如下。

假设一个池深 d,则 $T_{10} = P + H + d$;再由 $T_{10} = h_{c1} + \frac{q^2}{2g\varphi^2 h_{c1}^2}$ 计算出 h''_{c1};由水跃方程 $h''_{c1} = \frac{h_{c1}}{2}\left(\sqrt{1+\frac{8q^2}{gh_{c1}^3}} - 1\right)$ 计算出 h''_{c1};将 h''_{c1} 代入到式(10-21),若等式成立,则先前假设的池深 d 即为所求,否则,重新设定一个池深 d,按上述方法再完整计算一次,直到式(10-21)等式成立。

以上计算出的 d 及 c 是池内及墙下游都发生临界水跃时的池深及墙高。实际采用的池深 d 比按上面方法计算出的略大,而实际采用的墙高 d 比按上面方法计算出的略小,这样在池内及墙后就能保证发生淹没水跃。

例 10-6 在矩形断面的平底河道上有一溢流坝,如图 10-12 所示,上游堰高 $P = 7.4$ m,单宽流量 $q = 8.0\ m^3/s \cdot m$,溢流坝的流速系数 $\varphi = 0.95$,堰顶水头 $H = 2.0$ m。折线形消能墙的流速系数 $\varphi' = 0.9$。当下游河道水深 $h_t = 2.5$ m 时,试设计综合式消能池的池深、墙高和池长。

解 (1) 计算临界状态下的墙高 c。

忽略行近流速水头,则上游总水头 $T_0 = P + H = (7.4 + 2.0)\ m = 9.4\ m$。

由式(10-3)得

$$9.4 = h_c + \frac{8.0^2}{2 \times 9.8 \times 0.95^2 h_c^2}$$

用迭代法求得 $h_c = 0.641$ m。

再由平底明渠水跃方程 $h''_c = \frac{h_c}{2}\left(\sqrt{1+\frac{8q^2}{gh_c^3}} - 1\right)$ 得

$$h''_c = \left[\frac{0.641}{2} \times \left(\sqrt{1+\frac{8 \times 8.0^2}{9.8 \times 0.641^3}} - 1\right)\right] m = 4.2\ m$$

可见,$h''_c > h_t$,说明自然衔接情况下,下游河道将发生远离式水跃。按要求修建综合消能池。计算顺序是从下游往上游推算。

视下游河道水深为墙后发生临界水跃的跃后水深,即 $h''_{c1} = h_t$,其相应的跃前水深 h'_{c1} 为:$h'_{c1} = \frac{h_t}{2}\left(\sqrt{1+\frac{8q^2}{gh_t^3}} - 1\right)$,即

$$h'_{c1} = \left[\frac{2.5}{2} \times \left(\sqrt{1+\frac{8 \times 8.0^2}{9.8 \times 2.5^3}} - 1\right)\right] m = 1.355\ m$$

则墙前总水头为

$$T_{10} = h'_{c1} + \frac{q^2}{2g\varphi'^2 h'^2_{c1}} = \left(1.355 + \frac{8.0^2}{2 \times 9.8 \times 0.9^2 \times 1.355^2}\right) m = 3.55\ m$$

取堰的流量系数 $m = 0.42$,由实用堰流量公式 $H_{10} = \left(\frac{q}{m\sqrt{2g}}\right)^{2/3}$ 得

$$H_{10} = \left(\frac{8.0}{0.42 \times \sqrt{2 \times 9.8}}\right)^{2/3} m = 2.645\ m$$

则 $c = T_{10} - H_{10} = (3.55 - 2.645)\ m = 0.905\ m$

(2) 计算临界状态下的池深 d。

由式(10-21)得

$$d = h''_{c1} - 0.905 - \left(2.645 - \frac{1 \times 8.0^2}{2 \times 9.8 h''^2_{c1}}\right)$$

采用前述的试算法,可求得 $d = 0.92$ m。

上述求得的墙高和池深均是在临界流条件下得出的,为保证池中和墙后均发生稍有淹没水跃,应对这两个计算值进行修正:适当加大墙高,减小池深,取 $c = 0.9$ m,$d = 1.0$ m。

10.3.5 辅助消能工

为提高消能效率而附设在消能池中的墩或槛统称辅助消能工。其型体较多,现举几种常见者(图 10-13)略述其作用。

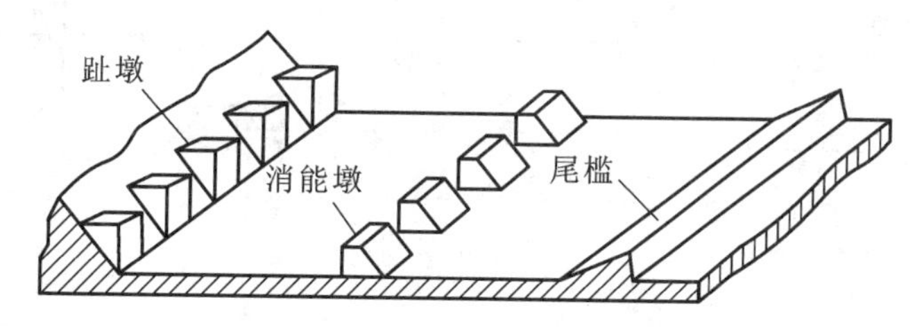

图 10-13 辅助消能工

趾墩:设置在消能池起始断面处。有分散入池水流以加剧紊动掺混的作用。

消能墩:设置在 1/3 ~ 1/2 的池长处,布置一排或数排。它可加剧紊动掺混,并给水跃以反击力,对于减小池深和缩短池长有较好的作用。

尾槛(连续槛或齿槛):设置在消能池的末端。它将池中流速较大的底部水流导向下游的上层,以改善池后水流的流速分布,减轻对下游河床的冲刷。

以上三种辅助消能工,既可以单独使用某一种,也可以将几种组合起来使用。但要注意,由于消能池前半部分的临底流速很大,因此须考虑趾墩和消能墩的空蚀问题。一般来说,设置趾墩和消能墩处的流速应小于 15 ~ 18 m/s,其布置的方式与位置以及型体和尺寸应经过试验验证。

10.4 挑流式衔接与消能

利用宣泄水流的巨大动能,借助挑流鼻坎将水股向空中抛射再跌落到远离建筑物的下游与河道中水流相衔接,这就是挑流式衔接与消能。水流余能主要通过空中消能和冲刷坑内水垫消能两个过程所耗散。由于空气和挑射水舌的相互作用,使水舌扩散、掺气和碎裂,增强了水舌与空气界面上以及水舌内的摩擦力,从而使射流在空中消耗了部分余能(10% ~ 20%)。水舌跌落到下游水流后作淹没扩散,并在冲刷坑水垫中形成两个大漩滚,产生十分强烈的紊动混掺作用,从而消耗大部分余能。

挑流式衔接与消能的水力计算,主要是确定挑流射程和冲刷坑深度,以检验主体建筑物是否安全。

10.4.1 挑流射程计算

所谓挑流射程,是指挑坎顶端至冲刷坑最深点的水平距离,简称挑距。试验表明,冲刷坑最深点的位置大体上在水舌外缘入水点的延长线上。以图 10-14 所示的连续式挑流鼻坎为例，其挑流射程 L 为空中射程 L_1 与水射程 L_2 之和，即

$$L = L_1 + L_2$$

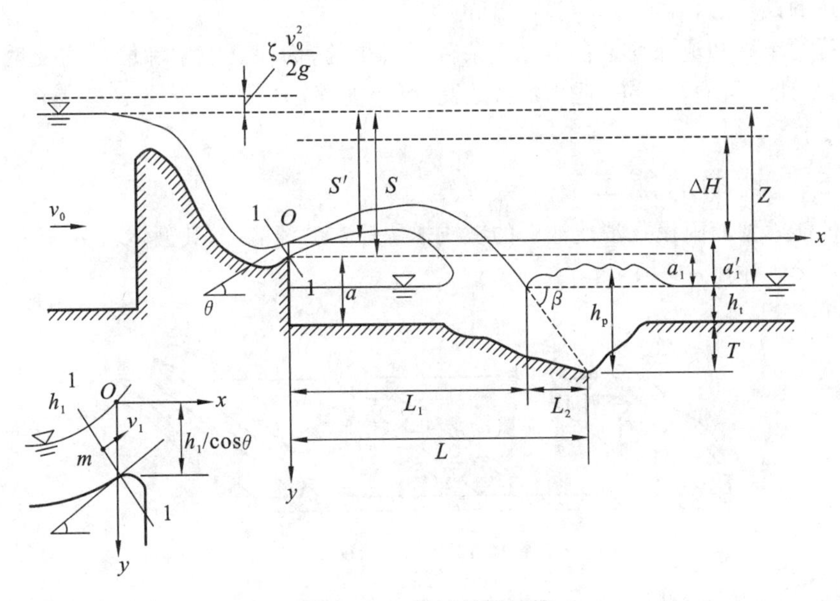

图 10-14　挑流射程计算

1. 空中射程 L_1

假设挑坎出射断面 1-1 上的流速分布是均匀的，流速方向角与挑角相等，忽略水舌的扩散、掺气、碎裂和空气阻力的影响。取坎顶铅垂水深的水面一点 O 为坐标原点，并认为通过 O 点与 m 点（见图 10-14）的流速近似相等。则可按自由抛射体理论得到水舌外缘的运动方程式

$$x = \frac{v_1^2 \sin\theta\cos\theta}{g}\left(1 + \sqrt{1 + \frac{2gy}{v_1^2 \sin^2\theta}}\right) \tag{10-22}$$

式中：θ 为坎挑角；v_1 为出射断面平均流速。

将水舌外缘入水点的纵坐标 $y = a_1'$ 代入上式，则

$$L_1 = \frac{v_1^2 \sin\theta\cos\theta}{g}\left(1 + \sqrt{1 + \frac{2ga_1'}{v_1^2 \sin^2\theta}}\right) \tag{10-23}$$

式中：a_1' 为坐标原点 O 与下游水面的高差，即 $a_1' = a - h_t + h_1/\cos\theta$，其中 a 为坎高，h_1 为出射断面水深。

由于认为 m 点和 O 点的流速近似相等，则

$$v_1 = \varphi\sqrt{2gs'} \tag{10-24}$$

式中：φ 为坝段水流的流速系数；$s' = s - h_1/\cos\theta$ 为上游水面到 O 点的高差；s 为上游水面到挑坎顶端的高差。

仅从以上分析，似乎只要由式(10-24) 求得 v_1，代入式(10-23) 即可得到空中射程 L_1 了。但是，式(10-23) 是计算的理想射程，没有考虑挑流水舌的空气阻力及自身的扩散、掺气和碎裂等因素的影响，往往与实际射程有明显的偏差。为了解决这个问题，目前采取的办法是，根据原型观测射程的资料，再用理论公式反求流速系数，这样得到的流速系数，既反映了坝段水流的阻力影响，又反映了空中水舌的阻力影响，已不同于一般的流速系数，故特称为“第一挑流系数”，记作

φ_1。从而将式(10-24)改写为实际应用式：

$$v_1 = \varphi_1 \sqrt{2gs'} \tag{10-25}$$

下面介绍估算“第一挑流系数”的两个经验公式，水利部长江水利委员会建议

$$\varphi_1 = \sqrt[3]{1 - \frac{0.055}{K_E^{0.5}}} \tag{10-26}$$

式中：$K_E = \dfrac{q}{\sqrt{g} \cdot z^{1.5}}$ 称为流能比，其中，z 为上下游水位差。

式(10-26)适用于当 $K_E = 0.004 \sim 0.15$；当 $K_E > 0.15$，可取用 $\varphi_1 = 0.95$。中水东北勘测设计研究有限责任公司(原水利部东北勘测设计研究院)建议

$$\varphi_1 = 1 - \frac{0.0077}{\left(\dfrac{q^{2/3}}{s_0}\right)^{1.15}} \tag{10-27}$$

式中：s_0 为坝面流程，近似按 $s_0 = \sqrt{P^2 + B_0^2}$ 计算，P 为挑坎顶端以上的坝高，B_0 为溢流面的水平投影长度。式(10-27)适用于 $\dfrac{q^{2/3}}{s_0} = 0.025 \sim 0.25$，当 $\dfrac{q^{2/3}}{s_0} > 0.25$ 时，可取 $\varphi_1 = 0.96$。

将式(10-25)代入式(10-21)可得

$$x = \varphi_1^2 s' \sin 2\theta \left(1 + \sqrt{1 + \frac{y}{\varphi_1^2 s' \sin^2\theta}}\right) \tag{10-28}$$

将式(10-25)代入式(10-23)可得

$$L_1 = \varphi_1^2 s' \sin 2\theta \left(1 + \sqrt{1 + \frac{a_1'}{\varphi_1^2 s' \sin^2\theta}}\right) \tag{10-29}$$

式(10-29)即挑坎顶端到水舌外缘入水点的射程计算公式。

2. 水下射程 L_2

目前对水舌外缘入水后的运动轨迹有两种处理方法。

一种意见认为水股射入下游水面后属于淹没射流性质。其运动不符合自由抛射的规律，水股外缘将沿着入水角 β 的方向直指冲刷坑的最深点。即

$$L_2 = \frac{h_P}{\tan\beta} \tag{10-30}$$

式中：h_P 为冲刷坑中水深。

入水角 β 可以这样求得，对式(10-28)取一阶导数，可得

$$\frac{dy}{dx} = \frac{x}{2\varphi_1^2 s' \cos^2\theta} - \tan\theta$$

因水舌外缘入水点的 $x = L_1$，其 $\dfrac{dy}{dx} = \tan\beta$，故将式(10-29)代入上式可得 β 的表达式

$$\tan\beta = \sqrt{\tan^2\theta + \frac{a_1'}{2\varphi_1^2 s' \cos^2\theta}} \tag{10-31}$$

将式(10-31)代入式(10-30)可得水下射程计算公式

$$L_2 = \frac{h_p}{\sqrt{\tan^2\theta + \dfrac{a_1'}{2\varphi_1^2 s' \cos^2\theta}}} \tag{10-32}$$

于是得总射程计算公式为

$$L = \varphi_1^2 s' \sin 2\theta\left(1 + \sqrt{1 + \frac{a_1'}{\varphi_1^2 s' \sin^2\theta}}\right) + \frac{h_P}{\sqrt{\tan^2\theta + \dfrac{a_1'}{2\varphi_1^2 s' \cos^2\theta}}} \tag{10-33}$$

对于高坝，可忽略坎顶铅垂水深 $h_1/\cos\theta$，则上式中 $s' = s, a_1' = a_1$，a_1 为挑坎顶端到下游水面的高差。

另一种意见认为水股入水后仍按抛射体轨迹运动，考虑到又增加了水下射流的阻力影响，引入“第二挑流系数”以替换“第一挑流系数”，这样就不必单独去计算水下射程 L_2。忽略冲刷坑水位与下游水位的高差，将冲刷坑最深点的纵坐标 $y = h_P + a_1'$ 代入式(10-24)即可得到总射程计算公式为

$$L = \varphi_2^2 s' \sin 2\theta\left(1 + \sqrt{1 + \frac{h_P + a_1'}{\varphi_1^2 s' \sin^2\theta}}\right) \tag{10-34}$$

式中：φ_2 是由实测反算得出的“第二挑流系数”，它综合反映了坝段水流及空中、水下射流阻力的影响。我国根据实测资料进一步得到了两个挑流系数的关系：

$$\varphi_2 = 0.966\varphi_1 \tag{10-35}$$

对于高坝，式(10-34)中的 $s' \approx s, a_1' \approx a_1$。

对于冲刷坑水深 $h_P < 30$ m 的挑流，用式(10-30)计算总射程 L 比较符合实际，可以满足实用上的精度要求。

10.4.2 冲刷坑的估算

不仅在挑流射程计算中需要先求冲刷坑水深 h_P，而且，冲刷坑深度 T 及其相对于挑坎的距离 L，是检验挑流冲刷是否影响主体建筑物稳定安全的重要数据。如图 10-15 所示，忽略冲刷坑水位与下游水位的高差，定义冲刷坑后坡 $i = T/L \approx (h_P - h_t)/L$。根据我国实践经验的规定，按不同的地质条件，允许的最大后坡 $i < i_k$。当 $i_k = 1/2.5 \sim 1/5$ 时，则可认为冲刷坑深度不会危及主体建筑物的安全。

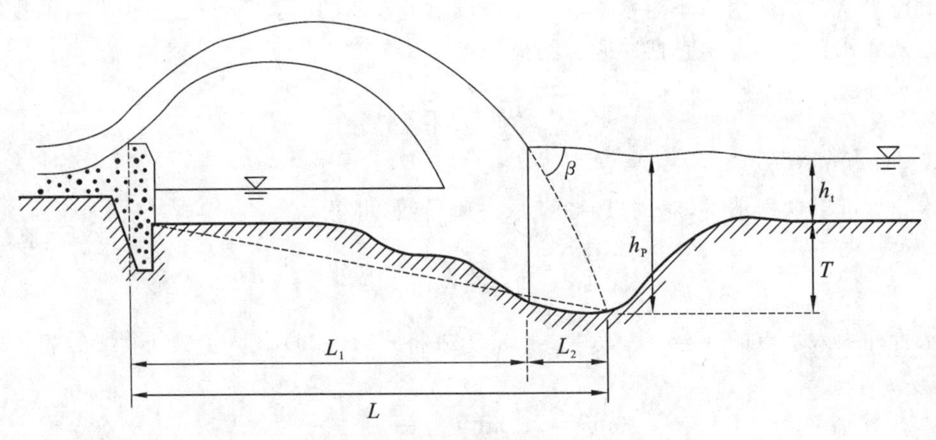

图 10-15　冲刷坑计算

关于挑流冲刷的机理，观点也比较多，倾向性的见解是：破坏岩基节理块稳定的主要因素是射流水股对河床的巨大脉动冲击力以及由此而产生作用于岩块的瞬时上举力。概略来说，冲刷坑的深度取决于挑流水舌淹没射流的冲刷能力与河床基岩抗冲能力之间的对比关系。在挑流的初期，水流的冲刷能力大于基岩的抗冲能力，于是开始形成并加深冲刷坑。随着冲刷坑深度的发展，

使淹没射流水股沿程扩散和流速沿程降低，冲刷能力也逐渐衰减，直到冲刷能力与抗冲能力相平衡，冲刷坑不再加深为止。

由于冲刷坑比较深，故挑流消能一般用于岩基上的中、高水头泄水建筑物。

对于岩基冲刷坑的估算，我国普遍采用下述公式

$$h_{P} = Kq^{0.5} \cdot z^{0.25} \tag{10-36}$$

式中：q 是挑流水舌入水处的单宽流量。对于直线式多孔溢流坝的连续式鼻坎，当多孔全开或同一开度泄流时，可以取用挑坎处的单宽流量；z 为上下游水位差；h_P 为冲刷坑水深；K 为主要反映岩基抗冲特性及其他水力因素的“挑流冲刷系数”，根据我国经验列出表 10-4 以供选用。

在具体选用 K 值时，对差动式挑坎或水舌入水角较小者取用较小值；对连续式挑坎或水舌入水角较大者取用较大值。

表 10-4　挑流冲刷系数 K

基岩分类	冲刷坑部位岩基构造特征	范围	平均值	备注
Ⅰ(难冲)	巨块状、节理不发育，密闭	0.8～0.9	0.85	K 值适用范围： $30^\circ < \beta < 70^\circ$ β 为水舌入水角度
Ⅱ(较易冲)	大块状，节理较发育，多密闭部分微张，稍有充填	0.9～1.2	1.10	
Ⅲ(易冲)	碎块状，节理发育，大部分微张，部分充填	1.2～1.5	1.35	
Ⅳ(很易冲)	碎块状，节理很发育，裂隙微张或张开，部分为黏土充填	1.5～2.0	1.80	

试验研究表明，挑流射程 L 和冲刷坑深度随着泄水建筑物下泄单宽流量 q 的增大而增大。一般按泄水建筑物的上游设计水位进行挑流计算来检验主体建筑物是否安全，再以上游校核水位的挑流情况进行校核。

10.4.3　挑流鼻坎的形式与尺寸

挑坎的形式很多，常见的有连续式和差动式两种基本形式(见图 10-16)。在相同的水力条件下，连续式挑坎的射程比较远，但水舌的扩散较差以致冲刷坑较深。差动式的齿坎和齿槽将出射水流“撕开”，使水舌在垂直方向有较大的扩散，从而减轻了对河床的冲刷，但是齿坎的侧面易受空蚀破坏。

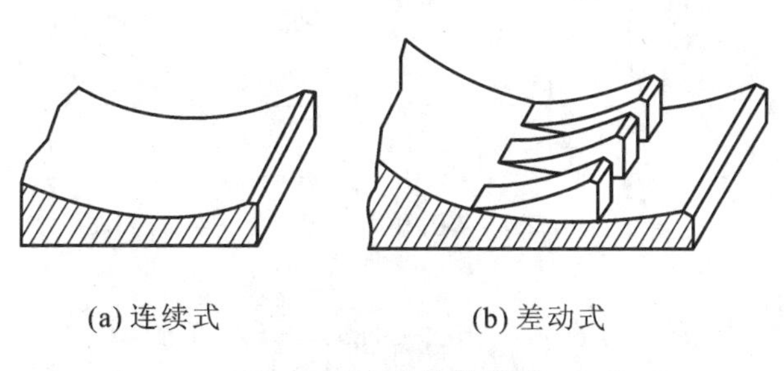

(a) 连续式　　(b) 差动式

图 10-16　挑坎的形式

至于差动式挑坎射程L的计算，取齿坎和齿槽的平均挑角$\theta=(\theta_1+\theta_2)/2$，应用式(10-29)或式(10-30)即可。

常用的连续式挑坎，主要尺寸有挑角θ、反弧半径R及挑坎高程。合理的尺寸设计可以增大射程与减小冲深。

挑角θ：实践表明，当泄流条件确定后，挑角θ的大小对射程的影响比较大。按自由抛射体理论，当$\theta=45°$时的射程为最大。但挑角增大会使入水角β也增大，从而导致冲刷坑的深度增加。我国工程常取用$\theta=15°\sim35°$；高挑坎取较小值，低挑坎或单宽流量大、落差较小时取较大值。

反弧半径R：试验研究指出，当其他条件相同时，射程随着R的增大而加长。不难理解，在反弧段上作曲线运动的水流，必须有部分动能要转化为惯性离心水头，从而使出射水流的动能有所降低。当R/h较大时，惯性离心水头较小，动能降低较少，故射程较远；反之，则射程较近，起挑流量也比较大。因此，R/h值不能太小，但过大又会增加挑坎的工程量。一般以$R/h=8\sim12$为宜(h为校核洪水泄流时反弧最低点处的水深)。

挑坎高程：显然，挑坎高程越低则出射水流的流速也越大，这对增加射程是有利的。但过低也会引起新的问题，或因挑坎淹没以致水流不能形成挑射；或因水舌下面被带走的空气得不到补充造成局部负压而使射程缩短。考虑到水舌跌落后对尾水的推移作用，坎后的水位会低于水舌落水点下游的水位，故一般取挑坎最低高程等于或略低于最高的下游水位。

例10-7 某5孔溢流坝，每孔净宽$b=7$ m，闸墩厚度$d=2$ m。坝顶高程为245 m，连续式挑坎坎顶高程为185 m，挑角$\theta=30°$，下游河床岩基属Ⅱ类，高程为175 m。溢流面投影长度$B_0=70$ m。设计水位为251 m时下泄流量$Q=1\ 583\ \text{m}^3/\text{s}$对应的下游水位为183 m。试估算挑流射程和冲刷坑深度并检验冲刷坑是否危及大坝安全。

解 (1) 冲刷坑估算。

$$q=\frac{Q}{nb+(n-1)d}=\frac{1\ 583}{5\times7+(5-1)\times2}\ \text{m}^3/(\text{s}\cdot\text{m})=36.81\ \text{m}^3/(\text{s}\cdot\text{m})$$

$$z=(251-183)\ \text{m}=68\ \text{m}$$

根据Ⅱ类岩基、连续式挑坎，查表10-4，取$K=1.2$，由式(10-36)得冲刷坑深度为

$$h_\text{p}=Kq^{0.5}\cdot z^{0.25}=(1.2\times36.81^{0.5}\times68^{0.25})\ \text{m}=20.91\ \text{m}$$

故冲刷坑深度 $T=h_\text{p}-h_\text{t}=[20.91-(183-175)]\ \text{m}=12.91\ \text{m}$

(2) 射程估算。

$$P=(245-185)\ \text{m}=60\ \text{m}$$

$$s_0=\sqrt{P^2+B_0^2}=\sqrt{60^2+70^2}\ \text{m}=92.2\ \text{m}$$

由式(10-27)得

$$\varphi_1=1-\frac{0.007\ 7}{\left(\dfrac{q^{2/3}}{s_0}\right)^{1.15}}=1-\frac{0.007\ 7}{\left(\dfrac{36.81^{2/3}}{92.2}\right)^{1.15}}=0.912$$

$$\varphi_2=0.966\varphi_1=0.966\times0.912=0.881$$

由于是高坝，故

$$s'\approx s=(251-185)\ \text{m}=66\ \text{m}$$

$$a_1'\approx a_1=(185-183)\ \text{m}=2\ \text{m}$$

按式(10-34)得

射程 $L = \varphi_2^2 s' \sin 2\theta \left(1 + \sqrt{1 + \frac{h_P + a'_1}{\varphi_1^2 s' \sin^2\theta}}\right)$

$$= \left[0.881^2 \times 66 \times \sin 60° \times \left(1 + \sqrt{1 + \frac{20.91 + 2}{0.881^2 \times 66 \times \sin^2 30°}}\right)\right] \text{m} = 118.5 \text{ m}$$

(3) 检验冲刷坑后坡。

$$i = \frac{T}{L} = \frac{12.91}{118.5} = \frac{1}{9.18}$$

由于 $i < i_k$($i_k = 1/2.5 \sim 1/5$),故认为冲刷坑不致危及大坝的安全。

前面各节所讨论的都是二维流动的衔接与消能,但由于泄水前沿多小于下游河道的宽度,或部分溢流段开启泄流,故工程上常见的是水流衔接的空间问题。例如,在底流衔接中,开启部分闸孔泄流会造成带有回流区的空间水跃,或者在下游形成加剧冲刷的折冲水流,如图 10-17 所示。在面流或戽流的衔接中,水流横向扩散所形成的回流可能会把河床上的砂砾卷入挑坎或戽斗中造成磨损。在挑流中,水舌入水后造成的回流可能因流速较大冲刷岸边和坎脚的基础。归纳起来讲,水流横向扩散所形成的回流和折冲水流,是两个重要的水流衔接的空间问题,目前需借助模型试验来分析解决。

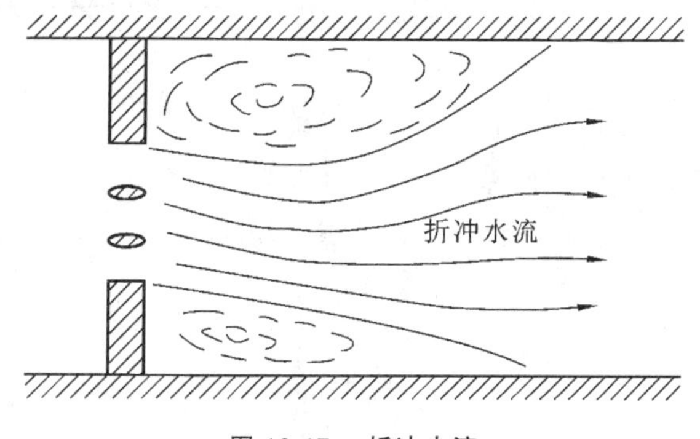

图 10-17　折冲水流

思考题与习题

习　题

10-1 如图 10-18 所示的无闸门控制的溢流堰,下游坎高 $P_1 = 6.0$ m,单宽流量 $q = 8.0 \text{ m}^3/(\text{s} \cdot \text{m})$ 时的流量系数 $m = 0.45$。求收缩断面水深 h_c 及临界水跃的跃后水深 h''_c。

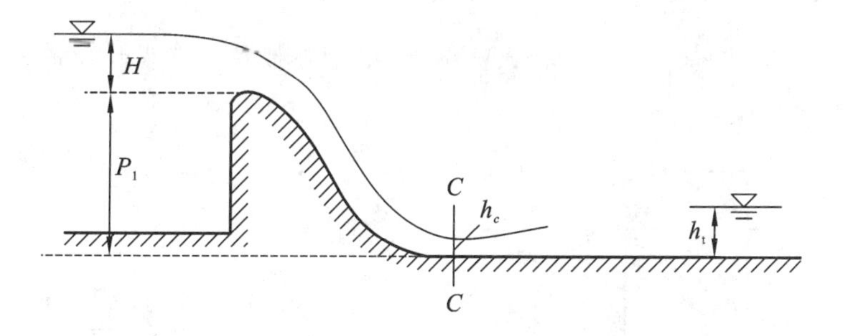

图 10-18　习题 10-1 图

10-2 如图 10-19 所示的无闸门控制的溢流坝,上游堰高 $P = 13$ m,单宽流量 $q = 9.0 \text{ m}^3/(\text{s} \cdot \text{m})$ 时的流量系数 $m = 0.45$。若下游水深分别为 $h_{t1} = 7.0$ m、$h_{t2} = 4.5$ m、$h_{t3} = 3.0$ m、$h_{t4} = 1.5$ m。试判别这 4 个下游水深时的底流衔接形式。

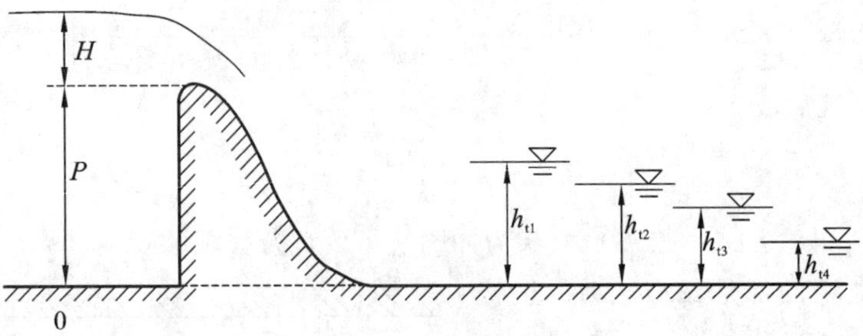

图 10-19　习题 10-2 图

10-3 如图10-20所示的单孔进水闸，单宽流量 $q=9.0\ \mathrm{m^3/(s\cdot m)}$，收缩断面的流速系数 $\varphi=0.95$，其他数据见图示。(1) 判别下游水流衔接形式；(2) 若需要采取消能措施，设计降低护坦消能池的轮廓尺寸。

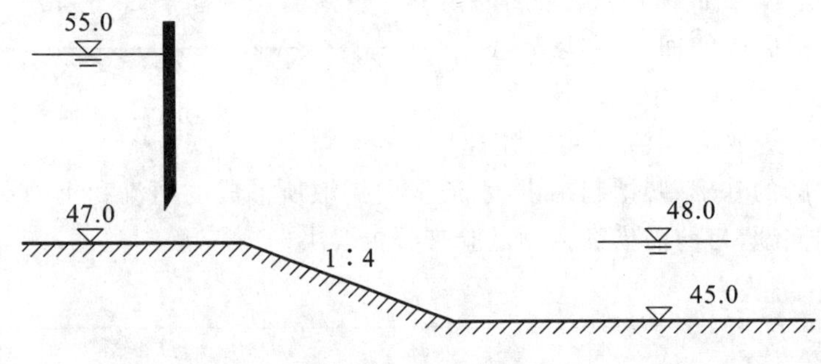

图 10-20　习题 10-3 图

10-4 如图10-21所示的无闸门控制的克-奥型曲线溢流坝，上游堰高 $P=11$ m，下游堰高 $P_1=10$ m，过流宽度 $b=40$ m，在设计水头下流量 $Q=120\ \mathrm{m^3/s}$（$m=0.45$），下游水深 $h_t=2.5$ m。

(1) 判别下游水流衔接形式；

(2) 若需要采取消能措施，就上述水流条件，提出降低护坦高程和加筑消能坎两种消能池的轮廓尺寸。

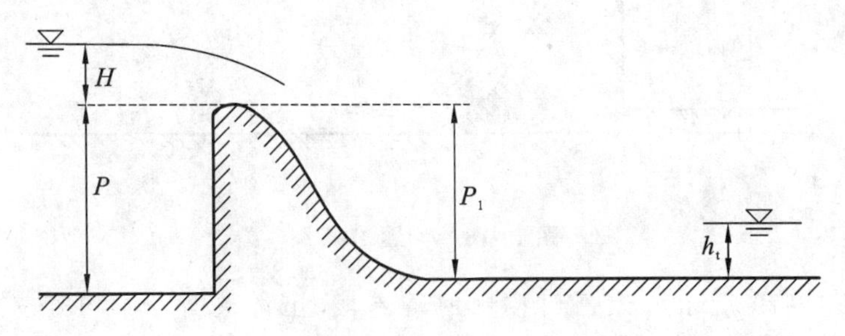

图 10-21　习题 10-4 图

10-5 单孔水闸已建成的消能池如图10-22所示，池长$L_B = 16.0$ m，池深$s = 1.5$ m。在图示的上、下游水位时开闸放水，闸门开度$e = 1.0$ m，流速系数$\varphi = 0.9$。验算此时消能池中能否发生稍有淹没的水跃衔接。

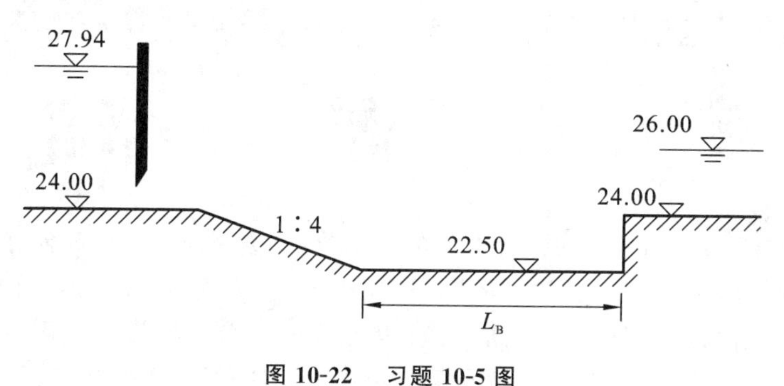

图 10-22　习题 10-5 图

10-6 某WES型溢流坝如图10-23所示，坝高$P = 50$ m，连续式挑流鼻坝高$a = 8.5$ m，挑角$\theta = 30°$，下游河床为第Ⅲ类岩基，坝的设计水头$H_d = 6$ m。下泄设计洪水时的下游水深$h_t = 6.5$ m，估算：

(1) 挑流射程；

(2) 冲刷坑深度；

(3) 检验冲刷坑是否危及大坝安全。

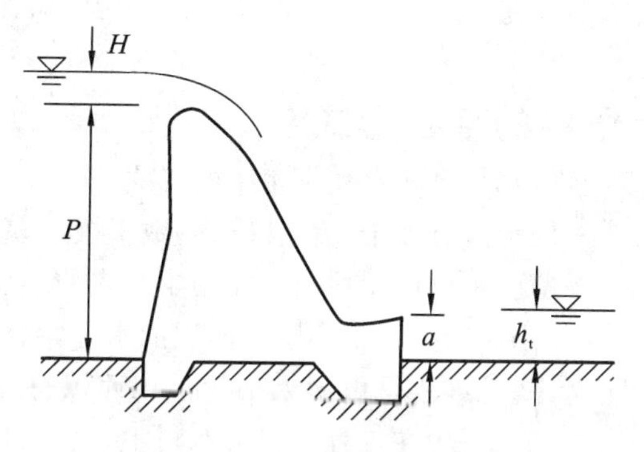

图 10-23　习题 10-6 图

Chapter 11

第11章 渗 流

渗流是指流体(主要指水)通过多孔介质的流动。将土壤、砂石、岩基等含有相互连通的孔隙和裂缝的介质均称为多孔介质。渗流理论广泛应用于水利、土建、给水排水、环境保护、地质、石油、化工等领域。在水利工程中,挡水土坝、水工建筑物的透水地基及与建筑物连接的岩层或土体、灌溉抽水的地层等部位均易出现渗流问题。各类渗流问题就其水力学内容而言,研究的重点有渗流流量、浸润线的位置、渗透压强和渗透压力及渗透流速等。

11.1 渗流的基本概念

土壤是孔隙介质的典型代表。水在土壤中的渗流运动是水流与土壤相互作用的结果。在研究渗流问题前,要对水在土壤中的存在形式以及土壤的特性做一定了解。

11.1.1 水在土壤中的存在形式

根据土壤中水分所承受的作用力,可将水在土壤中的形式分为气态水、附着水、薄膜水、毛细水和重力水。气态水是以水蒸气的形式悬浮于土壤孔隙中,数量极少,一般不考虑。附着水以极薄的分子层吸附在土壤颗粒周围。薄膜水以厚度在分子作用半径内的膜层包围着土壤颗粒。附着水和薄膜水都是受分子间的相互作用而吸附于土壤颗粒四周的水分,数量极少且很难移动,将两者称为结合水,一般在渗流中不考虑。毛细水是由于毛细管作用而保持在土壤孔隙中,除了在某些特殊渗流问题中加以考虑外,毛细水一般在工程中也可忽略不计。重力水是受重力作用在土壤孔隙中运动的水,当土的含水量很大时,大部分的水受到重力支配流动在土壤的大孔隙中。本章将重力水作为主要研究对象,讨论其渗流规律。

11.1.2 土壤的渗透特性

土壤及岩层均能透水,但不同的土壤或岩层其透水能力是不同的,把衡量土壤透水能力的指标称为土壤的渗透特性。根据土壤的透水能力在整个渗流区域内有无变化对土壤进行分类。渗流区域内各点处同一方向透水性能相同的土壤称为均质土壤,反之为非均质土壤。渗流区域同一点处各个方向透水性能相同的土壤称为各向同性土壤,反之为各向异性土壤。自然界中土壤的构造十分复杂,多为非均质各向异性土壤。本章着重讨论简单的均质各向同性土壤的渗流问题。

土壤的透水能力与土壤孔隙的大小、形状和分布有关,也与土壤颗粒的粒径、形状、均匀程度及排列方式有关。土壤的密实程度用孔隙率 n 表示,是指在一定体积的土壤中,孔隙体积 V' 和土

壤总体积(包含孔隙体积)V 的比值,即

$$n = \frac{V'}{V} \tag{11-1}$$

土壤颗粒的均匀程度用不均匀系数 η 表示,即

$$\eta = \frac{d_{60}}{d_{10}} \tag{11-2}$$

式中,d_{60} 表示土壤经过筛分后,占 60% 重量的土粒能通过的筛孔直径;d_{10} 表示土壤经过筛分后,占 10% 重量的土粒能通过的筛孔直径。一般 η 总是大于 1,η 越大表示土体颗粒越不均匀。均匀颗粒组成的土体,不均匀系数 $\eta = 1$。

11.1.3 渗流模型

自然界中的土壤颗粒,其大小、形状以及分布情况是十分复杂的,颗粒间孔隙形成的通道也很不规则,使得存在于土壤孔隙中的渗流具有很强的随机性,此时要研究水在每个孔隙中的真实流动情况是非常困难的。在实际工程中,往往不需要了解水流在孔隙中的实际流动情况,只需要了解渗流的宏观平均效果。为了研究问题方便,通常采用一种假想的渗流来替代真实的渗流,将这种假想渗流称为渗流模型。

渗流模型是按照实际工程的需要对真实渗流做一定简化,首先不考虑渗流在土壤孔隙中流动路径的迂回曲折,只考虑渗流的主要流向;其次不考虑土颗粒存在,认为整个渗流空间(土壤和孔隙的总和)全部被流体充满。渗流模型把渗流空间内的流体运动看作是连续空间内连续介质的运动,这样就可将渗流的运动要素作为全部空间的连续函数来研究,则前面各章分析连续介质运动要素的各种概念和方法均可用于渗流。为使渗流模型在水力特征方面和真实渗流保持一致,要求其满足以下条件:

(1) 通过渗流空间内同一过水断面,渗流模型的渗流量等于真实渗流的渗流量;

(2) 作用于渗流模型某一作用面上的渗流压力等于实际渗流在该作用面上的渗流压力;

(3) 在相同流段上渗流模型所受阻力等于真实渗流的阻力,即两者的水头损失相等。

根据渗流模型的概念及要求满足的条件可知,渗流模型中的流速与真实的渗流流速是不相等的。设模型中任一微小过水断面面积 ΔA 上的渗流流速为 v,等于通过该微小过水断面面积 ΔA 上的实际渗流量 ΔQ 与 ΔA 的比值,即

$$v = \frac{\Delta Q}{\Delta A}$$

实际渗流中孔隙部分的过水断面面积 $\Delta A'$ 要比 ΔA 小,若土壤为均质土壤,令孔隙率为 n,则 $\Delta A' = n\Delta A$,故渗流模型中渗流流速与实际渗流流速的关系为

$$v = \frac{\Delta A'}{\Delta A} v' = n v' \tag{11-3}$$

孔隙率 $n < 1$,故 $v < v'$,即实际的渗流流速大于渗流模型的渗流流速。一般不加说明,渗流流速均指渗流模型的渗流流速。

11.2 渗流的达西定律

1852—1855 年,法国工程师达西(H. Darcy)针对均质砂土中的渗流进行了大量的实验研究,

总结得出渗流的基本规律，将这一规律称为达西定律，它是渗流研究中最基本的公式。

11.2.1 达西试验和达西定律

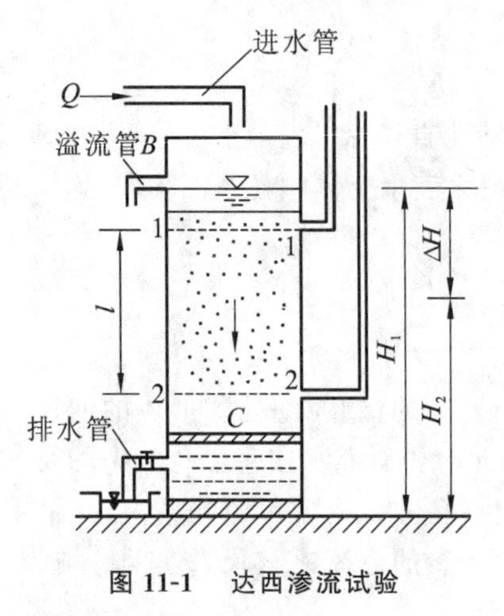

图 11-1 达西渗流试验

如图 11-1 所示为达西渗流试验的装置，该装置为一上端开口的直立圆筒，在圆筒侧壁上装有两支高差为 l 的测压管，距筒底一定高度处有一过滤板 C，其上装有均质砂土。水由进水管注入圆筒，再经砂土层从排水管流出，筒内一直保持恒定水头，故该装置中通过砂土的渗流是恒定均匀渗流，两支测压管中液面保持不变，则两测压管之间的水头差 ΔH 即为流段 l 上的渗流水头损失 h_w，即

$$h_w = H_1 - H_2$$

达西通过分析大量的试验资料，发现不同直径的圆筒与不同粒径的砂土，通过圆筒的渗流量 Q 与圆筒的断面面积 A 及水头损失 h_w 成正比，与测压管口两端面间的距离 l 成反比，即

$$Q \propto A \frac{h_w}{l}$$

水力坡度为

$$J = \frac{h_w}{l}$$

引入比例系数 k，得

$$Q = kA \frac{h_w}{l} = kAJ \tag{11-4}$$

故断面平均流速为

$$v = \frac{Q}{A} = kJ \tag{11-5}$$

式中：k 是反映土壤渗流特性的一个综合指标，称为渗透系数，具有流速的量纲，即$[K] = [LT^{-1}]$

达西定律又称为渗流线性定律，式(11-4)和式(11-5)均为其表达式，表明渗流流速 v 与水力坡度 J 的一次方成正比，且与土壤的性质有关。

达西定律是从均质砂土的恒定均匀渗流试验中总结出来的，可认为圆筒断面上各点的流动状态是相同的，任一点的渗透流速 u 等于断面平均流速 v，故达西定律可用于断面上任一点处，即

$$u = v = kJ \tag{11-6}$$

对于其他类型土壤的恒定及非恒定渗流，水力坡度 J 随位置发生变化，应以微分形式表示，即

$$J = -\frac{\mathrm{d}H}{\mathrm{d}s}$$

则渗流空间内任一点的渗透流速可用达西定律表示为

$$u = kJ = -k\frac{\mathrm{d}H}{\mathrm{d}s} \tag{11-7}$$

11.2.2 达西定律的适用范围

达西定律表明，渗流的水头损失与渗流流速的一次方成正比。由沿程水头损失的变化规律来看，达西试验中的水流属于层流运动，由此可知，达西定律只适用于层流渗流，即线性渗流。反之称为紊流渗流，亦称为非线性渗流。

因土壤自身的透水特性较为复杂，很难找出确定的判别标准来区分线性渗流和非线性渗流。曾有学者以土壤的颗粒直径作为控制界线，但大多数学者认为用雷诺数表示渗流的控制界线更为恰当。但由层流到紊流的临界雷诺数并不是一个常数，它受土壤颗粒直径、孔隙率等因素影响。

巴甫洛夫斯基提出，当 $Re < Re_k$ 时，为线性渗流，其中 Re_k 为渗流的临界雷诺数，取 $Re_k = 7 \sim 9$，Re 为渗流的实际雷诺数

$$Re = \frac{1}{0.75n + 0.23} \frac{vd}{\nu} \tag{11-8}$$

式中：n 为土壤的孔隙率；d 为土壤的有效粒径，一般可用 d_{10} 来代替有效粒径；v 为渗流的断面平均流速；ν 为运动黏滞系数。

对于非线性渗流，可用下式来表示其流动规律

$$v = kJ^{\frac{1}{m}} \tag{11-9}$$

式中：m 是与渗流流态有关的指数。$m = 1$ 时，渗流为层流；$m = 2$ 时，渗流为紊流；$m = 1 \sim 2$ 时，渗流为层流到紊流的过渡流。

11.2.3 渗透系数及其确定方法

渗透系数 k 是反映土壤透水能力的一个综合指标，其物理意义是单位水力坡度下的渗流流速，单位常用 cm/s 表示，它的大小主要与土壤颗粒的形状、分布、级配，流体的黏度、密度等因素有关。不同种类的土，k 值差别很大。因此，准确的测定渗透系数是一项十分重要的工作。通常有以下几种方法确定渗透系数。

1. 实验室测定法

在天然土壤中取若干土样，密封保存并带入实验室中测定其渗透系数。将土样放入达西试验的渗流装置中，测定渗流流量 Q 和水头损失 h_w，将测定数据代入式(11-4) 求解渗透系数 k。由于选取土样只是天然土壤中很小的一部分，很难完全反映土壤的真实情况，且在土样采集、运输过程中难免被扰动而破坏土壤的自身结构。但这种方法是从实际出发，设备简单，费用较低，较为常用。

2. 现场测定法

现场测定法主要采用现场钻井或挖试坑，做抽水或压水试验，测定渗流流量及水头值，再根据有关公式计算渗透系数。这种方法是最为有效和可靠的，不需要采集土样，土壤结构保持天然状态，可得到大面积的平均渗透系数，但规模大，费用高，需要的人力物力财力较多，多用于重要的大型工程。

3. 经验法

在缺乏可靠实际资料时，可根据经验公式来估算渗透系数 k 值，参照相关规范或手册。这些公式大多是经验值，只能用于粗略估算，可靠性低。现将各类土壤的渗透系数 k 制列于表11-1中。

表 11-1　各类土壤的渗透系数参考值

土　　壤	渗 透 系 数	
	(m/d)	(cm/s)
黏土	<0.005	$<6\times10^{-6}$
亚黏土	$0.005\sim0.1$	$6\times10^{-6}\sim1\times10^{-4}$
轻亚黏土	$0.1\sim0.5$	$1\times10^{-4}\sim6\times10^{-4}$
黄土	$0.25\sim0.5$	$3\times10^{-4}\sim6\times10^{-4}$
粉砂	$0.5\sim1.0$	$6\times10^{-4}\sim1\times10^{-3}$
细砂	$1.0\sim5.0$	$1\times10^{-3}\sim6\times10^{-3}$
中砂	$5.0\sim20.0$	$6\times10^{-3}\sim2\times10^{-2}$
均质中砂	$35\sim50$	$4\times10^{-2}\sim6\times10^{-2}$
粗砂	$20\sim50$	$2\times10^{-2}\sim6\times10^{-2}$
均质粗砂	$60\sim75$	$7\times10^{-2}\sim8\times10^{-2}$
圆砾	$50\sim100$	$6\times10^{-2}\sim1\times10^{-1}$
卵石	$100\sim500$	$1\times10^{-1}\sim6\times10^{-1}$
无填充物卵石	$500\sim1000$	$6\times10^{-1}\sim1\times10$
稍有裂隙岩石	$20\sim60$	$2\times10^{-2}\sim7\times10^{-2}$
裂隙多的岩石	>60	$>7\times10^{-2}$

11.3 恒定无压渗流

若位于不透水层上的具有一定深度的地下含水层区域内有水流动，且水流具有自由表面，将这种渗流问题称为无压渗流。无压渗流的自由表面称为浸润面，浸润面与顺流向所取的铅垂平面的交线称为浸润线。一般情况下，不透水层的走向是不规则的，为了简单起见，通常假定不透水层为平面，并以 i 表示其底坡。

地下不透水层上的无压渗流与地上的明渠水流相类似，也可分为恒定均匀渗流与恒定非均匀渗流。非均匀渗流中又可划分为渐变渗流和急变渗流。由于渗流服从达西定律，故本节主要研究达西定律在无压渗流中的形式。

11.3.1　无压恒定均匀渗流

如图 11-2 所示为不透水层上的无压均匀渗流，水深 h_0 与断面平均流速 v 沿程不变，故水力坡度 $J=-\dfrac{\mathrm{d}H}{\mathrm{d}s}=i$。由达西定律表达式(11-5)可知，无压均匀渗流的断面平均流速为

$$v=kJ=ki \tag{11-10}$$

通过过水断面面积 A_0 的渗透流量为

$$Q=kiA_0 \tag{11-11}$$

若过水断面为矩形，则 $A_0 = bh_0$，故单宽流量为

$$q = kih_0 \tag{11-12}$$

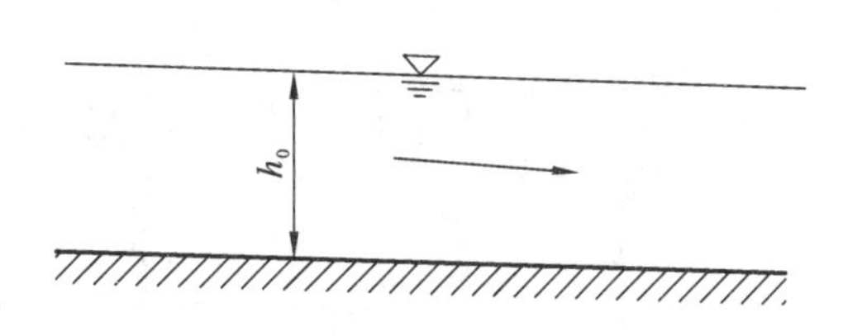

11.3.2 无压恒定渐变渗流

达西定律只适用于计算均匀渗流的断面平均流速及渗流区域内任一点处的渗流流速。然而实际工程中常见的地下水运动，基本都是非均匀的渐变渗流问题。为讨论渐变渗流的运动规律，需建立恒定无压非均匀渐变渗流的断面平均流速计算公式。

图 11-2　不透水层上的无压均匀渗流

如图 11-3 所示为一渐变渗流段，流线近乎平行，过水断面近似为平面，令 0-0 为基准面，取相距 ds 的过水断面 1-1 和 2-2，因为渐变渗流的流线曲率很小，则两断面间所有流线的长度近似相等，过水断面上各点的水力坡度 $J = -\dfrac{\mathrm{d}H}{\mathrm{d}s}$ 可视为常数，因此，过水断面上各点的渗透流速 u 也近似相等，且等于断面平均流速 v，即

$$v = u = kJ = -k\frac{\mathrm{d}H}{\mathrm{d}s} \tag{11-13}$$

式(11-13)是渐变渗流的基本公式，是在 1857 年由法国学者杜比推导得出的，也称为杜比公式，是达西定律的一种推广形式。该式表明，非均匀渐变渗流同一过水断面上各点的流速都相等，且等于断面平均流速，流速分布为矩形分布，但矩形分布的大小沿程是变化的，如图 11-4 所示。

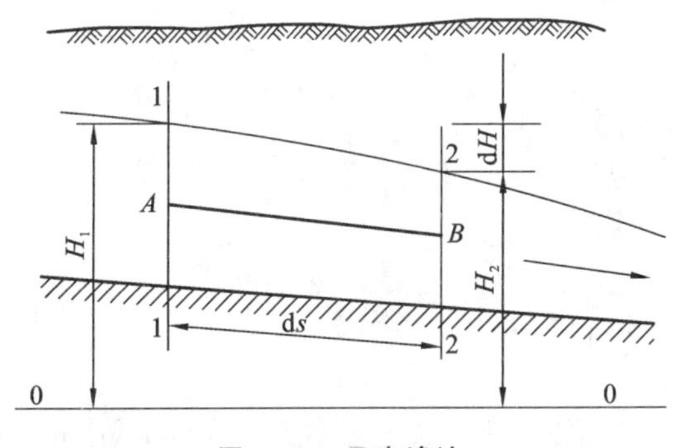

图 11-3　渐变渗流

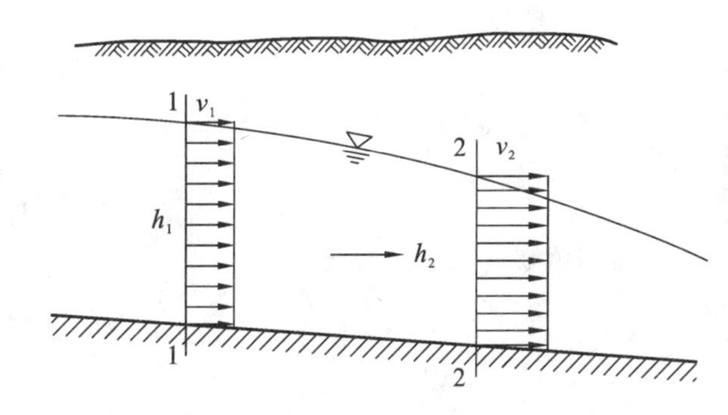

图 11-4　非均匀渐变渗流的流速分布

11.3.3 无压渐变渗流的微分方程

如图 11-5 所示的无压渐变渗流，任取一过水断面，以 0-0 为基准面，该断面总水头为 H。

$$H = h + z$$

式中：h 为水深；z 为过水断面底部到基准面的垂直距离。

上式对 s 求导，得

$$\frac{\mathrm{d}H}{\mathrm{d}s} = \frac{\mathrm{d}h}{\mathrm{d}s} + \frac{\mathrm{d}z}{\mathrm{d}s}$$

定义不透水层的底坡 $i = -\dfrac{\mathrm{d}z}{\mathrm{d}s}$，则有

$$\frac{\mathrm{d}H}{\mathrm{d}s} = \frac{\mathrm{d}h}{\mathrm{d}s} - i$$

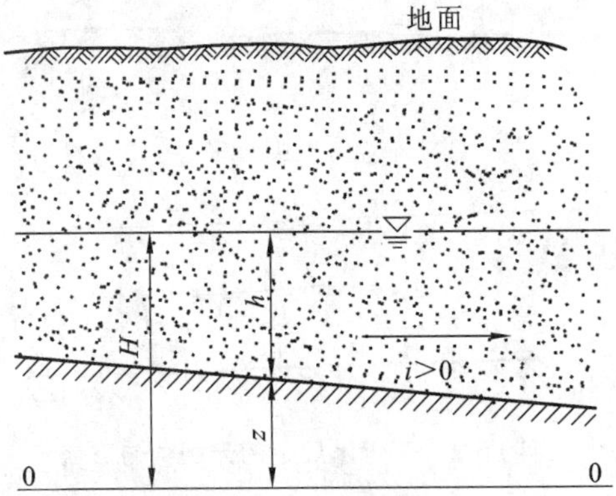

将上式代入杜比公式(11-13)中,得到断面平均流速为

$$v = -k\frac{\mathrm{d}H}{\mathrm{d}s} = k\left(i - \frac{\mathrm{d}h}{\mathrm{d}s}\right) \tag{11-14}$$

通过过水断面 A 的渗流流量为

$$Q = vA = kA\left(i - \frac{\mathrm{d}h}{\mathrm{d}s}\right) \tag{11-15}$$

式(11-15)即为无压渐变渗流的基本微分方程,可利用该式对浸润线进行定性分析和定量计算。

图 11-5　无压渐变渗流

11.3.4　渐变渗流浸润线的分析和计算

分析地下不透水层无压渗流浸润线的方法与明渠水面曲线的方法类似,但在渗流研究中渗流流速很小,通常可忽略流速水头$\frac{\alpha v^2}{2g}$,断面单位能量E_s等于水深 h,故不存在临界水深 h_k,相应的也就没有临界底坡。因此,在不透水层的无压渗流问题中只有正坡、平坡和负坡。下面按这三种坡度情况来讨论无压渐变渗流的浸润线形式。

1. 正坡($i>0$)

正坡情况下存在均匀流,则非均匀渐变渗流流量可以用均匀渗流的流量公式(11-11)来代替,即

$$Q = kiA_0$$

将该式代入无压渐变渗流的基本微分方程式(11-15)中,得

$$kiA_0 = kA\left(i - \frac{\mathrm{d}h}{\mathrm{d}s}\right)$$

若用单宽流量形式表示则有

$$kih_0 = kh\left(i - \frac{\mathrm{d}h}{\mathrm{d}s}\right)$$

以上两式化简得

$$\frac{\mathrm{d}h}{\mathrm{d}s} = i\left(1 - \frac{A_0}{A}\right) \tag{11-16}$$

$$\frac{\mathrm{d}h}{\mathrm{d}s} = i\left(1 - \frac{h_0}{h}\right) \tag{11-17}$$

其中:A_0 和 A 分别为均匀流和渐变流的过水断面面积;h_0 和 h 分别为均匀流和渐变流的水深。

正坡上存在正常水深 h_0,用正常水深 $N—N$ 线将渗流划分为两个区域,$N—N$ 线以上的区域记为 a 区,$N—N$ 线以下的区域记为 b 区,见图 11-6。

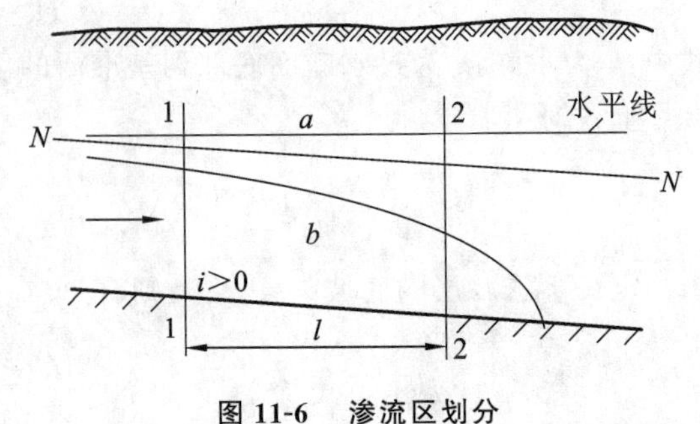

图 11-6　渗流区划分

在 a 区,水深$h>h_0$,$\frac{h}{h_0}>1$,则$\frac{\mathrm{d}h}{\mathrm{d}s}>0$,浸润线为壅水曲线。曲线上游端,当$h \to h_0$ 时,$\frac{h}{h_0} \to$

1，则$\frac{dh}{ds} \to 0$，表示浸润线上游以 N—N 线为渐近线。曲线下游端，水深越来越大，即 $h \to \infty$ 时，$\frac{h}{h_0} \to \infty$，则$\frac{dh}{ds} \to i$，表示浸润线下游是以水平线为渐近线。

在 b 区，水深 $h < h_0$，$\frac{h}{h_0} < 1$，则$\frac{dh}{ds} < 0$，浸润线为降水曲线。曲线上游端，当$h \to h_0$ 时，$\frac{h}{h_0} \to 1$，则$\frac{dh}{ds} \to 0$，表示浸润线上游以 N—N 线为渐近线。曲线下游端，水深越来越小，即 $h \to 0$ 时，$\frac{h}{h_0} \to 0$，则$\frac{dh}{ds} \to -\infty$，表示浸润线的切线与底坡有正交趋势。

a 区浸润线为一下凹型的壅水曲线，b 区浸润线为一上凸型的降水曲线，如图 11-6 所示。

令 $\eta = \frac{h}{h_0}$，则 $h = \eta h_0$，$\mathrm{d}h = h_0 d\eta$，式(11-17) 可写为

$$\frac{h_0 \mathrm{d}\eta}{\mathrm{d}s} = i\left(1 - \frac{1}{\eta}\right)$$

整理得

$$\mathrm{d}s = \frac{h_0}{i}\left(\mathrm{d}\eta + \frac{\mathrm{d}\eta}{\eta - 1}\right)$$

如图 11-6 所示，从断面 1-1 到断面 2-2 对上式积分，得

$$s = \frac{h_0}{i}\left(\eta_2 - \eta_1 + \ln\frac{\eta_2 - 1}{\eta_1 - 1}\right) \tag{11-18}$$

式(11-18) 即为浸润线方程，可用于进行正坡上浸润线及其他相关计算。式中，s 为断面 1-1 到断面 2-2 的距离。

2. 平坡($i = 0$)

由于平坡中不可能产生均匀渗流，不存在正常水深，因此浸润线只有一种形式，称为 H 型浸润线。将 $i = 0$ 代入无压渐变渗流的基本微分方程式(11-15) 中，有

$$Q = -kA\frac{\mathrm{d}h}{\mathrm{d}s}$$

上式可写为

$$\frac{\mathrm{d}h}{\mathrm{d}s} - \frac{Q}{kA} \tag{11-19}$$

将 $Q = qb$，$A = bh$ 代入式(11-19)，得

$$\frac{\mathrm{d}h}{\mathrm{d}s} = -\frac{q}{kh} \tag{11-20}$$

因 Q、k、A 均为正值，故$\frac{\mathrm{d}h}{\mathrm{d}s} < 0$，可知浸润线为降水曲线。曲线上游端，极限情况下水深 $h \to \infty$ 时，$\frac{\mathrm{d}h}{\mathrm{d}s} \to 0$，浸润线以水平线为渐近线。曲线下游端，水深逐渐降低 $h \to 0$ 时，$\frac{\mathrm{d}h}{\mathrm{d}s} \to -\infty$，浸润线与底坡有正交趋势。如图 11-7 所示，H 型浸润线是一上凸型的降水曲线。

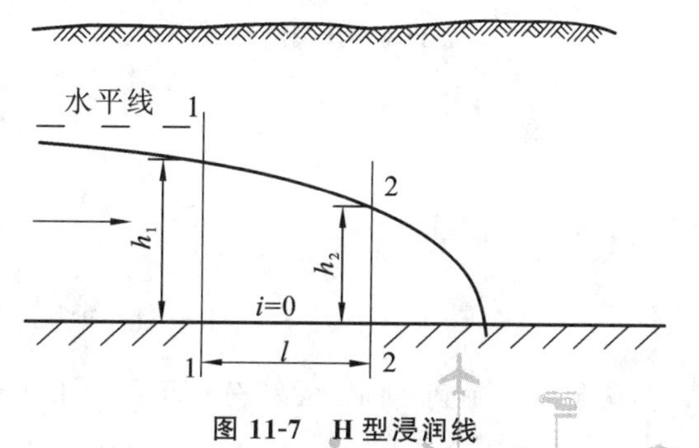

图 11-7　H 型浸润线

对式(11-20)分离变量得

$$ds = -\frac{k}{q}h\,dh$$

从断面1-1到断面2-2积分后可得平坡无压渐变渗流浸润线方程

$$s = \frac{k}{2q}(h_1^2 - h_2^2) \tag{11-21}$$

3. 负坡($i < 0$)

由于负坡中也不可能产生均匀渗流,不存在正常水深,因此浸润线也只有一种形式,称为A型浸润线。

令 $i' = |i| > 0$,代入无压渐变渗流的基本微分方程式(11-15)中,有

$$Q = -kA\left(i' + \frac{dh}{ds}\right) \tag{11-22}$$

现虚拟一个发生在底坡 i' 上的均匀渗流,令其流量等于通过负坡 i 的非均匀流量,虚拟均匀渗流的正常水深为 h'_0,过水断面面积为 A'_0,则应满足

$$Q = kA'_0 i' \tag{11-23}$$

若过水断面为矩形,$A'_0 = bh'_0$,$A = bh$,代入式(11-21)和式(11-22)得

$$kbh'_0 i' = -kbh\left(i' + \frac{dh}{ds}\right)$$

化简后得

$$\frac{h'_0}{h}i' = -\left(i' + \frac{dh}{ds}\right)$$

令$\eta' = \frac{h}{h'_0}$,代入上式有

$$\frac{dh}{ds} = -i'\left(1 + \frac{1}{\eta'}\right) \tag{11-24}$$

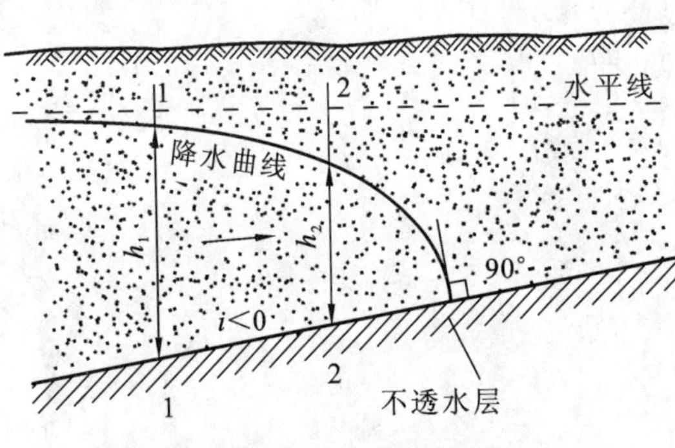

图11-8 H型浸润线

由于$\eta' > 0$,故$\frac{dh}{ds} < 0$,负坡上的渗流浸润线为降水曲线。曲线上游端,水深逐渐增大,即$h \to \infty$时,$\eta' \to \infty$,$\frac{dh}{ds} \to -i' = i$,浸润线以水平线为渐近线。曲线下游端,水深$h \to 0$时,$\eta' \to 0$,$\frac{dh}{ds} \to -\infty$,浸润线与底坡有正交趋势。如图11-8所示,H型浸润线是一上凸型的降水曲线。

将 $dh = h'_0 d\eta'$ 代入式(11-24)中得

$$h'_0\frac{d\eta'}{ds} = -i'\left(1 + \frac{1}{\eta'}\right)$$

将上式分离变量得

$$ds = -\frac{h'_0}{i'}\left(\frac{\eta'}{1+\eta'}\right)d\eta'$$

从断面1-1到断面2-2积分后可得负坡无压渐变渗流浸润线方程为

$$s=\frac{h^0}{i'}\left(\eta_1'-\eta_2'+\ln\frac{\eta_2'+1}{\eta_1'+1}\right) \tag{11-25}$$

式(11-25)可用于进行负坡上浸润线及其他相关计算。

11.4 井的渗流

井作为一种重要的集水建筑物广泛应用于工农业生产中，主要用于汲取地下水和降低地下水位。按汲取的地下水是有压还是无压，将井分为普通井(也称潜水井)和承压井(也称自流井)两种类型。普通井是指在地表含水层中汲取无压地下水的井。若井底直达不透水层，则成为完整井(或完全井)，反之，称为非完整井(或非完全井)。承压井是指穿过一层或多层不透水层来汲取承压地下水的井。也可按照井底是否直达不透水层划分为完整井和不完整井。本节仅讨论完整井及井群的渗流计算。

11.4.1 普通完整井

如图11-9所示为一水平不透水层上开凿的普通完整井，含水层厚度 H。抽水前井中水位与原地下水位齐平，抽水后井中水位及周围水位逐渐下降，并开始向井中渗流形成漏斗状的浸润面。若抽水流量保持不变，一定时间后可形成恒定渗流，则井中水位 h_0 及浸润面位置保持不变。这里将井的渗流问题简化为一元渐变渗流问题来处理。

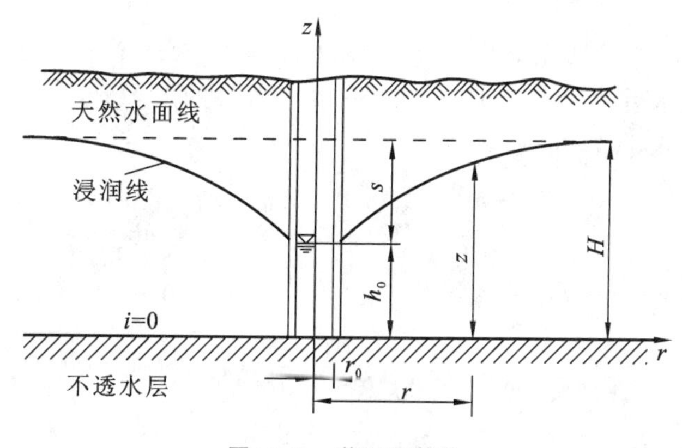

图 11-9　普通完整井

以不透水层顶面为基准面，井的半径为r_0，任取一圆柱过水断面，距离井中心轴为 r，断面水深为 z，过水断面面积 $A=2\pi rz$，圆柱面上各点的水力坡度均为 $J=\frac{\mathrm{d}z}{\mathrm{d}r}$，则通过该过水断面的渗流量为

$$Q=vA=2\pi rzk\frac{\mathrm{d}z}{\mathrm{d}r}$$

分离变量得

$$z\mathrm{d}z=\frac{Q}{2\pi k}\frac{\mathrm{d}r}{r}$$

对上式积分，得

$$z^2 = \frac{Q}{\pi k}\ln r + C \tag{11-26}$$

式中,C 为积分常数,由边界条件确定。当 $r = r_0$ 时,$z = h_0$,代入上式可得

$$C = h_0^2 - \frac{Q}{\pi k}\ln r_0$$

将 C 代回式(11-26),得

$$z^2 - h_0^2 = \frac{Q}{\pi k}\ln\frac{r}{r_0} \tag{11-27}$$

式(11-27)即为普通完整井的浸润线方程,可用于确定沿井的径向断面上的浸润线位置。

通常认为在离井较远的地方,井的抽水影响是很有限的,假定存在一个影响半径 R,在该半径以外的区域,地下水位不受井的影响,即 $r = R$ 时,$z = H$。R 值的大小与土层的透水性有关,通常根据经验数据和经验公式估算。

对于细砂 $R = 100 \sim 200$ m;中砂 $R = 250 \sim 500$ m;粗砂 $R = 700 \sim 1\,000$ m。

用于估算 R 值的经验公式为

$$R = 3\,000s\sqrt{k} \tag{11-28}$$

式中:$s = H - h_0$,单位为 m,为井的水面降深;k 为土壤的渗透系数,单位为 m/s。

将 $r = R$,$z = H$ 代入式(11-27)中,得

$$Q = \pi k\frac{H^2 - h_0^2}{\ln\frac{R}{r_0}} \tag{11-29}$$

式(11-29)为普通完整井的出水量公式。

例 11-1 有一普通完整井,含水层厚度 $H = 10.0$ m,渗透系数 $k = 0.000\,5$ m/s,井的半径 $r_0 = 0.5$ m,抽水后井中水深 $h_0 = 6.0$ m,试估算井的出水量。

解 井的水面降深为

$$s = H - h_0 = (10.0 - 6.0)\ \text{m} = 4.0\ \text{m}$$

井的影响半径为

$$R = 3\,000s\sqrt{k} = (3\,000\times 4.0\times\sqrt{0.000\,5})\ \text{m} = 268.33\ \text{m}$$

井的出水量为

$$Q = \pi k\frac{H^2 - h_0^2}{\ln\frac{R}{r_0}} = \left(3.14\times 0.000\,5\times\frac{10^2 - 6^2}{\ln\frac{268.33}{0.5}}\right)\ \text{m}^3/\text{s} = 0.016\,0\ \text{m}^3/\text{s}$$

11.4.2 承压完整井

若含水层位于两个不透水层之间时,其中水流处于有压状态,将这样的含水层称为承压层,从承压层取水的井称为承压井,如图 11-10 所示。设承压层底面与顶面均为水平,将其视为具有同一厚度 t 的水平含水层。当没有抽水时,井中水面与地下水天然水面齐平,即上升到 H 高度,它总是大于含水层的厚度 t。当井中抽水经过一定时间达到稳定状态时,水深由 H 降为 h_0,井周围的测压管水头线将形成一个稳定的漏斗形曲面。与普通完整井一样,按一元恒定渐变渗流计算。

以井底的不透水层顶面为基准面,井的半径为 r_0,在距离井中心轴 r 处取一过水断面,断面水深为 z,过水断面面积 $A = 2\pi rt$,断面上各点的水力坡度均为 $J = \frac{dz}{dr}$,根据杜比公式(11-13),可

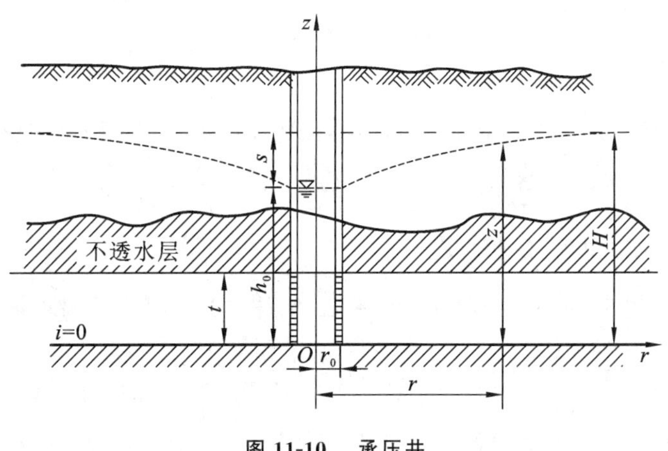

图 11-10　承压井

得通过该过水断面的渗流量为

$$Q = vA = 2\pi rtk \frac{\mathrm{d}z}{\mathrm{d}r}$$

对上式分离变量并积分可得

$$z = \frac{Q}{2\pi tk}\ln r + C$$

式中:C 为积分常数,可由边界条件确定。当 $r = r_0$ 时,$z = h_0$,代入上式可得 $C = h_0 - \frac{Q}{2\pi tk}\ln r_0$,代回上式可得

$$z = \frac{Q}{2\pi tk}\ln \frac{r}{r_0} + h_0 \tag{11-30}$$

式(11-30) 为承压完整井的测压管水头线方程。

假设承压完整井的影响半径为 R,将 $r = R$,$z = H$ 代入式(11-30) 中,可得承压完整井的出水量为

$$Q = 2\pi tk \frac{H - h_0}{\ln \frac{R}{r_0}} = \frac{2\pi tks}{\ln \frac{R}{r_0}} \tag{11-31}$$

式中:$s = H - h_0$,单位为 m,为井的水面降深。影响半径 R 的计算见普通完整井的求解。

11.4.3　井群

在给水工程或施工过程中往往需要汲取或降低地下水,这需要在一个区域内打多口井同时抽水,井与井之间距离不大且渗流互相发生影响,将这种同时工作的多口井称为井群。由于井群中井与井相互影响,这使得整个渗流区域的浸润面非常复杂。为解决这类问题,可应用势流叠加原理进行分析。井群可分为普通井群、承压井群和混合井群,本节仅介绍普通完整井的井群计算。

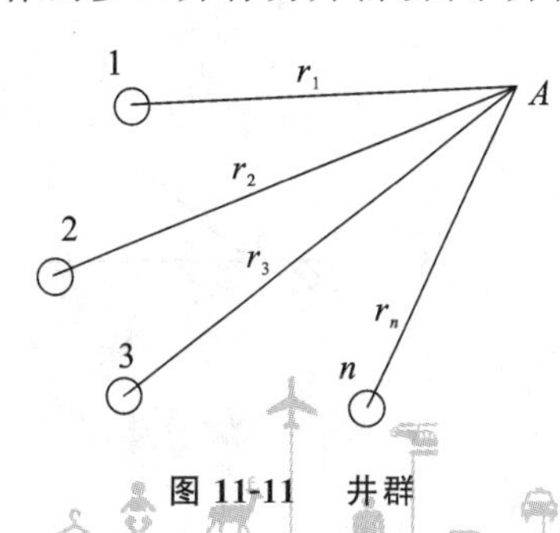

图 11-11　井群

如图 11-11 所示,为 n 个普通完整井组成的井群,点 A 为井群影响半径内的一点,其到各井的距离为 $r_1, r_2, \cdots, r_n$。由式(11-27) 可得,第 i 个普通完整井的浸润线方程为

$$z_I^2 - h_{0i}^2 = \frac{Q_i}{\pi k}\ln\frac{r_i}{r_{0i}}$$

式中：$i = 1,2,\cdots,n$。

当各井同时工作时，会形成一个公共浸润面，按势流叠加原理可得公共浸润线方程为

$$z^2 = \frac{Q_1}{\pi k}\ln\frac{r_1}{r_{01}} + \frac{Q_2}{\pi k}\ln\frac{r_2}{r_{02}} + \cdots + \frac{Q_n}{\pi k}\ln\frac{r_n}{r_{0n}} + C$$

式中：C 为积分常数，可由边界条件确定。

若各井的出水量相同，即$Q_1 = Q_2 = \cdots = Q_n = \frac{Q_0}{n}$，$Q_0$ 为井群总出水量，则上式可写为

$$z^2 = \frac{Q_0}{\pi k}\left[\frac{1}{n}\ln(r_1 r_2 \cdots r_n) - \frac{1}{n}\ln(r_{01} r_{02} \cdots r_{0n})\right] + C \tag{11-32}$$

设井群的影响半径为 R，A 点距各井较远，近似认为$r_1 = r_2 = \cdots = r_n = R$，$z = H$，代入上式得

$$C = H^2 - \frac{Q_0}{\pi k}\left[\ln R - \frac{1}{n}\ln(r_{01} r_{02} \cdots r_{0n})\right]$$

将积分常数 C 代入式(11-32) 得

$$z^2 = H^2 - \frac{Q_0}{\pi k}\left[\ln R - \frac{1}{n}\ln(r_1 r_2 \cdots r_n)\right] \tag{11-33}$$

式(11-33) 为普通完整井井群的浸润线方程。

11.5 土坝渗流

土坝是水利工程中一种常见的挡水建筑物，坝体是由透水的土石料堆积而成。土坝挡水后，坝体内会发生渗流，这与土坝的安全稳定及水量损失有密切关系。土坝的渗流计算主要是确定经过坝体的渗流量和浸润线位置。一般情况下，沿土坝轴线方向的断面形式比较一致，可按平面问题处理。本节主要讨论水平不透水地基上均质土坝的渗流问题。

如图 11-12 所示，为一水平不透水地基上的均质土坝，当上游水深 H_1 和下游水深 H_2 不变时，渗流为恒定渗流。在上下游水位差的影响下，水从上游面 AB 渗入，在坝体内形成具有浸润线 AC 的无压渗流，浸润线沿程下降，在下游与坝面交于 C 点，该点称为逸出点，将下游水面与坝面的交点 D 与逸出点 C 之间的距离 a_0 称为逸出点高度。

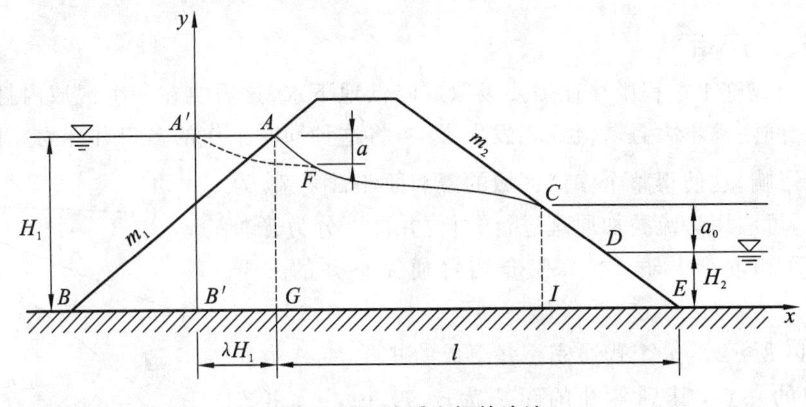

图 11-12　均质土坝的渗流

工程中关于土坝的渗流计算常用的方法是分段法，有三段法和两段法两种。三段法是将坝内渗流区域划分为三段，第一段为上游楔形体 ABG，第二段为中间段 $AGIC$，第三段为下游楔形体 CIE，每一段都可应用渐变渗流的基本公式计算渗流量，根据连续性原理，通过三段的渗流量应该都相等，由此可求出土坝的渗流量及浸润线方程。两段法是在三段法的基础上作了简化，用假想的等效矩形体 $A'B'GA$ 替代上游楔形体 ABG，将第一段和第二段合并，土坝的渗流区域变为上游段的 $A'B'ICA$ 和下游段的 CIE 两部分，求解思路与三段法相同。注意的是，在上游水深 H_1 和单宽流量 q 相同的情况下，矩形体才能等效替代上游楔形体。设矩形体的宽度为 ΔL，根据试验可得

$$\Delta L = \frac{m_1}{1+2m_1}H_1 \tag{11-34}$$

式中：m_1 为上游边坡系数。

下面介绍两段法中上、下游段的计算方法。

11.5.1　上游段的计算

上游段 $A'B'ICA$ 的渗流可看作是水平不透水地基上的渐变渗流，渗流从 $A'B'$ 断面流入 CI 断面流出，两过水断面水头差为 $\Delta H = H_1-(a_0+H_2)$，渗流路径为 $L' = \Delta L+l-m_2(a_0+H_2)$，故上游段的平均渗流流速为

$$v = kJ = k\frac{H_1-(a_0+H_2)}{\Delta L+l-m_2(a_0+H_2)}$$

令上游段单宽坝段的平均过水断面面积为 $A = \frac{1}{2}(H_1+a_0+H_2)$，则通过上游段的单宽渗流量为

$$q = vA = \frac{k}{2}\frac{H_1^2-(a_0+H_2)^2}{\Delta L+l-m_2(a_0+H_2)} \tag{11-35}$$

式(11-35) 中 a_0 未知，故还不能计算出 q 的值。

11.5.2　下游段的计算

下游坝坡(见图 11 13) 处，渗流一部分沿 CD 渗出，另一部分通过 DE 流入下游。以下游水面为界，水面以上为无压渗流，水面以下为有压渗流，故需要分开计算。根据实际流线情况，近似认为下游坝内流线为水平直线。将下游水面以上部分记为 ① 区，以下部分记为 ② 区。

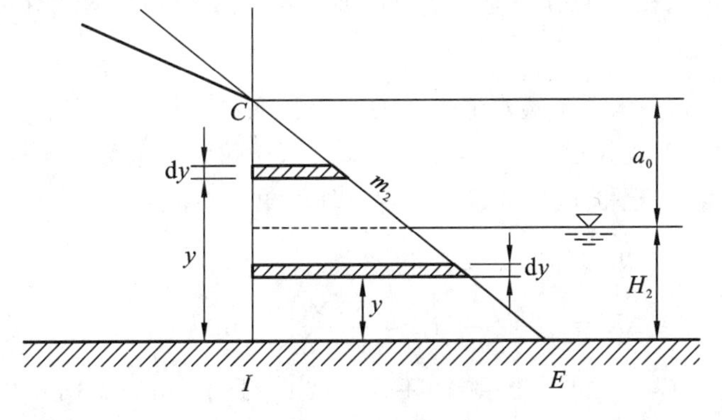

图 11-13　下游坝坡

① 区中，在距离坝底面高度为 y 处取一水平微小元流 $\mathrm{d}y$，该元流长度为 $m_2(a_0+H_2-y)$，流段上水头损失为 H_2+a_0-y，水力坡度为 $J=\dfrac{H_2+a_0-y}{m_2(a_0+H_2-y)}=\dfrac{1}{m_2}$，则通过该元流的单宽流量为

$$\mathrm{d}q_1=u\mathrm{d}y=kJ\,\mathrm{d}y=\frac{k}{m_2}\mathrm{d}y$$

对上式积分可得通过 ① 区的单宽流量为

$$q_1=\int_{H_2}^{H_2+a_0}\frac{k}{m_2}\mathrm{d}y=\frac{ka_0}{m_2}$$

同理，② 区中，在距离坝底面高度为 y 处取一水平微小元流 $\mathrm{d}y$，该元流长度仍为 $m_2(a_0+H_2-y)$，因该区域内为有压渗流，故流段上水头损失恒为 a_0，水力坡度为 $J=\dfrac{a_0}{m_2(a_0+H_2-y)}$，则通过该元流的单宽流量为

$$\mathrm{d}q_2=u\mathrm{d}y=kJ\,\mathrm{d}y=\frac{ka_0}{m_2(a_0+H_2-y)}\mathrm{d}y$$

对上式积分可得通过 ② 区的单宽流量为

$$q_2=\int_0^{H_2}\frac{ka_0}{m_2(a_0+H_2-y)}\mathrm{d}y=\frac{ka_0}{m_2}\ln\frac{a_0+H_2}{a_0}$$

则通过下游段 CIE 部分的总单宽流量为

$$q=q_1+q_2=\frac{ka_0}{m_2}\left(1+\ln\frac{a_0+H_2}{a_0}\right)\tag{11-36}$$

由于通过上游段和下游段流量相等，故可联立式(11-35) 和式(11-36) 求出 q 和 a_0 值，通常采用试算法进行求解。

11.5.3 计算浸润线

当土坝的不透水地基为平坡时，其浸润线方程可直接利用平坡无压渐变渗流的浸润线方程式(11-21) 进行求解，如图 11-12 所示，建立坐标系 $xB'y$，浸润线方程可写为

$$x=\frac{k}{2q}(H_1^2-y^2)\tag{11-37}$$

设一系列的 y 值可由上式求得一系列对应的 x 值，则可绘制出浸润线 $A'C$。但实际的浸润线起点是 A 点，根据流线与过水断面垂直的性质，浸润线在 A 点与上游坝面 AB 垂直，所以要对浸润线的起始端进行修正。在 A 点作一垂直于 AB 面且又与 $A'C$ 相切的光滑曲线，切点为 F 点，曲线 AFC 即为实际浸润线。

例 11-2 有一水平不透水地基上的均质土坝，如图 11-12 所示。坝高为 20 m，坝顶宽度为 10 m，上下游边坡系数分别为 $m_1=3$，$m_2=2.5$，土壤渗透系数为 $k=2\times10^{-4}$ cm/s，坝上游水深 $H_1=18$ m，下游无水。试用两段法求解土坝的单宽渗流量。

解 等效矩形体的宽度为

$$\Delta L=\frac{m_1}{1+2m_1}H_1=\frac{3\times18}{1+2\times3}\ \mathrm{m}=7.71\ \mathrm{m}$$

$$l=[2.5\times20+10+3\times(20-18)]\ \mathrm{m}=66\ \mathrm{m}$$

通过上游段的单宽渗流量为

$$\frac{q_{上}}{k}=\frac{1}{2}\frac{H_1^2-(a_0+H_2)^2}{\Delta L+l-m_2(a_0+H_2)}=\frac{324-a_0^2}{2\times(7.71+66-2.5a_0)}=f_1(a_0)$$

通过下游段的单宽渗流量为

$$\frac{q_{下}}{k}=\frac{a_0}{m_2}\left(1+\ln\frac{a_0+H_2}{a_0}\right)=\frac{a_0}{2.5}=f_2(a_0)$$

用试算法确定逸出高度 a_0 值,令 $f_1(a_0)=f_2(a_0)$,计算结果见表 11-2。

表 11-2 逸出高度 a_0 计算结果

a_0/m	$f_1(a_0)$/m	$f_2(a_0)$/m
1	2.268	0.4
2	2.329	0.8
3	2.379	1.2
4	2.417	1.6
5	2.442	2.0
6	2.453	2.4
7	2.446	2.8

根据表中数据用内插法可求得 $a_0=6.13$ m,则土坝的单宽渗流量为

$$q=\frac{ka_0}{2.5}=\frac{2\times10^{-4}\times6.13}{2.5}\ \mathrm{m^2/s}=4.9\times10^{-4}\ \mathrm{m^2/s}$$

11.6 渗流的基本微分方程

前几节内容中所涉及的渗流多为一元渐变渗流,可利用达西定律或杜比公式求解。但实际工程中渗流问题非常复杂,例如绕板桩或边墙的闸基渗流问题,属于三元渗流问题,解决这类问题就需要建立渗流运动的基本微分方程。

11.6.1 渗流的连续性方程

根据假想的渗流模型,把渗流空间内的流体运动看作是连续空间内连续介质的运动,可将地下渗流问题看作地上流体运动来处理。设渗流为不可压缩液体,则可直接套用液体三元流动的连续性方程

$$\frac{\partial u_x}{\partial x}+\frac{\partial u_y}{\partial y}+\frac{\partial u_z}{\partial z}=0 \tag{11-38}$$

式中:u_x、u_y、u_z 为渗流模型中某点的流速,该式适用于恒定渗流和非恒定渗流。

11.6.2 渗流的运动方程

假设渗流存在于均质各向同性土壤中,根据达西定律表示式(11-7) 可得出渗流空间内任一点的渗透流速为

$$u = -k\frac{\mathrm{d}H}{\mathrm{d}s}$$

渗透流速在三个方向的投影为

$$\left.\begin{aligned}u_x &= -k\frac{\partial H}{\partial x} = \frac{\partial(-kH)}{\partial x}\\ u_y &= -k\frac{\partial H}{\partial y} = \frac{\partial(-kH)}{\partial y}\\ u_z &= -k\frac{\partial H}{\partial z} = \frac{\partial(-kH)}{\partial z}\end{aligned}\right\} \tag{11-39}$$

式(11-39)为恒定渗流的运动方程。

连续性方程式(11-38)和运动方程式(11-39)构成了渗流运动的基本微分方程组，四个微分方程联立求解，理论上可求得u_x、u_y、u_z和H四个未知数。

11.6.3 渗流问题解法简介

下面介绍渗流问题的四种求解方法。

1. 解析法

建立渗流的基本微分方程组，结合具体的边界条件，用数学方法求得解析解，从而得到渗流的流速场和压强场。然而这种解析解只是在理论层面上可求得，由于实际的渗流问题非常复杂，严格意义上解析解的求解很困难。

2. 数值法

随着电子计算机的迅速发展，衍生出利用数值法求渗流场的近似解，计算精度可达到相当高的程度。常用的数值法为有限差分法和有限单元法，现已成为求解复杂渗流问题的主要方法。

3. 图解法

图解法是通过绘制流网图来近似求解恒定平面渗流问题的方法，利用流网可求得渗透流速、渗流量及渗透压强等要素，应用于一般精度要求的工程中。下节将会详细介绍。

4. 实验法

实验法是通过模型来模拟真实的渗流场，将真实渗流场按一定比例缩制成模型，采取实验手段对模型进行观测，然后换算到实际渗流场。常用的实验手段有沙槽模型法、狭槽模型法及比拟法等。

11.7 恒定平面渗流的流网解法

通常认为坝、堰、闸等水工建筑物的底板是不透水的，若发生渗流，属于有压渗流的情况。当建筑物的轴线较长、基地轮廓的断面形式和不透水层的边界条件不变时，除建筑物的轴线两端外，均可视为平面渗流。本节以水闸的闸底板渗流为例，讨论恒定有压平面渗流问题。

11.7.1 恒定平面渗流流网的绘制

如图 11-14 所示，为均质各向同性土壤上的闸底板渗流，用手绘法绘制流网的步骤如下。

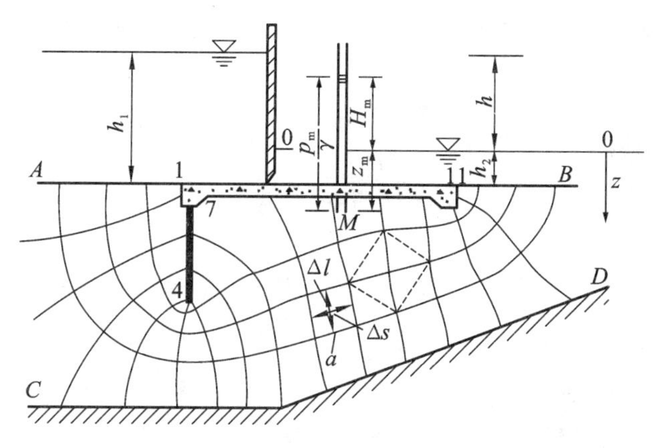

图 11-14 均质各向同性土壤上的闸底板渗流

(1) 根据渗流区域的边界条件，确定边界流线和等水头线。闸底板的轮廓线是渗流区域的一条边界流线，也可看作是第一根流线，不透水层顶面是另一条边界流线。上下游河床是渗流区域的透水边界，故可看作两条渗流边界等水头线。

(2) 初绘流网。流网是一组正交的曲边正方形网格，按边界流线和边界等水头线的形状内插数条等水头线和流线。要注意，等水头线和流线都是光滑曲线且相互正交。

(3) 检验并修正流网。初绘的流网一般不完全符合要求，需要采用加绘对角线的方法进行检验。如图 11-14 中虚线，若网格的对角线也可构成一个曲边正方形，则所绘流网符合要求。若不满足，则需反复修改直至符合要求为止。

需要注意的是，边界的形状通常是不规则的，在某些局部区域可能会出现突变，如出现三角形网格或多边形网格等情况。此时只需大多数的网格满足要求即可，个别突变网格不会影响到整个流网的精度。

11.7.2 应用流网进行渗流计算

根据图 11-14 中所示流网进行渗流计算，确定闸基的渗透流速、渗流量及渗透压强。上游水深 h_1，下游水深 h_2，上下游水头差记为 h，设共有 $n+1$ 条等水头线，$m+1$ 条流线，则相邻两条等水头线间的水头差为 $\Delta h=\frac{h}{n}$。在流网中任取 网格 a，该网格的平均流线长度记为 Δs，该网格过水断面的高度记为 Δl，故可求得渗流区域内该流网网格的平均水力坡度为

$$J=\frac{\Delta h}{\Delta s}=\frac{h}{n\,\Delta s} \tag{11-40}$$

该网格的渗透流速为

$$u=kJ=\frac{kh}{n\,\Delta s} \tag{11-41}$$

则通过相邻两流线间的区域(称为流带) 的单宽流量为

$$\Delta q=u\Delta l=\frac{kh\,\Delta l}{n\,\Delta s} \tag{11-42}$$

流网中的 $m+1$ 条流线将渗流区域分为 m 条流带，根据流网的性质，相邻两条流线间的单宽渗流量相等，故通过整个渗流区域的单宽渗流量为各流带单宽渗流量的总和，即

$$q=m\Delta q=\frac{khm\,\Delta l}{n\,\Delta s} \tag{11-43}$$

由于流网中的网格是曲边正方形，即 $\Delta l = \Delta s$，则整个渗流区域的单宽渗流量为

$$q = \frac{khm}{n} \tag{11-44}$$

渗流场中任一点的测压管水头为

$$H = z + \frac{p}{\rho g}$$

式中：z 和 $\frac{p}{\rho g}$ 分别为该点的位置水头和渗透压强水头。

因此，该点的渗透压强为

$$p = \rho g (H - z) \tag{11-45}$$

式(11-45)中，H 可根据该点所在的等水头线的位置确定，如图 11-14 所示，第一条等水头线对应的水头为 $H = h_1 - h_2 = h$，则第 i 条等水头线对应的水头为

$$H_I = H - \frac{i-1}{n} h \tag{11-46}$$

z 可由选定坐标系后该点的坐标值确定。如图 11-14 所示，以下游水面为基准面，选取 z 轴铅垂向下为正。

将求得的位置水头 z 和 H 代入式(11-45)中，则可得到该点的渗透压强。

思考题与习题

习　题

11-1 现用达西实验装置测定某土样的渗透系数，如图 11-1 所示，已知圆筒直径 $D = 16$ cm，两测压管间距 $l = 30$ cm，两测压管水头差 $\Delta H = 25$ cm，经过 12 h 后，测得渗流水量为 0.025 m^3，求该土样的渗透系数 k。

11-2 某地下河槽不透水层坡度 $i = 0.000\,8$，渗透区域土壤为粉砂，形成均匀渗流的水深为 $h_0 = 8$ m，求单宽渗流量 q。

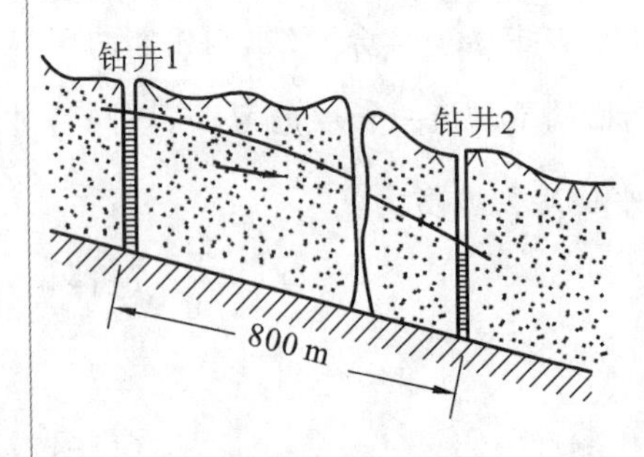

图 11-15　习题 11-3 图

11-3 如图 11-15 所示，距离 $L = 800$ m 处有两个钻井，不透水层坡度 $i = 0.002$，土壤的渗透系数 $k = 6 \times 10^{-5}$ m/s，两钻井中水深分别为 $h_1 = 5$ m，$h_2 = 3$ m，试求单宽渗流量。

11-4 某工地以潜水为给水水源，钻探测知含水层为沙夹卵石层，含水层厚度 $H = 6$ m，渗透系数 $k = 0.001\,2$ m/s，现打一完整井，井的半径 $r_0 = 0.15$ m，影响半径 $R = 300$ m，求井中水位降深 $s = 3$ m 时的出水量。

11-5 如图 11-16 所示，现有 6 个普通完整井组成的井群，用以降低基坑中的地下水位。井的半径均为 $r_0 = 0.2$ m，含水层深度为 $H = 10$ m，土壤的渗透系数为 $k = 2 \times 10^{-5}$ m/s，井群的影响半径为 $R = 500$ m，井群布置在 60 m×40 m 的长方形周线上。假设各井的出水量相同，欲使基坑中心点 A 的水位降落值 $s = 1.68$ m，试求各井的抽水量 Q。

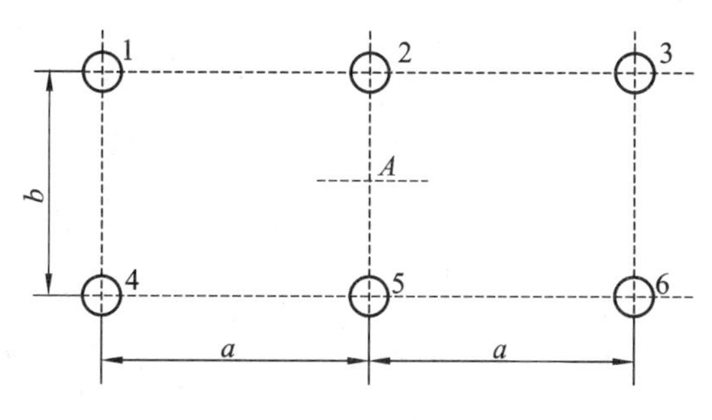

图 11-16　习题 11-5 图

11-6 如图 11-17 所示，有一水平不透水地基上的均质坝，坝高 20 m，坝顶宽度 $b=6$ m，上游水深 $H_1=18$ m，下游水深 $H_2=1.5$ m，上、下游边坡系数分别为 $m_1=3$，$m_2=2.5$ m，筑坝土料渗透系数为 $k=1\times10^{-6}$ m/s。试计算坝体的单宽渗流量并绘制浸润线。

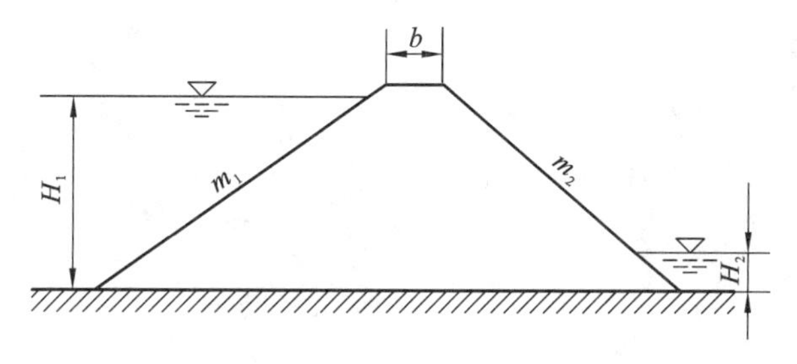

图 11-17　习题 11-6 图

11-7 如图 11-18 所示为一闸基流网图，土壤渗透系数为 $k=1\times10^{-6}$ m/s，$h_1=12$ m，$h_2=2$ m，闸底板厚度 $D=1$ m，$\Delta S=1.5$ m，忽略流网以外的渗流，求 1 点的总水头 H、2 点的渗透压强、3 点的渗透流速及闸基的单宽渗流量。

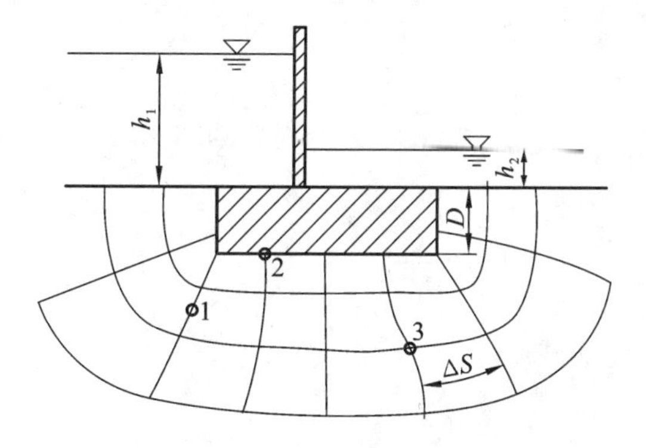

图 11-18　习题 11-7 图

习题参考答案

第 1 章

1-1　$\Delta p = 2 \times 10^7\ \mathrm{N/m^2}$

1-2　$\tau_0 = 9.8\ \mathrm{N/m^2}$

1-3　$\tau = -\mu c \dfrac{2r}{r_0^2}$

1-4　$f_x = 1.93\ \mathrm{m/s^2}, f_y = 0\ \mathrm{m/s^2}, f_z = -9.28\ \mathrm{m/s^2}$

1-5　$\mu = 0.136\ \mathrm{N \cdot s/m^2}$

第 2 章

2-1　$\gamma_1 = 6.0\ \mathrm{kN/m^3}, p'_A = 106\ \mathrm{kN/m^2}, p_A = 8\ \mathrm{kN/m^2}$

2-2　$p'_{\max} = 108.94\ \mathrm{kN/m^2}, p_{\max} = 10.94\ \mathrm{kN/m^2}$，液面压强最小，其相对压强为$-16.5\ \mathrm{kN/m^2}$，最大真空度为 1.68 $\mathrm{mH_2O}$

2-3　$p_A - p_B = 55.42\ \mathrm{kN/m^2}$

2-4　$a = 1.633\ \mathrm{m/s^2}$

2-5　$n = 81.88\ \mathrm{r/min}$，侧壁水深 0.6 m，且无水溢出

2-6　略

2-7　答案：

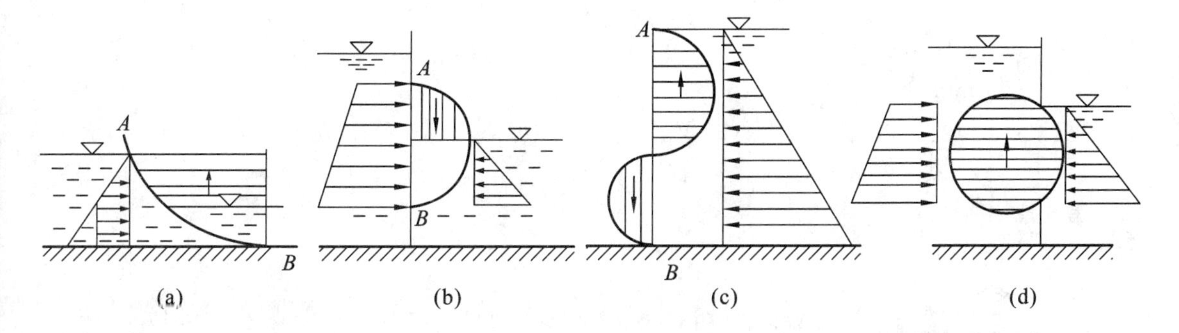

2-8　略

2-9　$P_x = 19.62\ \mathrm{kN}, P_x = 95.59\ \mathrm{kN}, P = 97.58\ \mathrm{kN}$，方向角 $\theta = 78.4°$

2-10　$P = 58.8\ \mathrm{kN}, y_D = 2.165\ \mathrm{m}$

2-11　45.18 kN

2-12　$P_x = 264.6\ \mathrm{kN}, P_z = 47.938\ \mathrm{kN}, P = 268.91\ \mathrm{kN}$，作用点位置坐标：$x_D = 5.904\ \mathrm{m}$，$y_D = 1.07\ \mathrm{m}$

2-13　$F_{ZA} = 2.57\ \mathrm{kN}, F_{ZB} = 7.063\ \mathrm{kN}, F_{XC} = 4.813\ \mathrm{kN}, F_{ZC} = 0.321\ \mathrm{kN}$

2-14　(1) $P = 0.216\ \mathrm{N}$；(2) $p_0 \geqslant 3\ 855\ \mathrm{N/m^2}$

第 3 章

3-1　$v = \dfrac{1}{2} u_{\max}$

3-2 $d = 300\ \text{mm}, v = 1.18\ \text{m/s}$

3-3 $Q = 3.75\ \text{m}^3/\text{s}, v_2 = 5\ \text{m/s}$

3-4 $Q = 0.094\ \text{m}^3/\text{s}$

3-6 $Q_{max} = 19.56\ \text{L/s}, h_2 = 8.26\ \text{m}$

3-7 $Q = 4.95\ \text{m}^3/\text{s}$

3-8 $Q = 0.0717\ \text{m}^3/\text{s}, p_1 = 10.01\ \text{kPa}$

3-9 $l = 3.21\ \text{m}$

3-10 $Q = 0.097\ \text{m}^3/\text{s}$

3-11 $v = \sqrt{2gH}, p_2 = -(H-h)\rho g$

3-12 $R_x = 6.13\ \text{kN}(\rightarrow), R_y = 5.19\ \text{kN}(\uparrow), R = 8.03\ \text{kN}$

3-13 0.8 kN

3-14 水平推力 155.54 kN,静水压力 183.75 kN

3-15 $Q_1 = \frac{Q_0}{2}(1+\cos\theta), Q_1 = Q_0 - Q_1 = \frac{Q_0}{2}(1-\cos\theta)$

3-16 $p_2 - p_1 = \frac{3}{16a^2}\rho Q^2$

第 4 章

4-6 $Q = mb\sqrt{2g}H_0^{3/2}$

4-7 $\tau = Re^{-d}V^2\rho K$

4-8 $Q = \mu A_2\sqrt{2\frac{\Delta p}{\rho}}$,其中 $\mu = f\left(\frac{d_2}{d_1}, Re\right), A_2 = \frac{\pi}{4}d_2^2$

4-9 $v_m = 4.15\times10^{-6}\ \text{m}^2/\text{s}$

4-10 50 mm,200 m

4-11 (1) $Q_m = 0.111\ \text{m}^3/\text{s}$;(2) $V_{cp} = 15.47\ \text{m/s}$;(3) $\varphi_p = 1.56$

4-12 (1) $a_m = 0.456\ \text{m}, H_m = 0.061\ \text{m}$;(2) $q_p = 4.1\ \text{m}^3/\text{s}$;(3) $a_p = 0.65\ \text{m}$

第 5 章

5-1 层流

5-2 紊流

5-3 $\frac{Re_1}{Re_2} = 2$

5-4 (1) 1 m;(2) 0.058;(3) $Re = 2.6\times10^5$,属紊流光滑区

5-5 11.76 N/m^2

5-6 $\lambda = 0.026, h_f = 40.47\ \text{m}$

5-7 22.87 m

5-8 0.148 m

5-9 12.82

5-10 0.2 m^3/s

5-11 5%

5-12 (1) 4.79;(2) 略

5-13 $H > \frac{(1+\zeta)d}{\lambda}$

5-14 $v=\frac{v_1+v_2}{2}$

5-15 (1) $h=\frac{1}{g}(v_1v_2-v_2^2)$;(2) $d_2/d_1=\sqrt{2}=1.414$

第6章

6-1 $P=9\,800$ Pa

6-2 $Q=49.3$ L/s,虹吸管可以正常工作

6-3 (1) $Q=21.79$ m³/s;(2) 上游水位壅高至 30.06 m

6-4 $Q=0.021$ m³/s

6-5 (1) $z=70.3$ m;(2) $h_s=4.95$ m

6-6 $Q_1=0.122\,0$ m³/s,$Q_2=0.030\,5$ m³/s,$Q_3=0.152\,5$ m³/s

6-7 $Q_1=0.157Q_2=0.053\,4Q_3$

6-8 $H=23.02$ m

6-9 C点测压管水头为 $H_c=192.6$ m。$Q_1=0.261$m³/s,$Q_2=0.100$ m³/s,$Q_3=0.160$ m³/s

第7章

7-1 $v=1.32$ m/s,$Q=6.66$ m³/s

7-2 $Q=20.28$ m³/s

7-3 $Q=241.3$ m³/s

7-4 $h=2.34$ m

7-5 $h=1.25$ m

7-6 $b=3.2$ m

7-7 $b=71.5$ m,$v=1.49$ m/s $>v'=1.414$ m/s,所以不满足不冲流速的要求

7-8 $n=0.011$,$i=0.002\,6$,$\nabla=51.76$ m

7-9 $h_m=2.18$ m,$b_m=1.32$ m,$i=0.000\,36$

7-10 $i=1/3\,000$,$v=1.63$ m/s $<v_{允}$,满足通航要求

7-11 $n=0.02$,$v=1.25$ m/s

7-12 $n=0.025$ 时,$b=7.28$ m,$h=1.46$ m

7-13 $h_f=1$ m

7-14 $Q=4.6$ m³/s

7-15 $Q=178.2$ m³/s

7-16 $h_m=2.18$ m,$b_m=1.32$ m,$i=0.000\,36$

第8章

8-1 $v_W=4.2$ m/s,$Fr=0.2$,缓流

8-2 $h_{c1}=0.46$ m;$h_{c2}=0.73$ m;$h_{01}=0.56$ m $>h_{c1}$,缓流;$h_{02}=0.82$ m $>h_{c2}$,缓流

8-3 $i_c=0.003\,5>i$,缓坡

8-6 $h_1=0.301$ m

8-7 $Fr_1=9.04>9.0$,强水跃,$h_2=6.15$ m

第9章

9-1 矩形薄壁堰流量 $Q_1=85.7$ L/s,直角三角形薄壁堰 $Q_2=25.2$ L/s

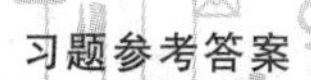

9-2　$Q = 1\,915\ \mathrm{m^3/s}$

9-3　下游水深 0.6 m 时，过堰流量为 $2.291\ \mathrm{m^3/s}$；下游水深 0.9 m 时，过堰流量为 $2.24\ \mathrm{m^3/s}$

9-4　$Q = 12.1\ \mathrm{m^3/s}$

9-5　水闸宽度 $b = 8.0$ m，闸孔数 $n = 2$

9-6　堰上水头 $H = 5.0$ m

第 10 章

10-1　$h_c = 0.67$ m；$h''_c = 4.09$ m

10-2　$h_{t1} = 7.0$ m 时，为淹没水跃；$h_{t2} = 4.5$ m、$h_{t3} = 3.0$ m 时，均为远离水跃；$h_{t4} = 1.5$ m 时，无水跃发生

10-3　(1) $h_c = 0.91$ m；相应的跃后水深 $h''_c = 5.24$ m，远离水跃，需建消能池；(2) 消能池的池深 2.2 m，池长 24.5 m

10-4　(1) $h_c = 0.25$ m，$h''_c = 2.58$ m，远离水跃，需建消能池；(2) 消能池的池深 0.34 m，池长 12.5 m；消能坎坎高 1.4 m，池长 12.3 m

10-5　$h_c = 0.582$ m，$h''_c = 2.58$ m，$h_T = 3.79$ m，$\sigma = 1.46$ m，稍有淹没水跃

10-6　(1) 挑流射程 88.3 m；(2) 冲刷坑深度 16.24 m；(3) $i = 0.184$，冲刷坑不会危及大坝安全

第 11 章

11-1　$0.278\ \mathrm{m^2/d}$；1.7 m

11-2　$h_A = h_B = 5$ m；$h_C = 2$ m；$p_A = 88.2\ \mathrm{kN/m^2}$；$p_B = 107.8\ \mathrm{kN/m^2}$；$p_C = 68.6\ \mathrm{kN/m^2}$

11-3　$5.45 \times 10^{-4}\ \mathrm{m^3/s}$；$2.7 \times 10^{-5}\ \mathrm{cm/s}$

11-4　$2.63\ \mathrm{m^2/d}$

11-5　10.98 m

11-6　$4 \times 10^{-2}\ \mathrm{m/s}$

11-7　$3.66 \times 10^{-3}\ \mathrm{cm/s}$

附　　录

附录 A　矩形和梯形断面明渠均匀流底宽求解图

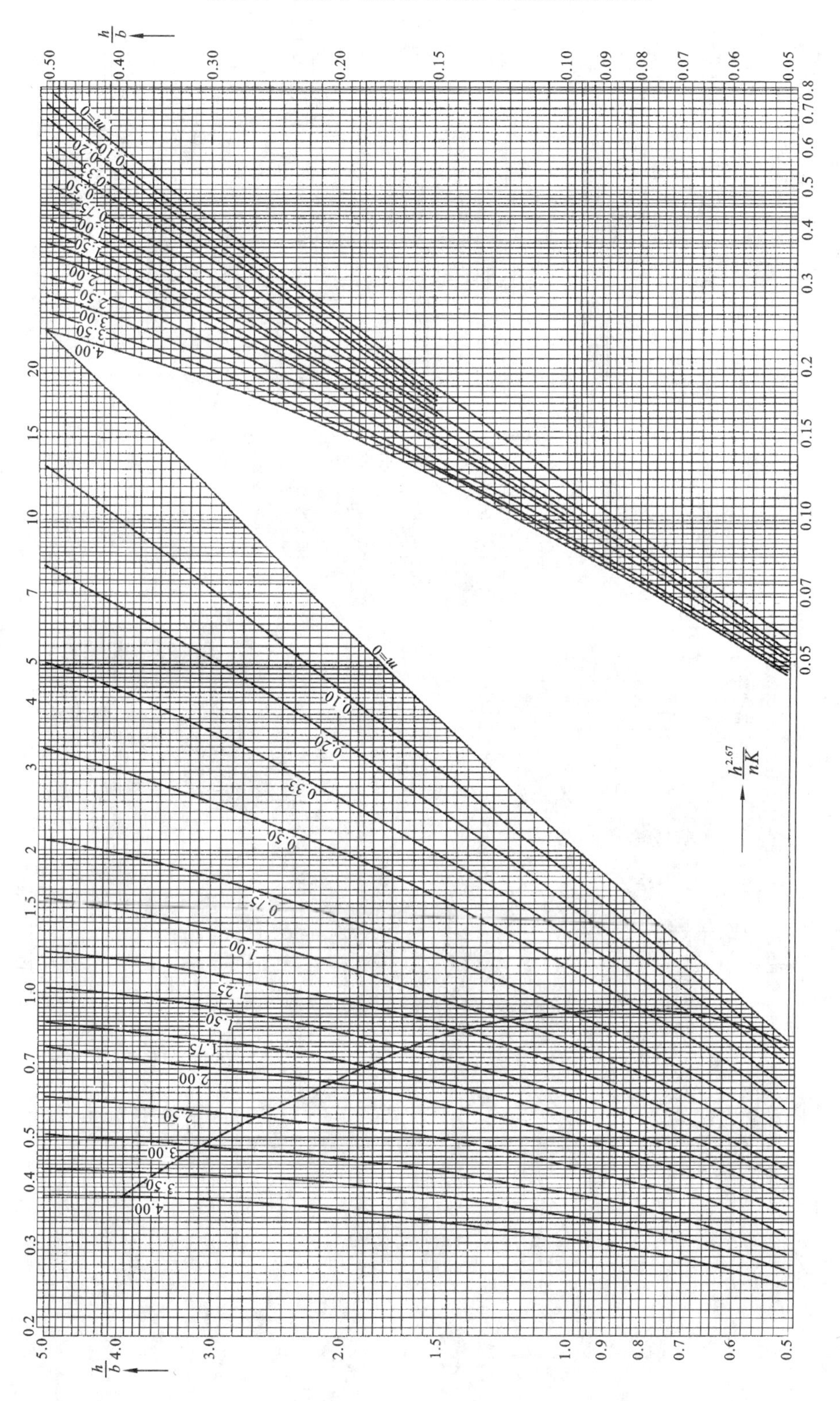

附录 B　矩形和梯形断面明渠均匀流水深求解图

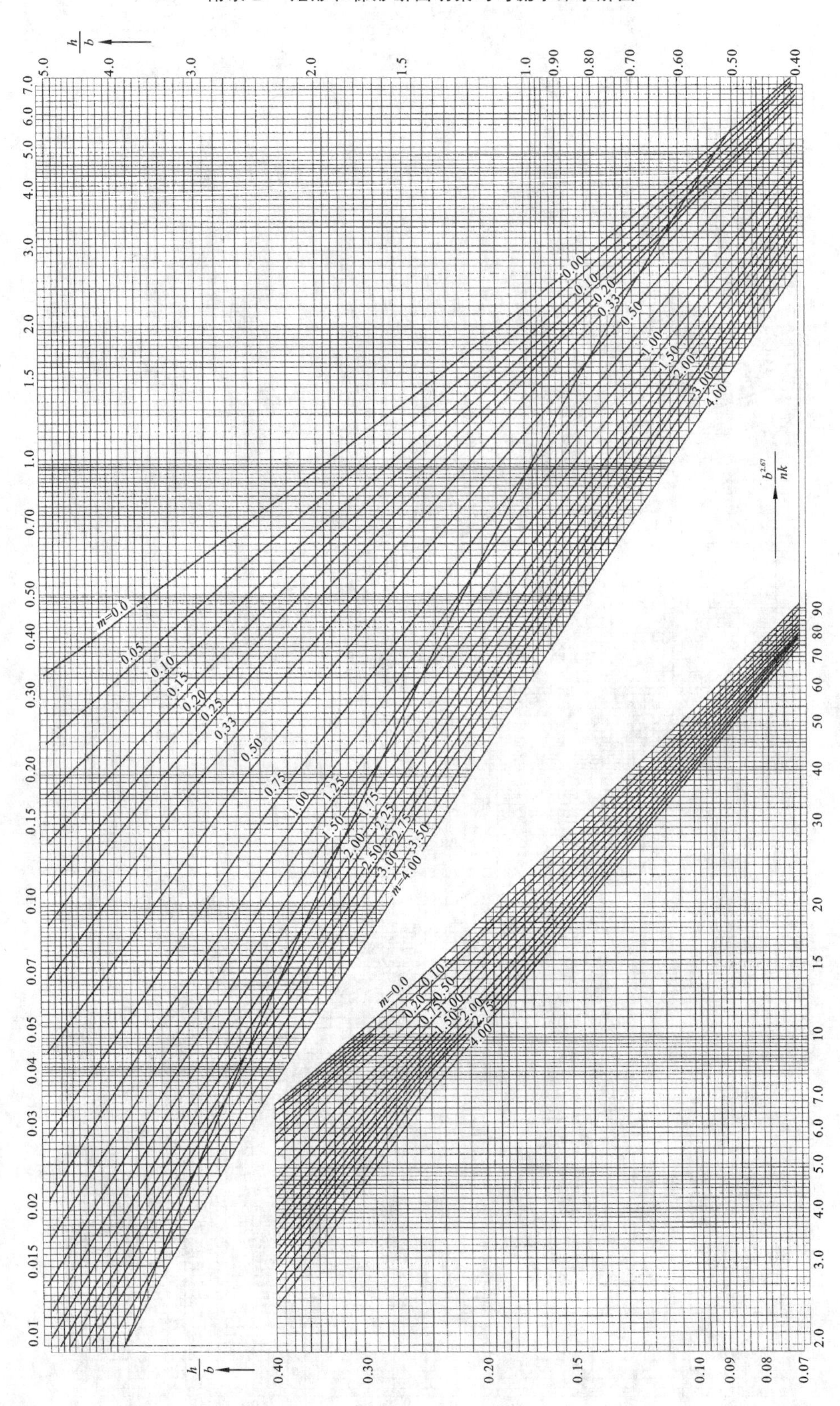

附录C　矩形和梯形断面明渠临界水深求解图

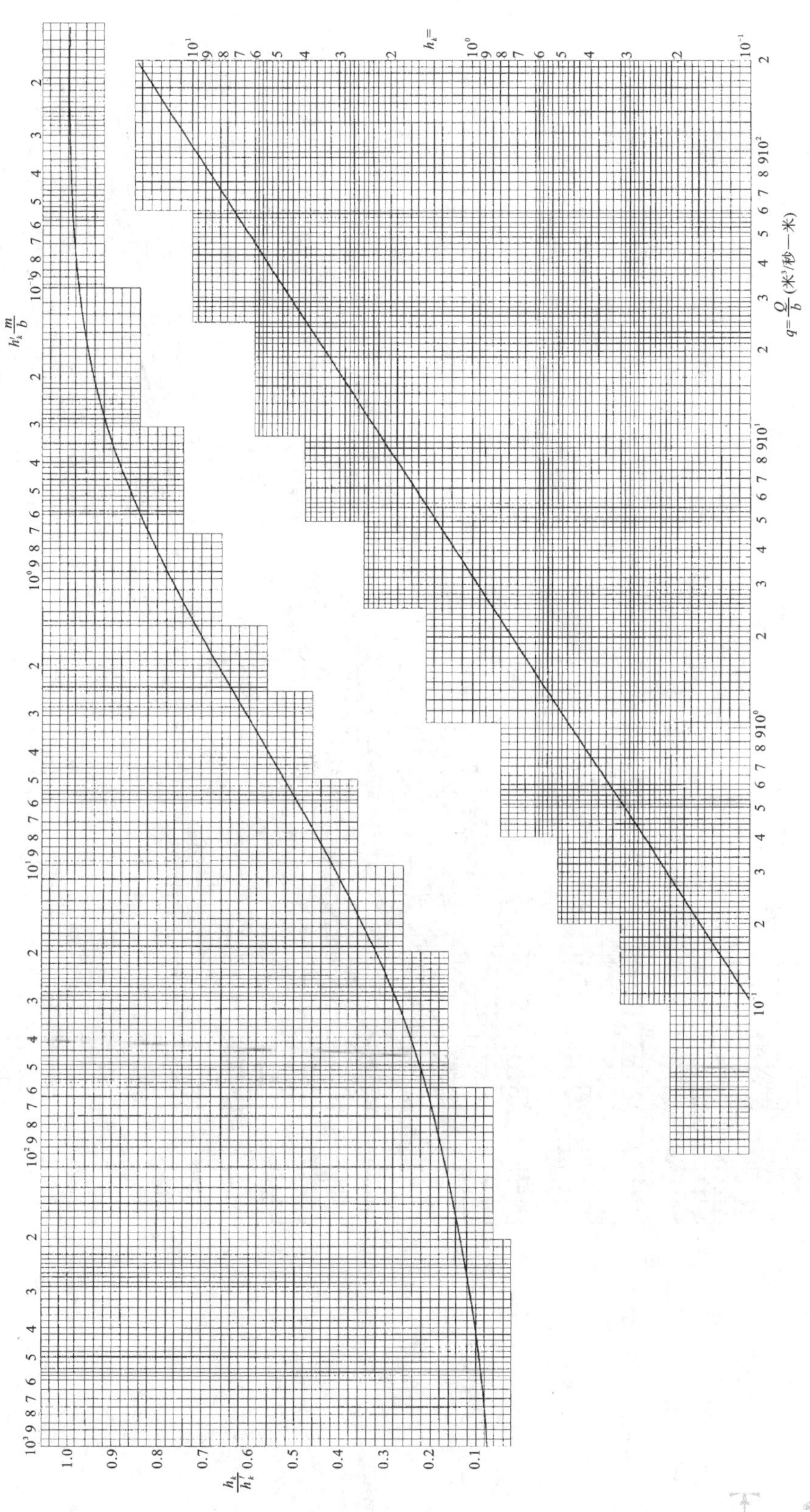

附录 D　矩形和梯形断面明渠临界水深求解图

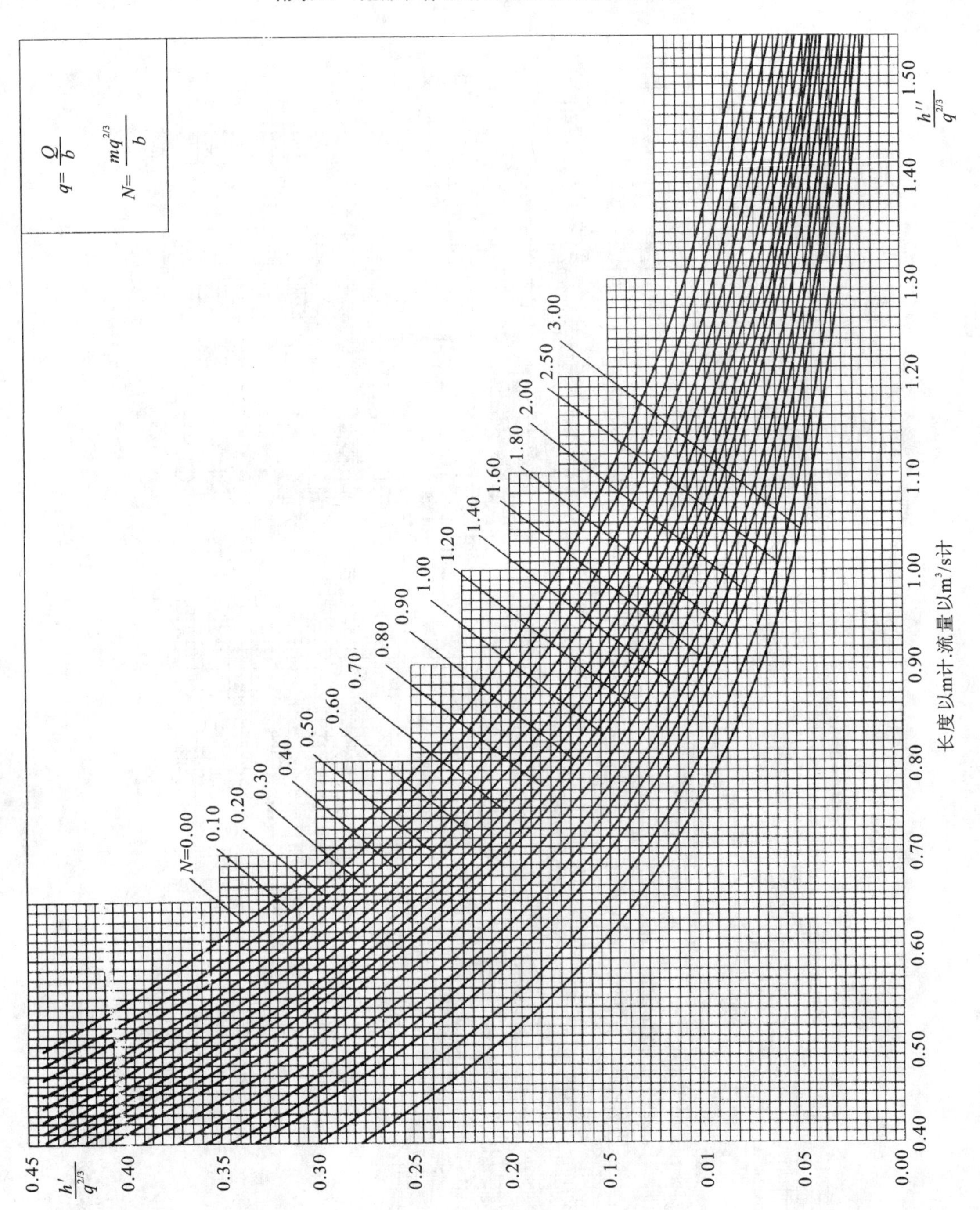

参考文献

[1] 莫乃榕,槐文信.流体力学水力学题解[M].武汉:华中科技大学出版社,2002.
[2] 莫乃榕.工程流体力学[M].武汉:华中理工大学出版社,2000.
[3] 景思睿,张鸣远.流体力学[M].西安:西安交通大学出版社,2001.
[4] 苑莲菊等.工程渗流力学及应用[M].北京:中国建材工业出版社,2001.
[5] 武际可.力学史[M].重庆:重庆出版社,2000.
[6] 孙祥海.流体力学[M].上海:上海交通大学出版社,2000.
[7] 齐清兰.水力学学习指导与考试指南[M].北京:中国计量出版社,2000.
[8] 郑邦民,槐文信,齐鄂荣.洪水水力学[M].武汉:湖北科学技术出版社,2000.
[9] 李家星,陈立德.水力学[M].南京:河海大学出版社,1996.
[10] 禹华谦.水力学学习指导[M].成都:西南交通大学出版社,1999.
[11] 孔祥言.高等渗流力学[M].合肥:中国科学技术大学出版社,1999.
[12] 禹华谦.工程流体力学(水力学)[M].成都:西南交通大学出版社,1999.
[13] 黄儒钦.水力学教程[M].2版.成都:西南交通大学出版社,1998.
[14] 刘鹤年.水力学[M].北京:中国建筑工业出版社,1998.
[15] 张也影,王秉哲.流体力学题解[M].北京:北京理工大学出版社,1996.
[16] 吴望一.流体力学[M].北京:北京大学出版社,1995.
[17] 李士豪.流体力学[M].北京:高等教育出版社,1990.
[18] 沈钧涛,鲍慧芸.流体力学习题集[M].北京:北京大学出版社,1990.
[19] 杨凌真.水力学难题分析[M].北京:高等教育出版社,1988.
[20] 赵克强,韩占思.流体力学基本理论与解题方法[M].北京:北京理工大学出版社,1988.
[21] 徐正凡.水力学[M].北京:高等教育出版社,1987.
[22] 吴持恭.水力学[M].北京:高等教育出版社,1984.
[23] 汪兴华.工程流体力学习题集[M].北京:机械工业出版社,1983.
[24] 邓爱华,张宇华,武晓刚,施晓春,程银才.水力学与桥涵水文[M].北京:科学出版社,2007.
[25] 周谟仁.流体力学泵与风机[M].2版.北京:中国建筑工业出版社,1985.
[26] 清华大学水力学教研室.水力学[M].北京:高等教育出版社,1983.
[27] J.贝尔.多孔介质流体力学[M].北京:中国建筑工业出版社,1983.
[28] 西南交通大学水力教研室.水力学[M].3版.北京:高等教育出版社,1983.
[29] 清华大学水力学教研室.水力学(上、下册)[M].北京:人民教育出版社,1980.
[30] 成都科技大学水力学教研室.水力学(上、下册)[M].北京:人民教育出版社,1979.
[31] 闻德荪,魏亚东,李兆年,王世和.工程流体力学(水力学)[M].北京:高等教育出版社,1991.
[32] 周光埛,等.流体力学.北京:高等教育出版社,1992.
[33] 江宏俊.流体力学[M].北京:高等教育出版社,1985.
[34] 潘文全.流体力学基础[M].北京:机械工业出版社,1983.
[35] 郑洽余,鲁钟琪.流体力学[M].北京:机械工业出版社,1980.
[36] 张也影.流体力学[M].北京:高等教育出版社,1986.
[37] Munson B R,Young D F,Okiish T H. Fundamentals of Fluid Mechanics. John wiley &sons,1990.
[38] Fox R W,McDonald A T. Introduction to Fluid Mechanics. John wiley &sons,1995.
[39] Streeter V L,Wylie E B. Fluid Mechanics(Eighth Edition). New York:McGraw－Hill Book Company,1985.
[40] 易家训.流体力学[M].章克本等,译.北京:高等教育出版社,1982.

[41] 郑治馀,鲁钟琪.流体力学[M].北京:机械工业出版社,1980.

[42] 吴望一.流体力学(上册)[M].北京:北京大学出版社,1982.

[43] 吴望一.流体力学(下册)[M].北京:北京大学出版社,1983.

[44] 赵学瑞,廖其奠.粘性流体力学[M].北京:机械工业出版社,1983.

[45] 孔珑.工程流体力学[M].2版.北京:水利电力出版社,1992.

[46] G.K.巴切勒.流体动力学引论[M].沈青,贾复,译.北京:科学出版社,1997.

[47] 普朗特 L,等.流体力学概论[M].郭永怀,陆士嘉,译.北京:科学出版社,1981.

[48] 史里希廷 H.边界层理论(上册)[M].孙燕候等,译.北京:科学出版社,1988.

[49] 史里希廷 H.边界层理论(下册)[M].孙燕候等,译.北京:科学出版社,1988.

[50] 屠大燕.流体力学和流体机械[M].北京:中国建筑工业出版社,1994.

[51] Fox R W and Mcdonald A T. Introduction to Fluid Mechanics. Fifth Edition. New York:John Wiley & Sons. Inc. ,1998.

[52] 怀特 F M.流体力学[M].陈建宏,译.晓园出版社,1992.

[53] Roberson J A,&Crowe C T. Engineering Fluid Mechanics. Sixth Edition. New York:John Wiley & Sons. Inc. ,1997.

[54] Streeter V L,& Wylie E B. Fluid Mechanics. Eighth Edition. New York:McGraw-Hill Book Company,1985.

[55] Potter M C,Wiggert D C & Hondzo M. Mechanics of fluids. Second Edition. New Jer-sey:Printice Hall. Upper Saddle River,1997.

[56] Blevins R D. Applied Fluid Dynamic Handbook. Van Nostrand Reinhold Company,1984.

[57] Goldstein S. Modern Developments in Fluid Dynamics. Oxford at the Clarendon Press,1952.

[58] 吴望一.流体力学(上册)[M].北京:北京大学出版社,1982.

[59] 吴望一.流体力学(下册)[M].北京:北京大学出版社,1982.

[60] 周光坰,严宗毅,许世雄,章克本.流体力学(上册)[M].2版.北京:高等教育出版社,2000.

[61] 周光坰,严宗毅,许世雄,章克本.流体力学(下册)[M].2版.北京:高等教育出版社,2000.

[62] 陈卓如.工程流体力学[M].北京:高等教育出版社,1992.

[63] 清华大学工程力学系(潘文全主编).流体力学基础(上册)[M].北京:机械工业出版社,1980.

[64] 清华大学工程力学系(潘文全主编).流体力学基础(下册)[M].北京:机械工业出版社,1980.

[65] 彭乐生,茅春浦.工程流体力学[M].上海:上海交通大学出版社,1979.

[66] 茅春浦.流体力学[M].上海:上海交通大学出版社,1995.

[67] 王蓉孙,严震,等.流体力学和气体动力学[M].北京:国防工业出版社,1979.

普通高等教育土建学科“十三五”规划教材

土木工程类

结构力学
理论力学
材料力学
弹性理论
地基处理技术
地下建筑结构
房屋建筑学
钢结构
高层建筑结构设计
高层建筑施工
工程安全与防灾减灾
工程测量
工程地质
工程事故分析与处理
工程制图
建筑制图
建筑施工图设计
画法几何
混凝土结构设计原理
基础工程
建筑抗震设计
建筑平法识图
结构数值分析与程序设计
砌体结构
土力学与基础工程
土木工程CAD
土木工程材料
土木工程概论
土木工程结构试验与检测技术
土木工程施工
土木工程施工组织
专业英语
桩基检测技术
组合结构设计

城市规划类

城市道路与交通规划
城市公共空间设计
城市规划原理
城市经济学
城市住房与社区规划
城乡信息及其分析
地下空间规划与设计
风景名胜区规划
环境保护与可持续发展
可持续住区规划
区域与城镇体系规划
中外城市规划与建设史

道路桥梁类

道路勘测设计
道桥施工
高速公路
路基路面工程
铁路规划与线路设计
城市道路设计
铁路钢桥
结构设计原理
弹性力学
路基与路面工程
基础工程设计原理
桥梁工程
隧道工程
路基处理技术
桥梁实验、检测与加固
道路CAD
结构振动与稳定
钢结构与钢桥
道路网规划与设计
结构有限元
桥梁结构电算

给排水工程类

水泵与水泵站
水处理生物学
水分析化学
水工程施工
水工艺设备基础
水力学
水文学与水文地质
水质工程学
水资源可持续利用与保护
给排水科学工程概论
给水排水管道系统
建筑给排水与消防工程
水工程经济
城市水生态与水环境
工业水及废水处理工艺
给排水工程CAD
给排水工程结构
水工程法规
水工艺与工程新技术
水及废水处理工艺系统
水力学与桥渡水文
水处理实验
城市水系统运行及管理
微污染水源的预处理

工程造价与工程管理类

房地产估价
房地产开发
房地产市场营销
房地产经纪
工程管理导论
工程财务管理
工程概预算
建筑工程估价
安装工程估价
工程经济学
工程量清单投标报价
建筑工程造价审计
工程造价管理
工程项目管理
工程项目管理软件
工程投招标与合同管理
国际工程管理
合同法与工程合同管理
建设工程法规
建设工程信息管理概论
建设监理概论
建筑工程技术与资料管理
物业管理

建筑设计类

建筑概论
外国建筑史
西方古代建筑史
中国古代建筑史
中国建筑史
中西美术史
设计色彩
设计素描
工程力学/建筑力学
公共建筑设计原理
古建筑保护与测绘
建筑安全学
建筑表现技法
建筑材料
建筑初步
建筑电脑效果图制作
建筑防灾与建筑节能
建筑构造
建筑技术概论
建筑结构与选型
建筑模型制作与造型
建筑设计原理
建筑物理环境
建筑装饰工程
视觉设计基础
数字建筑概论

建筑环境与能源应用类

城市工程管线系统
传热学
工程流体力学
工程热力学
供暖通风与空气调节
计算流体力学
建筑电工学
建筑电气
建筑防火性能化设计
建筑供配电与照明
建筑环境测试技术
建筑环境与能源应用工程
建筑环境与设备工程概论
建筑节能原理与技术
建筑设备安装技术
建筑设备工程管理
建筑设备工程造价
建筑设备工程制图与CAD
建筑设备自动化
建筑消防设备工程
冷热源工程
燃气安全技术
燃气测试实验技术
燃气快速热水器
热质交换原理与设备
室内污染控制与洁净技术
制冷技术与装置设计
制冷空调装置控制技术
智能建筑概论
智能建筑基础教程
建筑节能施工与监理经济
建筑节能材料与设备
建筑节能运行管理
建筑节能设计
建筑节能管理
建筑节能检测

风景园林类

景观初步
城市总规原理
风景区规划
风景区规划原理
风景园林工程与技术
风景园林设计原理
风景园林植物学
风景园林专业导论
环境行为学
计算机绘图
美学原理与艺术概论
设计色彩
设计素描
视知觉与设计表达
植物景观与种植设计

策划编辑：康　序
责任编辑：狄宝珠

ISBN 978-7-5680-4273-4
9 787568 042734 >
定价：45.00元